插图珍藏版

Scrolls For Success

羊皮卷

[美] 马丁·科尔等 著
陈大鹏等 译

陕西新华出版传媒集团
太 白 文 艺 出 版 社

出版前言

在西方遥远的古代，智慧的文字是书写在珍贵的羊皮上的，它们传历弥久，便产生了神秘的力量，吸引着人们透过它们以探寻生活的真实面目。在探寻的过程中，人们为它们所蕴含着的深邃、智慧、博大和神奇的精神力量而倾倒。我们出版这类作品，就是希望通过发掘这些能够带来希望、勇气、毅力和快乐的思想源泉，激励人们去追求幸福、安宁、富有、成功的美好明天。

1996年国内翻译出版的《世界上最伟大的推销员》以及其后出版的《羊皮卷》，就是从西方的智慧宝库里采撷到中国的最具有代表性的两部作品。它们在读者中激起强烈的反响，我们阅读着一封封来信，深深地为他们发自内心的因震撼而觉醒奋进的热情所感染。我们要感谢读者朋友们，是他们的热情支持，使我们感到有责任把这一份工作继续深入地做下去，通过精神互动和激励，来发掘我们每个人都潜藏着的精神力量，发现自我，实现走向成功和快乐的美好愿望。

2001年至2017年间，《羊皮卷》和《世界上最伟大的推销员》先后进行了多次改版，通过新颖的装帧，内文中增添了插图，采用更为先进的印刷装订技术，这两部作品在国内更加深入人心，影响深远。然而与此同时，一些拙劣的跟风之作在利益的驱使下也粉墨登场，它们虽然也冠有与“最伟大”等同的称谓，但却无法向读者传递出有益的信息。尤其是“羊皮卷”，以此名称出版的各类图书有几百种，以致达到泛滥成灾的地步，与“羊皮卷”里所蕴含的精神内涵相去甚远。

基于这样一种形势，我们于2011年对这部最正宗的《羊皮卷》进行了修订完善并再版。结合近几年读者和专家反馈意见，2017年，我们调整了本书部分内容的编排，以最好的质量重新出版，奉献给广大的读者朋友们，让它成为一件珍品，铭记在人们的心中，永远激励着勇敢的跋涉者迈出不懈的脚步。

这部《羊皮卷》汇集共囊括了7本书，主要来源于《世界上最伟大的推销员》的作者奥格·曼狄诺向读者们所推荐的一组书目，这里面一些书曾给予过他巨大的精神力量。

确实，在这些书的字里行间闪烁着智慧的光芒，在点点滴滴的渗透中直指人心。《最伟大的力量》告诉你，面对人生中出现的一个个机遇和困难，你应该选择怎样的心态和方式去获取和克服它；《思考的人》则告诫你在追求物质生活的同时不要忘记你的内心，“心灵的纯净会带来纯净的生活和纯净的身体，肮脏的心灵会带来肮脏的生活和腐化的身体”；《钻石宝地》里讲述的一个个故事，让我们看到一个幽灵，追寻他的影子，有一个教训迎面而来：你的根本就在你那里；《富兰克林自传》让我们看到了一个富有理想但同时也勇于实践的人，成就伟大但同时也朴实无华的人，从他的身上，我们看到了一种靠奋斗和才智改变自己境遇，并献身公益事业的榜样；《思考与致富》是一部珍贵的“人生成功学”，在这部书里，我们可以学到一个个很好的方法，从而帮助我们获得财富和成就；《与爱相遇》是国内作家陈大鹏根据新约时代一个关于爱的传说而创作演绎出的一部纯文学作品，年轻单纯的医生米德邂逅了一位美女美芙达妮丝，几经灾难、几经死亡、几经周折，最后，他终于获得了真爱，并拥有了一种神奇的力量，作品展现了爱的高尚、恨的悲惨、善的美好、恶的丑陋；《爱的能力》是一部研究人类各种爱的学术专著，它的对象正是普普通通的你我他，阅读此书，可以洞悉日常生活中我们的行为，教导我们在各种复杂的情感关系中，怎样表述“爱”，才能为我们的生活增辉，使“爱”更高尚完美，而且永恒辉煌。

生活的航程远非设想的那样平静，它会时时狂暴而怒吼，想把每一位探险者吞没海底、埋葬在嶙峋的暗礁下。每一个人遇到的风浪都大不相同，在生活的磨砺中形成各自的特点，有人成为坚强的磐石，有人成为光滑而无用的卵石，也有人消融在泥沙之中。我们感叹生活的艰辛和无情，更遗憾许多人在暴殄天物。因为上帝曾经在每个人的心中，都留有一块坚实而美好的领地，这种天性足以让每一个人走向他的成功之路，但是许多人竟视而不见，在许久磨损后甘愿沉沦，混为尘土。我们在古老的羊皮卷上寻找到的智慧，正是希望它能陪伴每一位有志于获取财富，走向成功的朋友，顺利驶向理想的港湾。

《羊皮卷》推出的这些精选的著作，贴近生活的真实，从不同的角度与读者共创财富和成功的美好人生。它们的独特之处是通过每一个作者的真实体验，讲述如何克服生活和命运的嘲弄，把苦难和失败的创伤变为平静和深厚的精神动力，从而以更坚定的意志、更博大的爱心去获取真正幸福的人生。相信读者在与作品的同悲共喜中，能够深味生活的底蕴，并且鼓起生活的风帆，沉稳、坚定地驾驶人生之舟，走向光辉的明天。

最后，还是让布鲁尔的这句话作为我们走向成功的共勉吧：

“对于那些深思熟虑稳步向前的人，道路并不漫长；对于那些卧薪尝胆坚忍不拔的人，荣誉并不遥远。”

主编：陈大鹏

2017年9月

目　录

CONTENTS

第五部　思考与致富

第六部　与爱相遇

第七部　爱的能力

最伟大的力量

〔美国〕马丁·科尔　著
王志欣　译

关于本书

这是一部颇具启发性的经典之作。

"上百亿的人穷其一生都在困苦中无奈地生活，这仅仅是因为他们没意识到自己最伟大的力量。"马丁·科尔这样说。他不是信口胡说，他的说法来自实践。作为一个作家、演说家和心理学家，他在美国各地游历，帮助人们解决难题。他帮助了成千上万的人站起来面对困难并采取措施去解决问题。更重要的是，他留下了一些像《最伟大的力量》这样的书，在未来的日子里帮助别人去面对困难。因为你一旦发现了自己最伟大的力量，就永远不会忘记它!本书将引导你走向一个更幸福与成功的人生。

序

选择的权利在你手中

力量，你是有的。但是你可能选择不去开发、利用它。有些力量是很明显的，太明显了以至于你都意识不到它的存在。这样你可能就不会有意识地去开发、利用马丁·科尔所发现的“最伟大的力量”。力量这东西，不但你有，人人都有。

平静、幸福、健康、成功和富有，只要你读过马丁·科尔写的《最伟大的力量》一书，并有意识地按照书中所展示的方法去做，你就会拥有这一切。

成千上万人的生活，甚至是数以亿计的人的生活，因为科尔而不断地向好的方向发展变化着，因为他是启发性自助丛书的出版人与发行者，如《思考与致富》《成功的定律》等。在其一生中，他不断地追求会使自己和别人变得更好并指引人们走向真正成功的生活目标。正是因为他如此努力地钻研，才有了他在《最伟大的力量》一书中的发现。

作为美国联合保险公司及其附属公司的总裁，我曾惊讶于这本小书在我们的销售代表和办公室职员的生活中所产生的巨大的推动力。

作为芝加哥男孩俱乐部的主席，我曾用《最伟大的力量》来唤醒那些十八九岁的年轻人，让他们自发地注意自己的潜力，自我管理，并去实现学校生活、运动生活以及所有他希望自己出类拔萃的活动中的成功，获取生活中真正的财富。

作为成功协会的会员，《我的影子跑得快》一书的作者，我曾亲眼见证《最伟大的力量》中的“力量”激励囚犯们在计划中有意识地且成功地让自己重返社会，获得新生。

作为几家致力于心理健康的组织的负责人，我注意到《最伟大的力量》一书给了那些在情感上感到困惑和酗酒成性的人以希望。

《最伟大的力量》一书具有很大的震撼力，而且通俗易懂。它的魅力在于其简单，它的力量在于其诚恳。但最重要的是，它启发你、感动你，让你采取行动。如果你主动选择运用你的力量，你的生活也将会改变，并向好的方向发展。

美国联合保险公司董事长

N. 克莱门特 · 斯通

发现最伟大的力量

你拥有一种伟大而令人惊叹的力量。这种力量，一旦运用得当，将带给你信心而非自卑，平静而非混乱，泰然自若而非无所适从，心灵平静而非痛苦。

千百万的人都在抱怨他们命运不济，他们厌倦生活以及这个世界运转的方式，但却没有意识到在他们身上有一种力量，这种力量会使他们获得新生。

一旦你意识到了这种力量的存在并开始运用它，你就会改变自己的整个生活，使生活变成你喜欢的样子。一种原本充满悲伤的生活可以变得充满快乐，失败可能会转化为成功。当贫穷啃噬着你的生活的时候，你可以将它变成一种幸运。自卑可以转化为信心，充满失望的生活会变得妙趣横生和令人愉快，担惊受怕也可能变为无所畏惧。

当生命不断前行的时候，一个人可能会一次又一次地处于逆境中。他可能会陷入一连串的困难中，他可能不得不和这样那样的麻烦抗争。不久，他便形成了这样一种生活态度：人生是艰难的，人生就是战斗，生活所发的牌总是跟他过不去……那么，做这样那样的事情有什么用呢？

这个人就会灰心丧气，认准无论自己怎么做都不会有什么好结果。他自己的梦想破灭之后，便将注意力转移到子女身上，希望他们的人生会是另外一种样子。有时，这会成为一种解决问题的方式，然而孩子们又会陷入和父辈们相同的生活方式中。一次又一次地，这个人得出结论：只有一个办法能解决问题，那就是用自己的双手结束自己的生命。

自始至终，这个人都没有能够发现可能改变他人生的巨大力量。他没有能够分辨出这种力量，他甚至并不知道这种力量的存在，他看见成千上万的人和他一样在与命运徒劳地抗争，然后他认为那就是生活。

莱莫多·德奥维斯曾经讲过一个故事。亚里山德拉大图书馆被烧之后，只有一本书保存了下来。一个识得几个字的穷人用几个铜板买下了这本书。这本书并不怎么有趣，但里面却有一个非常有趣的东西：窄窄的一条羊皮纸，上面写着“点金石”的秘密。

点金石是一块小小的石子，它能将任何一种普通金属变成纯金。羊皮纸上的文字解释说，点金石就在黑海的海滩上，和成千上万的与它看起来一模一样的小石子混在一起，但秘密就在这儿：真正的点金石摸上去很温暖，而普通的石子摸上去是冰凉的。怀揣秘密的穷人变卖了他为数不多的财产，买了一些简单的装备，在海边扎起帐篷，开始检验那些石子，这就是他的计划。

他知道，如果他捡起一块普通的石子并且因为它摸上去冰凉就将其扔在地上，他有可能几百次地捡拾起同一块石子。所以，当他捡到冰凉的石子时，就将它扔进大海里。他这样干了一整天，却没有捡到一块温暖的石子。他又这样干了一个星期、一个月、一年、三年，还是没有找到点金石。他继续这样干下去：捡起一块石子，是凉的，将它扔进海里；又去捡起另一颗，还是凉的，再把它扔进海里；又一颗……

但是有一天，他捡起了一块石子，而且这块石子是温暖的，但他随手就把它扔进了海里。他已经形成了一种习惯，把他捡到的所有石子都扔进海里。他已经如此习惯于做扔石子的动作，以至于当他真正想要的那一个到来时，他也还是将其扔进了海里……

唉，有多少次我们已经触摸到了这种巨大的力量却没有认出它。有多少次这种巨大的力量就握在我们手中而我们却把它扔掉了，仅仅因为我们没有认出它？有多少次它就出现在我们眼前？有多少次我们目睹这种巨大的力量在我们面前得到展现？然而，我们却没有看到它，没看到它可能带给我们的种种益处，没看到它无所不能、可创奇迹的力量。这正是我为什么要用这样一整篇专题论文来讨论这种巨大的力量、这种人类所拥有的最伟大的力量的原因！

康威尔在他的《钻石宝地》一书中讲述了一个农夫的故事。他的土地为他赚了许多钱，还有一个非常可爱的家。每年他都能从种植作物的收成中存下一笔钱。他什么都不缺，生活得既有价值，又很快乐。然而，有一天来了一个僧侣，对他说：“如果你能找到一个地方，那里有水从白色的沙子上面流过，你就会找到钻石。你的女儿会比任何一位公主都富有，你的儿子会比任何一位王子都富有，而你将得到你想象到的所有财富。”那一夜农夫没睡着觉，他在床上辗转反侧。第二天天蒙蒙亮的时候，农夫决定卖掉农场，离开家去寻找钻石。他这样做了。他把家人托付给一位邻居，拿上钱，走遍全世界去寻找钻石。最后，当他口袋里只剩下几分钱的时候，他对他自己和所做过的一切只有厌恶，他自杀了。这个时候，那个僧侣又来到了农场。他走进房子，抬头看了看壁炉台，问道：“农场原来的主人回来了吗？”农场的新主人回答说，“没有，他没回来。”僧侣说：“他肯定回来了，要不那边壁炉台上的石头怎么都是宝石呢？”“啊，不，”农场的新主人说，“那不可能……我是在后院发现这些石头的。”僧侣又向这位农场的新主人保证说：“是的，那些是钻石。”

非洲的金伯利金刚石矿就是这样发现的。

你当然读出了这个故事的意义所在。我们满世界去找钻石，而钻石恰恰就在我们自己家的后院里。我们一生都在寻找可以使我们的生活彻底改变的那种能力，但是大多数人一生都没有找到。然而，它就在我们面前，我们所要做的就是认识它并开始利用它。

在向你讲述这种巨大的力量究竟是怎么回事之前，我想先给你讲另外一个发生在非洲的故事。有一个探险家，走进了非洲的荒野，他随身带了一些不怎么值钱的装饰品，打算送给当地的土著人。在这些东西当中，有两面真人大小的镜子。他把这两面镜子靠着两棵树放好，然后就坐下来和他的手下谈论有关探险的情况。这时候有个土著人手里拿着长矛正在向镜子走过来，当他向镜子望去的时候，他看见了自己的镜像，于是土著人拿起长矛向镜子里的对手刺去。当然，他打碎了这面镜子。这时候，探险家向这个土著人走去，问他为什么要打碎镜子。这个土著人回答说：“他要杀我，我就先杀了他。”探险家向土著人解释说，镜子不是用来干这个的，并领他走到第二面镜子面前。他对土著人解释说：“看，镜子是这样一个东西：通过它，你可以看到你的头发有没有梳直，你脸上的油彩涂得是否合适，你的胸部多么健壮，你的肌肉多么发达。”土著人回答说：“噢，我不知道。”

成千上万的人都这样，他们的情形和这个土著人差不多。他们穷其一生和生活作战。在生命的每个转折点上，他们都以为会有一场战斗，而情况最终也确实是这样。他们预计会有敌人，他们就确实遇到了敌人；他们预计困难会接踵而至，而事情也恰好就是这样。“如果事情不是这样，那么它就是那样，总会发生点儿什么。”对于成千上万的没有能够认识到这种巨大的力量的人来说，事情过去是这样，将来也还会是这样。这种巨大的力量就像钻石对于那个在自己家后院就能找到它们的农夫一样，是隐藏着的。成千上万的人继续过着平淡、普通、痛苦的生活，因为这种巨大的力量从他们身边悄悄溜走了，他们就再也抓不住它了。你不能和生活抗争。你曾经这样做过，成千上万的人曾经这样做过，而他们都失败了。那么，答案是什么呢？答案就是我们必须理解生活——如果我们想充分利用生活的话。

这种力量令人惊讶的地方就在于每个人都可以运用它。它并不需要什么特殊的训练或教育。这不是那种你必须具备特殊的资质才能成功地利用的能力。这也不是一种某些人特别具有的能力，运用它你不必有任何财富或威望。这是一种每个人与生俱来的能力，无论他穷还是富，成功还是失败，也无论他是出生在富人区还是贫民区。我们越早认识到这种能力，就越快踏上正轨并一直走下去。迈上正轨并一直走下去的人越多，其他人心中升起的希望也越大，他们也会采纳这种健康的生活模式。

许许多多的人都没有意识到，当他们走进一家鞋店的时候，他们可以买一双黑色的鞋，也可以买一双棕色的；当他们走进一家服装店的时候，他们可以买一件浅色的外套，也可以买一件深色的；当他们打开收音机的时候，他们可以把旋钮调到这个台，也可以把它调到那个台；当他们走进一家冰淇淋店的时候，他们可以买一个巧克力脆皮，也可以买一杯菠萝汽水；当他们要去看电影的时候，他们可以去一个附近的电影院，也可以去城里闹市区的电影院。是的，千真万确就是这样，如果你选择的话。当你要度假的时候，如果你选择了去海滨而不是去爬山，你就做出了选择。当你要买一辆小汽车的时候，你可以选择买某个特殊牌子的车，也可以选择买另一个制造商的车。换句话说，**一个人所掌握的最大的力量就是选择的力量**。

选择的力量

是的，不管你信仰什么，你都具备这种力量。你选择鞋、汽车、广播、节目、电影、度假的方式和伴侣。你有这种能力，没有任何来自你本人之外的东西迫使你做出这些决定。你做了决定因为你做了选择。你做出了这样的选择，因为你希望它是这样。如果这是个糟糕的选择，那么，当然，我们希望有个什么人或什么东西可以让我们去责怪。于是，有人就说："这是上帝的旨意。"但是，这是吗？你可能很熟悉那句老话："自助者，天恒助之。"不管有关上帝的那些传说我们信还是不信，或者到底能够相信多少，上帝确实赋予了每一个男人和女人自助的权利……或者，换句话说，选择的权利。

亨利·德拉蒙德在他的《世界上最伟大的事情》一书中，讲述了一个病得很重的小男孩的故事。这个男孩快要死了，他的父母为此感到非常伤心，医生已经束手无策了。有一天，一个上了年纪的、笃信宗教的人走进这间房子，他发现这里的每个人都显得非常沮丧，他问这些人为什么这么沮丧和闷闷不乐。他们告诉他，他们年幼的儿子得了重病，这小家伙很可能会死掉。这位虔诚的老人问他们孩子在哪儿，他们便指给了他那间卧室。老人走进卧室，将手放在小家伙的头上，说："我的孩子，上帝爱你，你难道不知道吗？"说完，他走出了卧室，很快便离开了。他走了之后，那个病得很重、简直快要死了的小男孩从床上跳了起来，在整幢房子里跑来跑去，喊着："上帝爱我……上帝爱我！"他不再是一个病孩子，而是重新变得健康、结实起来。

这是一个极好的例子，它向人们展示了当一个人选择相信上帝爱他的时候，会发生什么样的事情。毫无疑问，这个小男孩曾经做过一些错事，当然不是应该用死亡来惩罚的事情，但是很显然他以为上帝在惩罚他。然而，一旦他意识到上帝爱他的话，他的病就没了。这个小男孩运用了那种巨大的力量——选择的力量，从而复苏了生命，并使他的家庭免去了悲伤和心痛。

太多的人有一种坏习惯，他们告诉自己的孩子，如果他们做了错事，上帝就会惩罚他们。孩子的心里充满了恐惧，对上帝的恐惧，他们选择了害怕上帝。这些孩子进入成年仍然怀着这种恐惧。然后，又对他们的孩子讲着同样的话，做着同样的事。于是，一个世纪接着一个世纪，那些没有能够意识到选择的力量可以改变他们生活的父母们使这种恐惧永久流传。如果我们能够意识到做错事会将惩罚一道带来的话，那么我们就会选择去做正确的事情。因为那样我们就会明白，不是上帝要惩罚我们，而是我们自己错误的选择将惩罚一并带来了。如果我们一开始就做出了正确的选择，又有什么会出错呢？

曾有这么一件事，一个女人有个很可爱的儿子。这个女人有个习惯，她不断地告诉孩子，他犯了错误上帝就会惩罚他。结果这个小孩总是感冒。这位母亲简直要发疯了，她不知道该怎么办好。后来她明白了，她不能对一个孩子说那种话，她应该对孩子讲上帝爱他。她把这些话讲给儿子听，结果这孩子就再也不感冒了。从这里，您就可以明白，只要这位母亲选择告诉她的孩子上帝会惩罚他，孩子就总是感冒。当她选择告诉她的儿子上帝爱他的时候，事情就发生了变化。是什么带来了这种变化？是上帝使这一切发生了变化吗？是这位母亲，她选择了一种正确的方式将上帝展现在孩子面前，这改变了孩子的生活，也改变了她自己的生活。

那么，我们必须意识到，没有任何我们自身之外的东西会伤害我们。上帝不会伤害我们，上帝爱我们。那么，什么会伤害我们……只有我们自己错误的选择。

如果我们选择吃得太多并因此生病的话，该怪谁呢？如果我们选择将车开得太快以致它最终失去控制的话，该怪谁呢？如果我们选择使自己的性格龌龊，令人讨厌，该怪谁呢？如果我们要把钱带进棺材，成为“坟墓中最富有的人”，却使自己成了病人的话，该怪谁呢？如果我们没有学会怎样生活，我们该怪谁呢？怪上帝？啊，不！不能怪任何人。上帝爱你，他不会伤害任何人。我们没有正确地运用上帝赋予我们的最大的力量：选择的能力，这样我们便伤害了我们自己。

选择财富

成千上万的人都在寻找财富。他们希望有一天可以对自己说："现在，我再也不用为钱的问题发愁了。"他们制订各种计划、方案，尝试许多不同的方法，力图使自己富起来，这一切都未能奏效。结果，他们灰心丧气，认定自己不是那块料。他们做了各种尝试，就是不曾试着改变他们自己的想法——而这是唯一可能会使事情有所改变的途径。

我曾接触过一个男人，当时他正面临着各种财政问题。他妻子抱怨说，她害怕去开门，因为唯一可能出现在门口的人是讨账的。这种情形真令人泄气。我给了这家人一本书，认为这本书也许会帮助他们改变考虑问题的方式。这位妻子看了那本书一眼说："我是不会去读那玩意儿的……读那玩意儿没有任何用处。"丈夫说："我想读一读，把它留下吧。"结果，这个男人开始以一种新的方式思考问题，他以一种全新的精神投入生活中去。一年以后，他们搬到了一个更好的地方，买了一整屋子的新家具，甚至交付了一辆新车的定金。

我们没有给这个男人一分钱。当然钱可能会对他有所帮助，但这种帮助只能是暂时的。我们所做的，是使这个男人改变自己考虑问题的方式，从而改善自己的经济状况。如果我们不改变考虑问题的方式，我们就永远都不要希望去改变我们的经济状况。我们当中许多人没有意识到牙总是由里向外长的。所以，我们必须改变自己的内在思想。如果我们改变了有关自己经济状况的内在思想，外在的变化就一定会出现。所以，让我们选择好的、健康的有关金钱和财务的思想。

通过正确运用这种巨大的选择的力量，你就肯定能改善自己的财务状况。太多的人没有能够正确地运用这种巨大的力量，而这恰好使他们成了自己极力想躲避的那种东西的奴隶。

有这样一个年轻人，他的生活极为艰难，如同在苦海中挣扎。他曾经有相当长的一段时间没有工作，最后找到了一份丝毫不值得骄傲的工作。这个年轻人，他已经成家并有了一个孩子，却厚着脸皮说：“我不想发财。”每天他都试图省下几便士存起来，这样将来他的孩子长大之后便会有钱去读大学。这个年轻人非常明智，他选择了存一点儿钱留作孩子将来的教育基金。说他的生活是一种挣扎甚至还说轻了点儿。他不去繁华的闹市看电影而去街道看露天电影，因为这样可以省下两角五分钱；他拒绝去稍好一些的饭店，因为那里花的钱要多。他去看正统戏剧的时候，买的不是剧场正厅的前排座号，而是楼厅上的位置，因为他只支付得起这样的票价。当他买车的时候，他买的是最省钱的那种。他不可能带他的家人去度假，因为他去不起。这个人厚着脸皮说：“我不想发财。”

成千上万的人深陷在贫困中，他们选择了继续生活在贫困中，却没有意识到这一点。他们没能认识到选择的巨大力量。没有人因为生活节俭而受到责备。许多人不得不节省着过，否则他们根本就过不下去。这些人本可以利用这种巨大的选择的力量。他们本可以开始在脑子里装满生活中那些美好的东西。

每天我们都不断地听到有人说：“我很想要那件东西，但是我买不起。”“我买不起”，这是实话，但是别这么说。只要你继续说“我买不起”，你便将伴着“我买不起”度过你的一生。选择一种更积极的思想，比方说：“我要买下它，我要得到它。”当你逐渐建立起你将得到它、你将买下它的想法的时候，你就逐渐建立起了期待的想法。你建立起了希望。永远不要毁掉自己的希望。如果你将自己的希望毁掉的话，你就使自己陷入充满困难和失意的生活。

一个一文不名的年轻人说：“总有一天，我要去欧洲。”当时在座的一个朋友笑了起来，说道：“看看是谁在讲大话。”当时，这个年轻人没说：“我想去欧洲，但我觉得永远都支付不起这笔费用。”他怀有希望。这种希望给了他动力。这种动力促使他去做一些事情，这样他就有可能去欧洲。当你说“我买不起”的时候，一切事情都停止不前。希望没了，头脑变得呆滞，动力没了，然后我们选择相信什么都不会发生。然而有一种巨大的力量——这种选择的力量将带给你必要的希望，将带给你必要的动力，还将带给你必要的行动的勇气。它将使你从生活中得到你真正想要的东西。

艾伦在他的小册子《思考的人》中说：“思想就是物质。”我们把它改为“思想变为物质”。在电话还没有诞生之前，它是贝尔头脑中的一种想法。收割机在真正变成收割机之前，也是麦克头脑中的一种想法。电灯泡在真正成为电灯泡之前是爱迪生头脑中的一种想法。约翰 · D.洛克菲勒在口袋里没有一枚硬币的时候说：“有一天我要变成一个百万富翁。”而他最终确实成了百万富翁。所以，你必须意识到，那些你想从生活中得到的东西在成为物质之前首先是你自己大脑中的一些思想。我们的财务状况首先是一种想法，然后才是一种现实。如果我们想改变自己的财务状况的话，我们必须首先改变我们的想法。如果我们选择改变自己的内在想法的话，我们的外在状况就一定会发生变化。这是一条法则。当你选择了“我买不起”，你永远也不会得到它；当你选择了“我是个快乐的穷光蛋”的想法的时候，你就堵住了自己通往利益与价值的路。选择自己的想法你可以做到，改变自己的想法你可以做到。如果必要的话，在一开始就充分运用你的想象力。你永远不会为此感到后悔。你从前认为绝不可能的事情会在你面前发生，你从前认为绝不可能的变化会出现在你的生活中。毫无疑问，你将获得一次重生的机会。

这种巨大的潜力，这种选择的潜力，如果运用得当的话，可以无数次地使一个人的生活变成他所向往的样子。这着实令人惊讶。有一位年轻人，他发现每当他存钱存到70美元的时候，总会发生点什么事情。他会发生车祸……某些意料之外的困难会突然出现。他简直不敢再去存70美元。除非这个年轻人运用这种巨大的力量——选择的力量，并开始用另一种方式思考问题，否则他将会终其一生面对如此可怕的问题和困难。

有个年轻人是个万能先生，他可以把很多事情做得很好。然而，虽然他无论做什么都成功，却没能赚到一点儿钱。人们不能理解这是为什么。他有抱负，讨人喜欢，性格也很可爱，但在金钱方面，他却一年接一年徒劳地奋斗着。最后，这个年轻人请人给他指出他的问题究竟出在什么地方。他不断地对人表白：“除了赚钱，什么事我都能干好。”一旦他开始意识到他的问题其实很简单，只是他对想法的选择有点糟糕的时候，事情就开始发生变化了。他不再说：“除了赚钱，我什么事情都能干好。”而是开始说：“我什么事都能干好，包括赚钱。”在短短的几年时间内这个人的财务状况就发生了变化。他的确开始赚进一些钱。他开始出人头地，现在人们都说他是个富翁。这个人本来也可能终其一生将许多事情做得很好却赚不到一点儿钱。他一旦认识到他选择了一种错误的想法并且积极地去改变这种错误想法时，他的财务状况就开始发生变化，向着好的方向发展，选择的力量带给他一种好得多也有效得多的赚钱的能力。

选择周围的环境

任何稍微有点儿常识的人都知道自己不能控制周围的环境，除非自己恰好成了政府的首脑。

对于我们大多数人来说，必须承认我们控制不了外部条件。那么，我们能做什么呢？我们可以控制我们的想法，而且，通过控制自己的想法，通过运用这种最伟大的力量——选择的力量，我们可以间接地控制周围的环境。战争时期，一个年轻人应征入伍。他别无选择，他被带到军营里，他在那儿受训，为参加战斗做准备。至此，他没有任何选择的余地。他必须做他的上司让他做的事情，他必须去为自己的祖国做贡献，他必须服从命令，但是他仍然有选择自己的想法的权利。如果他选择了诸如他不可能活着打完仗、他会受伤致残这样的想法，而这些事情又恰恰发生了的话，那也没有什么好奇怪的。他也可以通过自己选择的力量来保护自己。F．L．罗桑是一位著名的工程师，也是英国最伟大的科学家之一。他在《生活理解》一书中，给我们讲述了关于一个英国军团的故事。这个团在威特利斯上校的带领下，在第一次世界大战中服役四年而没有损失一个人。军官和士兵们的积极配合使这种罕见的纪录成为可能。他们不断地、有规律地背诵并重复《诗篇》第91条中被称作“保护诗篇”的文字。这是一个关于选择的力量的颇为典型的例子，但是请记住这是人类所拥有的最伟大的力量。

我们都知道外部环境总是时好时坏。有的人甚至在情况好的时候都活不下去，更不要说情况糟的时候了。这是因为他们没有运用这种最伟大的力量——选择的力量。当困难到来的时候，许多人都往后靠，心里充满失意与落魄，等着政府采取措施来改变这种状况。而有些人则会运用这种最伟大的力量——选择的力量。这种人即使在困难时期也可能取得成功。许多最伟大的事业都是在所谓的困难时期开始并建立起来的。为什么？因为这些事业的创始人拒绝迷信所谓的困难时期，无论如何他们总是要朝前走，并且他们成功了。在困难时期，我们也会遇到环境好的时候所不可能遇到的有利条件。开始创办一个企业并让它发展下去需要的钱较少，很容易就可以找到帮手，费用也不高，竞争不是那么激烈。最重要的是，世界上到处都是满怀失望的人们，稍微有点儿勇气的人不需要打什么硬仗就可以获得成功。

有这样一个人，在经济萧条的时期开始做生意。他觉得自己生意做得不好的原因是时运不济，刚好赶上了困难时期，除非周围情况有所好转，否则他的生意不可能有任何转机。然而，就在这个困难时期中最困难的一段时间，偶尔有一天他走进了一个购物区。他发现这个购物区有两个卖肉的，他们之间隔着十来家商店。其中一个肉店生意繁忙，顾客在门外排着长队。另外那个肉店前却几乎没有顾客。这个年轻商人决定进行调查。他走进那家有很多顾客排队等候的肉店。老板非常客气地对他说："您好！先生，不好意思，生意很忙，但您只需要等上几分钟我就可以招呼您了。"年轻商人发现这个老板对每个顾客都是那样的和气而有礼貌，他给顾客提建议，却从来不和他们发生争执，买卖就这样成交了。几天以后，这个年轻的商人来到另一家肉店，却见店老板没好气地说："你要买什么？"他不卖给这个年轻人想买的肉，却硬逼着年轻人去买他觉得应该买的。他的所作所为让顾客很不舒服。这时候你就可以意识到选择的力量。

一个肉贩选择了相信这是一段困难时期，而且因为这是一段困难时期，生意很不好做，他甚至把他那"糟糕的生意"的原因归结到那些惠顾他的肉店的人身上，在顾客眼里他是个没有礼貌甚至不讲道理的人。另一个肉贩选择了相信生意做得好坏是自己的责任。他有责任要待人公平，他有责任要礼貌待客、乐于助人。后一个肉贩的选择是正确的，而前一个肉贩的选择是错误的。意识到这种最伟大的力量——选择的力量——可以使一个人从生活中得到尽可能大的收获，而没有意识到这种力量的人却使生活变成了一种负担。选择的力量可以帮助一个人提高赚钱的能力。

那个年轻的商人注意到了这两个肉贩之间的区别。第二天他回到自己的办公室开始工作。他选择了相信那是他自己的责任而与环境或政府无关的工作心态，对自己的生意做了一些必要的调整，不久他的生意开始好起来了。周围的环境没有变，而是他变了，通过运用这种最伟大的力量——选择的力量。

在工作中，我们会遇到类似的情形。让我们以两个职员为例，来看一看选择的力量是怎样影响每一个人的。甲总是选择按时上班，认真工作；他选择听从上司的指示；他选择把他的工作在自己的能力范围之内做得尽可能好；他选择提一些可能会对生意有所帮助的建议；他选择做一些本职工作以外的零碎事情；他选择在必要的时候加几分钟甚至一个小时的班；他选择在下班以后去学一些特殊的课程来提高自己并改进公司的服务。甲通过运用选择的力量使自己成为一名成功的职员。老板对他颇为赏识，尽力挽留甲在自己的公司里。

现在让我们看一看另外一种职员是什么样子。乙来上班的时候要选择自己合适的时间；他为了一些必须要做的工作选择和老板、同事争吵；他拒绝加班；他选择做一些和生意无关的事情甚至讲一些不利于自己公司的话；他选择拿多少钱做多少事，绝不做任何“分外”的事；他选择把时间花在一些愚蠢的消遣和不雅的活动上；他选择认为下班以后的时间是他自己的时间，他可以爱做什么就做什么；他选择拒绝展望将来，或为将来做任何准备。

当经济萧条到来的时候，第二种雇员将是第一批被解雇的人。而他，会把这归于经济的萧条。他会开始诉苦、抱怨，因为他丢了饭碗。他会大声指责政府，他会责怪每一个人，除了他自己。他的家人和朋友也会随着他遭殃。他会选择让时间就这样一天天、一年年地溜走。最后，他会发现自己栖身于政府办的老年收容所里。

做出正确选择的力量只存在于人类自己的头脑中，他们可以有自己的选择，实现自己的计划，真正按照他们梦想的方式去生活。把责任推给周围的环境是再容易不过的；把责任推给亲戚朋友也是再容易不过的；把责任推给政府还是再容易不过的；把责任推给任何人、任何事都是再容易不过的，如果你选择这样做的话。但是，每个认识到了这种最伟大的力量——选择的力量——的人都开始取得进步。这种进步不仅表现在生意上，也反映在一个人的社会生活、家庭生活和私生活上。他开始意识到他是那个做出选择的人，而他的朋友们、亲人们，虽然他们都是为他好，却不能代他做出选择。这样，他就开始建立起一种真正的自信。这种自信是建立在他自己的能力、活动和主动性的基础之上的。他不再依赖周围的环境，他也不再依赖想象中的某个东西，而是依靠自己。从他意识到这种潜力起，结果就开始显露出来。认识到这种力量是相当困难的，因为我们的大脑就像一个跑马场，千百种偏差在我们的大脑中以极快的速度跑过，我们便难以分辨出这种简单却又令人惊讶的选择的力量。

选择你的性格

人生最大的问题之一就是性格问题，我们一生中许多的困难和麻烦都来自性格问题。各种性格不断地发生冲突，因而人们不能彼此和睦相处。家庭破裂，友谊中断，出现不计其数的就业难题，有很多是因为性格问题和性格的冲突。

在性格问题上，人类所拥有的最伟大的力量——选择的力量——再一次起了非常重要的作用。你可以选择对人友好，也可以选择对人不友好；你可以选择帮助别人，也可以拒绝给人以帮助；你可以选择与人合作，也可以选择独来独往；你可以选择因某事而激动，也可以选择保持平静；你可以选择发脾气，也可以选择忽视可能会引起你不快的事情；你可以选择成为一个人见人爱的人，也可以选择做条“苦瓜”；你可以选择微笑，也可以选择拉长了脸走来走去；你可以选择信任别人，也可以选择不相信你遇到的每一个人；你可以选择相信“每个人都喜欢你”，也可以选择相信“每个人都和你做对”；你可以选择做一个整洁的人，也可以选择做一个邋遢的人；你可以选择做一个有抱负的人，也可以选择做一个懒汉。难道你不是已经做出了选择吗？

有个绝好的例子。本杰明·富兰克林曾经觉察到他正在不断地失去一些朋友，他开始意识到他在不断地与人发生争执，他和人就是相处不好。快到新年了，大家都在制订新年计划。富兰克林坐下来，开出一张清单，清单上有他所有让人讨厌的性格特点。他把它们一一列出来。他对这些特点进行编排，把最有害的一个放在清单的第一位，然后依次排下来，害处最小的排在最后。他决定要一个一个地改掉这些讨厌的坏毛病。每次他发现自己成功地改掉了一个坏毛病，他就把这个毛病从清单上划掉，直到清单上所有的坏毛病都划完为止。后来，富兰克林成了全美国人格最为完美的人之一。每个人都尊敬他，崇拜他。当殖民地需要法国的帮助的时候，他们将富兰克林派到法国去。法国人是那么喜欢富兰克林，以至于他要什么他们就给他什么。今天几乎在所有关于性格塑造的书中，你都会发现富兰克林的名字，他被当作这个方面最杰出的例子来引用。

让我们来设想一下，如果富兰克林不对自己的性格进行任何改造；如果他和大多数人一样，老天爷和父母给了他什么样的性格，他就拥有什么样的性格；如果富兰克林继续以那种争辩的方式与人交往，他绝不可能成功地说服法国人来帮助殖民地。那么，也许整部美国历史都将重写。但是，仍然有无数的人说："我能怎么办呢？我该做些什么呢？"林肯说："我要让自己准备好。总有一天我的机会会出现。"机会确实出现了。林肯选择了相信准备。至少我们不要因为我们的性格而给生活在我们周围的人带来不必要的麻烦。

一个人足以毁掉整个家庭，或使家庭生活变得痛苦不堪。然而，同样是这个人，通过运用上帝赋予人类的最伟大的力量——选择的力量，可以使他周围的人，尤其是他自己的家人生活得幸福美好。

许多人在生活中都会面临这样一个问题——失去自己所爱的人。有许多人在失去母亲、父亲、兄弟、亲近的朋友之后变得非常伤心，以致生活对他们来说已经变得毫无意义。"现在，活着又为了什么呢？"他们这样问。世界各地有成千上万的人如行尸走肉般地活着，他们就这样走过人生的大街小巷，他们没有意识到他们拥有这种最伟大的力量——选择的力量。他们选择按照以前的方式活下去，选择让他们的生活成为他们自己，也成为他们周围人的一种负担。你不能责怪这些人，因为他们的损失是巨大的。那种打击也许来得很突然，来得毫无道理。他们不能理智地分析为什么会发生这样的事，有时候确实很难清楚地去分析为什么会发生这样的事。但是无论我们能不能把这件事分析清楚，当下我们要做的最重要的事就是如何使活着的人的生活恢复平静。

我们觉得要回答这个问题，最好的办法莫过于给大家讲一个前不久我们遇到的事。在"大赛"开始前一周，一个大学的足球球星的母亲去世了。教练不知道该怎么办才好。最后，他决定把这件事交给这位年轻的球星自己处理。如果小伙子决定比赛的话，对教练来说那当然是再好不过。但是，如果这个年轻人觉得这种打击对他来说太大并决定不去比赛的话，教练也会尊重他的决定。比赛那天到了。球队队员站在场地上。那位年轻的球星也在其中。当球队开始例行练习的时候，这位年轻的球星朝看台走过去，他站在那儿。看台上第十二排有一个位置是空的。那个座位被人用黑纱盖了起来。这个年轻人站在那儿，注视着那个蒙了黑纱的空座，说：

"妈妈，这场球我是为您踢的。"然后，他投入比赛中去了，和他的队友们一起为自己的队伍赢得了胜利。

这个故事清楚地阐释了选择的力量。这个年轻人本来也可能坐下来哭泣，使自己成为所有队友同情的对象，让大家感到非常难过，以致整个球队都会受到影响甚至输掉比赛。但是他选择了一种对大家都有益的方式。他从中受益了，他的球队从中受益了，而他的母亲，不管这是一位什么样的母亲，如果在天有灵也一定会为自己的儿子感到骄傲。他在以一种她所期待的方式生活。这就是问题的答案。我们深爱的人去世之后，我们能做些什么呢？继续以他们所希望的方式生活，不管他们身在何处，让他们为我们感到骄傲。当然，我们不能控制周围的环境，但我们能掌握自己选择的权利。通过掌握这种选择的权利，我们可以使生活充满乐趣，充满意义，不仅为我们自己，也为我们周围的每一个人。

我们注视着生活中的种种困难，那些困难看起来似乎是难以克服的。我们四下观望，想知道自己生活得是否值得。一旦我们选择了让世界变得更美好，世界就会马上开始变得美好起来。不要总等着别人去改造世界。别等着你的邻居进行自我改造……从你开始。如果我们每个人都开始选择改造自己的话，我们就可以改变我们的小世界。我们每个人都生活在一个属于自己的小世界中。这是对每个人来说最重要的世界。这也是我们可以对其进行改造的世界。每个人都可能与5个或者105个人有联系。如果我们给这5个或105个人留下的是一个令人愉快、乐于助人的印象，我们就可以影响他们了，使他们朝着好的方向发展，而这些人又可以以同样的或类似的方式去影响别人，把这个世界改造成一个更好的生存空间。也许这并不像你想象的那样艰难，并不像你想象的那样需要花上很长时间。

前一段时间，报纸上有一篇文章，说政府有意把某条街道改造成一条林荫大道。计划制订好了，每个人都坐下来，等着权力机构发布命令，对这条街道进行必要的改造。这将是一条耗资百万美元的大道。但是，出了一些问题。政府官员们发现继续进行该计划是"不可能的"。于是，这个改造林荫大道的计划就被搁置了。在这条大街住的某一个人选择了做些事情来改变它。他想，如果政府官员不再打算美化整条大街的话，那么他至少可以美化他自己门前的那一段。他这样做了。于是，他门前的那段街道成了整条大街上最引人注目的景色。他的邻居看到了他所做的一切之后也开始美化自己的区域。每个邻居都这样做了，直到整条大街看起来像一条"百万美元大街"为止。谁促成了这件事？实际上只有一个人。他选择带头这么做，每个人就都跟着他这么做了。别说你不能改变这个世界。你可以改变你自己的小世界，而这是最重要的。你选择认为你可以改变它，后边的人也会有同样的想法，事情就会办成了。你就可以成为那个带头的人，从你的家庭、你的工作、你所在的社区，甚至你的国家做起。

实际上，只要我们愿意选择按照一条简单的小建议去做，每种性格问题都可以得到解决。因为各种各样的分歧，无数的夫妻过着痛苦的家庭生活。因为分歧的形式多种多样，数以百万计的人们不断工作，手头工作却总是很多。甚至有些民族会发现，他们之所以卷入战争是因为有些分歧未得到解决。如果上述这些人愿意运用人类拥有的最伟大的力量——选择的力量，我们将发现我们在以一种完全不同的方式生活着。

许多年前，一位智慧的老哲人说过："如果我们一定要不同意的话，就让我们以一种不让人讨厌的方式不同意。"

如果我们意识到作为个体、作为夫妻，两个人生活在一起总是难免有不同意见的话，有分歧完全是可以接受的，但是不要令人讨厌。如此，婚姻可能变得让人愉快得多，家庭生活会变得有意义得多，离婚率会大大下降。员工之间的意见分歧，使成千上万的人在不愉快的心情下工作。许多人喜欢他们的工作，喜欢周围的环境，对薪水感到满意，但是他们无法和某些人共事。许多人不断地换工作，只是因为和别人意见不一致。如果这些人愿意运用这种最伟大的力量——选择的力量，并且以一种不让人讨厌的方式表达自己的不同意见的话，他们就会发现他们要生活得比现在快乐得多；当他们投入工作的时候，他们的感觉也要舒服得多；当他们跟人交往的时候，他们也会表现的自在、轻松得多。他们会觉得肩上卸下了一副重担，因为他们将不再需要同周围的人、事做斗争。相反地，他们会更愿意去理解别人，去倾听他们的意见。

我们中许多人都经历过一两次战争。有的人经历的甚至还要多一些。我们发现，赢得一场战争是一回事，赢得和平是另一回事。如果你仔细思考一下这件事的话，你就会发现这很有趣。在战争中被你打败的那个国家，在战后你必须供给它衣食，帮助它重新站立起来，给它金钱上的援助以使它的经济能够自给自足。这是为了什么呢？没有人知道。为了开始下一轮冲突？要再创造你曾经竭尽全力想要毁灭的东西？世界上的国家会不会有一天运用这种最伟大的力量把他们自己从巨大的灾难中拯救出来？我们希望他们会这样做。世界上各个国家会不会将在某一天选择以一种不让人讨厌的方式来表达自己的不同意见？我们希望他们会这样做。他们能做到这一点，就像我们可以运用这种最伟大的力量使我们自己的生活变得愉快而有意义一样；就像我们可以运用选择的力量使我们的家庭生活变得愉快和谐一样，世界各国也可以把这个由他们组成的家变成一个快乐的大家庭。这是不是听起来过于美妙而显得不真实了？我们有这种能力。如果我们选择这样做的话，我们就能做到。

我们为什么会这么自信呢？如果你去听交响乐，或者在电视上看一个大型交响乐团的演奏，你能看到什么？一百多个人同时演奏一支大型的曲子。如果你观察得再仔细一些，你就会发现许多种不同的乐器。在演奏过程中，每种乐器都发出它特有的声音，为整支曲子的演奏贡献一份力量。每个演奏者都是在为整体的良好效果而演奏，没有冲突，所有的一切都显得很和谐。每一个演奏者都希望这支曲子能成为他演奏过的所有曲子中最辉煌的。每个人都力求在演奏过程中感受到一种快乐。当这支大型曲子的演奏快要结束的时候，每个人都从心底生起一股自豪感。

如果更仔细地去分析一下这个大型交响乐团的演奏，你会发现什么呢？每个人都选择了在这个乐团演奏。每个人都选择了用他正在用的乐器演奏。每个人都选择了和其他人保持一致。每个人都选择了做得尽善尽美。每个人都选择了跟着指挥棒走，因为在演奏过程中，它自始至终起着引导的作用。

我们也能做到这一点。上天赋予了我们这种能力。上天赋予了我们一种最伟大的力量——选择的力量。上帝是爱我们的。他希望我们能和睦相处。是的，我们有很多不同点。不同的风俗，不同的食物，不同的爱好，不同的语言……但是并没有不同到无法相处的地步，只要我们以不令人讨厌的方式表达我们的不同意见。上帝是我们人生的导航者，他就像一位父亲一样。作为我们的父亲，他让我们大家生活在一个和平的大家庭里成为可能。他通过赋予我们选择的力量使之成为可能。我们要怎样来利用这种力量，明智地还是愚蠢地。我们有这种力量，这种最伟大的力量——选择的力量。

选择幸福

在认清并意识到自己拥有一种最伟大的力量——选择的力量——之后，几乎每个人都会发现自己比以前生活要快乐得多。许多人会紧抓着这种幸福感不放手，并开始怀疑这种感觉能否持久。百老汇曾上演过这样一出戏：戏中的女主角走上舞台（当时她刚度完蜜月归来）说，她觉得自己太幸福了，以至于“她想死”。请想象一下：当一个人竟然“追求幸福且得到了幸福”，她竟然说“想死”。这是对这种最伟大的力量多可怕的滥用啊！我们眼中所见的幸福那么少。所以，一旦当我们拥有幸福，随之而来的会是一种强烈的恐惧，以至害怕自己不能把握住幸福，可以说几乎是在获得了幸福的那一刹那就失去了它。

一个年轻人给我们讲了一个故事。他说：“我曾和一位年轻的姑娘谈恋爱。我们彼此颇有好感。我们决定订婚。订婚时我们觉得非常幸福，于是我们决定结婚，将幸福推上顶点。我们结婚了。我们商量着买下了一幢虽小但很可爱的公寓房子。而事实上，所有的朋友都羡慕我们买了自己的房子。我妻子出去工作，我也出去工作。我们有一辆车。我们在银行里存了一点钱。我们像生活在人间天堂一样。但是，在我和朋友聊天时，他们似乎都觉得这种生活不会长久。他们会对我说：‘看看琼斯那对夫妇，刚结婚的那几个月他们多幸福呀！再看看现在，他们却有了那么多的麻烦和烦恼。看看史密斯一家，他们一度也很快乐，特别是结婚的头几个月。你再看看现在，他们生活得多不快乐！’这样的话我听得太多了，以至我觉得他们过的是一种正常生活，而我和我太太过的却是一种不正常的生活。我们这种人间天堂般的婚姻生活就像一只气球一样，随时都会破碎。我每次和一个持‘这种生活太美好了所以不能持久’观点的人聊过之后，回家时我都会向我的妻子讲些类似的话：‘亲爱的，我们的生活是不是太美好了？这种日子大概长不了。我们简直就像生活在天堂里一样，这样的生活不太可能继续下去。’没过多久，这样那样的事情就开始发生了。我妻子失去了工作，我也失去了工作。我们不得不卖掉我们的车，我们不得不放弃那幢漂亮的小公寓，我们不得不回家和我母亲一起生活。最糟糕的是，我妻子也成了母亲。我们的生活刚刚有了好的起色，就发生了点儿什么事把一切都毁掉了。”年轻人喊道：“活着还有什么意义呢？”他想自杀。他想，如果这就是生活，你大可以现在就将它结束掉。

我最后向这个年轻人解释，如果他运用了他最伟大的力量——选择的力量，他就可以避免所有这些难题。我告诉他，他不一定非要选择相信那些告诉他婚后的幸福生活不会也不能持久的朋友们。我告诉他，有位女士在一本书中说过一句很精彩的话，这句话可以使他免遭那些困难。《生活游戏和游戏规则》一书的作者，同时也是《你的话就是你的魔杖》一书的作者弗洛伦斯·斯科沃·辛女士，在后一本书中指出，没有任何东西会因为其美好而不会长久。我们向他解释说，如果他运用自己的潜力，选择相信没有任何东西会因为其美好而不会长久的话，生活中的一切对他来说都会变得顺利且美丽，甚至比他梦想的还要甜蜜。这虽令人惊讶，却是真的。这就是让事情顺利发展的秘密。但是，每当事情一往无前地发展，没有遇到任何阻挠的时候，你必须不断地提醒自己：事情本来就该是这样。星星不会撞上月亮，月亮不会撞上太阳，太阳也不会撞上地球。当然，如果高速运行的星星、月亮和地球彼此不会发生冲突的话，为什么我们的生活不能顺利前进，不受那些许多人都遇到过的负面因素的影响呢？只要我们能意识到这种选择的力量的全部含义，我们的生活就一定会变得顺利起来。如果你运用选择的力量，相信没有任何东西会因其美好而不得长久，你的生活就会发生变化。其变化之大，远非你的想象能及。正如一个人曾经说过：“人间天堂就在那儿，而大多数人的问题是没有去利用它。”

无论你走到哪儿，你都会听到，有些人本来过得挺好，后来却遇上了麻烦，而麻烦则紧抓住他们顺利的生活不放。有这样一个人，他工作得极其出色，他的婚姻很幸福。他在银行有存款。他开着一辆大轿车。他似乎坐在“世界之巅”。但是他能承受得了这一切吗？不能！他从未见过任何人生活得像他这样顺利。他认为他比别人都强，他开始变得过于自信。

过分自信往往会导致粗心，这种粗心导致一系列的失误，使他陷入困境。他开始灰心丧气。他不是得到了想得到的一切吗？以前他不是也很幸福吗？他不是按时去教堂并按教规生活吗？于是，他开始想找点什么东西来责怪。他得出一个结论：一定是他自身之外的一些东西导致了他的麻烦。但是让我们来分析一下他的情形，看看我们能发现什么。他过去一直过得很好，他什么都不缺。但却犯了一个小小的错误，他放纵了自己，变得过分自信。他没有因自己的好运感谢上帝，并选择继续那样活下去，他变得粗心大意，并且在自己没有意识到的情况下，做了一些使自己陷入麻烦的事。过分自信，和我们所知道的其他情况一样，破坏并毁掉了许多人的生活。上天不希望我们缺少自信，但他也不希望我们过于自信。许多人对此并无意识，他们就很可能被过分自信击垮，并且从此再也站不起来。

约翰涨了工资。他兴高采烈地回到家里，对他的妻子说："我们出去庆祝一下吧。"他们叫上另一对夫妇到一家夜总会去庆祝。他们开始喝酒。没过多久，约翰就和另一个男人的妻子做爱了，而他的妻子则和另一对夫妇中的丈夫做爱。清醒后，约翰开始气愤这件事。回到家，他和妻子一直争吵到第二天凌晨。事情过去之后，约翰希望他从没有涨过工资。抱怨说，他的幸福不能长久，他的好运短命。但是，为什么会这样呢？是因为他自身之外的什么东西给他带来了不幸吗？是因为上帝不希望他幸福吗？现在我们知道为什么了。约翰的好运使他过分自信。他的过分自信导致了他的粗心和放纵，而粗心总是会给人带来麻烦。

许多人在生活"太顺利"的时候，会渴望刺激。这种选择将他们带入困难重重的境地，然后他们说"这就是生活"。生活本身并没有产生这种麻烦，但我们的错误选择给自己带来了麻烦。

我们听见有人不断地说："如果我能做成这笔交易，无论发生什么事，我都不会在乎。""如果我能嫁给约翰，无论发生什么事我都不会在乎。""如果我们能还清抵押借款，无论发生什么事，我都不会在乎。"这是些多么糟糕的想法！多么糟糕的选择！多么愚蠢的行为！现在你能明白为什么世界上会有那么多麻烦而真正幸福的人那么少了吧？想象一下，一个人选择了这样的想法——"无论发生什么事情，我都不在乎。"这就好比你走进一家饭馆，说："只要你给我端上来的是食物，我不在乎你到底给我端什么来。"他们可能会给你端来烧得很焦几乎不能吃的食物，切都切不动的肉，烂得看都不愿看一眼的青菜。要仔细。仔细其实很容易，和粗心一样容易。想问题的时候，总是要朝积极的方向去想。多想一些会给你带来帮助而不是伤害的办法。这一点很重要，因为通过这种最伟大的力量——选择的力量，生活会变成你希望并选择的样子。

我们的父母、祖父母、祖父母的祖父母，上几代的人们在我们脑子里装满了诸如我们一定会遇上麻烦，太美好的事情一定不会持久等想法，致使我们这些现代人的想法受束缚。

在世界的各个角落都有人选择相信如果不发生这样的事，就会发生那样的事。有一个人工作很扎实，一切都很顺利，没有任何麻烦——除了他自己的想法。他开始无事生非地想象了："我现在的工作到底能持续多久呢？"没过多久，他就失业了。食品店的账单开始堆积起来，他开始为拖欠的租金发愁；找不到工作，他的孩子病了，然后他也病了；他必须面对一堆巨额的医药账单和其他各种家庭开支，生活变得更加让人难受。后来，这个人又找到了工作。他开始付清他所欠的债。当情况开始好转起来，他快要付清所有账单的时候，又发生了另外的事……有过几次这样的经历之后，他成了这种想法的坚定的信仰者：如果不发生这样的事，就一定会发生那样的事。

在有麻烦的那段时间里，他发现自己被那些麻烦和自己混乱的思维牵着鼻子走。他有自己的"钻石宝地"，但他一直都未发现这片土地。他头脑里不好的想法给他带来不好的后果。如果他发现了自己最伟大的力量——选择的力量，他就会意识到许多麻烦都来自他错误的观念。如果他意识到了没有任何东西会因其美好而不能持久，他就可能会避开那些麻烦。他就不会去期待麻烦的到来，而是期待顺利的日子长久地继续下去。

当我们周围的每一个人都生活在麻烦、困难和失意中的时候，过一种平静、顺心的日子也并非一件易事。我们必须不断地提醒自己：没有任何东西会因其美好而不能持久。当我们中间有足够多的人开始相信并实践这种想法的时候，我们就会就像哥伦布在1492年发现新大陆一样发现现实生活中的一个新大陆。

有一位宗教领袖曾说："如果世界上其他人都不快乐的话，我又怎么可能快乐？"这是一个很好的问题。这位领袖是个有智慧的人，他提出了一个很有意思的问题。然而，如果这位宗教领袖没说上面那段话，而是说："看看我，看看我生活得多么快乐。如果你们按照我的教导去做的话，你们也会像我一样快乐。"那么，他的千百万追随者们就会觉得快乐是件很自然的事情，而且，至少世界上的这一大教派会拥有千百万快乐的教徒。在这里，我们再一次发现一个人可以改变一大群人，他会影响到千百万人的生活。我们有许许多多的新发明，以前从来没有人想到过这些东西。同样地，在弗洛伦斯·斯科沃·辛站出来说“没有任何东西会因为其美好而不能长久”之前，人们都觉得幸福不可能长久。因为几乎没有人能证明这一点。这位伟大的宗教领袖有选择的力量，他选择了相信因为世界上其他人都不快乐，他也不可能快乐。有什么东西阻止他选择为他的追随者们树立一个生活幸福的榜样吗？没有！除了他自己的选择。

对个人来说极为普遍的情形，对整个国家来说也是普遍存在的。国家经济顺利发展的那个时期，几乎所有的人都有工作，失业率非常低。人们在买新车，股票价格很高，房地产价格也很高，似乎每个人都在赚钱。那段时间好像大多数人都很走运，世界仿佛处在了有史以来的鼎盛时期。但是，有许多人，包括穷人、富人、弱者、强者，从社会最底层到社会最高层，他们都开始发现这段时期是如此美好以至于它不可能长久。渐渐地，这种想法开始深入每个人的头脑中去，事情开始起了变化。他们变得谨慎起来，股票开始下跌，银行开始关门，到处都是黑暗与绝望。一个昨天还繁荣昌盛的国家顷刻间被推进了萧条的低谷，这一切只是因为所有的人，无论富人还是穷人，都觉得如此美好的时光是不会长久的。

如果这些难以计数的民众，这些认为美好的时光不会长久的民众，运用了他们最伟大的力量，并且选择相信没有任何东西会因其美好而不能长久，情况又会怎样呢？他们就会有办法让事情永远顺利地发展下去。正像有人曾经说过的：“这的确是一个伟大的国家。”当整个国家似乎处在一种停滞不前的状态下，没有任何发展的时候，汽车制造业来了。它使每个人都忙碌起来，不断前进。当每个人都被卷入汽车的浪潮中，停滞不前的状况又出现了，飞机制造业使生产从萧条状态中得到恢复。然后当飞机似乎满足了生产需求的时候，无线电业将生产从萧条状态中拯救出来……无线电业之后又来了电视机制造业。美好的事情可以发生，就像糟糕的事情可以发生一样容易。我们必须运用这种力量进行正确的选择，否则，它会使生活与我们的意愿背道而驰。

在这个世界上，仍然有难以计数的人一无所有，有难以计数的人连换洗衣服都没有，许多人没有合适的房子住。世界作为一个整体，仍然处在未受教育的没有知识的状态。据报道，世界上有三分之二的人仍然不用餐具吃饭。即使在美国，也还是有许多人没有浴室，没有像样的住所，缺少去过一种更好生活的希望。

让我们选择相信
美好的事情就要发生
为什么我们总要遵循那
古老的模式……
认定
糟糕的事情总会发生?

现在我们开始认识到，有了这种最伟大的力量——选择的力量。人类已经走过了一段漫长的历程，现在的这个世界是现代科技发展的产物。人们的生活变得更舒适、完美，而人类的这种力量是无穷尽的。有了对自然的掌握，我们开始意识到现在我们正面临着一项更艰巨的事业——掌握我们自己。我们已经走过了石器时代、木器时代、铁器时代，正在走过机器时代。现在，我们要进入一个新的时代——知性时代。人们一直在运用选择的能力，不过他们并没有意识到这一点。现在我们意识到了这一点，我们有了一个重大发现，那就是：许多麻烦、困难和痛苦都是人为的。

人类在不断地为自己创造安逸、享受生活的同时，人类也把自己的精神生活搞得越来越复杂和迷惘。本来是不需要这样的，再也不需要这样。既然人们已经发现了这种最伟大的力量——选择的力量，就可以选择像个真正的人一样生活。

人不能再责备他自身之外的任何东西，人必须把责任归咎于自己。人做了他所做的一切是因为他选择了这样做。也许我们并不愿意承认这一点，但这却是真的。人们成年累月从早到晚地工作，有时甚至一天工作12到14个小时，没有或者很少有闲暇的时候。现代科技发展所带来的后果之一，就是使人类有了更多的可供自己支配的时间。于是，人类现在开始真正洞悉生活的艺术。他必须学会生活的艺术，因为他手上有那么多空闲的时间需要打发。只要他手上有那么多空闲的时间，他就必须要理智地去利用这些时间。如果他不这样做的话，就会给自己招来灾难。学习生活的艺术，其中最重要的一点就是学会如何接受自己。当人们开始运用自己所拥有的最伟大的力量——选择的力量——的时候，就会学会如何接受自己了。

这种最伟大的力量——选择的力量——会把生活变成他一直向往的样子：不用去依靠他自身之外的任何东西，而是去依靠他自身内部的伟大力量，这种上帝赋予他的、使他成为一个真正的人的力量。他将意识到，生活并不依赖于金钱、机器、汽车、皮货、家庭或所谓的“财富”而存在，生活是建筑在他的精神力量之上的，而赋予他这种精神力量的是一种万能的精神力量。

人必须意识到生活中最重要的东西是生命。因此，他首先要对他所拥有的生命负责。如果他对生命给予仔细的照顾，生活就会变成他所向往的样子。如果他忽视自己的生命，生活就会以一种他所不希望的样子出现。

这首小诗是我们前些日子读到的，请允许我们在这儿把它送给您：

我到这个世界上只有一次
能做的好事
现在就做
能给的帮助
现在就给
——无论是对谁
让我现在就做吧
不要拖延
也不要忽略
因为
我到这个世界上只有一次

因此，事实就是这样，既然我们来到这个世界上只有一次，我们应该选择生活得自信一些而不要过于自卑；我们应该选择生活得平静一些，而不要总是躁动不安；我们应该选择拥有静谧而不是混乱；我们应该选择尽量利用生活，为我们自己，也为我们周围的每一个人，而不把自己和他人的生命糟蹋掉。我们有选择的力量——让我们尽我们所能去利用它。当我们运用自己的大脑去选择最佳的方式的时候，我们会发现，万能的精神会来帮助我们，它会帮我们找到最佳的方式。有了它的帮助，我们不会失败。我们一定会成功！

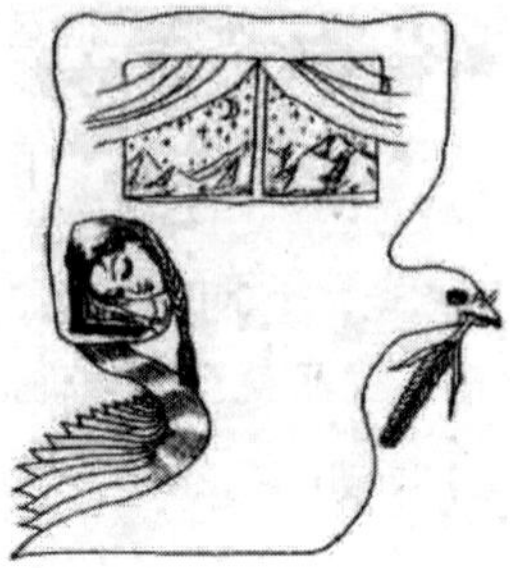

一点事后的思考

〇现在你已经读过了《最伟大的力量》，你感觉好些了吗？你当然会觉得好些，那么再把它读上几遍。

〇每当你感到厌恶、烦恼、不快的时候，读读这本书。你会觉得好些。

〇在你的枕边放上一本。睡前读上一点。第二天早上醒来你会觉得更舒服、更有动力。

〇为什么不送一本给某个正需要这本书的人呢？它肯定会受欢迎的。

〇愿这本小书能给您和您的家人、朋友带来帮助。

思考的人

〔美国〕詹姆斯·E.艾伦 著
樊莹 译

关于本书

在生命的历程中，思考，指引着我们前进的步伐。

思维的纯净必然能带来生活的纯净，带来珍贵的爱与理解，使我们在日常活动以及对待朋友和敌人时能够持有恰当的态度。

但是，人应当到哪里寻求指导呢?人怎样才能获得能够带来幸福与自信的思维的纯净呢?

本书作者在这本《思考的人》中给出了答案。半个世纪以来他的话影响了成千上万的人，而且这些话一直在为迷惘的人们指出通往更美好生活的正确道路。

“心灵的纯净会带来生活的纯净和身体的纯净，”詹姆斯·E. 艾伦写道：“肮脏的心灵会带来肮脏的生活和腐化的身体。”

有太多的人忙于改善自己的物质生活，只有极少数人在寻求精神的升华。这是詹姆斯·E. 艾伦那个时代所面临的问题。詹姆斯·E. 艾伦从自己内心最深处所顿悟的这些观念指引他们走出迷途，同样也会指引你。

思考与性格

“当一个人进行思考时，他就因此而存在。”这句箴言不仅概括了一个人存在的全部意义，而且也包含了一个人生活中所触及的所有环境和条件。可以毫不夸张地说，一个人是在思考中挺立起来的，他的性格是其思维的总和。

正像一株植物是从种子中生长出来的一样，人的每一个行为都是从其内心思想中迸发出来的。行为的出现离不开思维。这不仅适用于那些精心策划实施的行为，同样也适用于那些被称之为“自发性的”和“无意的”行为。

行为是思考的花朵，而欢乐与痛苦是思考的果实。于是，人收获着自己培植的果实，有的甜蜜，有的苦涩。

思考造就了我们。我们的存在是靠思考建造的。如果一个人心存恶念，那么痛苦就会追随着他，就像是老牛身后紧紧跟随的车轮……如果一个人的思想纯洁高尚，那么欢乐也将伴随着他，如影随形。

人类的成长是有规律的，而不是靠技巧来完成的。在思维的世界里，因与果是绝对的，毫无偏差。就像我们看到的：高贵的品质不是来源于上帝的恩惠，或是机遇的关照，而是长期进行正确思考的自然结果，是长期进行神圣思考的结果。卑贱下流的性格也要经过类似的过程，是长期怀有下贱阴暗思想的结果。

人的创造或毁灭都是由自己来完成的。在思维的工厂里，人可以锻造自我毁灭的武器，也可以打制为自己建造充满欢乐与力量的和平天堂的工具。通过正确的选择和诚实的思考，人向神圣和完美迈进；错误的思想和毫无理性的选择只能将人降至与禽兽为伍的地步。在这两个极端之间，还有各种不同层次的性格，而人正是这些性格的创造者和主人。

在这个年代所揭示的所有关于灵魂的美丽的真相中，最令人兴奋、最能带来憧憬与信心的莫过于此——人是思维的主人，是性格的塑造者，是状况、环境和命运的创造者。

作为一个有智慧和爱的生命，作为自己思想的主人，你手中握着通向各种境遇的钥匙。人本身就具有转变和重塑的力量，由此人可以使自己成为他愿意成为的形象。

人永远是主人，即使当他在最虚弱和最孤独的境地，他也是自己的主人。只不过当他虚弱和堕落时，他是一个对自己的“家业”管理不当的愚蠢主人。当他开始反省自己的状况，开始辛勤地寻找自己的生命所依据的法则时，他就变成了一个聪明机智的主人，以智慧来引导自己的精力，将自己的思想倾注于充满希望的事业上，这样才是清醒的主人。要想成为这样的主人，必须在自身中寻找。而发现内心思想法则的道路是建立在实践探索、自我分析和经历世事之上的。

只有通过不懈的搜寻和挖掘，才能得到真金和钻石。如果人能够在自己灵魂的矿山深处发掘，那么他能够发现与自己的存在有联系的所有真理。他会发现他是自己性格的制造者，是自己生活的塑造者，是自己命运的建构者。他可以毫无疑问地证明这一点，只要他愿意观察、控制和改变自己的思想，同时仔细探求自己的思想对自己、对他人、对自己的生活与环境的影响和作用，他就可以通过耐心的实践和调查将因与果联系起来，利用自己的每一次即使是最微不足道的经历和日常发生的琐事，作为一种获取知识的途径。这样获得的知识就是能够理解和充满智慧的。这就是人们常提及的：“只有努力寻找的人才能找到；大门只会对叩门的人敞开。”因为只有通过耐心实践和无止境的追求，人才能进入幸福殿堂的大门。

思考对环境的影响

一个人的头脑可以比作一个花园，既可以进行辛勤的耕种，也可以任其荒芜。但无论是精心照料还是弃之不顾，花园都会发出嫩芽。如果没有播撒有用的种子，那么无用的野草的种子将在其中生根发芽，并将不停地蔓延。

园丁用心地照料自己的花园，他要不停地去除杂草，培育鲜花和水果；人也在照管自己头脑的花园，除去所有错误、无用和肮脏的思想之野草，同时仔细地培养正确、有用和纯洁的思想之鲜花与果实。在这样的过程中，一个人迟早会发现他是自己灵魂的园丁，是自己生活的导演。他也在自身中找到思想的法则，并越来越清楚地认识到思考的力量和头脑中的元素是如何作用于人，从而造就了自己的性格、环境和命运。

思想与性格其实是一体的。因为性格只能通过它周围的环境表现出来，所以一个人生活的外部条件与他内心的世界是紧密而又和谐地联系在一起的。这并不是说一个人的环境在任何时候都是他的全部性格的表现，而是说环境因素与思维的一些至关重要的成分之联系是如此紧密，以至在一定时期，环境因素对于个人的发展十分重要。

每个人所处的位置是由他自己的存在所决定的。那些深深根植于他的性格中的思想将他引至他现在所处的地方。在生命的安排中，没有任何投机的成分，所发生的都是内心思想法则作用的结果。这一点不仅适用于那些对于自己的环境满意的人，也同样适用于那些感到自己与周围的环境“格格不入”的人。

作为一个进步的和发展的生命，人不仅存在于某一个位置，他还可以学习，还可以成长。当他从周围的环境中学习到了精神知识之后，这种环境就将让位于其他的环境。

如果人认为自己是外部条件的创造物的话，那么他只会受到外界环境的打击。但是，当他认识到自己具有创造性的力量，自己能够主宰自己的生命，而外界环境正是从他自己存在的土壤与种子中生长出来的，那么他就真正成了自己的主人。

环境生成于思维，每一个曾经试图控制自我和净化自我的人都清楚这一点。因为，当他进行自我改造的时候，他将会发现，环境的改变与他自己内心世界的改变之间有着十分精确的联系。当一个人非常急切地修正自己性格中的缺陷，并取得了迅速、显著的进展，那么，体现在外部的变化是：他将在很短的时间内迅速地经历一系列兴衰荣辱。

灵魂既能够吸引它所热爱的，也能够吸引它所惧怕的。灵魂既能实现它孜孜以求的理想，却也会堕落到它不纯洁的欲望中去——环境正是灵魂通向自己归路的途径。

在内心播撒的或是偶然落地的每一粒思想的种子都会生根、发芽，孕育出自己的生命，开出行动的花朵，结出机遇和环境的果实。美丽的思想结出美丽的果实，丑陋的思想孕育丑陋的果实。

外部世界的形态是随着内心世界里思想的变化来调整自己的形态的。无论是一帆风顺的环境，抑或是曲折坎坷的道路，都是塑造一个成熟的人的因素。人是自己播种耕耘的土地的收获者，从痛苦和快乐中学习。

追随着内心最深处的欲望、理想、思维，所有这些念头都为人所珍藏，从而占据了他的灵魂的全部（可能是追求不纯洁的随心所欲，抑或是坚定不移地探索理想之路），人因此最终达到了他生命里所表现出来的外部形象的成熟与完全。生长与成熟的法则适用于任何地方。

一个人最终在济贫院里了却残生或是身陷囹圄，那绝不是命运或是环境的强行安排，而是他自己卑贱懦弱的思想和下流的欲望所导致的结果。一个思想纯洁的人绝对不会因为任何外部的压力而突然坠入犯罪的深渊。犯罪的意念会悄悄地、难以察觉地在内心孕育滋长，并且在特定的时机展现出其长期聚积的能量。环境并不能造就一个人，环境的作用是将人的本性揭示出来。没有邪恶的意念就不会滑入罪恶的深渊，并承受随之而来的折磨；同样，没有坚持不懈地追求崇高的理想，就不可能升华至高尚的境界，享受崇高、纯洁的幸福。因此，人，作为思想的主人和支配者，是自身的制造者，是环境的塑造者。当灵魂漫游于世间的道路上，在每一步足印中，它都引导出各种外部环境的形成因素，反过来这外部的环境又揭示了灵魂的形象。外部环境是灵魂本身纯或不纯、刚强或是软弱的写照。

人们能吸引到自己身边的不是他们想要的，而是他们自己本身所具有的。内心深处的思想和愿望在自然生长，无论是肮脏还是纯洁。“塑造我们的人生和生命的终极神性”就在我们自己的心里，神性就是我们自己。能束缚人的只有人自己：思想是噩运派来的狱卒——如果有卑贱的思想，则人将被它囚禁；思想也是自由遣来的天使——如果有高贵的思想，则人将得到解放。一个人所能够得到的并不是他满怀希望的，或是他日夜祈祷的，而是他应得的。只有当他的祈祷真正与他的思想和行动和谐一致时，才能得到回应和满足。

明白了这一真理后，那么，平时人们所说的“与环境抗争”是什么意思呢？这意味着一个人在不屈不挠地反抗着一种来自外部的压力。而同时他却一直在自己内心全力培养和维护着自己的期望。这种期望要实现，则应不断地去修正自己的思想。

人们总是热衷于改善他们的环境，但从不愿意改变他们自己。因此，他们总是处于被束缚的境地。一个勇于进行自我剖析的人在实现自己理想的道路上永远不会失败。这一真理适用于天堂和人间的任何地方。即使一个人唯一的目标仅仅是获得财富，那么他在达到自己的目标之前必须做好充分的准备，准备随时付出巨大的代价。如果想要实现一个幸福、圆满的人生，那又将付出多大的代价呢？

假设有一个人贫困潦倒至极，他必定会非常急切地想改善他的物质生活条件，想拥有舒适的家庭，可他却总是逃避工作，总是觉得自己得到的酬劳太少，因此完全有理由欺骗自己的雇主。这样的一个人根本不明白真正的兴旺发达所依据的最简单、最基本的原则，他那样做不仅不可能从悲惨的处境中解脱出来，最终还会因沉迷于懒惰、欺骗的思想之中，使自己陷入更加悲惨的地步。

假设有一个富人因为贪食的缘故而长期痛苦地忍受疾病的折磨，他愿意花费大量的金钱以摆脱这种疾病，但是他却不愿放弃自己贪吃的欲望。他想满足自己对珍馐美食的渴求，同时还想保有自己的健康。这样的人完全不可能享有健康，因为他还没有学到健康人生最基本的原则。

假设有一个雇主采取不正当的手段以逃避支付正常的工资，并且为了牟取更大的利润而克扣工人们的工资。这样的一个人是不可能富裕发达的。当他在名誉和财富两方面都宣告破产时，他会抱怨环境，而丝毫不知道他是自己处境的唯一制造者。

在此我列举了三个例子，只是为了证明这个真理：人是自己环境的制造者（尽管在大多数情况下人是无意识的）。当一个人致力于实现一个正当的目标时，如果他内心藏有一些与自己的目标格格不入的想法和欲望，那么他自己就在不断地为目标的实现制造障碍。此类事例不胜枚举，但在这里没有必要再做叙述，因为只要读者愿意，完全可以在自己的内心和生活轨迹中寻觅思想法则作用的痕迹。纯粹的外部事实是不足以作为推理的基础的。

但是，外部环境复杂难辨，思想又是深埋于心的，而且对于个人而言理想的幸福又各不相同，所以一个人全部的灵魂世界是不可能只从他生活

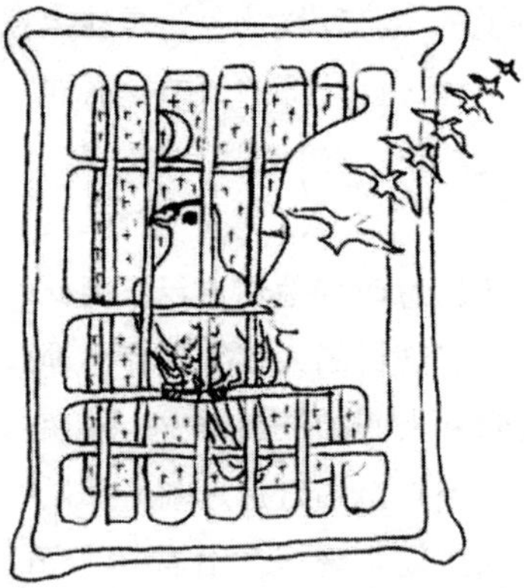

的外部特征中判断出来的（尽管他本人对于自己的精神世界可能了如指掌）。一个人可能在某些方面诚实优秀，但是却贫困潦倒；一个人可能在某些方面不诚实，但是仍获得了财富。通常人们得出的结论是“失败的人”是因为他诚实的品质，“发达的人”是因为他欺骗的本性，事实上这一结论是一种肤浅的判断。其前提假定是，不诚实的人毫无可取之处，而诚实的人几乎是高尚的完人。以更深刻的知识和更广泛的经验为推理的出发点，你会发现这样的判断是错误的。不诚实的人可能具有一些令人敬慕且为诚实的人所不具备的美德，而诚实的人可能有一些不诚实的人所没有的可悲的缺陷。诚实者因其诚实的思想和行动而获益，同时他也得承受自己的缺陷所带来的痛苦。与此类似，不诚实者也收获他自己的痛苦与幸福。

人们在认识上有一个误区，以为一个人遭受折磨是因为他优良的品德，其实不然，只有当一个人将心中所有肮脏、病态和不纯的思想清除出去，将自己灵魂中每一个邪恶的污点洗刷干净，他才有可能摆脱不幸。在他试图达到那种崇高完美境界的过程中，很快他就会发现伟大的法则在他心中、生活中无处不在。这一法则是绝对公正的，因此绝对不会以善报恶，以恶报善。有了这种知识，当他回首往事想到自己以往的无知和盲目，他就会明白他的生活不但过去是，现在是，而且将来也是公正而有序的。

高尚的思想和行动不会产生坏的结果，卑劣的思想和行动也绝不会产生好的结果。这说到底就是种瓜得瓜，种豆得豆。人们早已了解这一法则在自然界中的作用，且能依其而行，但是很少有人明白它在精神和道德世界中的作用（尽管它在其中的运作与在自然界中一样简单）。这也就是为什么许多人不懂得依照法则去处理事情的原因了。

遭受痛苦总是某些错误想法的结果。痛苦总是暗示一个人与自己、与

生存的法则有不和谐的地方。痛苦唯一有益的作用是使人纯洁，能销毁生命中无用和肮脏的东西。对于一个纯洁高尚的人来说不存在痛苦与折磨。金子中的杂质被去除以后，就没有必要再用烈焰对它进行锤炼，一个完美圣洁而洞察世事的人是不会遭受痛苦的。

一个人遭遇不幸是他的头脑中产生了不和谐的结果。一个人获得幸福也是他自己精神上和谐的结果。幸福，而非物质上的占有，是正确思想的测量尺度；悲凉，而非物质上的匮乏，是错误思想的测量标准。一个人可能遭诅咒而很富有，他也可能受祝福却很贫穷。幸福与财富的结合是在财富被正确、明智地使用时真正实现的。而一个贫穷的人，只有当他认为自己的际遇是一种不公正的力量强加在他身上的负担时，他才真正陷入了悲惨的境地。

赤贫与放纵是两种极端形式的悲惨，二者都同样违反了自然法则，都是精神世界里的混乱造成的后果。一个人只有在幸福快乐、发达健康时，他才能真正地找到自己正确的位置。幸福、健康与富足是内心世界与外部环境——人本身与周围事物相互协调一致、水乳交融的结果。

只有当一个人停止哭诉和咒骂，开始认真地审视自己的内心，他才开始成为一个真正的人；当他开始了解那种具有约束力的因素时，他就不再谴责别人造成他当前的处境，他会进行认真的思考，并在高尚而有力的思想中逐渐成熟强大；他不再反抗环境，而是去利用环境以便取得更快的进展，并试图通过环境在自身中发现隐藏的能量和可能出现的奇迹。

宇宙中具有统治地位的是秩序，不是混乱。生命的精神与实质是公正，不是偏颇。在精神领域内，占主导地位的是公正，不是腐败。因为世事如此，所以人只有自身是正确的，才能发现宇宙的奥妙。当人在不断努力完善自身的过程中，他会发现，当他对事对人的想法改变时，事与人对他也会相应地改变。

这一真理的依据能够在每个人的身上找到，所以只要通过系统的反省和自我分析，人就很容易得到此类的证据。假如让一个人迅速地改变自己的想法，最终他会惊诧于他内心的改变所引起的物质生活条件的变化。人们总是以为思想可以隐藏起来不为人知，而事实并非如此。思想很快会结晶成习惯，而习惯会因此成为环境。卑贱的思想会形成酗酒、贪色的习惯，这些习惯会形成充满困乏与疾病的环境。肮脏的思想会结晶成为虚弱无力或混乱不堪的习惯，这继而又形成坎坷、多磨难的环境。恐惧、疑惑和难以决断的思想会结晶成软弱、犹豫、毫无男子气概的习惯，这又会转化成充满失败、懒惰和奴隶般地依赖他人的环境。懒惰的思想会导致不整洁和不诚实的习惯，这会形成肮脏、乞讨的环境。仇恨与诅咒的思想会导致指责他人或喜欢诉诸暴力的习惯，这又会形成伤害和迫害的环境。各种各样自私的思想会形成自私自利的习惯，继而会导致许多困苦凄惨的环境。另一方面，各种各样美丽的思想会结晶出优雅、仁慈的习惯，这些习惯会形成令人愉快、温暖的环境。纯洁的思想会结晶成节制和自我控制的习惯，这又会形成安静与平和的环境。勇敢、自信与果断的思想能够形成具有男子气概的习惯，继而又导致成功、富足与自由的环境。充满活力的思想会形成整洁与勤奋的习惯，这又形成愉快的环境。温柔、宽容的思想会导致温柔的习惯，继而形成安全、有保护力的环境。博爱、无私的思想会结晶成忘我的习惯，继而形成繁荣、富有的环境。

令人沉迷的、特别的思绪，无论是好是坏，必然会对性格与环境造成一定的影响。一个人不能直接选择自己所处的环境，但是他能选择自己的思想，从而间接地，但确实无疑地塑造自己所处的环境。

正确的思想会帮助每个人，使他最渴望的愿望得到满足，机遇会以最快的速度将善与恶的思想引至表面。

一个人停止他所有罪恶的思想，全世界都将对他变得宽容，都做好准备帮助他，以促使他将自己懦弱、肮脏的思想抛到一边。机会将随时垂青于他，帮助他坚定自己的决心，并避免滑入悲惨与羞愧的境地。世界是你的万花筒，展现在你眼前的变幻莫测的色彩组合其实正是你随时在变化的思想的图画。

你会实现心中的愿望，
只有失败的人才去责怪可怜的环境。
健康的精神傲然挺立，
在光明中自由飞翔。

她主宰时间，征服空间；
她降服了机会，那个自高自大的骗子；
并让狂暴的环境俯首称臣，
乖乖地做她的奴隶。

人类的愿望，无形无影的力量，
永恒的灵魂的孩子，
能够披荆斩棘实现任何目标，
即使中间有铜墙铁壁的阻隔。

在孤独的时刻不要失去耐心，
而要安静、会心地等待；
当精神飞扬，号令天下时，
诸神都随侍在侧。

思想对健康和身体的影响

身体是思想的奴仆，服从于思想的指引，无论是特意选择或是自发表现的。有罪恶思想的压力，身体会迅速地堕落至疾病与腐朽。有愉快、美好思想的指挥，身体也会受到青春与美丽的祝福。

疾病与健康，像环境一样，深深地根植于思想之中。有缺陷的思想会通过有病的躯体表现出来。众所周知，恐怖的想法杀死一个人的速度不亚于一颗子弹。事实上，这些想法也一直不停地消磨着成千上万人的生命。那些生活在对疾病的恐惧中的人是心理上有疾病的人。焦虑会迅速地侵蚀身体的锐气，从而使身体无法抵御疾病的入侵。不纯洁的思想会很快破坏人的神经系统，即使这些想法并未变成实际行动。

坚强、纯洁和快乐的思想会使身体充满活力与魅力。身体是一种精致可塑的“器具”，它会非常迅速地对思想做出反应。已成习惯的思想会对身体产生一定影响，可能是好的，也可能是坏的。

只要人怀有不洁的思想，那么，在它的体内就如同流淌着不纯的、有毒的血液。心灵的纯净会带来纯净的生活和纯净的身体；肮脏的心灵会带来肮脏的生活和腐化的身体。思想是行动、生活表现的源泉。如果源头是干净纯洁的，那么，所有的都将是干净纯洁的。

纯净的思想培养纯净的习惯。所谓的圣徒如果不清洗自己的身体，那他就不是圣徒。能够保证思想纯洁、坚强的人没有必要顾忌邪恶的细菌。

如果你想拥有一个完美无缺的身体，请注意你的思想。如果你想使自己的身体焕然一新，请美化你的思想。邪恶、妒忌、失望、沮丧的想法会夺走身体原有的健康与优雅。不愉快的面容不是偶然得来的，那是不愉快的思想的作品。破坏了美丽线条的皱纹是愚蠢、狂热与傲慢留下的痕迹。

我认识一个年逾90的老妪，她有着少女一样明朗、纯洁的脸庞。我也见过一个未至中年却满脸沧桑的男人。一个是因为其甜蜜、阳光的性格，另一个是因为长期的狂热与不满足。

如果你的房间里没有自由的空气和阳光，那么你就不可能有一个甜蜜、健康的住所。同样的道理，只有当你的内心总是充满欢乐、美好的愿望和宁静时，你才能拥有强壮的体魄和明朗、快乐或宁静的面容。

在年老的人脸上，有仁慈留下的皱纹，也有坚强、纯洁的思想留下的皱纹，还有些皱纹是狂热刻下的。谁都能区分这些皱纹。对于那些过着正直生活的人来说，即便年老了，也如同柔和、安详的夕阳一样，放射着美丽的光彩。最近我曾见过一位即将离世的哲学家，他没有一丝老态，脸庞安详、宁静，他的一生是无愧的。

没有一个医生能够像愉悦的思想一样驱除身体的病痛；没有一个安抚者能够像美好的祝愿和真实的幸福一样赶走悲哀与伤心的阴影。长时期生活在恶欲、愤世嫉俗、怀疑与妒忌的思想里，就像是被禁锢在自己建立的牢笼里。但如果能够善意地思考，以愉快的态度对待一切，耐心地去发现生活中的善——这样无私的思想正是天堂的入口。心中怀着平和的思想对待一切事物，终将为你带来永恒的安宁。

思想与目的

只有思想与目的相联系时，才可能获得智慧的成果。对于大多数人来说，他们允许思想在生命的海洋上“漂流”，但并不懂这究竟意味着什么。漫无目的是一种过错，对于一个不想遭遇灾难和毁灭的人来说，这样的漂流必须终止。

在生命中没有一个中心目标的人，很容易受到一些微不足道的诸如忧虑、恐惧、烦恼和自怜等情绪的困扰。所有这些情绪都是软弱的表现，都将导致无法回避的过错（虽然途径不同）、失败、不幸和失落。因为在一个权力扩张的世界里，软弱是不可能保护自己的。

一个人应该在心中树立一个合理的目标，然后着手去实现它。他应把这一目标作为自己思想的中心。这一目标可能是一种精神理想，也可能是一种世俗的追求，这当然取决于他此时的本性。但无论是哪一种目标，他都应将自己思想的力量全部集中于他为自己设定的目标上面。他应把自己的目标当作至高无上的义务，应该全身心地为它的实现目标而奋斗，而不允许他的思想因为一些短暂的幻想、渴望和想象而迷路。这是通向自我控制和集中思想的光明大道。即使他在为自己的目标而奋斗的道路上一次次地失败（这对于他来说在所有的软弱被克服之前是很自然的事），但是他愈来愈坚强的性格将是他真正成功的基础。这也会为未来的力量与成功创造一个崭新的起点。

那些还没有准备好考虑一个伟大目标的人应该致力于准确无误地完成自己当前的任务，无论这些任务多么微不足道。只有通过这种方式，思想才能够被聚焦；果断的性格、充沛的精力才能逐渐地发展起来。当一切都就绪后，世上就再没有无法完成的事了。

人并无怯懦的灵魂，只要了解自己的怯懦，并且坚信这一真理——力量只有通过努力与实践才能得到增长，那么他会立刻将这一真理付诸实践，并通过坚持不懈的努力、坚韧不拔的耐心使自己的力量开始增长，使自己的灵魂不断成熟，最终成长为一个强有力的人。

体质虚弱的人能够通过精心、持久的训练变得强壮。同样道理，思想软弱的人也能通过正确思想的锻炼变得坚强。

抛开漫无目标和怯懦无能，开始为你的人生确定目标，这意味着你将加入强者的行列。在强者眼里，失败是通往成功的必经之路，他们能积极地利用外部条件，努力地思考，无畏地尝试，最终取得辉煌的成果。

在确定自己的人生目标之后，一个人应该在心中标出一条通向成功的笔直的道路，不左顾右盼，而是专心致志。心中所有的疑虑与恐惧都应统统清除。这些杂念只会影响所有的努力，扭曲正确的方向。疑虑、恐惧的想法不会获得任何成就，永远不能，他们总是走向失败。目标、精力、行动的力量和坚强的思想都会因疑惑与恐惧的侵入而受到损害。

对行动的渴望是因为我们知道我们能够做。疑虑与恐惧是我们了解自己的过程中最大的敌人。在心中放任疑惑与恐惧生长而不将其扼制，即是在成功的道路上为自己设置障碍，每走一步都会受到牵制、阻挠。

一个人征服了疑虑与恐惧就意味着征服了失败。他的每一个想法都富有力量，面对所有的困难他都能坦然处之，并运用才智加以克服。他的目标被牢牢地根植在内心深处，它们开花、结果、成熟，而不会过早地夭折、掉落。

思想与目标统一在一起时，就成为创造的力量，知道这一点的人时刻准备着成为一个更高尚、更强壮的人，而不会是一个有着摇摆不定思想和变幻莫测感情的人。做到这一点，你就能成为自己精神力量清醒、明智的支配者。

成功中的思考因素

一个人取得的所有成就和他未能达到的都是他自己思想最直接的结果。在一个公正规范的世界里，失去平衡将意味着彻底毁灭。人需要对自己负起责任。怯懦与勇敢、纯洁与污秽都是他自己的，不是别人的，因此也只能由他自己改变。他所处的环境也是他自己的，不是别人的，因此他的痛苦与幸福都只能由他自己把握。

一个强壮的人不可能改变一个虚弱的人，除非弱者情愿被改变。即便如此，弱者也必须通过自己才能变得强壮。他必须通过自己的努力，培养他曾经羡慕不已、为强者所具备的力量。只有他自己才能改变自己所处的环境。

人们通常会说："许多人成为奴隶是因为有一个压迫者，我们应该憎恨压迫者。"但是现在，有为数不多的一些人开始越来越强烈地反对这一判断，他们认为："一个人成为压迫者是因为许多人是奴隶，我们应该鄙视奴隶。"真实的情况是压迫者与奴隶都同样处于一种蒙昧的状态。看上去他们在遭受折磨，而事实上他们只是在自己折磨自己。一位真正的智者能够发现被压迫者自身的软弱和压迫者滥用的权力；一位真正的仁者看到了两者所经历的煎熬而不会随意谴责任何一方；一位真正的具有同情心的人会拥抱、安抚压迫者和被压迫者。

克服了软弱，摒弃了自私的念头的人既不是压迫者，也不是被压迫者，他是自由的。

一个人想要飞黄腾达、征服一切、获得成就，他必须先使自己的思想升华。一个人若是拒绝提高自己的思想，他将永远处于怯懦、悲观绝望的境地。

在一个人取得任何成就，即便是世俗的成就之前，他必须让自己的思想脱离兽性的、奴性的特质。为了成功，他并不需要放弃人的本性，但是至少其中的一部分必须牺牲。如果一个人的思想充斥着兽性，他既不能清晰地思考，也不能有条理地工作。他无法发现和发展他潜在的资质，他会在任何事情上失败。他不能像真正的人一样控制自己的思想，也就不能控制任何局面，或是承担严肃的责任，无法独立地行动。事实上，他只是被自己选择的思想束缚了。

没有牺牲就不会有进步和成就。衡量一个人所获得的世俗成功的标准，应包括他所抛弃的浊乱的动物性思想，他将全身心贯注于实现他的计划，增强他的决断力和独立性。他的思想越是高尚，也就会更有男子气、更正直、更坚定，他成功的可能性也会更大，他的成就也会更大。

世界厌恶贪婪者、虚伪者、恶毒者，尽管在表面上情况有时似乎是相反的。世界钟情于诚实者、宽宏大量者、高尚者。每个时代的所有伟大的导师们都以各种各样的形式证实了这一点。一个人要想证实这一点必须坚持正确的思想，从而使自己越来越高尚。

智力上的成就是追求知识或是探求生命与自然的结果。有时，这些成就似乎与人们的虚荣和野心相联系，但是它们并非虚荣、野心所致，而是长期艰苦的努力、不断提高自己思想的自然收获。

精神上的成就是理想的实现。怀有崇高思想的人、心地纯洁和无私的人会养成明智、高贵的品格，能够上升至高尚、有号召力的位置。这一点是确定无疑的，就像太阳会达到最高点，月亮会有满盈的时刻一样。

成就，无论其形式如何，都是因为具备了正确的思想。通过自制、果断、纯洁、正直和积极的思考，一个人可以得到升华；如果有兽性、懒惰、肮脏、腐化和混乱的思维，一个人最终只会堕落。

一个人可能在世界上取得了巨大的成功，甚至在精神王国达到了极高的位置，但是如果他放纵自己，允许傲慢、自私和腐化的思想占据他的头脑，那他会再一次退回到软弱、悲惨的境况中去。

因正确的思想而最终获得的胜利必须警惕地维护。很多人在取得成功后懈怠放松，很快他们又堕入失败。

所有成就——生意场的、智力上的，或是精神世界里的，都是目标明确的思想的结果，都有同样的规则和运行方法。唯一的区别在于努力的目标不同。

无所成就的人一定是无所牺牲，有所作为必须有所牺牲，成就巨大的人的牺牲也一定是巨大的。

梦想与理想

喜欢梦想的人给这个世界带来了福音。梦想支撑了我们这个世界，所以尽管人们经历苦难和艰辛，但美丽的梦想却滋养、抚慰了他们的心。人类不会放弃梦想，不会让自己的理想褪色、消逝。人类生存在理想之中，并坚信所有的理想都将在某一天变成现实。

作曲家、雕塑家、画家、诗人、预言家、智者，他们是天堂的建筑师，是未来世界的创造者。这个世界因他们的存在而美丽，没有他们，人类会在艰苦劳动的压迫下走向消亡。

在心中怀有美丽的梦想和崇高的理想的人，终有一天能够将之变为现实。哥伦布梦想着另一个世界，他发现了新大陆；哥白尼梦想世界的多重性和一个更广阔的宇宙，他揭示了宇宙的奥秘，因此将人类的视野扩展到了广袤的宇宙；释迦牟尼梦想着一个纤尘不染、宁静平和的精神世界，他进入了其中。

珍藏你的梦想，珍藏你的理想，珍藏曾经拨动你心弦的音乐，珍藏你心中圣洁的美，珍藏你心中最纯洁的思想，因为所有令人快乐的环境，所有天堂的美好都来自其中。只要你对自己诚实，对自己的理想诚实，最终你梦想的世界也会变成现实。

渴望就是得到，向往就是取得。难道只有最卑贱的愿望能够充分地实现，而最纯洁的向往只会枯萎吗？这不是世界的公理。

做高尚的梦，你会飞向你的梦想。你的梦想预示着未来你会成为什么样。你的理想是未来的预兆。

最伟大的成就在最初的时候曾经是一个梦。橡树沉睡在果壳里，小鸟在蛋里等待，在一个灵魂最美丽的梦想里，一个慢慢苏醒的天使开始行动。梦想，是现实的情侣。

你所处的环境也许并不舒适，但只要你怀有理想，并为实现它而奋斗，你所处的环境会很快改变。有一个年轻人，饱受贫穷与劳作的压迫，长时间地被困在一个环境恶劣的车间里，没有机会学习，缺乏艺术的熏陶。但是他梦想着更好的事情：他想到智慧，他想到优雅、高尚和美，他在心中建立了一种理想的生活模式，他梦想着更多的自由和更广阔的天空。心中的骚动促使他行动。他利用所有业余时间，无论多么短暂；他运用各种方法充分地发展自己潜在的力量与资质。很快他的生活发生了巨大的变化，小小的车间作坊已不能够容纳他，于是像扔掉一件旧袍子一样，现实中的困苦被远远地甩在了身后。许多年以后，我们看到这个年轻人成了一个完全成熟的人，他是自己思想的主人，他已实现了年轻时的梦想。他已与自己的理想融为一体。

朋友，你一定会实现你心中的梦想（不是懒散的愿望），不论你的梦想是卑微还是伟大，或是二者的混合，因为你会永远地朝着你心中最渴望的目标努力。你所得到的将是你自己思想的结果，你将得到你应得的，不多，也不会少。不管你现在的处境如何，你会随着自己的思想、梦想浮浮沉沉或原地不动。你会变得像曾经左右你的欲望那样渺小，你也会变得像你最重要的抱负一样伟大。你可能是一个照看羊群的牧羊人，有一天你漫游到了城市——带着田野的芬芳，你会在神灵的指引下进入大学的课堂，直到有一天你会说："我已竭尽全力了。"现在，你成了老师，但在不久以前你还在牧羊，还在梦想伟大的事情。你应该克服心理上的障碍，承担起改造世界的责任。

那些没有思想、愚昧、懒惰的人只看到事物表面的效果而不曾注意事物本身，他们认为一切都是运气、命运和机遇。看到一个致富的人，他们会说："他多走运啊！"看到另一个成为知识精英的人，他们高呼："命运对他是多么垂青啊！"看到一个品质高尚、为众人敬仰的人，他们又会说："机遇总是在他需要的时刻助他一臂之力。"他们没有看到这些成功的人曾经历过的苦痛折磨和失败奋争，没有看到他们做出的勇敢的努力、他们所执着的信念、他们所做出的牺牲以及他们征服的几乎不可征服的困难。成功者不知道黑暗与心痛，他们只看到光亮与欢乐，并称之为"运气"；他们看不到长时间艰苦的旅程，只看到美好的目标，并称之为"好福气"；他们不了解过程，只看到结果，并称之为"机遇"。

在人类所做的一切事情中都包含了努力和结果。努力程度的衡量标准就是结果，不是机遇。天赋、力量、物质、智力和精神的财富都是努力的结果：它们是完成的思想，是取得的成就，是实现的理想。

你心中怀有的梦想，你一直珍藏于心的理想——这是你生活的基础，是你的未来。

平　静

心灵的平静是智慧美丽的珍宝，它来自长期、耐心的自我控制。具备心灵的安宁意味着拥有成熟的经历以及对于思想规律与运转有一种不同寻常的了解。

一个人能够保持镇静的程度与他对自己的了解息息相关。人是一种思想不断发展变化的生物，了解自己首先必须通过思考了解他人。当他对人、对己有了正确的理解，并越来越清晰地看到事物内部存在的相互间的因果关系，他就会停止大惊小怪、勃然大怒、忐忑不安或是悲伤忧愁，而保持处变不惊、泰然处之的态度。

镇静的人知道如何控制自己，在与他人相处时能够适应他人，别人反过来会尊重他的精神力量，并且会以他为楷模，依靠他的力量。一个人越是处事不惊，他的成就、影响力和号召力就越大。即使是一个普通的商人，如果能够提高自我控制和保持沉着的能力，他也会发现自己的生意蒸蒸日上——因为人们一般都更愿意和一个沉着冷静的人做生意。

坚强、冷静的人总是受到人们的爱戴和尊敬。他像烈日下一棵浓荫片片的树，或暴风雨中抵挡风雨的岩石。“谁会不爱一颗安静的心，一个温柔敦厚的生命？”

无论是狂风暴雨还是艳阳高照，无论是沧海巨变还是命运逆转，一切都没有关系，因为这样的人永远都安静、沉着、待人友善。我们称之为“静稳”的可爱的性格是人生修养的最后一课，是生命盛开的鲜花，是灵魂成熟的果实。静稳和智慧一样宝贵，其价值胜于黄金——是的，比足赤真金还要昂贵。与宁静的生活相比，追逐名利的生活是多么不值一提。宁静的生活是生活在真理的海洋中，在急流波涛之下不受风暴的侵扰，在永恒的安宁中。

“我们都曾结识过许多人，他们因为火暴激烈的性格使自己的生活变得一团糟，他们毁灭了一切真与美的事物，同时也葬送了自己平稳安静的性格，并将坏影响四处传播。大多数人都因缺少自我控制而破坏了自己的生活，损害了原有的幸福。在生活中，我们碰到的真正能够沉着冷静，保持一份平稳安宁的人真是寥若晨星。”

是的，人性因为毫无节制的狂热而骚动不安，因不加控制的悲伤而浮沉波动，因为焦虑和怀疑而饱受摧残。只有明智的人，能够控制和引导自己思想的人，才能够控制内心所经历的风风雨雨。

经历了暴风骤雨的人们，无论你们身处何方，无论你们身处何境，你们都知道——在生活的海洋中，幸福的岛屿在微笑挥手，充满阳光的理想彼岸在等待着你们的到来。将你们的手牢牢地放在思想之舵上。在你们的灵魂深处有一个发号施令的主人，如果他在沉睡，请唤醒他吧。自我控制是力量，正确的思想是优势，冷静是权力。请对你的心说：“平和，安静！”

本书中发人深思的一些想法

○一个人只有使自己的思想变得崇高，才能够进步和获得成功。

○人是由自己创造或毁灭……通过明智的选择和诚实的思想，人在向神圣的完美迈进；错误的思想和毫无理性的选择只会将人降至与禽兽为伍的地步。在这两个极端之间，还有各种不同层次的性格，而人正是这些性格的创造者和主人。

○优秀的思想和行动从不会产生坏的结果，卑劣的思想和行动也绝不会产生好的结果。

○征服了怀疑与恐惧的人就征服了失败。他的每一缕思想都有力量的武装，所有的困难都能坦然地面对、机智地克服。他的目标被牢牢地根植于心，它们开花、结果，不会过早地夭折。

○宇宙中具有统治地位的原则是法则，而不是混乱……

○在世界的精神领域，塑造与能动的力是公正，而不是腐败……

○身体是思想的奴仆……受愉快、美好思想的指挥，身体会受青春与美丽的眷顾。

钻石宝地

〔美国〕拉塞尔·H.康维尔　著
胡翠君　译

关于本书

“老向导摘下了帽子，抛向空中，以使我留意故事的寓意……”

这是一部举世闻名的经典著作。

本书讲述了这样一个古老的故事：阿里·哈菲德满脑子充满了奇异的幻想，期望着在一个迷蒙的清晨能够在外面的世界中找寻到一处钻石宝地，成为最富有的人。于是，某一日，他抛弃了自己已种植上麦子的土地和已栽上花草的院子，漫无目的地漂泊、寻觅。然而，时光流逝，他依旧是忍饥挨饿，落魄不堪。最后，幻想破灭，他在一处陌生的地方自杀。

阅读此书，我们似乎看到一个幽灵。追寻他的影子，有一个教训迎面而来，你的根本就在你那里。如果阿里·哈菲德继续在熟悉的土地上耕耘，他或许早已拥有了自己的钻石宝地。

作者拉塞尔·H. 康维尔是一位出色的牧师，他在自己的家乡费城因其渊博的知识及富有爱心享有很高的赞誉，本书是根据他在家乡的一次著名讲演整理而成的。自问世以来，始终畅销不衰，深受读者喜爱，它与《圣经》一样，帮助众多的美国人找到了他们梦寐以求的幸福。

一个悲惨的故事

许多年以前，我和一队英国人沿底格里斯河和幼发拉底河旅行。向导是位阿拉伯老人，我觉得他的某种气质很像我们的理发师。这位向导认为，他的职责如果仅仅是带领我们沿河而行，就会愧对他所赚的导游费，所以他给我们讲述了一个又一个故事，奇特的或古怪的，古老的或现代的，陌生的或熟悉的。他讲的许多故事我都忘记了，但是，有一个故事，我却始终记着。

老向导牵着我的骆驼缰绳走在古老的河岸上，一个故事接着一个故事地讲个不停，直到我感到厌倦了。我不听的时候，他就发火，但是我从来不恼。我记得他摘下那顶土耳其式的帽子，拿在手里把玩，吸引我的注意力。我用眼角瞥了瞥帽子，但我下决心不看他，以免他再讲一个故事。尽管我不是一个好奇的人，但最后还是看了他，我一看他，他就立刻开始讲一个新的故事。

他说："现在我给你讲一个故事，我总是把它留给我特殊的朋友。"当他加重语气说"特殊的朋友"这个字眼时，我心里嘀咕着，这是一个什么样的故事呢？竟值得如此郑重其事，这引起了我的一点兴致，于是，便冲他点了点头。

老向导说，古时候有一个波斯人住在离印度河不远的地方，名叫阿里·哈菲德。阿里有一个很大的农场，农场里有果园、田地和花园，他还借钱给人，收取利息，他因富裕而知足，也因知足而富裕。

一天，一位僧侣拜访了阿里，这位僧侣是一位来自东方的智者。他在火堆旁边坐下后，便给阿里讲述我们的世界是怎样形成的。他说，当初这个世界不过是一团雾，万能的神将一个手指插进这团雾里，慢慢向外搅动，越搅越快，直到最后把这团雾搅成一个结实的火球。然后，火球在太空中滚动，燃烧着滚过其他的一团团雾，火球四周的水汽凝结起来，直到大雨滂沱，降落在高温的表面，使得外层的壳冷却。后来，里面的火冲破了外壳，耸起了山脉、丘陵，形成了山谷、草场，这才有了我们这个美妙的世界。熔解的物质从火球里冲出来，迅速冷却的就变成了花岗岩；随后冷却而成的是铜，然后是银，接下来是金，之后钻石形成了。

僧侣说："一块钻石就是一粒凝固的阳光。"现在看来，这种说法在科学上也是正确的，因为钻石其实是来自太阳的碳沉积而成。僧侣告诉阿里，如果他有拇指大的一块钻石，他就能买下一个国家；如果他有一个钻石矿，他就能凭巨大的财力让他的孩子登上王位。

阿里听了钻石的故事，知道了它们价值连城，当晚睡觉的时候，他感觉自己成了一个穷人。他并没有丢失任何东西，却因为感到不满而觉得贫穷。因为担心自己贫穷而不满，他暗暗发誓："我想要一个钻石矿。"这晚，他失眠了。

第二天清早，阿里将僧侣从梦乡中摇醒，对他说：

"请你告诉我，哪能找到钻石？"

"钻石？你要钻石干什么？"

"当然是想非常非常富有。"

"那么，好，去找钻石吧。你该做的就是去找它们，然后你就会拥有它们。"

"但是我不知道到哪里去找。"

"嗯，如果你找到了一条河，河水从白色的沙子上流过，两边是高山，你就能在这些白沙子里找到钻石。"

"我不相信有这样一条河。"

"有的，这样的河很多。你该做的就是去寻找它们，然后你就会拥有它们。"

阿里说："好，我去。"

于是他卖了农场，收回了贷款，将家人托给一个邻居照看，在一个迷蒙的清晨，出发去寻找钻石了。我想，他肯定是从月亮山开始寻找的。然后，又来到巴勒斯坦，接着辗转进入欧洲。最后，他分文未剩，衣衫褴褛，困苦不堪。一天，他站在西班牙巴塞罗那海湾的岸边，两边悬崖壁立，一个大浪向他打来，这个可怜的人，饱经苦难和打击，奄奄一息，抵抗不住一种可怕的冲动，便跳进了迎面而来的潮水中，淹没在白沫翻滚的浪涛下，再也没有站起来。

老向导讲完了这个极其悲惨的故事后，停下来，回身去扶另一匹骆驼身上滑下来的行李。趁他走开的工夫，我思考着这个故事："他为什么要把这样一个故事留给'特殊的朋友'呢？"这个故事没头没尾，没有中间情节，什么也没有。在故事的第一部分主角就死了，我有生以来第一次听人讲这样的故事。

向导回来后，拿起缰绳，立即开始讲故事的第二部分，仿佛根本没停顿过一样。

有一天，买了阿里农场的人牵着骆驼到花园里饮水。园里的小溪很浅，当骆驼将鼻子伸到水里的时候，阿里的后继人发现小溪底部的白沙子里有一道奇异的光芒。顺着这道光芒，他挖出了一块黑色的石头，只见它熠熠发光，如彩虹般灿烂。他把这块石头拿进屋里，放在中央的壁炉架上，随后就把它忘了。

几天后，那位僧侣来拜访阿里的后继人，一开客厅的门就看到了壁炉架上的那道闪光，他冲过去，喊道："这是钻石！是阿里·哈菲德回来了吗？"

"啊，没有，阿里·哈菲德没有回来，那也不是钻石，不过是块石头，就在我们家的花园里找到的。"

"但是，"僧人说，"我告诉你，我认识钻石，我可以肯定它就是钻石。"

然后，他们一块冲到花园里，用手将白沙子挖起来。天啊！他们发现了一块更美丽、更有价值的宝石。

老向导告诉我："戈尔康达钻石矿就是这样发现的，这是人类历史上最辉煌的钻石矿，胜过金伯利。英王王冠上的科依诺尔钻石，俄罗斯国王王冠上的奥尔洛夫钻石，世界上最大的钻石都是从这个钻石矿挖掘出来的。"老向导所说的是真实的历史。

老向导讲完了故事的第二部分，又摘下了土耳其帽子，抛向空中，以使我留意故事的寓意。尽管故事并未直接涉及道德、伦理，但阿拉伯导游却总是强调它们的寓意。他边抛帽子，边对我说："如果阿里待在家里，挖一挖自己的地窖、麦田、花园，而不是历尽艰难困苦、饥寒交迫，在陌生的土地上盲目地寻寻觅觅，以至于最后自杀身亡，他就会拥有自己的钻石宝地。啊，他农场的每一块土地都挖出了钻石，这些钻石镶嵌在了国王和他们王后们的桂冠上。"

当他讲出了故事的寓意后，我明白了他为什么要把这个故事留给"特殊的朋友”。但是我并没有告诉他我知道了其中的奥妙。这个有趣的阿拉伯人做事像律师一样拐弯抹角，说出了他不敢直接说的话，那就是，他认为一个理应待在家里的美国年轻人，此时却正沿着底格里斯河旅行。我没表现出我看穿了他的意图，反而说，他的故事使我想起了另外几个相类似的故事。于是我便把这几个故事讲给他听。

财富就在你脚下

第一个也是关于农场主的故事。故事发生在1847年的加利福尼亚。农场主听说加利福尼亚南部发现了金矿，便燃起了淘金的热情，他将农场卖给萨特上校，便出门寻金，从此再也没有回来。萨特上校在流过农场的小溪上建了一个磨坊。一天，他的小女儿从溪流里捞出一些湿沙子带回家里，她对着火用手指筛沙子，在筛下的沙子里，一位客人看到了真金的光芒，金矿就这样被发现了。原来的农场主如果留下来多注意一下自己脚下的这块土地，这些财富就该是属于他的了。自从那天看到了第一束金光，在那几英亩的农场上已经挖出了价值3800万美元的金子。多年来，这座农场的主人每15分钟就能得到价值360美元的金子，无论睡着，还是醒着，不必交税。

一个比这更有说服力的故事就发生在宾夕法尼亚州。有这样一个人，他不像你们见过的某些宾州人，贫穷而又愚昧，他拥有一座农场，为了去干更大的事业，他打算将农场卖掉。但是在卖农场之前，他要先找好工作，也就是，为他的表哥开采石油。表哥在加拿大做石油生意，他是最早在加拿大发现石油的人之一。于是这位宾州的农场主给表哥写了一封信，表示他要找份工作。这个农场主不是个蠢人。除非找到了新工作，否则他不会离开自己的农场。表哥回了信，说："我不能雇用你，因为你对石油生意一无所知。"

然而农场主又写信说："我会学会这门生意的。"于是，他以极大的热情开始学习全部课程，从上帝创造世界的第二天学起，那时世界上覆盖着浓密的

植被，后来变成了原始煤矿。接着学到从这些丰富的煤矿里流出了值得开采的石油。然后他学习了自流井是怎样形成的，一直学到煤油的性状、气味、味道和提炼方法。这时，他又给表哥写了一封信，告诉他："我学会做石油生意了。"表哥回信说："好，来吧。"

于是他卖了农场，据小镇档案记载，卖了833美元（正好833美元，没有零头）。他离开农场后不久，买主就着手安排饮牛的事情。他发现，以前的农场主多年来一直把一块厚木板插在谷仓后面的小溪里。木板斜插进水里仅仅几英寸，目的是在对岸形成一层看似恐怖的泡沫，使牛不敢在有泡沫的地方喝水，而只能在下游饮水。就这样，那个去加拿大的人二十三年来亲手阻止了大量的石油流出来。十年前，宾州的地质学家宣布，那里发现了石油，经开采，当年就为宾州创利1亿美元；四年前，他们宣布，这一发现能使宾州获利10亿美元。现在，在这片土地上坐落着提多城和乐城山谷，曾经拥有它的那个人自学石油课程，从上帝创世的第二天一直研究到当代。他考察这块土地，直到对它了如指掌，然而仍然以833美元卖掉了整个地方。

另外一个故事发生在马萨诸塞州。我知道这个故事，因为我就是马省人。一个年轻人在耶鲁大学学习矿产和采矿，由于成绩出色，学校雇用他给差生补课。三年级的时候，这份工作每周使他获得15美元。他毕业时，学校将工资由每周15美元涨到45美元，希望他留校任教。然而，他拒绝了，而且立即回家去见母亲。如果以前校方将他的工资从15美元涨到15美元60美分，他不但会留下，而且会为这个职位而骄傲。可是当他的工资一下子涨到45美元时，他却说："妈妈，我不要每周只能赚45美元的工作。一个头脑聪明得像矿床一样等待开采的人怎么能只挣45美元呢？我们到加利福尼亚去，采金子和银子去，我们会无比富有的。"

他妈妈说："查理，幸福和富裕同样重要啊。"

"是的，"查理说，"最好能既富有又幸福。"由于他是独生子，母亲是寡妇，当然由他做出决定，母子俩一向如此。

他们卖掉了马萨诸塞的所有财产，但没有去加利福尼亚，而是去了威斯康星，在那他受雇于苏必利尔铜矿公司，仍然每周赚15美元。但是他与公司签的契约包括一个附加条款：无论他为公司发现什么矿产，他都有权力得到一份份额。然而据我所知，他没有发现过任何矿藏。

不过，我知道他的老家发生的故事。他刚刚离开老宅，新主人就去地里挖土豆，这些土豆在他买农场的时候就已经熟了。农场主将一袋土豆架在石砌的墙上，准备扛回去时，用力一拽，他突然发现石墙的外上角，就在大门的右边，有一块长在里面的银子，8英寸见方。那位年轻人出售宅地的时候就是坐在那块银子上讨价还价的。他出生在这里，在这长大成人，曾经用袖子前前后后地擦拭这些石块，直到光可鉴人，石块仿佛在说："这下面有10万美元，等着人拿。"但是他不愿意拿。

朋友们，世界上到处都有人犯这样的错误，那么我们为什么还要嘲笑那个人呢？我根本就不知道他后来的情况，但是据我猜测，他今晚可能正坐在壁炉旁边，周围是他的朋友们。他说："你们知道费城的那个叫康威尔的人吗？""噢，知道，我听说过他。""你们知道费城的那个叫琼斯的人吗？""知道，我也听说过他。"

随后他大笑起来，晃动着身子对朋友们说："好，他们所做的事与我没什么两样。"——这就毁了整个笑话，因为你我与他犯过同样的错误，当我们坐在这嘲笑他的时候，他更有理由坐在那讥讽我们。

今天晚上我环视听众的时候，看到的是五十年来司空见惯的面孔——犯同样错误的人。我希望能见到一些年轻的面孔，希望这里坐满了中学生和文法学校的学生，我准备好好与他们谈谈。我更喜欢年轻的听众，因为他们最具可塑性，没有成年人的偏见，没有顽固的风俗习惯，没有经历过我们的失败。与成年人相比，我能给这些年轻人更大的启发和帮助。尽管如此，我仍会为今晚的听众尽力而为。我要告诉你们，就在费城——你们的故乡，也有"钻石宝地"。但是有人会说："噢，如果你这样认为，那么，你不大了解这座城市。"

我对报纸上的一则报道非常感兴趣，一位年轻人在北卡罗来纳州找到了钻石。这是迄今发现的最纯的钻石，以前在附近地区还发现过几颗钻石。我拜访了一位著名的矿物学教授，问他那些钻石是从哪来的。他仔细地观看美国大陆地质构造图，一丝不苟地寻找。然后说，这些钻石可能埋藏在地下的煤层里，向西穿过俄亥俄河和密西西比河，但更可能位于向东穿过弗吉尼亚州直达大西洋海岸的煤层里。事实上，那里有钻石确定无疑，而且已有售出，它们是在漂流时期从北部某个地方移到那里的。除了拿着钻头来到费城的人，谁能找到钻石矿的印迹呢？朋友们，不能说你们没有站在世界上最辉煌的钻石矿上，因为最纯的钻石也不过是从地球上最优质的矿藏里发掘出来的。

金钱就是力量

以上的故事只是作为例证来说明我的观点。要强调的是，假如你没有钻石矿，仍然能够拥有一切于你有益的东西。一个美国女人因在英国的一次招待会上没有佩戴任何珠宝，受到了英国女王给予美国女人的最高度的赞扬。这证明钻石几乎没有什么用处。如果你想表现得谦逊淳朴，那么就少戴珠宝。

重新强调一遍：此时此刻在费城就有发财的机会和获得巨大财富的机会。几乎每一个今晚听我演讲的男人女人都有这样的机会。我来到这个讲台上不是给你们背诵，而是来告诉你们我所信仰的上帝和真理。日积月累的生活经验使我相信自己是正确的。坐在这里的男男女女，能够买到票来听讲座，有机会拥有“钻石宝地”，有机会发大财，世界上从未有过一个地方像今天的费城这样适于发财，历史上从未有过一个地方像费城一样提供机遇，一个没有资本的人能够迅速地靠诚实致富。我说的是事实，并希望你们接受这个事实。我不是来浪费时间的，如果你们听了我今天的演讲，仍然不能使自己富裕起来，那么我的努力就白费了。

你们理应富有，并且有责任使自己富裕。许多人问我：“你作为一名牧师，在全国各地布道，就是为了教育年轻人如何发财致富吗？”

“对，一点不错。”

他们说：“好奇怪啊！你为什么不传播福音，反而讲授生财之道呢？”

“因为教人靠诚实致富就是传播福音。”

原因就在于此，致富发财的人可能是大家能够找到的最诚实的人。

“可是，”今晚在座的一些年轻人也许要问，“我向来听说，如果一个人有了钱，就会变得虚伪、卑鄙、吝啬，令人生厌。”我的朋友，这就是你为什么没有钱的原因所在，因为你对人怀有这样的看法。你的信仰基础是完全错误的。让我在此声明（因为这需要讨论，而我们现在没有时间），100个美国富人中98个是诚实的。这就是他们富有的缘由，也是为什么他们被委以财富，经营大企业，雇用很多人。他们是诚实的人。

另一个年轻人说："我曾经听说有人是靠欺诈赚钱的。"其实，不仅你听说过，我也听说过。但是这样的事是罕见的，因为报纸总是把它们当作新闻报道，以至于你认为所有的富人都是靠欺诈发财的。

我的朋友，你愿意用自己的车载我到费城郊外去吗？让我们去拜访住在这雄伟的城市周围的人。他们有美丽的住宅和鲜花盛开的园圃，仿佛是一件件精美的艺术品。我要将你介绍给这些人格最高尚同时事业也最兴旺的费城人。一个人只有拥有了自己的家才能成为一个真正的人。亲手创建的家园使他们更正直，更诚实，也更纯洁。

一个人赚钱，甚至赚大钱，并不是一件前后矛盾的事。我们在教学里告诫人们不要贪婪，反复劝告人们力戒贪婪，经常使用"肮脏的金钱"之类的词，结果，基督徒认为，我们这些站在讲坛上的人相信赚钱对任何人来说都是邪恶的。募捐箱在人群中传过的时候，有人简直想咒骂别人没捐更多的钱。噢，金钱的理论就是如此前后矛盾。

金钱就是力量，因此你们应当立志拥有它！你们应该有这样的抱负，因为一个人有钱的时候能够比他没钱的时候做更多的好事。钱能用来印刷圣经，建造教堂，派遣传道士，钱是牧师的工资。如果没有工资，有多少人愿意做牧师呢？我一直盼望教堂能给我涨工资，因为薪水最高的教堂募集钱也最容易，无一例外。凭生活经验大家就能发现这一点。工资高的人才有力量做最多的好事。只要他凭正义感使用自己的财产，就一定能做到这一点。

你们应该有钱，也能够在费城靠诚实赚钱，这是基督徒神圣的职责。有些信主的人认为只有贫穷才能使人虔诚，这是完全错误的。

有人问："难道你不同情穷人吗？"我当然同情他们，否则这许多年来我就不会演讲了。我仍然同情他们，但是真正值得同情的穷人是很少的。同情一个因为罪恶而受到上帝惩罚的人，当上帝仍在施行正义的惩罚的时候帮助他，毫无疑问，这不是在行善。然而我们经常这样做，甚至胜过帮助那些真正值得帮助的人。一方面，我们应该同情上帝的贫困儿女，即那些无以自助的人；同时，我们还要记住，美国的穷人都是由于自己或他人的缺点而导致贫穷的。无论如何，贫穷是完全错误的。

一位先生走过来问："难道你不认为世界上有些东西比金钱更重要吗？"我当然认为确实有胜过金钱的东西，但是我现在谈的是钱的问题。我相信世界上有比金钱更宝贵、更甜美、更纯洁的东西。我知道有比黄金更高贵、更灿烂的东西。爱是最伟大的，但是既有钱又有爱的人才是幸运的。金钱就是力量，金钱能伤人，也能行善。在善良的男人女人手中，它能够成就而且也确实成就了善。

这个道理必须澄清。在一次祷告会上，我听见一个男人站着祷告说："感谢主，我是天父的一个贫穷的孩子。"噢，我不知道他妻子听到这话会做何感想。家里的全部收入都是她工作所得；丈夫喜欢抽烟，因此抽掉了一部分钱。我不想再见到像他这样的上帝的穷孩子，恐怕上帝也不想见到他们。但是有些人却认为，只有极度穷困、极度肮脏的人信仰才虔诚。这是不对的。虽然我们同情穷人，但是不能宣扬这样一个错误的理论。

现今这个时代不赞成鼓励基督徒发家致富（或者，按犹太人的说法，称他们为"畏惧上帝的人"）。这种偏见如此普遍，以至于许多年前坦普尔大学神学院有一位年轻人认为自己是全学院里唯一虔诚的学生。一天晚上，他来到我的办公室，坐在我的桌前，说："院长先生，我认为自己有必要与您辩论。"

"出什么事了？"

他说："我听说，您在我们学院和皮尔斯学校的毕业典礼上说，年轻人渴望发财是一种高远的志向，这一志向使他自制，促使他追求声誉，并且使他勤奋。您说发财的理想最终使一个人成为好人。先生，我来是为了告诉您，《圣经》上说，'金钱是万恶之渊薮。'"

我告诉他我从来没在《圣经》里读过这句话，并且建议他到小教堂去，把《圣经》拿来，把原文指给我看。于是他转身去取《圣经》。一会儿，他端着一本已打开的《圣经》大踏步走进我的办公室，骄傲的神情酷似一个狭隘而顽固的宗派之徒，看起来就像把自己的宗教信仰建立在对《圣经》的误解之上。他把《圣经》摊在我的桌上，几乎冲着我的耳朵尖叫道："在这呢，院长先生，您可以自己读读。"

我说："好，年轻人，你再长几岁就会明白，你不能让另外一个教派替你读《圣经》，因为你属于另一个不同的派别。在神学院这句话是按照注释来讲解的。现在，请你拿着这本《圣经》，自己好好读读，给它一个适当的解释，好吗？"

他拿起《圣经》，骄傲地朗读道："嗜好金钱是万恶之渊薮。"

他没有读错。当一个人正确地引用《圣经》时，他引证的是绝对真理。五十年来，我亲身经历了这本神圣的书带给这个世界的巨大变化，亲眼看到自由的旗帜到处飘扬；有史以来世界上从未有如此众多伟大的心灵如此一致地同意《圣经》是真理——一字一句都是真理。

因此我说他的引言是正确的，是绝对真理。“嗜好金钱是万恶之渊薮。”企图一夜之间靠欺诈发财的人将会掉入许多陷阱，这毫无疑问。嗜好金钱意味着什么呢？如果以金钱为偶像，那么任何形式的偶像崇拜都是为《圣经》所禁止，也是为有常识的人所指责的。崇拜金钱，却不思考它的用途，仅仅以金钱为偶像，如吝啬鬼把钱囤积在地窖里，或者藏在袜子里，而不投资以便让它有益于世界，这样的人抱住金钱不放，直到所有的罪恶在他心里扎了根。

发财的机会在哪里?

现在我要回答几乎所有在场的人都想问的一个问题:“费城有发财的机会吗?”其实，找到机会是一件很简单的事，当你看到机会的时候，同时也就拥有了机会。有个老人曾经对我说:“康威尔先生，你在费城住了31年吧，难道不知道在我们这座城市行事之艰难?我开了一家店，苦心经营，可算下来，20年收入的总和还不到1000元。”

实际上，可以用这个城市的工作岗位支付给你的酬劳来衡量你对它的贡献，因为一个人的收入能够精确地衡量他的价值，这也就是以他某一时刻给予世界的益处为标准。如果你在费城20年赚的钱还不到1000元，那么费城早该在19年零9个月前把你从这个城市踢出去了。即使在费城住宅区的街道拐角开一家杂货店，也没有理由20年中连起码的50万美元都没赚到。

噢，朋友们，即使你仅仅调查一下自己周围四个街区范围内人们的需要，然后决定应该出售什么，用笔把这些东西记下来，并且确实购进这些货物，那么不久你也会获得利润的。

有人说:“你根本不懂生意，牧师从来就不懂得做生意是怎么回事。”那么，好，我就证明一下自己是商业专家。这是不得已而为之，因为如果我不是专家，谁肯接受我的观点呢?这应当从我小时候的经历说起。那时我父亲在乡村开了一家杂货店。假如天底下有什么地方能使人学到各种生意经的话，那就是在乡村杂货店里。当时父亲出门的时候我就照管一下小店。记得这样一件事，一个人走进店里，问我:“有锄草刀吗?”

“我们不卖锄草刀。”我吹着口哨转身走开了。我干吗要管那个人需要什么呢?

另一位农夫进来问:“卖锄草刀吗?”

“这不卖锄草刀。”我哼着另一种曲调走开了。

又有人来到店里，问:“有锄草刀吗?”

“没有，为什么这儿所有的人都要买锄草刀呢?你认为我们开这家店就是为了卖给全村人锄草刀吗？”

你们在费城也这样开店吗？我要说明的是，信仰上帝和生意兴隆是以完全一致的原则为基础的。如果有人说：“我无法将宗教信仰和生意结合起来。”那么他就是在宣称，他要么在生意上是个蠢材，要么很快就将破产，要么是个小偷，三者必居其一。不出几年，他就会一败涂地。如果不能在生意中坚持自己的宗教信仰，他必败无疑。假如我真的按照基督教的宗旨和上帝的计划照管父亲的杂货店的话，当第三个人要买锄草刀的时候，我就能够卖给他了。那样，我为他做了好事，自己也会因此得到报偿，这是我应尽的职责。

一些过分虔诚的基督徒认为，无论你卖什么东西赚了钱，都是不义的。事实正好相反，如果你以低于成本的价格卖出了商品，那你就成了罪犯，因为你没有权利这样做。如果一个人连自己的钱都不能照管好，谁能将自己的钱托付给他呢？要是一个人对自己的妻子都不忠实，谁能接纳他到自己的家里呢？一个人如果心地不诚实，品格不刚直，你就不能信任他。我有责任把锄草刀卖给第三个，或者第二个顾客，同时也使自己获利。但是没有权利向顾客索要超过商品价值的钱财，也没有理由卖了货却不赚钱。**正确的销售之道是：买方和卖方获得同样的利益。**

福音书的原则是，不但自己生存，也帮助别人生存。这也是符合生活常识的。年轻人应当过真正的生活，不要等到我这样的年龄才感受到一点点生活的乐趣。许多年来，我也有过发财的梦想，如果这些梦想变成了现实，我就会拥有几百万元，哪怕是一半的数目也好。但是我如此得到的快乐仍然不及今天晚上的聚会。多年来，我以同样的方式解释人生，并且得到了回报。这就是我帮助别人的方式。每个人都应该尽力而为，帮助他人，并且从中得到快乐。如果一个人回到家，想到当天偷了一元钱，或是抢劫了别人靠诚实赚来的钱，他是无法安心休息的。第二天早上，他睡醒了却仍然感到疲惫，怀着沉重的心情去上班，因为他的良心受到了谴责。即使他积攒了上百万元，也根本算不上一个成功的人。相反，如果一个人在自己赢得权利和利润的同时始终与他人分享，那么他不仅每天都过着有意义的生活，还走在一条通向巨大财富的辉煌的道路上。无数个百万富翁的故事证实了这一点。

说自己在费城开店却一无所获的人，那么他的经商原则一定是错误的。假如我明天早上走进你的商店，问：“你认识某人吗？他住在哪里？”

“啊，对，我见过他，他在街角的商店里工作。”

“他是哪儿的人？”

“不知道。”

“他家里几口人？”

“不知道。”

“大选时他投了谁的票？”

“不知道。”

“他去哪儿做礼拜？”

“不知道，我也不在乎。你为什么问这些问题呢？”

如果你在费城开店，你会这样回答我吗？如果是，那么你的经营方式就像当年我在马萨诸塞乡村替父亲照管杂货店时一样。你不知道自己的邻居在来费城以前住在哪，也不介意。若是介意的话，你现在就是一个富翁了。你要是足够关心他，对他的事情感兴趣，弄明白他需要什么，你就会发财了。你却总是抱怨：“没有赚钱的机会呀！”你错了，机会就在你的家门口。

另外一个年轻人站起来说：“我不能靠做生意为生。”

我谈的虽然是生意经，其实适用于各行各业。

“你为什么不能做生意呢？”

“因为我没有资金。”

啊，这种懦弱的游手好闲之辈目光多么短浅！整日无所事事地站在街道拐角宣称：“如果有足够的资金，我就能赚大钱。”真是有气无力。

“年轻人，你认为有了资金就能赚到钱吗？”

“当然了。”

而我要说：“当然不能。”

假如你的母亲很富有，能为你提供足够的资金，那么你是在为“她”做生意。

年轻人一旦得到并非自己所赚的钱就有祸害了。继承财产对他们来说毫无帮助。把钱留给你的孩子，对他们有百害而无一利，但是如果你使他们受到良好的教育，使他们信仰虔诚、高尚，留给他们很多朋友和一个好名声，这些将使他们受益匪浅。让他们有钱，不但对他们自己不利，对国家也更不利。年轻人啊，假如你继承了财产，不要把这当成一件好事。钱会成为你一生的祸害，会使你无法享受到人生最美的东西。没有人比当代那些富翁的子女更让人可怜的了，他们没有经历过人生。可怜的富翁的儿子！他永远都不会知道人生最美好的东西是什么。

人生最美好的事情包括：一个自谋生路的年轻男人与心爱的女人订婚，决心营造一个自己的家。爱给了他神圣的启示，使他渴望得到更美好的东西，于是他准备攒钱，开始改掉坏习惯，把钱存到银行里。当他有了几百元积蓄时，就去乡村找一所房子，可能因此而花去了一半存款。随后去接心上人，当他第一次将新娘带进新家时，他会无比自豪地说："这个家是我靠自己赚来的，完全属于我，也属于你。"这是人生能有的最美丽的时刻。

然而一个富翁的儿子永远也不会有这种体验。他把新娘领进一所十分豪华的大宅，带她观赏各种陈设，但是不得不说："这是我母亲给我的，那是我母亲给我的。"结果新娘简直希望自己与他母亲结了婚。我可怜这种富翁的儿子。

有数据表明，马萨诸塞州17个富人的儿子中没有一个不在穷困潦倒中死去。我可怜富人的儿子，除非他们像范德比尔特的长子那样明智。这位长子这样问老范德比尔特："你的钱都是自己赚的吗？"

"是的，孩子，我最初在渡船上干活的时候，每天只挣25美分。"

"那么，"儿子说，"你的钱我一点也不要。"

与父亲谈话后的一个星期六的晚上，他试图在一艘渡船上找工作，没有成功。然而他最终找到了一个每周赚3美元的职位。假如一个富翁的儿子能这样做，他就会像穷孩子一样能经受磨炼，这种磨炼对所有人来说比高等教育还重要。然后他才有能力管理父亲的百万资产。但是通常富翁不会让儿子做早年令自己白手起家的那些事，也不允许儿子工作，孩子的母亲也对此严令禁止！为什么呢？因为母亲认为，如果她那纤细瘦弱的女孩般的可怜的儿子不得不靠自己的劳动谋生，那将是一种耻辱。这种富人的儿子不能让人同情。

我记得有一个富人子弟，就住在这附近。我参加过他举行的盛大的宴会，宴会有许多绅士出席，坐在我身边的是一位好心的年轻人。当我准备告辞时，他说："康威尔先生，你已经病了两三年。你回家的时候，坐我的大轿车吧。"我向他表示感谢。也许我不该以这种方式谈起这件事，但是我讲的是事实。我上了大轿车，坐在司机旁边，当我们驶到大街上时，我问他："这辆车多少钱？"

"6800美元，另外还要交税。"

"啊，"我说，"这东西的主人自己开过它吗？"

这话使司机开怀大笑，笑得太厉害，致使车失去了控制，他把车开上了人行道，绕过街道拐角的一个灯柱后又重新回到街道上。他仍然大笑不止，整辆车都被他笑得颤抖起来。他说："他开这东西！要是开到了地方，他知道怎么下车就算不错了。"

我还要给你们讲一讲尼亚加拉瀑布附近一个富翁的儿子的事。一天我布道回来，走进旅馆，快到前台的时候，看到一个来自纽约的百万富翁的儿子。他简直是人类软弱无能的样本，令人难以描述。他歪戴着一顶瓜皮帽，帽子上面有一串金流苏。腋下拄着拐杖，上端的金子比他头上戴的还多。戴一副眼镜，看不见面前的东西。脚穿名牌皮靴，走路踉踉跄跄。裤子绷得紧紧的，根本无法坐下——打扮得像只蝗虫。这个"蝗虫"一样的人走到前台，挪了挪看不见东西的眼镜，开始与服务员说话，发出口齿不清的声音："先僧（生），醒（请）给我一色（些）子（纸）和杏（信）封！"服务员瞥了他一眼，从抽屉里拿出信封和纸张，从柜台上扔给那个人，然后转身去看登记簿。你们应该看一看信封扔过来时那个年轻人的模样。他像只火鸡似的鼓起身子，正一正看不见东西的眼镜，喊道："快回来，先僧（生），醒（请）派个四（侍）者把这色（些）子（纸）和杏（信）封拿到那边的桌指（子）上。"嗨，这可怜、可悲、可鄙的美国跳猴！竟然不能将一些纸和信封拿到二十步以外。我想是因为他无法弯下身把东西拿起来。这种畸形儿我丝毫也不同情。年轻人如果没有资金并不完全是件坏事。他需要的是常识，而不仅仅是金钱。

致富的奥秘

我能找到的最好的例证，是一个你们大家都熟悉的真实的故事。斯图亚特，纽约的一个穷孩子，最初开始谋生的时候只有1美元50美分。他做第一笔生意，就赔了87.5美分。第一次冒险就失败的男孩子，是多么幸运啊。他说："我再也不会在生意上冒险了！"他确实没有冒第二次险。那87.5美分是怎么损失的呢？这个故事恐怕大家都知道——他买了一些针线和纽扣，可是没有人需要，于是这些东西滞留在他手里，白白地赔了钱。他说："我再也不会像这样丢一分钱。"然后他挨家挨户地询问人们需要什么，弄清楚之后，他用剩余的62.5美分来满足这些需要。无论你做什么——生意、工作、照管家务——生活中的任何事，都应当研究一下人们的需求，这就是成功的奥秘。你必须首先知道人们的需求，然后才能投入到最需要你的地方去。后来，斯图亚特按照这种原则，赚了4000万美元。沃纳梅克先生继续着斯图亚特的伟大事业，经营着他在纽约创建的商店。他的财富来自一个重要的教训：必须将自己的钱投入人们需要的事物中。推销员们，你们什么时候能领会这个教训？制造商们，你们什么时候能明白，如果想成功，就必须先知道人们不断变化的需求呢？所有的人，所有的基督徒，无论作为制造商还是工人，都应满足人们的需要。这条原则适用于全人类，像《圣经》本身一样深刻。

还有一个好的例子是关于约翰·雅克·阿斯特的。他是纽约阿斯特家族财富的创始人。这个借钱买船票渡过太平洋的年轻人，凭借一条原则创造了阿斯特家族的奇迹。今晚在场的某个男孩子可能说："可是，他们是在纽约发财的，要是在费城，就办不到！"我的朋友们，你们读过里斯的一本著作吗？书中有1889年107位纽约巨富的数据资料。如果读了这些记录，你就会发现，在这107位百万富翁中，只有7位是在纽约发家的。这107位富翁当时拥有价值1000万美元的房地产，而其中67位是在居民不到3500人的小镇赚了钱。如果读一读固定资产表，你就会发现，当今美国最富有的人，毕生都住在只有3500个居民的小城。你是谁，住在哪，根本就不重要。假如在费城不能发财致富的话，在纽约也绝对办不到。

约翰·雅各·阿斯特的故事将证明，成功在任何地方都能实现。

他曾经花钱购买了一家严重亏损的女帽专卖店，原先的店主哀叹生不逢时，遭遇了厄运。而阿斯特却不这样认为，他相信“世上无难事，只怕有心人”。他一个人来到公园，坐在树荫下的长椅上。见一位女士挺胸抬头，吸引了许多游客的眼光，当她优雅大方地从他面前走过时，阿斯特就研究她的帽子，凭借眼力，记住了帽子的形状、花边的颜色，以及羽毛上的装饰。于是，他回到商店，对店员说：“按照我的描述来做一顶帽子。摆在橱窗里，因为我发现有位女士喜欢这样的帽子。”然后，他又回到公园，坐在长椅上，继续观察来来往往的女士。根据观察所得，吩咐店员们做出了一顶顶新颖别致的女帽。过了不久，顾客开始被吸引到他的店里。这家商店就是纽约最兴隆的女帽和女服专卖店的前身。阿斯特用他的行动证明了这样一条原则：成功在于努力！在于迎合市场，在于预知未来！

假如我走到听众当中，问大家，在这个工业发达的城市，有没有机会在制造业上发财。“有的，”某个年轻人可能说，“如果你能得到某个托拉斯的支持，或者有两三百万美元作为创业的资金，你就有可能在这发财。”年轻人，打击“大企业”而致使托拉斯解体的史实证明，现今是发展小企业的大好时机。现在，即使你没有资金，也能在制造业中迅速发财，这是迄今为止最好的机会。

但是有人可能说：“这样的事，根本就办不到，没有资本，怎么可能开始做生意呢？”我必须解释清楚，因为我有责任让每一个年轻人明白，从而使他们尽快按同一个计划开始自己的业务。记住，年轻人，如果你知道人们的需求，那么你所掌握的关于财富的知识胜过所有的资金。在马萨诸塞州，有一个人失业了，十分穷困，他在家里懒散度日，直到有一天，妻子让他出去找工作。他听从了妻子的话，离开家，他坐在海湾的岸边，把一块浸湿的木片削成一个小人。当天晚上，孩子们因小木人争吵起来，于是他又削了一个以使孩子们安静。当他正在削第二个小人的时候，一个邻居来到他家，饶有兴趣地看了一会，对他说：“你为什么不削玩具去卖呢？肯定能赚钱的。”

“噢，”他说，“我不知道该做些什么。”

“为什么不问问你家的孩子应该做什么呢？”

“那有什么用呢？”这位木匠说，“我的孩子和别人的孩子不一样。”

然而他还是接受了建议。第二天早上，女儿玛丽从楼上下来时，他问：“你想要什么样的玩具呢？”女儿告诉他，她想要玩具床、玩具脸盆架、玩具马车、玩具小雨伞，还说了一长串足以让他做一辈子的东西。就这样，通过在家里询问自己的孩子，他获得了灵感。他找来烧火用的柴（因为他没有钱买木材），削出了那些结实的不涂色的玩具。许多年后，这些玩具传到了世界各地。那个人最初为自己的孩子做玩具，然后按照它们的式样做更多的玩具，通过他家隔壁的鞋店卖出去。开始的时候，他赚了一点钱，渐渐地越赚越多。劳逊先生在他的《狂热金融》一书中说，这个人曾经一度是马萨诸塞州最富有的人。如今他拥有1000万美元，并且34年来始终按照同一条原则赢得财富——一个人必须通过了解自己家的孩子喜欢什么从而判断别人家的孩子喜欢什么；通过了解自己、自己的妻子和孩子而知晓他人的内心，这是在制造业上通向成功的神圣的道路。“噢，”你们要问，“难道他没有任何资本吗？”有的，一把小刀，但是不知道这把刀是否是他自己花钱买的。

我曾经在康涅狄格州新英格兰讲过这个故事。听众中一位坐在第五排的女士回到家，想把衣领取下来，但是领子上的纽扣卡在扣眼里了。她把纽扣拽出来，说：“我要发明更好的东西系在衣领上。”她丈夫说：“听了康威尔先生今晚的演讲，你就发现需要发明更好、更方便的系衣领的东西。这就是人类的需求，这就是巨大的财富。那么，你就发明一种新的纽扣吧，你会发财的。”他嘲笑妻子，其实也间接嘲笑了我，这是我所经历的最令人伤心的事，就像午夜幽暗的黑云笼罩着我。尽管半个多世纪以来我一直辛辛苦苦地劝导人们，可实际的收获还是那么微小。今天晚上虽然你们大家对我大加称赞，但是我不相信你们当中能有十分之一的人因为听了今天的演讲而赚上百万元。不过这不是我的错，而是你们自己的错，这话是诚恳的。如果大家从来不按我的建议去做，那么我的话有什么用呢？当丈夫嘲笑这位女士的时候，她下定决心要发明更好的衣领纽扣。当一个女人下定决心的时候，她就真能做到，并且毫不声张，就开始动手做了。正是这位新英格兰的女人发明了现在随处可见的按扣。要想解开衣服，把扣子扯开就可以了。这种纽扣的发明者就是这位女士。后来，她还发明了另外几种不同的纽扣，并且投入了更多的资金。于是，有一些大厂家闻讯后便与她合作。如今，这个女人每年夏天都乘坐自己的私人汽船在海上旅行，与她丈夫一道！如果必要的话，她有足够的钱为他买一个外国的公爵、伯爵或是类似的尊贵的称号。

这件事说明了什么道理呢？它所表明的是财富离你们太近了，可是你们往往忽视了它，而那位女士却是一位有心人。她从她的颈下发现了财富。

我曾经在一份报纸上读到过这样一个论断：女人从未发明过任何东西。真是荒谬，这家报纸简直应当重办。

如果说女人不能发明任何东西，那么我要问，是谁发明了提花机？你们衣服的一针一线都是靠它织出来的。发明人是雅卡尔夫人。印刷工人用的滚筒、印刷机，是农民的妻子发明的。谁在南方发明了轧棉机，从而使我们国家的财富奇迹般地增长？是杰纳瑞尔·格林夫人。惠特尼先生讲解了其中的原理。是谁发明了缝纫机？如果明天我到学校去，问你们的孩子，他们就会回答："是伊利阿斯·豪。"

我和豪先生一同参加了南北战争，经常住在同一顶帐篷里。我常听他讲，他花了14年时间，试图发明缝纫机，都没有成功。然而有一天，他的妻子下定决心，因为这种东西如果不能被很快发明出来的话，一家人就得饿死了，于是仅仅用了2个小时，她就成功地发明了缝纫机。当然豪先生用自己的名字申请了专利——男人一贯做这样的事。谁发明了除草机和收割机？根据麦柯考米克先生最近刚刚发表的内幕情况，发明者是一位弗吉尼亚州的妇女。麦柯考米克先生的父亲和他本人试图发明收割机，但是两个人都失败了，于是便放弃了努力。然而这个女人拿了很多大剪刀，把它们钉在一块木板的边上，每一对剪刀都有一支把柄是松动的，然后用绳子把这些大剪刀连接起来，向一个方向拉动，剪刀就合起来，向另外一个方向拉动，剪刀就打开。就这样，她找到了除草机的原理。你要是看一看除草机，就会发现，它不过是由许多大剪刀构成的。如果女人能发明除草机、提花机、轧棉机，发明意义深远的轧钢机（卡耐基先生说，轧钢机为美国所有的钢铁厂奠定了基础），那么，我们男人就能发明天底下任何东西。我这样说是为了鼓励男人们。

谁是世界上最伟大的发明家？我又一次提出这个问题。他就坐在你身边，或者就是你本人。"噢，"可是你会说，"我一生从未发明过任何东西。"伟大的发明家们也没有任何发明创造，直到有一天发现了一个重大秘密。你觉得大发明家就应该有一颗大脑袋，或者应该像闪电一样犀利吗？根本不是。真正伟大的人普普通通、平淡无奇。如果没看到他实际的成就，你做梦都不会想到他是位天才的发明家。他的邻居们也并不把他看成伟人，人们在自家后院永远不会发现什么新奇的东西。于是常说，自己的邻居中哪会出伟人呢，他们都远在别的地方。身旁人的伟大之处总是如此简单，如此朴素，如此真实，如此实际，以至于邻居和朋友们也从来注意不到。

真正的伟大经常不为人知，这是事实。人们对最伟大的男人、女人一无所知。我去加菲尔德将军家为他写传记的时候，他家的大门门前围了一大群人。一个邻居，知道我事情紧急，就把我带到将军家的后门，喊道："吉姆！吉姆！"过了一会儿，"吉姆"来开门，让我进了屋。就这样，我为美国最伟大的人之一写了传记。然而在他的邻居眼中，他不过还是过去的"吉姆"。如果你认识费城的一位伟大人物，而且明天就能遇见他，那么你一定会这样问候他："你好吗，吉姆？"或者："早上好，吉姆。"

由于南北战争时期的一个战友被判处死刑，我平生第一次来到首都华盛顿，进入白宫拜见总统。在等候室里，我和许多人坐在长椅上，总统秘书一个接一个地询问他们的要求。问完了一排人，秘书进去了，然后又出现在门口，向我示意。我走进前厅，秘书说："那扇门就是总统的办公室。敲敲门进去就可以了。"我感到从未有过的害怕，僵直地站在美国总统的门前，动弹不得。我上过战场，在安提他姆炮弹在我们周围嗖嗖掠过，我也没有像那天走进那扇门那么害怕。但是最后，我还是鼓起了勇气，不知勇气是从哪里来的。我伸直胳膊，敲了敲门。里面的人根本没来开门，只是喊道："进来，坐下！"

我进去了，欠着身坐在椅子边上。心想要是此刻远在欧洲该有多好啊！坐在桌后的那个人没有抬头看我。他属于世界上最伟大的人之列，仅仅凭一条原则使自己成为一个伟人。要是全费城的年轻人现在都在这就好了，我要给他们讲这条原则，因为这条原则能给这座城市和人类文明带来深远的影响。亚伯拉罕·林肯成为伟人的原则几乎能被所有的人采用。那就是：不管做什么，都倾尽全力，坚持到底，直到完全胜利。这条原则能在所有的地方造就伟人。他继续埋头批阅桌上的文件，我坐在那儿，禁不住颤抖。最后，他把文件用绳绑好，放到一边，抬起头，疲惫的脸上露出一丝微笑。他说："我很忙，只有几分钟时间。请你用最简洁的话告诉我你的要求。"我开始讲那件案子。他说："这件事的本末我都听过，你不必再多说了。就在几天前，斯坦顿先生还跟我谈过这件事。你可以回旅店去了。放心吧，总统绝不会签署命令，将一个不满20岁的男孩子处以死刑的，绝对不会。你可以把我说的话转告给他的母亲。”

然后，他问我：“战场上怎么样？”

我说：“有时候我们很泄气。”

他说：“别担心。我们现在要赢了，已经离光明很近了。谁也不应该指望做美国总统，任期满了的时候，我会很高兴的。到那时，我和泰德要回到伊利诺伊州的斯普林菲尔德老家去。我已经在那买了一座农场，即使又每天只赚25美分，我也不在乎。泰德养了几头骡子，我们还要种洋葱。”

接着他问我：“你是在农场长大的吗？”

我说：“是的，我是在马萨诸塞州伯克郡山庄长大的。”

他将一条腿从大椅子的一角伸出来，说：“我从小就常听说，在伯克郡山庄，你们必须把羊的鼻子削尖，它们才能把嘴伸到岩缝里吃草。”他显得那么亲切，那么普通，那么像一个庄稼人，使我的拘谨一下子消失得无影无踪了。

随后他又拿起一卷文件，望着我说：“再见。”我明白他的意思，我站起来，走出去。出门之后，我难以相信自己刚刚见过美国总统。几天后，我仍在那座城市，看到人群穿过白宫东屋，瞻仰林肯的灵柩。我看着遇刺的总统微微上抬的面孔，心想，就在几天前我刚刚见过他，他是如此朴实无华，但却是上帝选定的最伟大的人之一，带领一个国家走向最后的胜利。可是在他的邻居眼里，他不过是“老艾贝”。举行第二次葬礼的时候，我也应邀扶送总统的灵柩安放在斯普林菲尔德墓地。坟墓四周站着林肯的老邻居，对他们来说，总统仍然只是“老艾贝”。

你见过有人趾高气扬，大摇大摆，撞在正在干活的汽车修理工身上吗？你觉得这种人伟大吗？他不过是只吹起来的气球，被两只脚拽住。这种人毫无伟大之处。

谁是伟大的人？几天前，我听说了一个小东西的故事，正是这个小东西使一个一贫如洗的人发了财。他有过一次痛苦的经历，正是这次经历使他——一个既非发明家也非天才的人——发明了一种新的别针，也就是现在的安全别针。靠小小的安全别针，他成为美国最富有的家族之一的创始人。

马萨诸塞州有一个穷人，是制钉工厂的工人，38岁时因为工伤不能继续在车间干活，只能在办公室里擦账单上用铅笔做的记录，工资很低。他每天用橡皮擦账单，手很快就累得酸疼。后来，他把一块橡皮绑在一根小棍的一端，用它擦账单，像是在开飞机。他的小女儿看见他的样子说：“你有了自己的专利。”这位父亲后来说：“我女儿告诉我，拿一根小棍，把橡皮绑在一头，就是一项专利，最初的想法就是这样。”他在波士顿申请了专利。如今我们使用的带橡皮的铅笔就源于这项专利。这位工人后来成了百万富翁。

坚信自己

我有一个问题：请大家告诉我费城有哪些伟大的人？有位先生可能会站起来说："费城根本没有什么伟人，伟人不住在这，他们远在罗马、圣彼得、伦敦、马纳温克，或者别的什么地方，就是不在费城。"现在我要谈一个最关键的问题，一个让我苦思冥想的问题：为什么费城没有成为一座更富有、更伟大的城市？为什么纽约超过了费城？有人说："因为纽约有海港。"为什么美国有许多别的城市也超过了费城？原因只有一个：我们费城人贬低自己的城市。如果世界上有哪座城市需要被人强迫才能前进，这就是费城。修建林荫大道的提议被驳回；修建更先进的学校的提议被驳回；实行法制改革的提议也被驳回；所有的建议和改进都被驳回。费城一直待我很好，但我必须向这座美丽的城市指出：我们应该好好巡视一下自己的城市，百业待兴，我们应当做一番轰轰烈烈的事业展示给世人看，就像芝加哥、纽约、圣路易斯和旧金山的人一样。啊，如果我们能够唤起费城人的这种精神，我们就能把它建设成伟大的城市！

奋起吧，几十万费城人，相信上帝，相信人类，相信就在这里有天赐良机——不是在纽约或波士顿，而是在这里——有发展商业的时机，有赢得生命中全部有价值东西的时机。让我们开始振兴费城的事业吧！

这些就是我冒昧要说的，因为我已经讲了很长时间了。但是还有另外两个年轻人，一个站起来说："费城将会出现一位伟人，但是以前从未有过。"

"噢，这是真的吗？你将什么时候成为伟人？"

"当我在选举中获胜，担任政治职务的时候。"

年轻人，难道你没有在政治学的初级课本里学到这样一个道理：在我们现行体制的政府中，担任公职是证明一个人渺小的基本依据？在这个人民当家做主的国家，政府为人民所有，为人民服务，只要这条原则不变，担任公职的人就仅仅是人民的公仆。《圣经》说仆人永远高不过主人。还说："被派遣的人不可能高过派遣他的人。"如果人民是真正的统治者，那么我们不需要貌似伟大的人担任公职。假如这种伟大的人担任了政府要职，今后十年内我们国家就会变成一个帝国。

在妇女即将获得选举权之际，我听到许多年轻女人说："将来有一天我也要成为美国总统。"我支持妇女获得选举权，这是不可逆转的。也许以后我本人也想担任一个职务，但是如果担任公职的野心影响了妇女参加投票，那么我要把留给年轻男人的告诫告诉她们：仅仅获得到投一票的权利是毫无意义的。除非你能控制一张以上的选票，否则就没有人会知道你，你的力量微小得没有人能感觉到。这个国家不是靠选票来统治的。你认为选票这么重要吗？这个国家靠影响力来统治，靠勇于控制选票的雄心和魅力。为了担任公职而投票的年轻女人犯了一个愚昧的错误。

另外一个年轻人站起来说："在这个国家，在费城，将会出现伟大的人。"

"果真如此吗？什么时候？"

"当发生一场伟大的战争的时候。因为墨西哥的挑衅或者英国愚蠢的行径而发生了战争，或者与日本、中国，或某个遥远的国家之间爆发了战争。到那时，我将迎着炮口冲过去，在闪亮的炮火中冲锋陷阵，我要跳进敌军阵营，扯下他们的旗帜，扛走它，赢得胜利。我将荣归故里，肩上佩戴着星章，担任国家赠给我的任何职位，我将成为一个伟大的人。"

不，你不会成为伟人。你认为政府职务会使你伟大，但是记住，如果你在得到职位之前很平庸，在担任职务之后也不可能变得伟大。这只能是个讽刺。

在纪念对西班牙战争胜利五十周年之际，我们举行了和平的庆祝活动。欧洲国家对此难以理解，他们说："再过五十年，费城就不会再谈起什么西班牙战争。"你们当中有些人看到了布劳得大街上的游行队伍。我当时不在费城，家里人写信告诉我，载有豪普逊中尉的四驾马车正好停在我们家大门外，人们高呼："豪普逊万岁！"假如当时我在场，我也会这样喊的，因为豪普逊理应从这个国家得到更多的荣誉。如果我走进一所学校，问："是谁在圣地亚哥击沉了'梅里马克号'？"男孩子们就会回答："豪普逊。"那么他们只说对了十分之一。因为那艘船上还有另外几位英雄，他们坚守岗位，一直暴露在西班牙军的炮火下，而豪普逊作为一名军官，本可以理所当然地待在烟囱后面。这里聚集着费城最聪明的人，但是，也许没有一个人能说出另外七个人的名字。

我们不应该这样讲授历史，应当教育人们无论一个人的职位多么卑微，只要他尽了全部职责，他就与现任总统有同样的资格获得美国人民给予的荣誉。但是我们并没有这样教育人们。到处讲授的都是，所有的战役都是将军们打的。

我记得，南北战争之后，我去南方看望罗勃特·爱德华·李将军，他是位虔诚的基督徒，南方和北方都认为他是一个伟大的美国人，都为他骄傲。将军给我讲了他的一个仆人的故事。他叫拉斯特斯，是应征入伍的黑人士兵。有一天，李将军把他叫过来，取笑说："拉斯特斯，我听说你们全连的人都阵亡了，你为什么没死呢？"拉斯特斯冲他眨眨眼，说："因为每当战斗打响的时候，我就和将军们一起后退。"

我还记得另外一件事。我闭上眼睛——紧紧地闭上——啊！我看到了年轻时代认识的面孔。是的，他们曾经对我说："你年富力强，夜以继日地工作，似乎从不停歇！你不会变老的。"像任何一个同龄人一样，当我闭上眼睛的时候，许多年前爱过和失去的人的面孔会接连出现。我知道，无论怎么说，自己现在已是暮年。

现在，我闭上眼睛，又回到了我的家乡，我看到了山顶上的牛栏；还看到了那儿的马棚；我看到了公理会的教堂；看到了市政厅和登山者的小屋；看到很多人成群结队而出，穿着鲜艳夺目；我看见彩旗飘扬，手绢挥舞，乐队在演奏；我看见那一连征战入伍的士兵列队走入广场。我不过是个男孩子，但已是一连之长，趾高气扬。虽然一根缝衣针就能把我戳碎，但当时却觉得，那是世界上的人能够经历的最伟大的事件。如果你曾经梦想过做国王或女王，那就去被市长接见吧。

在雄壮的乐曲声中，人们倾城而出迎接我们。我无比骄傲地带领我的军队列队走过那片公共用地，下山走进市政府。我的士兵穿过中央的过道，各自就座，我坐在第一排。一二百人拥进来填满了礼堂，四周都站满了人。然后，政府官员入场，在讲台上坐成半圆形，市长位居中央。这个人以前从未担任过任何公职，但他是个好人，并且认为公职能使一个人伟大。当他在讲台上突然发现我坐在第一排的时候，就立刻走下讲台，邀我上台与市政府官员们坐在一起。我参战之前，他们当中谁也没有注意过我，除了建议老师惩罚我，可是现在我被邀请上台，与他们比肩而坐。噢，上帝！当时，市长就是帝王，就是我们那个时代的国王。巨大的荣誉让我激动不已，热血沸腾。

我坐好之后，大会主席站起来，走到桌边，我们都认为他会介绍公理会的牧师，由牧师向返乡的士兵演讲，因为他是全市唯一的演说家。然而，当观众们发现那个老家伙自己要演讲的时候，禁不住脸上露出惊异的表情。他一生从未发表过演说，他犯了许许多多人犯过的错误。他似乎认为只要他担任了政府职务，就能变成伟大的演说家。如果一个人长大想做演说家，小时候却不知道练练嘴皮子，那有多奇怪。

大会主席早已将演讲稿背得烂熟，在草场上来回踱步背诵的时候，把牛都吓呆了。他将稿子摊在桌上，推一推眼镜，在讲稿上探身停了一会儿，然后大踏步走向演说台，脚步响亮而沉重——咚，咚，咚。可以想象，他一定对演讲的题目做了深入的研究，因为他表现出一种慷慨激昂的状态。他把身体的重心落在左脚跟，两肩后仰，右脚呈45度角微微向前伸出，开始演讲。有人会说："是不是太夸张了？"毫不夸张。演讲就是这样的。

"公民们——"他一听到自己的声音，手指就开始抖动，双膝打战，然后全身发抖。他哽咽了，说不出话来，回到桌边去看讲稿。然后他握紧拳头，鼓足勇气，重新开始："公民们，我们——公民们，我们——我们——我们——我们——我们——我们很高兴——我们很高兴——我们很高兴。我们很高兴欢迎这些曾经浴血奋战的战士回到家乡——又重回家乡。我们尤其——我们尤其——我们尤其，我们尤其高兴看到这位年轻的英雄今天与我们在一起（这是指我）——这位年轻的英雄，在想象中（朋友们，记住他说了这句话；如果他没有说"在想象中"，我提到这个短语就显得过于自以为是了）——这位年轻的英雄，在想象中我们看见他带领——我们看见他带领——带领，我们看见他带领他的部队走向最激烈的战斗。我们看见他明亮的——我们看见他明亮的——他明亮的——他明亮的剑——在阳光下闪耀，他向着部队高喊：'冲啊！'"

啊，天哪，天哪，天哪！那个好人对战争一无所知。任何一个合众国部队的战友今天晚上都可以告诉你们，步兵军官在危险来临之时走在士兵前面，几乎是犯罪。"他，举起在阳光下闪耀的明亮的剑，向着部队高喊：'冲啊！'"我从来没这样做过。你们想一想我能走在士兵的前面被前方的敌人和后面的士兵射死吗？那根本不是军官应处的位置。在实际的战斗中，军官的位置是在战线后方。职位越高，向后走得愈远。不是因为他们不如士兵勇敢，而是因为战争法则就是这样要求的。不管是军官还是士兵，只要坚守了各自的岗位，尽了职责，都是伟大的！

啊，当时我学到了这个教训，只要时钟继续为我敲响，我就永远也不会忘记。伟大不在于将来担任什么职务，而在于尚贫穷时做大事，仍卑微时成壮举。一个人要想伟大，此时此刻，就在此地，就在费城，就应当伟大。如果他能献给这座城市更好的街道，更好的人行道，更好的学校，更多的大学，更多的幸福，更先进的文明，更虔诚的信仰，那么他在任何地方都是伟大的。让每一个在场的人都记住这一点：如果你想伟大，就必须从你所在之处做起，从你现有的位置做起，从费城开始，从现在开始。一个人应当给他的家乡带来福利，能在他所住的地方做个好公民，能建设更美丽的家园，无论做售货员、出纳员、家庭主妇，无论生活富裕还是贫穷，都能创造幸福。无论在任何地方都能伟大，他必须首先在自己的家乡——费城，变得伟大。

富兰克林自传

〔美国〕本杰明·富兰克林 著

王骏 译

关于本书

历史赋予了本杰明·富兰克林不朽的声誉。富兰克林是一位真正名垂千古的伟人。作为一名作家、发明家、幽默大师，他的一生，为人们树立了一个献身于公益事业的榜样。他慷慨地献出了他的生命和精力。他认为给他的最高奖赏莫过于使他在有生之年能够看到他的工作所产生的辉煌成果。

富兰克林于18世纪初出生在美国东北部马萨诸塞州的波士顿城。它在美国的东北部叫“新英格兰”，是美国的发源地。大约在一百年以前，第一批移民就在这里安家落户了。

对于一个穷孩子来说，本书能有什么机会激发他的才能呢？在当时仍然受着大洋彼岸国家统治的这块土地上，机会就更少了。富兰克林成长和生活的这一时期正是这块年轻的美洲殖民地的发展时期，它后来成了合众国的雏形。在富兰克林的一生中，他看到并影响了这块英国殖民地的发展。

使富兰克林出类拔萃的最重要的原因，也许就是他那“什么都想知道”的求知欲望。他10岁的时候，离开了学校。但在后来的几十年里，他始终坚持学习。在他看来，书是无价之宝，书是打开幸福和成功大门的钥匙。读书，使年轻的富兰克林掌握了熟练的写作技巧，获得逻辑推理的能力，也使他能够坚定地为自己的信念进行辩护。

在刚满17岁的时候，他离开了波士顿，来到了费城。在那里，勤奋的工作加上一系列的机遇，让这位身无分文的年轻印刷工人获得了受人尊敬的地位。

他关心公共事业，在这方面他的影响是无法估量的。在国家需要发言人的时刻，富兰克林能够为自己的国家阐明观点。他帮助这块殖民地获得了自由，建立了一个崭新的国家。在欧洲各国君主的眼里，他是这个国家的代表。

由于在科学上的贡献，他在法国和英国赢得了荣誉。他的成就，是全欧洲所公认的。一个很小就中断了学业、地位低微的孩子后来却发现了电的原理，发明了许多东西。这些发明创造，至今还在造福人类。

富兰克林具有发明家的头脑。只要他认为可以用另一种办法把事情办得更好，他就立刻动手实施起来。因此，他发明了现代化的街灯，造出了散热效果较好的炉灶，这种炉灶比当时使用的要好得多。正是根据他的设想才使日益发展的城镇设立了警察局、消防队和公共图书馆。

他是一个富有理想的人，同时也是一个勇于实践的人。他不仅为祖国的自由在设想，还为祖国进行了战斗。他为自己的成就自豪，却又告诫自己应该谦虚谨慎。他曾用庄重的语言对他的美国同胞和整个世界讲话，而讲话时却又笑容可掬。

富兰克林就是这种人。他的自传两百年来一直有力地吸引着读者。这本自传，几乎被翻译成世界各国语言出版过。时至今日，读起来仍然动人心弦。这是一位美国名人的自我剖析。

本书为缩写本。

自　传

（1771年写于泰富德村）

我一向爱好搜集有关前辈的一切奇闻逸事。记得住在英国的时候，我曾经为此遍访家族中的老人。目前我正在乡间休假，预料有整整一个礼拜的空闲，我想你也同样渴望知道我一生的经历，为此我就坐下来，把这些经历写出来。除此之外，我还有别的一些想法。我出身贫寒，幼年成长在穷苦卑微的家庭中，后来竟生活富足，在世界享有盛誉且一帆风顺。承蒙上帝的祝福，我获得了巨大 的成功。我的子孙或许想要知道这些处世之道，可以用以借鉴。

回顾自己的一生，我有时不禁这样想：如果有人提议我再活一次的话，如若可能，我倒愿意重演这一生；我也希望某些不幸的遭遇能变得更顺利些。但由于这种重演是不可能的，那么最接近重演的似乎就是回忆了。为了使回忆尽可能地长久保存，就应当把它记录下来。

年老的人，通常喜欢在对往事的追忆中寻求快乐和安慰。我又何尝不是如此呢？我也想寻求这种乐趣，因而我把我的这部自传奉献给世人。或翻阅，或弃之一旁，那就悉听尊便了。

此外，这样做或许还能满足自己的自豪感。人都如此，不管有无值得自豪的东西，大都不喜欢为他人而“骄傲”。而我却努力克服这种心理，一个人，不管他是谁，只要有足以引为自豪的东西，我都为之钦佩。我相信，“自豪感”对于有自豪感的人或接近他的人都是大有益处的。因而在许多场合，我想，一个人应当为他的自豪感使他在生活里得到的乐趣和安慰而感谢上帝。

既然谈到了感谢上帝，我就要虔诚地说，多亏上帝的帮助我才获得了幸福和成功。这种信仰，使我深信上帝的仁慈将继续使我愉快、幸福。它将帮助我从我所可能遇到的困境中解脱出来。

从我的一个伯父的笔记中，我了解到我们富兰克林家族在英国诺桑普顿郡的爱克顿教区至少生活了300年。全家有30英亩的自由土地和一个铁器作坊，家族中的成员都要被培养成继承这个行业的人。我的父亲和伯父也是按照这个老规矩过来的。

我的祖父汤姆斯有4个儿子，最小的是我的父亲。他很年轻就结了婚。约在1682年，他带着妻子和3个孩子来到美国的新英格兰，他们是跟着一批追求宗教自由的人一起来的。

我父亲的第一个妻子后来又生了4个孩子，第二个妻子也生了10个，共17个孩子。我妈妈是我父亲的第二个妻子，名叫阿拜亚·福求，是彼得·福求的女儿。彼得·福求是最早来到新英格兰的移民之一。我生于波士顿，是几个孩子中最小的。

我的哥哥们在各个行业中都当过学徒。父亲想让我献身于宗教事业，所以8岁时就把我送到语法学校去念书。父亲和他的朋友们都确信我一定会成为一名好学生。

我进步很快，不久就成了班里的优等生。但不到一年，父亲就给我转了学。因为家庭人口众多，他是供不起我上大学的。我听他和他的朋友说过，许多受了高等教育的人日后穷困潦倒，谋生反而更困难。

我被送进了另一所学校，学习书法和算术。我很快就学会了一手书法，但算术却不及格。

10岁时，父亲让我退了学，回家帮助他制造肥皂和蜡烛。我并不喜欢这个行业，我渴望去航海，但他不同意。我们住在海边，我很早就擅长游泳，后来又学会了划船。每当我和其他小朋友在船上玩的时候，他们总是让我当船长，在遇到困难时更是这样。我总是当他们的孩子王。不过，有时我也让他们陷入窘境。

我想，你们也许很想了解我的父亲。他身体健康，强壮有力，人又聪明。他会画画；在音乐上也有点修养，嗓音洪亮、悦耳；他会使用许多行业的工具，会做好多东西。他突出的优点是不论对家庭私事还是对公共事业都有独特的见解和准确的判断力。

父亲从没担任过公职。一大堆孩子要他教育，而且缺吃少穿，只能忙于自己的那一行业。我清楚地记得，公共团体的负责人常常来拜访他，征求父亲对于镇里或所在教区的公共事业的意见，而且十分尊重他的看法和建议；一些人在他们有困难的时候，也常请我父亲给他们出主意、想办法。

我父亲很喜欢邀请朋友和邻居一起吃饭、闲谈。只要有可能，他总是这样做。他经常细心地提出一些机智而又富有教益的讨论题目来启发孩子们的思想，用这种方法来教导我们为人处世要端正、公平和贤明。

我几乎根本不注意桌上的饭菜，这样就养成了不挑食的习惯。就是现在，我仍然记不住几小时前吃的是什么。这对于我后来的旅行生活是很有利的。

我的母亲也很健康。父亲活到89岁，母亲活到85岁。除了他们死的那年，我从没听说他们生过什么病。他们被合葬在波士顿。

我唠唠叨叨地讲了许多离题的话，这说明我已经老了。从前，我写出的东西是有条不紊的，而今却是信笔涂抹了。

还是言归正传吧。我在父亲的作坊里一直干到12岁。我的哥哥约翰也学会了父亲的手艺，后来离开了父亲，结了婚，并在罗特岛开了自己的作坊。因此，看来我必须接替约翰，成为蜡烛制造匠了。然而，我却不喜欢这一行业，这使父亲很伤脑筋，他唯恐我找不到一个满意的职业，就会逃出去航海。所以他常常带我到处游览，我们经常参观各种行业的工作。在参观的时候，他就观察我究竟对哪一行最感兴趣。

从那以后，我发现，观看能工巧匠使用各种工具就是一种享受，而且大有教益。我所学到的，足以使我能修理家里的很多东西。只要我的脑海里浮现一种新奇的想法，我就能造出各种小型机器，并进行试验。

结果，父亲决定让我从事制刀业，给我的表哥撒母耳当学徒。那时他在波士顿开了一家刀厂。但撒母耳要索取相当大的一笔学徒费，这使父亲很不高兴，就把我领回来了。

我从小就爱好读书，一直把全部零用钱都花在书上。因为喜爱《天路历程》，我一开始就收集约翰·班扬单独发行的小册子。以后我把它们卖了，用这笔钱买了柏顿的《历史文集》。这些是开本很小、由小贩们贩卖的书籍，价格便宜，全集共有四五十册。我父亲的小图书馆收藏的主要是一些有关神学论辩的书籍，其中大多数我都读了。正当我的求知欲旺盛的时候，我却不能再做牧师了，我没有机会阅读更适当的书籍，迄今常令我感到遗憾。在那里有一本普鲁塔克（希腊人，约生于1世纪中叶，精通哲学、文学及历史。《普鲁塔克传记集》记载了与他同时代的希腊和罗马名人的生平，在历史上是一本颇有价值的书）的《英雄传》，我读了许多遍，我至今认为读这本书所花的时间是非常值得的。那里也有笛福的一本名为《论计划》的书。另一本是马太博士的书，名为《论行善》。这本书可能使我思想上形成了一种对我以后一生中的某些重大事件都有影响的倾向。

因为我对书感兴趣，父亲决定把我培养成一名印刷工人。我的一个哥哥詹姆士已经从事印刷工作。在1771年，詹姆士从英国回来，带回了许多印刷工具，包括一台印刷机和许多铅字，他准备在波士顿开业。

我比较喜欢印刷而不再喜欢制造蜡烛，但我更喜欢航海。为了阻止我去航海，父亲急切地让我给哥哥当学徒。我犹豫了一段时间，最后还是签了合同，那时我只有12岁。根据合同，我要到21岁才出师，到最后那一年才能领工资。

用了不长的时间我就掌握了印刷技术，成了我哥哥的得力助手。这时我有机会阅读较好的书籍了。我有个朋友是一家书店的学徒，他常借给我一些小册子。我总是十分谨慎，读完后很快就还给他。我经常一个人在房间里通宵达旦地读书，以便按时归还，以免丢失。

过了一些时候，有一个很聪明的商人，名叫马太 · 亚先生，经常到我们的印刷铺里来。他家藏书颇多，他注意到了我，邀我到他的藏书室去，欣然借给我一些要读的书籍，这时我爱上了诗歌，写了几首小诗。我哥哥认为写诗可能日后有用，所以鼓励我并且命我编写两首应时故事诗。一首叫作《灯塔悲剧》，叙述华萨雷船长和他的两个女儿溺毙的故事。另一首是水手歌，叙述捉拿海盗铁契（或叫作“黑胡子”）的经过。这两首都是毫无价值的东西，是用低级小调的格式写成的。印好以后，我哥哥叫我到镇上各处去叫卖。第一首销路很好，因为它所叙述的是新近发生的、曾经轰动一时的事件。这事使我沾沾自喜，但是我父亲却反对，他嘲笑我的诗歌，他说诗人一般都是穷光蛋。这样我幸免成为一个诗人，因为我很可能是一个十分低劣的诗人。但是，在我一生中散文的写作对我十分有用，而且是我发迹的一种主要手段。因此我将告诉你，在这种情况下我是如何在这一方面获得现有的一点小小才能的。

在镇上另外有一个爱读书的孩子，名叫约翰 · 高令斯，我和他往来甚密。有时我们有争论，我们的确十分爱好争辩，很想驳倒对方。这种争辩的癖好，让我顺便说一说，很容易发展成为一种很坏的习惯。为了争辩人们必须提出反对的意见，这种抗辩常常使人在他人面前变得十分讨厌。因此，它不但使人们的交谈变得别扭，并且会使彼此产生厌恶感，甚至使本来可能产生融洽友情的双方产生了敌意。我这种爱好争辩的习气是从阅读父亲的那些有关宗教论辩的书籍中得来的。从那时起我发现，除了律师、大学生以及在爱丁堡受过训练的各式各样的人以外，明达的人很少染上这种习气。

有一回，我和高令斯进行了一次关于妇女应否受高等教育以及她们是否有从事研究工作的能力的辩论。他认为妇女受高等教育是无益的，她们也没有能力学好。可能多少因为辩论的缘故，我才和他持相反的意见。有时我想，他驳倒我不是靠有力的论据而是靠流畅的语言。辩论毫无结果，我们就分开了，以至好长时间不想再见面。我就把论据写成书面材料寄给他。他答复了，我又回驳。就这样，我们通了三四封信。后来父亲偶尔发现并看了我的那篇文章。

父亲借此和我谈了写作风格。他说我拼写正确，用词恰当，这都比我的对手高明。但却认为我的表达能力不强，主题不明确。我意识到父亲是对的。从那以后，为了提高写作能力，我更加注意练习了。

大约就在那时，我买了一本英文杂志《观察家》。我反复读了多次，感到非常满意。文章写得极好，所以，希望自己以后写作也能模仿这样的风格。

就这样，我研究了其中的几篇文章，并对每一句话做了推敲。几天以后，不看杂志，我试着写几篇文章，尽量想重现原文所表达的意思。然后，把写的文章和杂志进行对照，发现了一些不对的地方，并做了修改。

用这种方法，我发现可以掌握更多的词汇。写诗可能对我有所帮助，因为需要掌握许多同义词。于是，我就把一些文章改写成诗。过一段时间再把诗改写成散文。

有时，我把笔记混杂在一起，几周后依次整理出来，这使我学到了一种整理思路的方法。

经过这段努力，我学到了不少东西，并且逐步提高了写作能力。尽管没有多少时间从事写作，我仍然渴望成为一位出色的英文作家。

大约在16岁的时候，我偶然看到一本宣传素食的书，谈到了不吃肉的好处。我就决心不再吃肉，并学会了做素菜。我在食物上省了一些钱，买了许多书，挤出更多的时间去学习。我的饭食很简单，通常只是一片面包，一点水果，一杯白开水。由于饮食节制常常能使人头脑清醒、思维敏捷，所以我的读书速度比以前更快了。

我开始阅读大作家的作品以提高自己。苏格拉底的著作给我留下了深刻的印象，我被他的推理方法迷住了，并决定在辩论中采用他的方法。我开始心平气和地提出质疑，并谦恭和蔼地阐述问题。

在与别人辩论时，我已经能熟练地诱使对方陷入自相矛盾的困境，哪怕对方的知识要比我渊博。他们往往无论如何也摆脱不了这种困境。因此，在辩论中我总是获胜者。

这种辩论方法我继续使用了几年，后来逐渐地抛弃了它，只保留了其中一部分要领。在论述论点时，我从来不使用“当然了”“毫无疑问了”这样的字眼。相反，我却常说“我想是这样的吧”或“如果我没有错的话，恐怕是这样的吧”。

我相信这种方法是大有益处的。用这种方法，我能在许多问题上说服别人同意我的见解。辩论的主要目的是相互阐明自己的观点从而取得一致的意见。为达到这一目的，讲话时的态度应使善意的人们不反对你，这才是聪明的。

1720年或1721年，我哥哥开始出版一份报纸。这将是在美洲殖民地出现的第二份报纸，叫《新英格兰报》。在它以前，那里唯一的报纸是《波士顿邮报》。他的许多朋友断定，办报是不会获得成功的。他们的根据是：在殖民地有一家报纸就够了。

我的工作是排版和印刷，然后穿街过巷把报纸送到订户的家里。

我哥哥的一些朋友很聪明，喜欢为报纸撰写一些小故事。这使得报纸富有情趣，增加了销路。他们常来拜访我们。我很喜欢倾听他们谈论他们的作品是如何博得好评的，我被他们的谈话所激励，决定也试着为报纸撰稿。

因为我仍然是个孩子，我想哥哥会断然反对在他的报纸上刊载我的稿件。于是，我用一种奇特的字体写了一篇故事，并在夜里把它扔在印刷厂的门口。

第二天上午，哥哥的朋友们照例来访，他们朗读并且评论了我的作品。我对他们的赞扬感到十分得意。他们绞尽脑汁猜测作者究竟是谁，提及了一些聪明而博学的名人。真幸运，我意外地受到了这些绅士们的赞赏。但同时也感到他们并不是优秀的评论家。

赞扬激起了我的热情。于是我又写了几篇故事，同样也都受到了好评。当我厌倦了这种把戏的时候，就不再保密了，并宣布这些文章的作者就是我。

哥哥的朋友们对我的评价更高了。他们对我赞扬的方式，使我哥哥大为不快。也许他是对的，怕我会因此变得更加自负。这可能就是那时我和哥哥常常吵架的原因之一吧！尽管他是我的哥哥，但我讨厌他总是以师傅自居。他要求我和其他学徒一样干活，我觉得这个要求实在太过分了。我希望他能真像一个做哥哥的，对我好一些。我们常常吵到父亲那里，一般说来，父亲总是偏袒我。

我哥哥脾气很坏，常常找我麻烦（我想哥哥对我的粗暴专横的态度，也许是使我在一生中对独断专横的权力强烈反感的原因之一）。这又使我非常恼火和厌烦学徒生活，总是想找到某种理由缩短我的学徒期限。后来，一次偶然的机会，这一天来临了。

我们报纸上发表了我的一篇谈论政治的文章，触怒了议会。哥哥为此被拘留了一个月。我想那原因可能是由于他不愿意披露作者的姓名。后来，我也受到了法院的传讯。虽然我的回答没有使他们达到目的，但他们在教训了我一番后还是放我走了。也许，他们认为，作为学徒应该保守师傅的秘密吧。

尽管我对哥哥有意见，但我对他的被判刑仍然十分愤慨。在他被拘留期间，我主持了报务。在报上我大胆地对统治者进行了冷嘲热讽，我哥哥倒很喜欢这些文章。但是另外一些人却开始对我有了恶劣的印象，认为我是一个有着诽谤讽刺癖好的天才青年。当我哥哥被释放的时候，州议会发出了一道命令（一道十分奇怪的命令）：禁止詹姆士 · 富兰克林继续出版《新英格兰报》。

哥哥的朋友们在印刷厂里聚会商讨对策，有的提议更换报名，但他不肯接受这项提议。

最后，哥哥决定将来以“本杰明 · 富兰克林”为出版商继续办报。为免招惹是非，不能让人获悉报纸是借用一个学徒的名义出版的。因此，我们重新签订了“学徒合同”，给人的印象似乎是：我已出师，并拿到了出师的证书。如果有人问起此事，就拿出来给他们看。

但在另一方面，我不得不勉强地重新签署一个为哥哥工作的合同，这个协定是需要保密的。总算还好，报纸又以我的名义出版了几个月。

后来我和哥哥意见又有了分歧。我决定宣布自己是自由的，我量他不敢把新的协定公开。

我乘人之危干了这件事，实在是不够正大光明。我认为这是我一生中所犯的最大过失之一。但在当时我还不以为然，我气愤的是他常常打我。其实，他不是个坏人，也许是我惹他发脾气的缘故。

当我哥哥意识到我要离开时，他为我重新找工作设下了障碍。他嘱咐波士顿所有印刷厂的师傅都不要雇用我。果然，他们都拒绝给我工作。而在这个时候，父亲也偏袒哥哥。于是，我希望能离开这里。

我打算去纽约。因为，纽约是有印刷厂的，离我的居住地也最近。但父亲不同意，他认为我必须和哥哥在一起。我明白，如果我公开去纽约，他们是会阻拦的。

我的朋友高令斯愿意帮我的忙，他替我想了一个小小的妙计。他跟一艘纽约州帆船的船长讲好了让我搭乘他的船，说我是他的一个年轻友人，由于使一个不正经的女孩子怀了孕，她的朋友们又逼着我娶她，因此我无法公开地出现或上船。这样我卖掉了一部分书籍，凑了一点钱，悄悄地上了船。因为是顺风，三天后我已经到了纽约。这样，一个年仅17岁的男孩子，既不认识当地的任何人，也没有一封介绍信，口袋里仅有少量的钱，到了一个离家300英里之遥的地方。

我对航海的兴趣这时候已经消失，不然我倒可以满足这个愿望了。由于我学会了一种手艺，并且自信是一个很好的技术工人，我去找当地的印刷铺老板，年老的威廉·布莱福德，请他收我为伙计。他是宾夕法尼亚的第一个印刷铺老板，后来又从那里搬到了纽约。他那里生意不多，人手已经够了，所以他不能雇用我。但是他说："我在费城的儿子最近失去了他主要的助手阿克拉·罗斯，他病故了。假如你到那里去，我相信他可以雇用你。"

费城离纽约有100英里的路程。我出发了，坐船到安蒲，留下我的箱子和铺盖，以后由海路运来。

在横渡海湾时，我们遇到了狂风。风把船上破烂的帆撕成碎片，因此我们无法驶入小河，狂风却把我们吹到长岛去了。

在途中，一个喝得烂醉的荷兰乘客失足坠入海中，当他正往下沉的时候，我伸手入海抓住了他乱蓬蓬的头发，把他拉了起来，这样我们总算又把他放在船上了。掉入水中以后，他清醒了不少。他从口袋里拿出一本书来，要我替他去弄干，然后他睡觉去了。我一看原来是我多年来最心爱的作家班扬的《天路历程》，荷兰文版，用上等纸精印，附有铜版插图。它的印刷装订超过我曾经看过的用本国语印的任何版本。

后来我发现《天路历程》已经被译成了欧洲大多数的语言，我想除了

《圣经》以外，它比任何其他书籍拥有更广泛的读者。

据我所知，班扬是把对话混进叙述中的第一人。这种写法使读者很感兴趣，在最动人的部分，读者宛如身临其境，亲自参加讨论。笛福的《鲁滨孙漂流记》和《摩尔·弗兰德斯》《宗教求爱》《家庭教师》等都成功地模仿了这种方法。理查逊在他的《帕米拉》等书中也采用了这种方法。

在靠近长岛时，我们发现无法在该地登陆，因为那里的海滩海浪澎湃，乱石丛生。这样，虽然船抛了锚，但是船身向着海岸摇摆着。岸上有人来了，对着我们大声呼喊，我们也向他们呼叫，但是风太大了，浪太响了，我们听不清对方所说的话，因而无法相互表达自己的意思。岸上有小船，我们做了手势，呼喊他们用船来接我们，但是或者是不懂我们的意思，或者是认为这事根本做不到，他们走开了。

天黑了，我们除了等着风势减弱以外，别无他法。这时，我和船老板决定去睡一会儿，我们跟全身透湿的荷兰人一同挤在小小的船舱里。浪花打在船头上，漏进舱来打在我们身上，结果，没多时我们身上几乎跟那个荷兰人一样了。我们躺了一夜，根本就没有睡着。第二天，风渐渐小了，我们努力想要在天黑前到达安蒲，因为我们已经在水上过了三十小时，既无食物，又无淡水，我们只有一瓶浑浊的糖酒，而外面的海水是咸的。

当天晚上，我发高烧，上床睡了。记得曾经在什么地方读到过多喝凉水能治疗发烧，我就这样做了。出了大半夜的汗，烧终于退了。第二天上午，过了渡口，向着50英里以外的柏林敦徒步前进。在那里，据说有船可以送我直达费城。

这一天整天下大雨，我全身湿透了，中午我感到疲惫不堪，所以就在一家小客栈里耽搁一夜。这时我开始有点懊悔当初离家出走了。

两天后，强打精神，又经过一番艰苦的跋涉，我终于赶到了柏林敦。碰巧，有一只小船正准备去费城。他们让我上了船。风平浪静，我们划了整整一夜。在一个星期日的早晨，我抵达费城，在市场街码头上了岸。

当我第一次进入这个城市时，我身上肮脏不堪，精疲力竭，饥寒交迫，工作服的口袋里塞满了衬衣和袜子。我形影相吊，举目无亲。身上仅有一枚荷兰币和一先令。

我来到了大街，走进一家面包店，买了3个便士的面包，有三大块，这么大的量使我感到吃惊。但是，我还是收下了。因口袋装了衣袜，只好把面包夹在腋下，嘴里还啃着一块。

在市场大街，路过我未来妻子里德小姐的家门前。她恰好在门口看到了我，还以为我是故意做出这副滑稽可笑的样子。

我离开时，仍然嚼着面包。到了河边，喝了一些河水。当我塞满了肚子后，就把剩下的面包送给了一位同船的妇女和她的孩子。

我在全城到处徘徊，终于找到了一个能够解决吃住的地方。我和衣而睡，直到被别人叫醒，才吃了点晚饭，又很早地睡下了。

第二天早晨，我去见印刷厂老板安德鲁·布莱福德。他高兴地接待了我，并请我吃早饭。但他不能给我工作，因为他刚刚录用了一名新工匠。

他告诉我有一个叫凯谟的人，最近在费城新建了一家印刷厂，也许能雇用我。布莱福德还说，如那个人不给我工作，他欢迎我住在他家，而且可以不时地给我些零活干。

我发现凯谟的印刷厂只有一台陈旧的印刷机和一小箱铅字。他正在写一首长诗，纪念一位刚刚去世的优秀的年轻人。凯谟一边构思诗句，一边排版。他的印刷机坏了，不会修理，我为他修好了机器。他答应一旦准备就绪，就可以让我来印刷他的诗作。

我回到布莱福德家居住，他给了我一些零活干。几天后，凯谟派人请我去印他的诗。那时，他已弄到了更多的铅字，还想让我排一本小开本的书。

我发现，这两个印刷厂老板对印刷业都缺乏技术训练。布莱福德根本没有受过专门训练，也没受过教育。凯谟虽然读过书，但他根本不知道如何使用印刷机，对外部世界一无所知。而且，后来我发现他的脾气还很坏。

凯谟不喜欢我为他工作却住在布莱福德家里。他安排我住在里德先生家。这时候，我的东西运到了。现在我的外表比里德小姐见到我在大街上大口嚼面包时的那个样子要体面多了。

我开始和一些年轻朋友交往，度过一个又一个愉快的夜晚。他们也都爱好读书。我积攒了一点钱，生活过得很舒适。我尽量地不去想波士顿，也不想让那里的人知道我住在哪里。当然，我的朋友高令斯除外，我给他写信，他为我保守秘密。

后来，有一件事情使我比原计划提前回到了波士顿。

我的姐夫罗伯特·霍姆斯是一位船长。这艘船在波士顿与道拉瓦之间航行。当船到达纽格斯尔时，他打听到了我的下落，因为纽格斯尔位于费城道拉瓦河下游的40公里处。

霍姆斯给我写了封信，提到了由于我的出走，在波士顿引起了全家的不安，他还催我赶快回家，并向我保证，只要我回去，一切都可依从我的意愿。

我回了信，感谢他的忠告，并阐明我离开波士顿的理由。在信中我竭力证明，我的过失并没有他所想象的那样严重。

威廉·基夫先生兼任宾夕法尼亚州与道拉瓦州的州长，那时正在纽格斯尔。当我的回信到了霍姆斯手中时，他恰好和州长在一起。霍姆斯和他提到了我，并把我的信给他看了。

州长读了我那封信，当他知道我的年龄时，好像很吃惊。他告诉霍姆斯，我是一个前程远大有作为的青年，因此需要别人的帮助。费城没有一个像样的印刷工人。他确信，如果我办一家印刷厂，我一定会获得成功。他保证把公共事务的印刷任务全交给我，而且还答应在他力所能及的范围内帮助我。

一直到后来，霍姆斯才把这件事告诉我，在此之前我对州长的上述反应一无所知。有一天，州长和另一位绅士科伦那·富兰契来到凯谟的住宅。

凯谟马上迎到门口，而州长却要找我。他彬彬有礼地和我谈话，并说了许多赞美的话。他表示很想成为我的朋友，并为我没能在他到来之前去拜访他而感到遗憾。我感到受宠若惊，凯谟在一旁更感惊奇，呆如木鸡。

州长常常邀我，还有科伦那·富兰契去喝酒。在品尝美酒时，他建议我自己创业，而且表示对我的成功确信无疑。他和富兰契都一再向我保证将帮助我得到政府的印刷生意。

我说不知道父亲是否会同意我建印刷厂。威廉先生说他将给他写封信，他坚信他会劝我父亲同意的。

事情就这样决定了：我将带着州长给我父亲的信搭乘下一班船回到波士顿去。但离开前我们的计划暂不宣布，我照常在凯谟的印刷铺继续工作。

州长不时请我和他一起吃饭，我觉得对我来说，这是最大的荣誉，他和我谈话时极为友好，就仿佛彼此是老朋友一样。

大约在1724年4月底，有一艘小轮船准备开往波士顿。我告别了凯谟，说是去看望我的老朋友。州长在给我父亲的信中对我倍加称赞，还赞扬了他为我制订的计划，说如在费城开办印刷厂，必然会使我发迹。经历了一场暴风雨，我们的船顺利地到达了波士顿。我离开这里已七个月了。

突然的露面让全家人吃了一惊。看到我，大家都很高兴，对我表示热烈欢迎，唯独哥哥不同。

我到印刷厂去看望哥哥。此时他的衣着打扮比我为他工作时讲究多了，从头到脚一身新西装革履，戴着手表，口袋里装满了银币。谁料，哥哥对我极不友好。他只打量了我一下，又继续干活去了。

哥哥的工匠们对这几个月我到过的地方，以及我是否喜欢那里感到十分好奇。我高度地评价了那个地方，对我在那里的幸福生活赞不绝口。我告诉他们，我还想回去。其中一个人问我在那儿挣多少钱，我顺手掏出一把银圆，摆在他面前。当时，波士顿用的是纸币，这堆银圆对他们来说可谓新奇之至。我确信，他们已经看见了我的手表，最后我给了他们一些喝酒钱，就离开了。

这次访问使哥哥非常生气。过了一段时间，我母亲告诫他，她希望看到我们兄弟之间和睦相处。哥哥却对母亲说，我使他在他的工匠面前受辱，这使他难以释怀，永远也不会宽恕我。其实，他是误会了。

父亲收到了州长的信，显然很惊奇，好多天也没对我说什么。

那时，霍姆斯船长也回来了。我父亲让他看了州长的信并且问州长的为人怎样。我父亲觉得，州长让一个离成年还差三岁的孩子建厂，实在是不怎么高明。可是，霍姆斯也为这项计划说好话，父亲仍然认为这样做不够稳妥。

父亲给州长回了一封措辞委婉的信，感谢他对我的慷慨帮助。但他仍然拒绝帮助我。在他看来，我太年轻了，不能胜任那样一个重要而又庞大的企业的管理工作。

我的朋友约翰·高令斯对我和他讲的费城的情况感到欣喜若狂，他决心也到那儿去。当我还在等我父亲的回答时，他已经出发了，而且告诉我他将在纽约等我。

虽然父亲不赞同基夫州长的计划，但对于我能够从如此有声望的人那里获得这样一封推崇备至的信，对于我在这样短促的时间内，靠着自己的勤劳和谨慎能够把自己打扮得这样体面仍然感到欣慰。既然我跟哥哥之间没有和解的可能，他答应让我回到费城去，告诫我对当地人士应当谦恭有礼，以便获得人们一致的好评，切忌讽刺和诽谤——他认为我过分地喜欢这样做。他告诉我靠着不断的辛勤劳动和耐心节约，到我21岁时我或许能有足够的积蓄建厂。假如到了那时候，我的积蓄接近所需的费用，他会帮我凑满不足之数。除了当我上船重去纽约时，他给我的表示父母爱子之心的一些小小纪念品以外，这就是我所能得到的一切了。我这次去纽约是获得他们的同意和祝福的。

帆船停靠在罗特岛的新港，我去探望哥哥约翰。他结了婚，在这里已经住了好几年。他很热情地接待了我，因为他一直爱我。他有一个叫作佛南的朋友，有人在宾夕法尼亚欠他一笔钱，大约是35镑，他要我代收这笔钱，并代为保管，直到我接到他的通知叫我汇款为止。因此，他给了我一张汇票。这件事后来带给我很多不安。

在新港，船上来了好几个到纽约去的旅客，其中有两个年轻的女人和一位严肃、通达、管家婆似的教友会妇人以及她的仆人。我对妇人谦恭有礼，欣然地为她做些小事，这使她对我有了一些好感。当她看到我和两个年轻女伴之间的关系一天比一天亲热起来，而且她们好像也在鼓励这种发展时，她把我拉到一边说："年轻人，我替你担忧，因为你身旁没有朋友，你好像也不大懂得世道，年轻人容易上圈套。相信我，这两个是很坏的女人，我可以从她们的言行中看出来。假如你不当心，她们会陷害你。你跟她们素昧平生，为了对你的幸福表示友好的关心，我劝你不要和她们来往。"

起初我对她们没有像她那样的印象，她就提到了她观察到和听到的，却被我疏忽了的一些事情，她使我相信她是对的。我感谢了她的善意忠告。当我们到达纽约时，她们告诉我住在什么地方，请我去探访她们。但是我没有去，也幸亏如此，因为第二天船主发现丢失了一只银勺子和一些其他的东西，这些东西是从他的舱房里被偷走的。船主知道这两个妇女是妓女，他就领了一张搜查证搜查她们的住宅，找到了赃物，这两个小偷也受到了应有的处罚。在途中，一块沉在海底的大岩石擦过我们船边，但我们总算躲过了这一暗礁。我想这次避开这两个女人，对我来讲意义更重大。

我来到纽约，高令斯正在等我。在我们还是孩子时，我们就成了推心置腹的朋友，我们常常在一起读书。他的条件比我优越，有充足的学习时间。在算术演算上，他也比我聪明。当我住在波士顿时，我把大部分空闲时间用来和他谈天。他的学识获得了一些牧师和其他绅士们的尊敬。看起来，他前程似锦。

可惜，约翰·高令斯养成了酗酒的坏习惯。他告诉我，来到纽约后每日都喝酒。赌博也输掉不少钱。我不得不替他还清在纽约的债务，还要为他支付去费城的路费。这使我感到十分烦恼。

我们继续前往费城。路上我替佛南收回了账。要不是这笔钱，我们恐怕就不能到达目的地了。

高令斯打算在银行工作，并且弄到了几份推荐书。然而，可能是因为酗酒，他没找到工作，只好继续和我住在一起。开销都由我支付。知道我手里有佛南的钱，所以他总是向我借钱。他保证一旦找到工作立即还债。没多久，他已从我手里借了很多。对此，我不免有些忧虑，如果佛南向我要钱，我真不知该如何是好。

他继续酗酒，有时我们为此争吵不休。当喝多的时候，他常常大发雷霆。最后，高令斯遇到了一位船长。这位船长正为一位在西印度的绅士的孩子聘请家庭教师。船长决定雇用高令斯。

于是，高令斯离开了我。他答应把他的第一次薪水寄给我还债。但从此他就杳无音信了。

我动用了佛南的钱。这是我最初所犯的最大错误之一。这件事表明了我父亲的判断是正确的，我太年轻了，还不能经营重要的企业。

当基夫州长谈到我父亲的回信时，他说我父亲太谨小慎微了。“既然你父亲不肯帮忙，”他说，“那么，这件事情包给我吧。你开一个需要从英国买的物资清单，我派人去买。至于债务，当你有能力还我时再还吧。我决心要培养出一名出色的印刷工人，而且我确信，你一定会成功。”

他说话的态度是那样诚挚，以至于让我对他是否会信守诺言没有丝毫怀疑。

那项让我在印刷业里出人头地的计划，在费城仍然是一件机密的事情。如果别人知道我要依赖州长建厂，我的某些本来深知州长为人的朋友，一定会劝我婉言谢绝，后来，我才听说，人人都知道州长就是那种到处许愿又从不兑现的人。我从来也没向他求援，因此，我怎么能怀疑他的慷慨资助呢？我还是相信，他是世界上最好的人之一。

我向州长呈报了一份开办一所小印刷厂所需的物资清单。我计算了一下这些物资大约价值100英镑。他同意了，并说如果我亲自去英国将再好不过，这样，我一定能得到最好的设备。我们还讨论了卖书卖报的优越性，以及在我们印刷厂中印刷物资的供应问题。我将会见一些出版商和生产印刷设备的厂家。

那时候，只有一艘轮船在伦敦和费城之间航行。离开船还有好几个月，因此我继续和凯谟一起工作。我感到不安的仍是高令斯从我手中借走的钱。我担心佛南会向我要钱。还好，一连几年他也没向我要。

我还没有提到我是怎么样又吃起了鱼和肉。在第一次离开波士顿的旅途上，人们捉了许多鱼，我觉得这是无谓地残害生命，因为没有一条鱼危害过我们。但是，我毕竟还是喜欢吃鱼的，而且这些刚出锅的热气腾腾的鱼，味道妙不可言。

当时，我在信念和欲望之间斗争了好长时间。后来，我想起来了：当人们给鱼开膛的时候，我看到了从鱼肚子里拿出的小鱼。我认为，“既然鱼能吃鱼，我为什么不能吃鱼呢？”所以，就又吃起鱼来了。

作为一个有理性的生物原来是这样方便啊！只要你想做某种事情，你总能找到借口。

我又回去和凯谟一起居住、工作。我们相处得很快活。但他对我要建立自己的印刷厂是一无所知的。

就在这个时候，我注意上了里德小姐，对她产生了爱慕之情。我爱她，也尊敬她。我有充分的理由确信，她对我也是如此。但我们还太年轻，刚过18岁，而且我即将扬帆远航。她母亲认为不要操之过急。在她看来，如果我们确是真诚相爱，最好还是在我回来以后再结婚。因为那时，我将着手建立自己的企业。

那时，我亲密的朋友有查理士·奥兹本、约瑟·瓦特森、詹姆士·腊尔夫，他们都是文学爱好者。前两人为一名律师工作。腊尔夫给一个商人做事，他聪明伶俐、温文尔雅，表达能力很强。

我们四人常常在星期日一起到森林里进行愉快的散步，朗读文学作品，并进行讨论。

腊尔夫想写诗，他确信自己将成为名扬四海的诗人。他坚持写了一阵子诗，最后放弃了。

可是，他后来成了一位相当出色的散文家和历史作家。几年后，奥兹本去世了。瓦特森去了西印度，成了一名有钱的律师，可惜早逝了。

基夫州长十分喜欢和我在一起。他经常邀我去他家做客，并喋喋不休地提及让我在印刷业里出人头地。他说要写信把我推荐给他的许多朋友，甚至还说要为我写一份贷款介绍信，这将为我提供购买印刷机、纸张及其他物资所需要的钱。他又叫我在某个时候去取这些信。但每当我去取信时，他总是告诉我，“等以后再说。”

就这样反反复复地已经到了船要起航的时候，而且起航的日期已推迟了好几次。

我到州长那儿准备去取信件，他的秘书告诉我，州长很忙，船在纽格拉斯停泊时他将去那里，信会在那儿交给我。

尽管詹姆士·腊尔夫也有妻室儿女，但他决定陪我同行。据说，他要在英国开办企业。但是，后来我才听说他和他的岳父母关系处理不好。他打算把妻子扔给岳父母，而且永远不再回来。

我告别了朋友，并与里德小姐立下了海誓山盟。然后，我们离别了费城。船在纽格斯尔靠岸，我去看基夫州长。和上次一样，他的秘书用世界上最甜蜜的语言接待了我，并说州长不能见我，因为他正忙于处理极其重要的事情，答应把信送到船上，还说，州长祝我一帆风顺，早去早归。

我回到船上的时候，感到有点奇怪，但仍然没有疑虑什么。船上的旅伴中有一个叫安德烈·汉密尔顿的，是费城一位有名的律师。还有一位叫田纳，是个商人。这两位绅士后来都成了我的朋友。当科伦那·富兰契把州长的信带到船上后，他们都很尊重我。

听说富兰契带来了信，我立刻到船长处去要我的信件。船长告诉我，所有的信件都装在一个邮袋里，他一时找不出我的信。他说，到达英国之前，可以让我检查邮袋，从中找出州长给我的信。

船快到英国时，我去查信，发现有六七封好像是州长亲笔写的，可是没有一封是写给我的。其中一封是写给英国一家印刷厂的，另一封是写给一家文具店的。我以为这些信就是州长答应为我写的信件。

1724年12月22日，我到达伦敦。我先去了文具店，并交了那封信。我告诉店老板，这封信是基夫州长写的，他说："我根本不认识这个人。"这封信原来不是州长写的。

打开信，文具店老板说："这是雷德斯坦写的。"他把信交给我时说，他最近发现雷德斯坦虽是名律师，但为人很不老实。他与他没有任何往来，更不能收他的信。说完，转身走了。

现在，我才开始怀疑州长的为人是否诚实。我去看我的朋友田纳先生，并把此事告诉了他。他说，没有一个人相信州长，而且他相信，州长根本没为我写过信。对于州长要给我开一封信贷介绍信一事，田纳先生付之一笑，他说州长根本没有提供信用贷款的资金。

我对今后将干什么感到担忧。田纳建议还干我的印刷本行。他说："和印刷工人在一起，你的业务能力会得到提高。在你回到美国时，这对你是大有益处的。"

但是，为什么一位堂堂的州长要愚弄一个天真幼稚、一贫如洗的孩子呢？也许州长对此已是习以为常，他想讨好任何人，却又没有什么东西可给，所以只好开空头支票了。尽管如此，他仍是一位头脑清醒的好州长，他制定了一部很好的法典。

我和詹姆士·腊尔夫是亲密无间的朋友。我们一起住在一家我们所能找到的最便宜的旅店里。他把所有的钱全花在来英国的旅途上了。所以，在他寻找工作这段时间里，我们两人只好靠我一个人的钱过活。他到剧院、印刷厂，然后又到律师事务所里找工作，但他没能找到任何工作。

我却很快在帕莫印刷厂——一家著名的印刷厂里找到了工作。我在那里大约干了一年。我干得很卖力。但是，我和腊尔夫常去看戏和到其他娱乐场所，所以，我挣的钱全花光了，就连我带来的钱也用得一干二净。

腊尔夫似乎已把他的妻儿抛到了九霄云外。渐渐地我也忘记了我与里德小姐的海誓山盟。我只给她写过一封信，告诉她不能很快回去。这是我一生中另一重大错误，如果能重来一次，我愿意纠正这一错误。事实上，由于我们的开支，我一直没有钱支付旅费。

我和一位叫威尔考克的书商处得很好。他收集了一大批旧书。当时无论什么地方都还没开设专供借阅的公共图书馆。但是我们之间达成了协议，只付少量的钱我就可以借书、读书，然后还书。我尽了最大的努力，利用这个机会拼命地读书。

在这同时，我写了并印制了一本关于哲学的小册子，名叫《论自由与必然，快乐与痛苦》。后来，这本小册子不知通过何种方式被一个名叫赖英斯的外科医生看到了，他是《人类判断的不谬性》的作者，因此我们相识了，他很重视我，常常来看我，同我讨论这类问题，带我到一家在契泼赛的一条小巷里的荷恩斯淡啤酒店里去，把我介绍给《蜜蜂的童话》的作者曼得维博士。他在那家酒店里成立了一个俱乐部，因为他是一个十分幽默风趣的伙伴，所以成了这个俱乐部的灵魂。赖英斯也替我介绍了在巴脱生咖啡馆的宾柏顿博士。宾柏顿答应早晚替我找一个机会见见爱瑟·牛顿爵士。我是极想有这样的一个机会的，但是从未实现。

一位年轻的妇人T夫人也住在我和腊尔夫住的房间所在的公寓里，她是一位制帽工人。她活泼可爱、放荡不羁。傍晚，腊尔夫常常给她朗读剧本，他们变得十分要好。她搬到另一家公寓时，腊尔夫也搬到那里去住了，他们一起同居了一段时间。

腊尔夫仍然没有找到工作。T夫人挣的钱不够维持他们两人及她的孩子的开销。于是，腊尔夫决定离开伦敦去一所乡村学校找工作。他写一手漂亮的字，而且精通文学。

但是，腊尔夫对于做一名乡村教师并不感到满足。他对自己的前途信心十足，深信总有一天会时来运转。他不想让人知道他当乡村教师，于是他改用了我的名字，这真让我感到意外的荣幸。

不久，我收到了他的一封信。信上说，他在一个小村里安顿下来，教12名孩子阅读与写作。他还请我照顾T夫人。他让我给他回信，收信人写“富兰克林校长先生”。

他不断地来信，寄来了当时正在写的一首冗长的史诗，要我批评和指正。这些我都照办了，但是我却劝阻他不要继续写诗。那时候杨的一篇《讽刺诗》刚发表，我抄写了一大部分寄给他，这首诗鲜明地指出那些毫无希望地追逐诗神的人的愚行。但是这一切努力都无用，诗稿不断地在每封信里寄来。

同时T夫人由于他的关系失去了朋友和生意，穷困潦倒，她常常来找我，向我借一点多余的钱以救燃眉之急。慢慢地我喜欢与她来往了，由于这时候我不受宗教的约束，同时利用她对我的依赖，我竟试图与她发生关系（又一错误）。她正当地表示了愤怒，拒绝了我，并且把我的行为通知了腊尔夫。这就让我们绝交了。

当他回到伦敦时，他让我知道，他认为我已经勾销了一切过去我对他的恩惠。我知道永远不能希望他偿还我借给他或是替他垫付的款项了。在当时，这无关紧要，因为他完全没有能力来还债，而且失去了他的友谊以后，我倒发现解除了一个负担。

这时我开始想预先积蓄一点钱了。为了得到较优越的职位，我离开了帕莫，到林肯协会广场的瓦特印刷所去，这是一家规模更大的印刷所。我在这里继续工作，直到离开伦敦为止。

我搬到了一个离工厂较近的地方去住，房租也很便宜。在瓦特印刷厂里，其他工人都发现我与众不同。他们嗜酒如命，而我在工作中只喝白开水。不久，他们都叫我“白水美国佬”。

几周之后，我和一些工人成了朋友。他们中间的一部分人也采用了我的生活习惯，吃适量的热早餐，而不是用白酒、面包和奶酪开始一天的生活。热乎乎的早餐，既便宜，又可以使人头脑清醒。

在这家印刷厂里，我和一个叫威格特的聪明的小伙子交了朋友。和大多数印刷工人相比，他曾受过较好的教育，懂拉丁语，会说法语，又喜欢读书。我教他和他的一个朋友游泳。不久，他们都游得很好了。

我一直喜欢游泳，从小就研究了一些关于游泳的著作，而且实践了各种动作和姿势。

教他游泳，进一步加深了我们之间的友谊。后来，他建议我们一起去游历整个欧洲。他说我们可以靠在印刷厂里的工作，维持自己的生活。

我很欣赏这个想法。我曾在我的好朋友田纳先生面前提及过此事。闲暇时，我常常和田纳先生一起待上个把小时。他劝我应该考虑回费城。

田纳先生是个很讲信用的人，他总是按时还债。那时，他才告诉我他很快就要回费城了。他正采购大量物资，打算在费城开个商店，还提出要带我回去做他的助手。我将在他的店里工作，并为他写信，他将教我怎样记账。

他答应，一旦我做生意，就派我去西印度经商。如果我经营得法，他将允许我自己独立创业。

因为我早已对伦敦厌倦了，所以这个建议让我称心如意。费城给我留下了许多美好的记忆，我渴望回到那里。于是，我马上同意拿比我当时还少的工资。无论如何，这项工作是大有可为的。

我告别了印刷业。我想，这也许是永远告别了这一行业。我整天和田纳先生一起工作。我们还订购了各种货物，并且目睹这些货物已经打好了包装，上了轮船。一切工作都已准备完毕，我们还有几天可供自己支配的时间。

就在这时候，出乎意料，一位大人物威廉·温特莫邀请我去见他。我们素不相识，但是，我还是去拜访了他。

他听说我擅长游泳，并且几小时就教会了威格特游泳。他有两个儿子，计划外出旅行。他请我在他们出发前教会他们游泳，而且答应工资上不会亏待我。但是，他的儿子却不在伦敦。我自己也不知道将在什么时候回国，所以我没有接受这项工作。

但这使我受到了启发，如果在伦敦开设一所游泳学校，我定会发一笔大财。这个念头越来越强。如果威廉先生早一些时候邀请我，我也许就不打算回美国了。

就这样，我在伦敦度过了18个月。大部分时间我都在勤奋工作。除了看戏、买书外，我花在自己身上的钱很少。我的朋友腊尔夫欠了我一大笔钱，那是要不回来了。然而，我喜欢他，因为他的性格随和。在伦敦，虽然我的经济状况没有得到改善，但是我却结交了许多有趣的朋友，而且阅读了大量的书籍。

我们在1726年 7 月23日从格来维森起航。航行中，我为未来的生活制订了一项计划，而且一直到老都能相当忠实地履行它，这是我自己也没想到的。

10月11日，我们的船到达了费城。我发现费城有一些变化。戈登少校当了州长。我在大街上遇到了威廉·基夫先生。他似乎有点不好意思见我，什么也没说就走开了。

本来，我就没有脸再去见里德小姐。再说，在我离开费城时她已嫁给了罗杰斯。那是在她接到我的信，对我能否回来感到失望之后，她的朋友才劝她嫁给罗杰斯的。

和罗杰斯在一起，里德小姐从来没有幸福过，很快就离开了他。

听说罗杰斯还有一个妻子时，里德小姐便拒绝与他同居，并且不再用他的名字。由于负债，罗杰斯于1727年逃到了西印度，后来就死在那里了。

凯谟那时开了一家较好的印刷厂，他有充足的设备和新的印刷机及铅字，虽然没有技术高超的工人，但总算雇用了一些工人。看起来，生意也十分兴隆。

田纳先生在水街买了一家商店，我集中了全部精力经营生意，并学会了会计。不久，我就成了做生意的行家。我们住在一起，他把我当成亲儿子一样。我也尊敬和热爱他。

如果不是我们两个都病了，我们还是可以友好地相处下去的。那时我刚刚20岁。疾病使我遭受了很大痛苦，而且差一点丧命。

田纳先生病了很长时间，最终去世。他给我留下一点钱，但是商店倒闭，我也失业了。

人们劝我重操旧业。凯谟给的年薪很高。他想让我去为他经营印刷厂，这样他就可以抽出很多时间去推销文具和书籍。

在伦敦我就听说凯谟名声不怎么好，所以我不想再与他共事，但是由于找不到其他工作，我只好接受了他的建议。

凯谟用微薄的工资雇用了四名没有受过训练的工人。还有一名为他工作的人叫乔治·卫布。他在牛津大学读过书，凯谟出钱雇卫布为他工作四年。使用金钱雇用劳力，这在当时是颇为流行的。

但是，一名牛津大学的学生的处境竟是如此寒酸，这还是罕见的。卫布只有18岁。他告诉我，他在英国的格罗塞斯特上过中学，并在戏院里演一手好戏。他也写了一些文章，这些文章在格罗塞斯特的报纸上发表过。然后他被送入牛津大学，并在那里学习了将近一年。但他并不知足，他向往伦敦，想成为一名演员。

卫布在收到从家里寄来的一些钱之后，连债也没还就离开了牛津。他步行到了伦敦，并与一伙坏人为伍。没多久，钱被挥霍得一干二净，而且没能找到工作。

卫布流落街头，一贫如洗。后来他遇到了一个人，此人正在招聘工人。卫布立即签了合同，然后上了一艘轮船来到了美国。他从来没有写信告诉他的朋友他做了些什么。

卫布头脑聪明，心地善良，善于交际，但却游手好闲、性情怠惰。

很快我就明白，为什么凯谟愿意给我那么高的工资。他打算让我教他那些缺乏训练、工资微薄的工人。一旦我教会了他们，凯谟就可以解雇我。尽管如此，我还是高高兴兴地工作，替他把印刷厂办得井井有条。我教他的工人提高工作效率。

我和工人们处得十分融洽，他们很尊重我。因为凯谟没有什么东西可以教他们，而从我这里每天都能学到些本领。凯谟本人对我也很好。我在城里结交了许多朋友。

印刷厂常常需要更多的铅字，但当时在美国没有人能够铸造铅字。我在英国看见过用金属铸字，却没有注意铅字是怎样造出来的。但是在使用铅字和一些铅条时，发现了铸造的方法。我还铸造了另外一些东西。我样样都干，事实上，是我在管理整个印刷厂。

随着工人们技术的提高，我还能有多大用处呢？我发现自己在工作中的重要性每况愈下。当凯谟付给我第二季度工资时，他抱怨说工资太多了，他变得越来越不那么愉快，而且常对我的工作吹毛求疵，随时都想和我吵架。尽管如此，我仍然耐着性子继续工作。

后来，一件小事使我们的友谊破裂了。一次，我听到外边一声巨响，便把头伸向窗外，想看个究竟。凯谟正好在街上，一抬头就看见了我。他怒吼着让我少管闲事。左邻右舍的工人都向外看去，而且都听到了他是怎样向我讲话的。然后他走进印刷厂继续和我吵架，你一言，我一语，我们之间都说了不少气话。

如果凯谟决定解雇我，他应当给我三个月的工资。而现在他却说，他没有义务给我这么多的钱。我告诉他，我马上就走。我拿起帽子，扬长而去。

我走时，托一个叫休哥·梅莱笛斯的工友把我的东西带到我的房间。当天晚上，他来了。我们一起议论了我的事情。

梅莱笛斯为人忠厚，他对我十分尊重。听说我要离开印刷厂，他非常难过。我曾帮助他克服了酗酒的坏习惯。

梅莱笛斯告诉我，凯谟的一切财产都是靠借债得来的，债主早就有些不安了。凯谟常常是挣到一点钱就满足，从不图大利。同时，他总是相信别人向他借了钱会还的，因此记账也不认真。梅莱笛斯断定，凯谟的企业必定会倒闭，这将使我有机可乘，而且可能从中发财。

我争辩说，我没有钱。梅莱笛斯告诉我，他父亲对我评价很高。如果我愿意与他合伙，他相信，他父亲会借给我我所需要的钱。

梅莱笛斯与凯谟的合同将在春天期满。他说："到那时，我们的印刷机和铅字就能从伦敦发来。我知道我技术不行，你可以出技术，我提供物资，我们对半分红。"

这项计划是可行的，我表示同意。尤其是在他父亲发现我对他的儿子有着很大的影响时，他就同意了这项计划。他希望他的儿子与我形影不离，因而能把酒戒掉。

我向他父亲提了一份我们需要的物资清单，并且派人去采购这些物资。在设备没到之前，这项计划需要保密。暂时我还得到别的印刷厂去找工作。但没能找到，只好闲着。

就在那时，凯谟听说邻近的新泽西州计划印一些纸币。因为只有我会做各种铅字和雕版，他担心布朗德弗德雇用我，并从他手中抢走生意。于是，凯谟捎信来说："老朋友，不应该为几句气话而分开。"并请我回去。

我回到了凯谟那里。我们得到了新泽西州的订货。为完成这项工作，我造了美国第一台铜版印刷机，还铸造了许多印刷纸币所需要的雕版。

我和凯谟一起到了新泽西州的首府柏林敦，令人满意地完成了这项工作。他赚了那么多钱，以至于能把他的企业维持更久。

在柏林敦，我见了许多大人物。新泽西州任命一个专门委员会来监督印刷工作。议会指示委员会必须根据法定数额印刷。因此，一些委员们总是和我们形影不离，还带一两个朋友来做伴。他们喜欢和我而不是和凯谟谈天。原因可能是我知书明理。他们常邀我去家里做客，并把我介绍给他们的朋友，对我十分友好。

我们在柏林敦差不多住了3个月。这期间，我在议会里交了许多朋友。总监督官爱沙克 · 笛卡先生对我说："我确信，你将很快把凯谟这个人排挤出印刷业，而且会在费城发一笔财。"他对我想在费城或其他地方建厂的事一无所知。这些朋友后来给了我很大帮助。当然，只要可能，我也给朋友们一些帮助。

在我讲述我们正式创业之前，最好让你知道当时我对道德伦理的看法，你可以看出这些观念是怎样影响我未来人生的。

父母在早年就对我灌输了宗教思想，童年时代我受了虔诚的非国教徒的教养。在我所读到的各种书籍里，我发现一些对教条的异议，我对教条中的某几点也先后产生了怀疑。

当我还不到15岁时，我开始对《圣经》本身产生怀疑。我偶然读到了一些反对自然神教的书籍，据说这些书是博尔演讲中讲道文的大意。它们对我的影响恰巧跟作者的原意相反，因为为了驳斥自然神教，他引证了自然神教信徒的议论，但是这些议论在我看来却比那些反驳它们的理论还有力。

简单地说，不久我就成为一个彻头彻尾的自然神教信徒了。我的思想带领一些人走上了歧途，特别是高令斯和腊尔夫，但是这两个人后来都深深地伤害了我。基夫（他是另一个宗教上的自由思想者）对我的行为和我自己对佛南先生和里德小姐的行为，有时使我十分苦恼，我开始觉得这种教义虽然或许是真的，但并不是十分有益的。我的伦敦小册子引用了德莱登的诗作为箴言：

存在即是合理，虽然半瞎的人
只看见链条的一端，最近的一环，
他的两眼看不到，
上面那权衡一切的秤杆。

在那本小册子里，我从上帝的属性，他的无限智慧、善良与权力得到的结论是世界上的一切事物全都是对的，恶与善是一种虚空的区别，根本就没有善恶。现在看来，这篇文章并不像我曾经一度认为的是一篇杰作。我猜想某些错误可能会不知不觉地混入我的论断，以至影响随之而来的全部理论，这原是在形而上学的推论中常见的。

渐渐地我确信在人与人之间的相互关系中，对人生的幸福最重要的莫过于真实、诚意和廉洁。我写下了我的决心（这决心还保留在我的日记中），要在我的一生中不断地加以实践。

《圣经》本身对我并不重要，但是我认为：虽然我们不能因为《圣经》禁止某些行为，就说这些行为是坏的；或是因为《圣经》叫我们做，所以就认为是好的。但是当我们考虑了事物的各种情况以后，也许正因为它们对我们不利，所以我们才要禁止这些行为；或是正因为这种行为本身对我们有益，所以我们要去做。

这种信念，靠着上帝或是守护天使的祝福，或是偶然的有利情况或形势，或是三者结合起来，保全了我，使我度过了青年的危险期，使我在没有父亲的照顾和忠告下，安全地跨越了我在陌生人中间有时所陷入的险境，而竟然没有任何故意的粗鄙的不道德或不正义行为。由于我缺乏宗教信仰，这种错误或许原是在意料中的。我说故意的，因为上面所提到的那些实例，由于我年轻，缺乏经验，由于别人的无赖行为，都包含一些必然性在其中。因此在开始进入社会时，我的品德还总算过得去。我非常重视我的品德，并且决心保持它。

回到费城不久，印刷机及其他设备就从伦敦运到了。在凯谟知道这消息之前，我与梅莱笛斯离开了他。

我们在市场附近租了一座房子。为了减少开销，我们让托马斯·高弗利及其全家入了股。他们付一部分房租并为我们提供伙食。就在我们刚准备就绪时，我的朋友乔治·哈斯给我们送来了一名工人，他是哈斯招聘工人时在街上遇到的。我们的现款全部用在购买所需的物资上了。哈斯的帮助虽小，但却很及时。这比得到更大的帮助还要使我高兴。也许，正是这件事使我比过去更加乐意帮助那些年轻的创业者。

在每个国家，总有那么一些人，他们总是千方百计地使你确信，祸事即将临头。他们到处游说，高谈阔论破产，在费城就有这么一个人。他是个叫塞缪尔·迈克尔的老人，我与他素不相识。但有一天，他突然来到我的门口并且忧伤地告诉我，大祸即将临头。他说，费城是一座日趋没落的城市，我的厂必然会倒闭。如果我在创业之前就认识他，也许我永远也不会办这家印刷厂。

我早应该提到，几个月前我组织了一个叫“共读社”的俱乐部。

我的许多朋友都是该俱乐部的成员。我们每星期五聚会，以便互相启发，增长才干。

我制定了几条章程，要求每个成员就道德、政治、自然哲学等问题轮流提一个或更多的要在全体会议上讨论的问题。除此之外，每3个月任何一个成员都必须宣读一篇自己写的报告。讨论是在实事求是、探索真理的气氛中进行的。大家都力求避免不愉快的争论或急于取胜。凡不遵守这些章程的会员，必须交纳钱数不多的罚款。

第一批成员有：

约瑟夫·布雷诺尔，他在一位律师的门下工作，是一位心地善良、待人友好、爱好诗歌的中年人。

托马斯·高弗利，他的数学是自学的，对其他问题知道得不多，不容易相处。不久，他就退出了俱乐部。

尼古拉·斯卡尔，后来当了总监督官。他喜欢读书，有时写诗。

威廉·伯森司，一名鞋匠学徒。喜欢读书，后来也当上了总监督官。

威廉·马格雷志，一名技术高超的木工，也是个品德高尚的人。

休哥·梅莱笛斯和乔治·卫布这两个人我已经提到过了。

罗伯特·格雷斯，一位有钱的年轻绅士，大方、活泼又聪明。

还有威廉·科尔曼，那时是一个商店店员。他头脑清晰、心地善良，我从没见到像他这样意志坚强的人。他后来成了商业大亨和法官。我们的友谊持续了40年，直至他去世。

“共读社”办了很长时间。这是当时那个地区研究哲学、道德、政治的一个最好的团体。要讨论的问题在前一个星期就提出来了。这使我们能认真地阅读许多有关的书籍，因而使讨论更富有成效。我们还养成了一种较好的演讲习惯，因为“共读社”的章程禁止意气相争。

“共读社”的全体成员对我们的印刷厂都很感兴趣。他们每个人都千方百计地为我们兜揽生意。其中布雷诺尔为我们承包了一大宗生意。那是印一本40页的大开本的历史书籍。我每天排一版，梅莱笛斯就印一版。我常常干到夜里十一点或更晚一些才完。其他的朋友送来的小件活儿，也常常打扰我的工作，但我下定决心，每天不排完一页决不去睡觉。

这种勤奋的顽强的工作精神引起了邻人的关注，他们开始赞扬和信赖我们。人们告诉我说，我们的印刷厂已经成了一家商人俱乐部的话题。一般人认为我们的印刷厂会倒闭，因为镇里已经有了两家印刷厂。但其中有一位名叫贝尔德的博士却持有不同的看法。

他说：“那个富兰克林的干劲是我从来没有见到过的，这比什么都可贵。当我从俱乐部回家时，看见他仍然在工作，而且在他的邻居尚未起床时，他就开始工作了。”

尽管好像我是在自吹自擂，但我还是要特别直率地提到这些，这样做是为了让我的子孙们读了它后，能够理解，勤奋是会给人们带来丰硕成果的。

那时，乔治·卫布与凯谟签订的合同已经期满，来向我们要工作做。当时，我们不能雇用他。但我却十分愚蠢地告诉了他一项秘密：不久我要办一份报纸。到那时，我可能给他工作做。

我告诉了卫布，为什么对办报的成功抱有很大的希望。因为在当时只有一份布莱福德印的报纸。虽然经营不善，生意不太兴隆，但对他来说，这份报纸多少还是有利可图的。因而，我才断言，办一份出色的报纸必定会得到成功。我要求卫布不要泄露这个计划。但他却告诉了凯谟。为了抢先，凯谟立即宣布了他自己准备印一份报纸。

我十分恼火，并决定阻止他们办报。由于当时我们还不能马上办报，所以我为布莱福德的报纸写了几篇生动活泼的文章，使用的标题是“大忙人”。

用这种方法，布莱福德的报纸吸引了公众的注意，我们嘲弄凯谟的办报计划。对此凯谟并不介意，还是把报办了起来，出版了九个月，到最高峰时才只有90份订户。后来，他自愿廉价卖给我这份报纸的全套设备。我买了下来，而且没几年就赚了许多钱。

请读者注意，我用的词是“我”，尽管我仍然与梅莱笛斯合伙办报，但事实上，是我一个人在经营整个企业。梅莱笛斯不会排版，印刷技术很差，而且嗜酒成性。我的朋友都为我与他共事感到遗憾。然而，我俩还是处得很和睦。

我的报纸确实与众不同，它以崭新的面目问世了，排版新颖，印刷清晰。我的作品吸引了一些在社会上有影响力的市民。这份报纸和它的发行人成了人们议论的中心。不到几周，所有有社会影响力的市民都成了我们的读者。

很多人都效仿他们，于是，我们的读者不断增加。我学习了写作技巧之后，收到良好的效果。这仅仅是最初的一例。公共事业的领导人认为，帮助既会办报又会写作的人，是一种明智的做法。

布莱福德仍然印刷有关选举、法律及其他公共事业的材料。他印了一份议会给州长的声明，技术拙劣，错误百出。后来，我们准确无误地重印了这项声明，发给每个议员一份。这加强了朋友们在议会中的地位。他们挑选我为下一年度的印刷代理商。

我永远也不会忘记我在议会中的朋友亚历山大·哈密顿先生。他刚从英国归来。在为议会印刷材料这件事上，他帮了大忙。后来在其他许多事情上也给了我很大帮助。

大约在那个时候，佛南先生提醒我欠他的钱，但却没有马上让我还钱。我给他写了一封信，请求他再宽限一下还债的日期。他同意了。我有了钱之后，立即还了债，还付了利息。这样，我终于改正了以前所犯的过失。不久，我却面临一项无论如何也意想不到的困难。本来梅莱笛斯的父亲应为我们的印刷厂的设备付款，但他只付了一半，另一半也到期了。卖给我们印刷机和铅字的人拒绝拖延，并到法院控告了我们。

我们知道，如果不能很快地把钱凑齐，我们就会破产。因此，将不得不拍卖印刷机和铅字，说不定得半价出售，以便还清债务。

患难之时，有两位真正的朋友前来支援。对于他们的大恩大德，我将终生难忘。他们是分别来到的，而且素不相识。没有我的邀请，他们两人都自愿为我预支一大笔钱。用这笔钱，我足以接管整个印刷厂。他们都不想让我继续再与梅莱笛斯合办企业。

这两位朋友是威廉·科尔曼和罗伯特·格雷斯。我告诉他们，只要梅莱笛斯有机会履行协议中他所承担的义务，我就不能提议散伙。我对梅莱笛斯父子所做的一切，以及在可能的情况下所做的事情，始终感恩不尽。当然，如果他们最终仍不能履行协议，那么，我认为我有权接受朋友们的资助。

过了一些时候，我对梅莱笛斯说："也许，你父亲不满意在我们的企业中所承担的义务。大概，他不愿意为我们支付那笔债款，而打算单独为你自己支付吧？如果是那样的话，请你直言不讳地说出来，我可以把企业全部让给你。"

梅莱笛斯说："不，我父亲确实无力支付，我不想再麻烦他了。我知道，我不配干印刷这一行。我生来应该当农工，进城是愚蠢的，而30岁才学一门新手艺则更是不明智的。我的一些朋友打算到北卡罗来纳安家落户，那儿土地便宜，我想和他们一起去。"

他继续说道："你可以找朋友帮你还清债务。如果你想退还我父亲的钱，就只还我的私债好了。30英镑和一副新马鞍就行了，我要把工厂的一半资金留给你。"

我同意了这项建议。我们立了契约，并立即签了字。我满足了他的要求。不久他就出发去北卡罗来纳了。第二年，我收到了他的两封来信，信中对北卡罗来纳赞不绝口。我在报纸上刊登了他的信，读者很感兴趣。

梅莱笛斯一走，我立即去拜访了我的两位朋友。我从他们的手里分别借了一半我所需要的钱，还清了债务，并以我个人的名义继续办厂。那大概是在1729年前后的事吧。

大约就在那个时候，人们开始要求更多地使用纸币。因为纸币还不怎么流行，有些有钱人反对增印纸币，他们担心纸币多了，会像在新英格兰一样贬值。

我们在"共读社"里讨论了这个问题，我赞成多印纸币。我确信在1723年印的那一小批纸币已经收到了很好的效果。发行纸币促进了贸易，改善了就业，而且增加了人口。费城的房子都住满了人，同时又兴建了许多新的住宅。

我举双手赞成印刷纸币。为此，我写了并且出版了一本关于印刷纸币的小册子。这本小册子得到了一般人的好评，但受到富人的抨击。然而，我的著作使印刷更多的纸币的要求变得越来越强烈了。而那批富人中没有任何一位作者能写文章答辩。

后来，印刷纸币的计划被立法会议通过了。我的朋友们感到我为他们尽了力，为了报答，他们把印刷纸币的生意交给了我。这是一件盈利很大的工作，同时也是写作所带来的又一益处。

不久，我的朋友哈密顿·纽卡斯揽了印刷纸币的生意，还让我承担了印刷有关该州的选举、法律等材料的工作。在离开印刷业之前，我一直在干这些工作。

那时，我又开了一家小文具店，经销律师用的各种规格的信笺，格式极为规范。除此之外，还出售各种纸张、本子、笔墨等。

我雇了一个出色的店员，叫华德麦西，是我在伦敦认识的。此外，我还收了一名徒弟。

我逐渐清还债务。我认为保持信用和荣誉是商人应具有的品德。因此我勤劳节俭、谨言慎行，为的是避免败坏自已的名声。我衣着朴素，从不到任何娱乐场所鬼混，也不去钓鱼、打猎。为了不让人们看出我的生意特别兴隆，我甚至亲自用手推车在大街上运货。

这样一来，人人都知道我是一个勤劳的年轻人了。而且，从我这里可以买到货真价实的东西。商人们争着供给我文具和纸张。我的买卖日益兴旺起来。

与此同时，凯谟的信誉却每况愈下。而后为了还债，他不得不拍卖印刷厂。最后，他到了西印度群岛，在那里过着贫穷的生活。

他的徒弟是我教过的，叫大卫·哈利，接管了他的工厂。哈利打扮得像个绅士，生活奢侈腐化。起初我很担心，因为他有许多有权有势的朋友，但后来由于他对管理企业漫不经心，很快就把工厂丢掉了。这样，在费城的其他印刷厂只有布莱福德一家了。他年纪已大，又很有钱，因此对他的企业不那么热心。他时而也有些生意可做，勉强维持出版报纸。

由于他负责地方邮局，人们认为他有较多的机会获得新闻消息。他的报纸，刊载了很多的商业广告，收费可观，使他赢利很大。

公众并不知道我利用邮局接收和分发报纸。因为布莱福德禁止邮差分发我的报纸，所以，我不得不私自付给邮差一部分钱。我认为，在这个问题上，布莱福德做得实在不高明。后来我接替了他的职务，我总是告诫自己永远不要重蹈他的覆辙。

到这里为止，我一直在高德福莱家寄膳，他跟他的妻子孩子们占用我房屋的一部分。他在我铺子的旁边开了一家玻璃铺，但他不大做工作，因为他热衷于数学的研究。高德福莱太太打算替我和她的一个亲戚的女儿做媒，常常找机会使我们见面，后来我真正对她产生了感情，因为这个女孩是很可爱的。

这些老年人鼓励我，不断地邀请我去吃饭，让我们俩在一起。到了该摊牌的时候了。高德福莱太太替我们传话。我告诉她，我希望能获得付清我印刷铺借款的余数，当时这笔钱我想不超过100镑。他们回话说没有这样一笔款可以给我，但他们可以到银行里去抵押房子。

过了几天，他们对这件事的回答是不赞成这桩婚事了。他们曾向布莱福德打听，布莱福德告诉他们印刷业并不是一种赚钱的行业，铅字很快就要损坏，需要更多的铅字，凯谟和哈利相继地都失败了，我大概不久也将重蹈他们的覆辙。因此，他们不许我再到他们家里去。同时，把他们的女儿也禁闭起来了。

究竟是不是他们真的改变了主张，或者只是一种诡计，以为我们的感情已经根深蒂固不能自拔，因此我们会私奔，这样他们就可以随意地给或是不给什么嫁资，这我就不知道了。但是，我猜想他们的动机可能是后者，我很生气，不再去了。

高德福莱太太后来告诉我他们的态度有了转变，还想再引诱我去，我告诉她决心不与那家人有任何来往了。高德福莱全家都因此而生气，我们之间发生了矛盾，他们就搬走了，这样整所房屋都归我住，我决定不再招收租户。

这件事却让我想结婚了，所以我留意四周，到其他地方去找朋友。但是不久我发现，因为一般人认为印刷业不是一种赚钱的行业。所以，除非能找到称心如意的妻子，成婚之后我是不会发财致富的。

我和邻居里德一家处得仍然十分友好。他们全家都认为我不错，常常邀我到他们家做客。我怜悯里德小姐的遭遇。她总是愁眉不展避免和人接触。我意识到了，我在伦敦时的所作所为是愚蠢的、不忠的，觉得在很大程度上，就是造成她痛苦的根源。而她母亲却好心地认为，她自己的过错要比我多。在我去英国之前，是她阻止了我与里德小姐结婚，也是她在我不在的时候催促她与别人结了婚。

我与里德小姐的爱情又获得了重生。但我们想结婚，还有些障碍。据说，罗杰斯在英国还有一个妻子，所以人们认为里德小姐与他的婚姻是无效的。但是万里迢迢，无法证实这一点。后来，传说罗杰斯已经死了，但也并不确切。再说，即或他死了，也必定会留下大笔债务，很可能须由我去替他偿还。

我们勇敢地面对这些困难，终于在1730年12月1日结了婚。我们原来担心的事情一件也没有发生。里德是一位贤惠忠贞的妻子。我们互敬互爱，都想使对方感到幸福。这样，我总算是尽到了最大的力量，改正了自己最大的错误。

（注：本着一开头就已阐明的目的，我已写了这么多。其中包括在其他人看来，是一些无关紧要的家庭琐事。下文是很多年以后才写成的，也是为公众而写的。美国革命，即从英国统治下使美国获得自由的战争，中断了我的写作。）

很多年以后，当我在巴黎的时候，我收到了艾贝尔·詹姆士〔Abel James——费城富商。根据法兰德（Farrand）在他的《富兰克林传》中记载：富兰克林出使法国时，把一小箱子文稿交给他的一位朋友约瑟夫·盖洛韦保存。英军占领费城时，盖洛韦投敌，他夫人从敌人手中抢救了这箱文稿。她去世前夕，把它交给德高望重的艾贝尔·詹姆士保存〕先生的一封信。他还寄来了一部分有关我生平的注释。收信人写的是："我亲爱的、尊敬的朋友收。"詹姆士先生告诉我，他早就想给我写信，却担心"信会落到英国人手里"，他害怕有关我生平的那一部分可能被公开发表，从而使我感到不快。

他还说，不久前他得到了我的一本23页的作品。这是一本叙述我的父母和我个人生平的书，内容写的是1730年。这本书是写给我的儿子看的，其中也有我的注释。

他提到，送给我这本书的目的，是希望我把自传继续写下去。他感到那将是"一件令人高兴、受益匪浅的工作"，它不但"对一部分人，而且对千百万人都有教育意义"。

信上还说："我认为，你的这项工作，就是在世界各地也不是没有意义的。而恰恰相反，其意义之重大，是无可比拟的。"

我把这封信及作品给我的朋友本杰明·沃恩（Benjamin Vaughan，1751—1835，英国驻法外交官，同情美国革命，与富兰克林建立了深厚友谊。1779年，他编辑出版了第一部《富兰克林选集》）先生看了。过了一些时候，我接到了他在1783年1月31日从巴黎写给我的信。

沃恩先生提醒我，他曾经答应过读完我的生平及注释之后给我写信。他还说，他将给我写信说明为什么他认为"写完你的自传及将它出版是有益的"。詹姆士先生也期望我那样做。

沃恩先生表示，他现在有了给我写信的时间。并说："我愿意给任何像你这样的人写信，而且不感到卑怯。"

他写道："你的经历是那样的非凡，即使你自己不写，别人也一定要写。"他说，他担心如果由别人来写，也许会产生不良的效果。如果由我自己来写，那将无可非议。

他又补充说，我的传记将为人们勾画出一幅动人的图景，那就是"你的国家热烈欢迎那些情操高尚、性格刚毅的人前来安家落户"。人们往往急不可待地听到这样的好消息。"你那里发生的一切，一言一行，哪怕是点点滴滴的细枝末节，都与一个蒸蒸日上的民族的处境息息相关。"

"亲爱的先生，这些仅仅是些无关紧要的小道理。相比之下，最重要的是你那毕生都在塑造未来的伟大的形象。"他还感到，我的著作可能有助于纯洁公民的道德，也会给公众及个人带来快乐与幸福。

沃恩先生说，我的著作将为人们提供一个"自我教育的光辉范例"。他说："事实证明，在人生的旅途上能否为自己确定正确的航向，常常受到一个人的能力的限制。我感到这是一个极其宝贵的教训。"

信上还说，我的故事不仅仅可以帮助人们进行自我教育，而且还可以教育聪明的人。最聪明的人是通过借鉴另一位聪明人的言行而不断地取得进步。"那么，先生，请您告诉他们有多少事情要做吧。让所有聪明的人都成为您那样的伟人，而使其他的人都成为聪明人吧！"

他说，即或是我的一些生活点滴小事，也具有极大的价值，因为人们要从平凡的小事中寻找理性法则。他感到，让人们看看我在人生道路上的所作所为，对他们是大有帮助的。"那将是生活中的一把钥匙，将帮助他们解决许多应当解决的问题。获得个人的宝贵经验的捷径，是把别人的事情活灵活现地、生动有趣地摆在自己的面前。我相信，这一切必将出现在你的笔下。”

他又说，他确信我一定会描绘那些高尚的情操、聪明的才智、切实可行的方法。“从你的自述中，可以看出你对卑微的出身并不感到耻辱。”他认为这一点很重要，因为，“正如你所证明的那样，一个人的出身，对于幸福与快乐，道德的高尚，品行的伟大都是微不足道的。”

在信的结尾，沃恩先生提出了一项私人请求。他希望我能向读者披露我的本来性格。因为他担心，那个时代的政治，将会掩盖或损坏我的形象。他说：“鉴于你所处的伟大时代、你的思维方式，除了你自己，任何人都难以准确无误地了解你一生的所作所为，以及你的思想动机。”

他说，我们时代的伟大的革命也将把注意力转向我。他觉得把我对这场革命的影响展现出来的意义是重大的。

他认为，为了我的国家，也为了英国和欧洲，我的品格应永远受到人们的尊重。

沃恩先生请求我尽快地着手写我的自传。“把你那自身具有的高尚品格以及节制精神，都描绘出来吧！总而言之，你要写出你是个热爱自由、主持正义的人。”

“应该让英国人不但热爱你也尊敬你。当他们热爱你的国家的某个人时，他们就会更接近于热爱你的国家。当你的同胞感受到英国人的尊敬时，他们就会接近于喜欢英国。”

“要把眼界放宽些，应高瞻远瞩，不要把题材局限在说英语的人身上。”他说，我的观点可以涉及自然和哲学。当然，也应该想到造福于全人类。

沃恩先生写道，即使我的工作不能像他所希望的那样获得成功，至少也能向人们提供一些有趣的东西。他说：“给予人们乐趣，为生命增加无限的生机。而当这些生命被忧虑、苦痛的阴云所笼罩的时候。”

最后他写道：“我衷心地希望您能倾听我的忠告……本杰明·沃恩（签字）。”

续　篇

（下面是我的生活片段，写于巴黎附近的帕西，1784年）

我收到上述的信，已好长时间了。但我一直忙得不可开交，直至今日才得以满足信中提出的要求。如果我在家里，自传可能会写得更好。因为我随手可以找到能够启发我的回忆的报纸。但是，返回美国的时间迟迟未定。因此，只好凭借记忆动笔写作。如果我能活着回到美国，我将在家里修改并润色我的自传。

我将从如何兴办费城公共图书馆的事情开始谈起。图书馆是在1730年建立的，当时的规模不大。但是现在已发展成具有相当规模的大图书馆了。

当我在费城办印刷厂时，波士顿以南没有一个像样的书店。在纽约及费城，印刷厂只印制历书、歌曲和少量普通教科书。这样，读书爱好者只好写信向英国邮购书籍。

我们“共读社”的每个成员都有一些书。我们租了一间开会用的房间。我建议每个人都把书带到会议室来。因为在我们讨论问题时，这些书对大家会有帮助。同时，允许每个成员选书带回家去阅读。在一段时间里，我们大家对这种做法都感到满意。

意识到这么少的藏书所带来的好处，我便建议开办一个公共图书馆。我制定了必要的计划和规则，并请一位律师协助形成协定书。每个在协定书上签字的人需立即交纳40先令用以购买第一批书。以后，每年交10先令，继续购置新书。

那时候，费城的读者不多。我们大部分人都很贫穷。虽然尽了最大的努力，也只有50人签名加入我们的图书馆。

我们使用了一小笔钱就使图书馆开业了。书是从英国订购的。图书馆每周开放一天，供读者借阅。任何借书的人都要签字保证，如果借书不还，要以原价的两倍赔偿。

图书馆的作用很快就显示出来了，而且其他城镇也照此办理。因此，图书馆日益增多，读书成为风气。没几年，人们就观察到，一般说来，我们的读者比其他地方同等经济地位的人受到了更好的教育，而且知道得更多。

在筹办图书馆的初期，我进行了征集签名活动。这使我学到了一条经验，即把自己打扮成一项有益的计划的倡导者的做法是不聪明的。当人们抱着各种目的需要别人帮助时，一定要牢记：万万不能让人们认为你想在公众中出人头地，沽名钓誉。因此，我尽最大的努力不那样做。我用一些朋友的名义提出了建立图书馆的计划，说是我的朋友们让我向读书爱好者提出这项建议的。用这种办法，组织工作进行得一帆风顺。

后来，在许多场合中我都采用了这种办法。由于获得了连续的成功，我有充足的理由向人们推荐这种办法。

这个图书馆为我提供了学习的好机会，使我能够不断地得到提高。我每天坚持学一两个小时，这在某种程度上弥补了父亲让我早年辍学所造成的损失。

我允许自己得到的唯一的一件乐趣就是读书。我从不到酒店、赌场和运动场去浪费时间。我在印刷厂时的那种勤奋精神有增无减，而且尽力不知疲倦地工作。为了开办印刷厂我已负债，而且又有了孩子需要教育。

后来，我的处境日益改善，却仍保持青年时代的那种俭朴的生活习惯。父亲常常对我说，勤奋的人可以站在国王的面前。后来，我不但能站在国王面前，甚至有一次和丹麦国王一同入座，共进午餐。

英国人说："要想有名气，必先求教你的妻。"幸运的是我有一个勤奋而节俭的妻子。她总是兴致勃勃地在工厂里帮助干活。她叠页、装订，而且还经管文具店。她还为造纸工人搬运原料，而且在其他许多方面都是我的好帮手。我们没有雇用仆人。我们吃的是粗茶淡饭，用的是简陋家具。

例如，早饭是面包和牛奶，没有茶。很长一段时间我们都是用便宜的羹匙，把早饭从粗糙的碗中送进口里。

但是，瞧，尽管你不愿意，富贵还是闯进了你的家，并站住了脚。一天早晨，家里人叫我吃早饭，我发现用的是昂贵的碟子，银勺子。我的妻子没有和我商量就买了这些餐具。她想，我是配得上用这些餐具的。后来，在我们更富裕的时候，我们又添置了不少昂贵的餐具。几年来，我们花在这方面的钱就有好几百英镑。

星期日我很少到教堂去，因为那是我学习的日子。我从小受过宗教的

教育。但是，多年来，我对其中的一部分信条产生了怀疑。

然而，我一直信仰其中的一部分原则。例如，我从来也没有怀疑过上帝的存在。我相信上帝创造了世界，又用慈爱统治世界；对上帝所尽的最理想的义务，就是造福于人类。恶有恶报，善有善报，不是不报，时候未到。

我觉得，这些是在任何一种宗教里都可以找到的信条，至少在我国所有的宗教信仰中都可以找到。我尊重这些信条，但尊重的程度不尽相同。有些宗教只是人为地把我们分成等级，使我们相互为敌。但是，即使是最坏的宗教，也有可取之处。

随着我们这块美洲殖民地的发展与壮大，大量的新教堂建造起来了。对于建造任何一座教堂，我都没有拒绝过捐款。

在1728年，为了勉励自己，我写了《宗教信仰及行动的准则》。

就在这里，我想出了一个达到完美品德的大胆而费力的计划。我希望我一生中在任何时候都不犯任何错误，我要克服所有缺点，不管它们是由天生的爱好，或是习惯，还是交友不善所引起。因为我知道，或是自以为知道何者为善，何者为恶，我想我或许可以做到只做好事不做坏事。但是不久我发现，我想做的这件事比我想象的要困难得多。正当我全力以赴克服某一缺点时，出乎意料的另外一个缺点又冒出来了。习惯利用了一时的疏忽，理智有时候又不是癖好的敌手。后来我终于断定，光是抽象地相信完善的品德对我们有利，还不足以防止过失的发生；坏的习惯必须改正，好的习惯必须加以培养，这样我们才能希望自身的举止能够坚定不移、始终如一地正确。为了达到这个目标，帮助自己在生活上不犯错误，我制定了十三条道德准则。它们是：

一、节制欲望：在吃饭与喝酒上要有节制；

二、自我控制：对待别人要能克制忍让，不可怀有仇恨；

三、沉默寡言：少说废话；

四、有条不紊：所有的物品都要井然有序，所有的事情，都要按时去做；

五、信心坚定：信守诺言，出色地完成你所承诺的任务；

六、节约开支：把钱用在对自己对别人都有益的事情上，不要错花一

文钱；

七、勤奋努力：永远要抓紧时间做有益的事情，不要浪费时间；

八、忠诚老实：不要说有害于人的谎话、要表里一致；

九、待人公正：不以不端的行为或者办事不诚实去伤害他人；

十、保持清洁：保持身体、衣服及房间的清洁卫生；

十一、心胸开阔：不要为令人不快的区区琐事而心烦意乱，悲观失望；

十二、慎言谨行，要使你的言行符合每一条道德标准；

十三、谦虚有礼：要像耶稣、苏格拉底那样立身处事，谦虚有礼。

制定完毕后，我就把它们记在一个小本子上。我把它叫我的“礼仪道德”。一周7天，都要记录违反了哪条准则。这样日复一日，周复一周，我能往本子上记的错误就寥寥无几了。但是不久，我发现面临了一项更为困难的任务。当我小心防范一种错误时，经常使我大吃一惊的是又发现了另外一个错误。有时候，欲望之大是不能被理智所征服的。例如，骄傲可能是最不容易克服的一种错误。你遮掩它也好，与其斗争也好，克服它也好，或者你尽情地嘲笑它也好，但是它仍然会死灰复燃，且不时地冒出头来。

也许就是在这本书里，我也还会流露出骄傲情绪。即使我自信已经彻底地克服了这个毛病，但我仍然可能为自己的谦虚而感到骄傲。

在这部作品中，我本想解释和运用这样一个原则，就是：假如只考虑到人性的话，那么不道德行为之所以有害，并不是因为它们是被禁止的，它们之所以被禁止正是由于它们有害。因此，做一个有德行的人，即使他希望在今生得到快乐的话，也是于他有益的。从这种情况看来（因为世界上经常有一些富商、贵族、国王和亲王需要诚实的仆人去管理他们的事务，而这种诚实的人又很罕见），我想努力使年轻人相信，世界上没有其他品质能像诚实廉洁一样可能使一个穷小子发财。

（1784年，我在帕西的自传就写到这里。）

1788年8月，我在费城的家里着手继续写我的自传。由于在战争中遗失了大部分报纸，所以我不能期待从报纸上得到多大帮助。

1732年，我开始以理查德·桑德斯的名义出版历书，这是众所周知的《可怜的理查德历书》，而且我几乎一直干了25年。

我想方设法使历书既美观大方，又经济适用。这种历书畅销各地，每年销售一万册。我从中获得了相当可观的利润。

几乎到处都在使用这种历书。我想，对于那些除了历书以外，差不多什么书都不买的人，这是对他们进行教育的最好的机会。于是，我在历书上的重大日期之间的空白处印上了许多哲理名言。

我特别喜欢那些教育人们靠勤奋与节俭积累财富，而又变得道德高尚的格言。对于一个一贫如洗的人让他总是诚实地行事，这是十分困难的事情。针对这一点，我选用了一条格言："空袋囊，立不起。"

这些格言，是许多世纪以来多民族智慧的结晶。我收集并改写了这些格言，目的是使这些格言看起来好像是一位博学的老人在听众面前演讲一样。在1757年历书的封面上就印有这些格言。

收集这些零散的格言，产生了巨大的影响。欧洲的所有报纸都转载了这些格言，在英国则被印成了大型条幅挂在家里的墙壁上。相当大的一部分被牧师买去，送给了穷人。

我为我的报纸设想了另一种对读者有教育意义的办法。我经常再版《观察家》杂志上的文章，以及德高望重的作家的作品。有时，我也出版最初我为"共读社"所写的短小文章。这些文章可以在1735年上半年的报纸上查到。

办报时，我十分谨慎地避免刊载有关个人争吵的事情，经常有人请我刊载此类文章。一般说来，这些文章的作者总要提到出版自由。他们经常争辩说，报纸就像火车一样，谁买了票，谁就有权乘坐。

我答应分别印刷他们的文章。印刷份数由作者自己确定，然后由他们自己向外散发。而我绝不为他们散布互相争吵和谩骂的言论。我已向读者保证，在我的报纸上刊载一些令人愉快而又有教益的作品，绝不让私人争吵充塞报纸，因为我的读者对此漠不关心。

在1733年，我把我的一名工人派到了南卡罗莱纳的查理斯敦，那里需要一名印刷工人。我为他提供了一台印刷机和铅字，条件是合伙经营印刷厂。我可以得到1/3的利润，当然要支付1/3的开销。这位工人即博学又老实，但就是对会计一窍不通。他常常把钱汇给我。他在世时，我从来没能得到一份有关他的企业的清晰的财务报告。

他去世之后，他的遗孀继承了他的事业。她是在荷兰出生和长大的。据说，在荷兰，会计是女性所受的教育中的一部分。她把过去的账目整理得一清二楚，并寄给我一份清楚的财务报告。从那以后，她每三个月都给我寄来一份。

她成功地经营企业，而且还把孩子抚养成人。后来，她竟能从我手里买下那所印刷厂，让她儿子经营。

我提及此事主要是向人们推荐对年轻的女性进行会计教育。这样，一旦她们失去丈夫，这种教育对于她们自己及其子女比跳舞和唱歌要有用得多。

在1733年，我开始学外语，很快就掌握了法语。我能够自如地阅读法文书籍，接着我开始学习意大利语。

我的一个朋友也在学习意大利语。他常常邀我下棋。我发现下棋占了我大量的时间，因此我拒绝和他下棋，但是只有一种情况例外，那就是输家要学一篇专门的意大利语课文。由于我俩的棋艺不相上下，因此常常互有胜负。用这种方法我学会了意大利语。

以后我又学了西班牙语，也达到了能用那种语言阅读的程度。

离开波士顿10年后，我进行了一次旅行，探望我的故乡。这一次我已有能力支付旅行费用了。

在回费城的旅途中，我在纽波特下车去看望哥哥。他在那里安了家，经营一家印刷厂。过去的争吵早已忘得一干二净，因此我们的会面变得既亲切又友好。

哥哥的健康每况愈下，他担心死亡即将来临。他有个10岁的儿子，他要我在他去世后抚养我的侄儿并让他继承父业。

哥哥去世后，我送侄儿念了几年书并把他送进了印刷厂。在侄儿长大成人之前，嫂子一直经营着哥哥的印刷厂。后来我帮助侄儿购置了许多各种型号的铅字，因为他父亲留给他的铅字已不能再用了。这样，我总算了却了一份心事，补偿了我的过失，因为我从哥哥那里学到了本领，然而却过早地离开了他。

1736年，我的一个儿子，一个4岁、很可爱的孩子，因感染了天花而夭折了。我在很长一段时间内十分痛心和悔恨，到现在我还后悔没有事先替他种牛痘。我提这件事是为了提醒那些不替孩子种牛痘的父母，他们以为万一孩子因种痘而死，他们将永远不能饶恕自己。但是我的教训表明，不种牛痘同样有危险，因此他们理应选择一条危险较少的道路。

我们的“共读社”使每个成员受益匪浅，给他们带来了极大的乐趣。所以，一部分成员都想介绍他们的朋友加入“共读社”。要想这样做，不增加“共读社”成员的名额是办不到的。不过创建时，我们已决定十二个人是最适宜的。

一开始，我们就定了一条纪律，要我们的团体对外保密。目的就是为了防止不合适的人申请加入我们的“共读社”。但是我们发现，很难拒绝一部分人加入我们的团体。

我是反对增加成员者之一。我提出了书面建议，希望每个成员自行组织新的俱乐部。他们可参照我们的章程，提出问题并进行讨论。但这些俱乐部不得与“共读社”有任何联系。

这项建议有许多好处。它能使更多的青年市民得到提高。而我们将会更多地了解到城市居民对某一问题的看法。“共读社”成员随时都可以提出我们所要讨论的问题。然后，我们的成员可以向“共读社”汇报在他们自己的俱乐部里讨论的情况。

我们也可以通过各个俱乐部宣传我们的观点，从而得以增加我们特殊的商业利益，扩大对公共事业的影响以及为社会谋福利的权力。

这项计划被通过了。每个成员都尽力去组织自己的俱乐部，但是没有全部取得成功。只有六人完成了任务，并给他们的俱乐部取了不同的名字。这不但对他们自己大有好处，而且使我们也分享了快乐。他们还为我们提供了情报，我们从中也吸取了许多宝贵的教训。在相当大的程度上，他们在许多场合都帮助我们影响了公众舆论。

在1736年，人们推荐我做了州议会的秘书，当年没有一个人反对这项任命。第二年又有人提名我连任。但这次，一名新议员发表了一篇反对我的演说，而且推荐了别人。然而，我还是当选了。

我很喜欢做议会秘书。议会为我的工作支付了工资，而且这个职务使得议员们继续关注我的事业，帮助我得到了一些利润较大的生意，如印刷选票、法典、纸币等，偶尔也为其他公共事业印刷一些材料。

当然，我不愿让这位新议员反对我。他是一位有钱的、受过教育的绅士。看起来，有时候他在议会里有很大的影响。所以，我想得到他对我的信任与支持。

于是，过了一些时候，我采取了一种方法接近他。听说这位绅士的图书馆里收藏着一本奇特的绝版书。我立即给他写了封信表达想要看这本书的强烈愿望，并希望他能给我以帮助，把书借给我读几天。他立刻派人把书送来了。一周后我把书还给他，并附有一张便条，表示我非常感激他对我的帮助。

下次我们在议会见面的时候，他十分友善地和我说话。这是从来没有过的事情。此后在各种场合，他都愿意不断地帮助我。我们成了好朋友，而且在他去世之前我们一直保持着友谊。

这件事又一次证明了下面的一条格言是千真万确的。

“为你做过好事的人，要比你自己为他做过好事的人更愿意为你再做好事。”这说明：**与其接仇续恨，不如根除仇恨的根源**。这样做有百利而无一害。

弗吉尼亚州的前州长科伦那·斯波茨伍德后来当了该州的总邮政局长，布莱福德先生负责地方邮局。布莱福德记账粗枝大叶，而且总不能及时向总局报账。

在1737年，斯波茨伍德撤销了布莱福德的职务并任命我接替他。我欣然接受了这项任命，而且发现这会带来巨大的好处。尽管工资不高，但可以帮助我改进我的报纸，报纸的发行量扩大了，刊登收费的广告数量也增多了。

布莱福德的报纸日趋衰落。在他管理邮局时，他不允许邮差分发我的报纸。但我并没有对他进行报复而不让邮差分发他的报纸。

我开始把注意力集中在公共事业上，而且从一些小事上做起。警察是我考虑需要整顿的第一件事情。警察在城市各区每夜轮流值勤。他们命令一些房主在房间和他们一起工作，不愿干这项工作的人一年要付给警察6个先令。

这些钱是用来另外雇人的，而实际上用不了那么多钱。于是这部分钱便肥了警察的腰包。警察常常雇一些品质恶劣的人，给他们喝酒钱。这些人经常通宵达旦地饮酒作乐。

因此，我写了一篇要在“共读社”里宣读的报告。我指出了这些弊病。我尤其坚持认为市民私人向警察交税是不公正的。一个贫苦的寡妇为了保护她的不怎么值钱的资产就得交税，而那些最富的商人，他们店里的商品价值千万英镑，也交同样多的税。

关于整顿警察，我提出了如下建议：

“应雇用人品可靠的人按部就班地工作，其工资可从财产税中支付，而每个市民都要根据自己财产的多少纳税。”

“共读社”的成员都一致赞同这项建议，并把它推荐给别的俱乐部。但是，在人们对这个变化没有做好精神准备之前，没立即实施这项计划。我为几年后正式通过一项有关的法令铺平了道路。那时候，我们俱乐部成员的影响更大了。

大约在同一时间，我写了一份在俱乐部宣读的报告。这个报告后来也出版了。在报告里，我提到各种事故以及由于粗心大意而造成的房屋失火，同时还附上了预防这些事故的一系列措施。这引起了广泛的议论，接着制定了相应的计划。

由30人组成了一个消防队。目的是迅速地灭火，并把有危险的东西转移到安全的地方。每个队员都必须备有结实的口袋和篮子，用来包装和转运东西。这些用具必须立即带到火灾现场，我们同意每月利用一个晚上举行一次联席会议。会上将就有效的防火措施进行讨论并交换意见。

这样一个机构的用处是有目共睹的。许多人都想参加。这超过了我们设想的一个消防队可容纳的人数。所以我们建议他们成立另外一个消防队。于是，新的消防队一个接一个地建立起来了。不久就成立了许多消防队，成员几乎包括了大部分拥有财产的人。我写这件事的时候，离建立第一个消防队起已50多年了。第一个消防队叫“联邦消防队”，除了我和另外一个人以外，其他的第一批队员全都去世了。但是，这个消防队还仍然存在。

如果队员不参加每月的例会，就得交一点钱。这些钱被用来购买消防车、消防钩子及其他消防用具。由于建立了消防队，城里因为火灾每次损失的房子从来没有超过两栋。往往是房子还没烧到一半，火就被扑灭了。

我的生意越来越多，境遇也一天比一天优裕，因为我的报纸利润很丰厚，有一个阶段它是本州和邻近各州唯一的报纸。同时，我也懂得了这句话的真谛：“在获得了第一个100镑以后，再去赚第二个100镑就容易得多了。”

我在卡罗莱纳的合伙是成功的，我因此受到鼓励想再提拔一些一向行为端正的职工，按照卡罗莱纳合伙的条款订立合伙合同，使他们在各殖民地开设印刷铺。这些职工的事业绝大多数都很发达，在我们的合伙合同6年期满之后，他们有权力向我购买铅字，自己独立经营，这样他们就把许多子女抚养成人了。许多人合伙的结局往往是不欢而散，但是我很愉快，因为我的合伙事业进行得都很顺利，结局也很和谐。我想这大部分是由于我事先注意防范误会的发生，在合同中非常明确地说明了双方应尽的义务和应有的权利，所以就不可能发生什么争执。因此我愿意劝告所有合伙的人都采取这种预防，因为不管在订立合同时双方是多么相互尊敬相互信任，他们之间日后都可能发生小小的猜忌和抱怨，在照料业务和事务负担方面会发生不平之争等等，这样往往引起友谊和合作的破裂，或许引起法律纠纷或其他不愉快的后果。

总而言之，我有充分的理由为我在宾州的建树而感到满意。然而，我感到还需要做两件事。当时，各州都没有防卫计划，也没有可供对青年人进行教育的设施。没有民兵，连一所大学都没有。

因此，在1743年，我拟定了一项计划，要建立一所大学。但是，我没能物色到适当的人选来管理这所大学。

考虑到防卫的需要，我们对于如何摆脱当时存在着的战争危险束手无策。几年来，西班牙一直与大英帝国兵戈相见。而那时，法国又作为西班牙的盟国参加了战争。

许多年以来，托马斯州长一直竭尽全力让教友会（教友会是基督教的一个派别，它反对任何种类的战争——正义战争与非正义战争）式的议会通过一项民兵法。但是他没能建立起任何防卫措施。所以我决定试试看是否能靠组织民众来完成这一计划。

首先，我起草并出版了一本叫《平凡的真理》的小册子，阐明了我们所处的危险境地。我认为，为了保卫我们自己，我们必须团结一致，加强训练。为此目的，我答应在几天之后提出一项组建民兵的计划，届时将要求公众签署这项计划。

《平凡的真理》收到了立竿见影、令人惊异的效果。大家让我立即起草方案。我召集了一次市民大会，会场被挤得水泄不通。

首先，要就防卫问题发表演说，接着宣读《平凡的真理》，并做了解释。然后，散发了计划的复制本。随即大家热情地签了字，没有一人反对。

会议结束时，我发现签了字的计划文本已超过了1200份。其余的一部分寄到了乡下，最后在计划上签字的人多达1万人。

这些人很快竭尽全力为自己准备了枪支弹药。他们组建了连队，选举了自己的长官，而且每周集会一次，进行军事操练。

费城各民兵连的军官们开了一次会，推选我当他们的指挥官。我觉得我是不称职的，所以我谢绝了。不过，我推荐劳伦斯先生，他品德高尚，是一位有影响的人。他接受了任命。

为了保卫城市，我们需要建立一个城堡，还要配置大炮。为了筹备这笔钱款，我建议发放有奖彩票。这获得了成功，城堡也很快地完工了。

我们从波士顿买了些旧炮，但仍然不够用。我们往英国写信，订购更多的大炮。与此同时，我们请求我们的领主们提供一些帮助，对于获得他们的帮助，我们几乎不抱任何希望。

劳伦斯少校、威廉·阿连、亚布兰·泰勒，还有我被派往纽约。我们受命去请求克林顿州长借给我们些大炮。

一开始，纽约州长克林顿拒绝借给我们大炮，但却邀请我们与州议会的阁员们一起进餐。宴会上大家喝了许多酒。每喝一杯，州长都变得格外高兴。因此，他答应借给我们六门大炮。又多喝了几杯之后，州长表示可让我们得到十门。最后，他竟十分爽朗地一口答应借给我们十八门。

这些大炮都很漂亮，我们立即把大炮架到了城堡上。在战争结束之前，每天晚上都有我们民兵组织的成员站岗放哨。我也像一名普通士兵一样定期轮流值班。

我从事的这些活动使州长和议会感到十分满意。他们非常信任我，所以有关组建民兵的大事小情，都请我出谋划策。

属于各色各样教会的牧师们都催促他们的信徒加入民兵组织。如果和平不能迅速实现，除了教友会信徒之外，民兵组织可能会成为包括所有不同宗教信仰的人参加的组织。

我的朋友们担心，我在民兵工作中的活动会失去教友会会员的支持。他们认为我会丢掉在议会里的职务，因为大部分议员都是教友会会员。

有一位青年绅士在议会里有些朋友。他想替代我当秘书。他告诉我，已决定在下次选举中把我替换掉。他劝我在没被撤职之前就离开议会。

我回答说，据说有些人已经订了一条规则，那就是既不要追求某个职位，也不要拒绝别人的推选。

我又说："我欣赏这条规则，而且要实践它，我还做一个小小的补充：我将永不谋求，永不拒绝，永不离开公职。如果有人想把我的工作给别人，那么只管让他们从我手中拿去好了。"

和往常一样，在下次选举中，我继续当选了。此后，我再也没听到要撤换我的消息。

假如不要求教友会会员一定要参加的话，我有理由相信他们会同意我们保卫国家的计划。我发现，他们大部分人很明显都同意用战斗保卫某些东西，尽管他们反对发动一场战争。

在我们消防队里发生的一件事使我知道了教友会会员的真实想法。曾有人建议用消防队的资金修筑城堡。30个队员中有23人是教友会会员，我们其他几个人开了一个会，希望有些教友会会员能来参加我们的会并赞成用这笔钱修城堡。

只来了一个教友会会员，詹姆士·莫里斯，他投票反对。预言将爆发一场毁掉我们消防队的争论。他要求我们等待其他教友会会员的到来。

当我们正在讨论这件事的时候，一个人跑来告诉我，外边有两位绅士要和我讲话，我出去一看是消防队中的两位教友会会员。他们两位告诉我，他们中有8个人在附近等我。如果我们需要他们，他们将前来投票支持我们。但是他们请求说，最好不那样做。如果没有他们的赞成票我们也能取胜的话，就不必去叫他们了。因为如果他们投赞成票，他们将会得罪他们的朋友。

现在，我确信我们会获胜，我回到会议室。我们把投票推迟一小时。莫里斯先生觉得这样办非常公正。

莫里斯先生对他的朋友一个也没露面感到十分惊讶。一小时过去了，我们以八票对一票取胜。

在22位教友会会员中，有8人愿意和我们一起投赞成票，13人拒绝出席会议以此证明他们不愿意投票反对我们。大部分议员都是教友会会员。我有许多机会观察他们。我亲眼看到他们常常被反战的教义弄得十分尴尬。每当英国要他们投票赞成军事预算时，问题就出现了。

教友会会员们不想采用公开拒绝的方式，因为那样做会激怒英国政府。他们也不想接受违反教义的要求，怕得罪自己的教友。所以他们使用了相当巧妙的办法避免投赞成票。即使在不得不赞成时，他们也想出了回避的方法。最常用的妙计是：让议会批准这种经费，其理由是“国王专用款”。这样议会就不会追究如何使用这笔钱了。

但是，如果请求不是直接来自国王陛下，使用“国王专用款”的字样就不甚妥当了。因而不得不使用其他措辞。

比如，有一次新英格兰政府需要火药，它请求宾州给予帮助。托马斯州长敦促议会予以同意。因为火药是战争物资，所以议会不能批准。然而，议会却投票借给新英格兰3000英镑并冠冕堂皇地告诫说，这笔款应该用于购买面包、面粉、小麦或者“其他谷物”。

一部分议员建议托马斯州长不要接受这笔款项。他们说，州长又没借钱去购买食品。托马斯却回答：“我将接受这笔钱，因为我十分理解他们的用意。‘其他谷物’指的就是火药。”他为新英格兰购买了火药，教友会会员们从来没有反对过。

在1742年，我发明了一种开放式火炉，适用于室内取暖，效果很好。我把炉子的样品作为礼物送给了我的朋友罗伯特·格雷斯。他开了一所铁工厂。由于购买这种炉子的人不断增加，没多久我就赚了一大笔钱。

为了扩大销路，我发表了一篇文章，题目为《谈谈新式宾州火炉》，介绍了炉子的制造工艺及使用方法，指出了它在取暖方面比其他火炉所具有的优越性，驳斥了业已提出的反对意见。

报告收到了良好效果。托马斯州长对我的介绍十分满意，并且让我享有专利权。凭着这种专利权，几年来只允许我一人售卖这种炉子。因为我坚信一条原则，我们每个人都在享用别人的发明所带来的巨大益处。因此，我自己也应该乐于用自己的发明为别人造福，而且应该慷慨大方地做到这一点。所以我放弃了专利权。

但是，伦敦一家铁厂的厂主从我的文章里抄袭了我的设计，仅对炉子的设计做了小小的改动，这点改动反倒妨碍了操作。但他却在英国获得了专利权。据说，他因此发了一笔小财。

靠我的发明攫取专利权的不仅这一起，对此，我从来没有反对过。我不贪图用专利权发私财，更厌恶为此与别人争吵不休。

英国与它的交战国结束了战争，所以我不再因组织民兵而忙忙碌碌了。现在，我把注意力再一次转向建立大学上。我要做的第一件事，就是联合几位对建立大学感兴趣的朋友。其中大部分人都是“共读社”的成员。

接着我写了一篇题为《关于宾州的青年教育问题的建议》的报告。我把报告散发给所有有影响力的市民。我认为只要他们阅读了我的文章，有了精神准备，我就立即提出一项开办并资助一所大学的计划。

每个支持者所允诺的每年捐助的款额应分五次交纳。我想，这样做，很多人都可以签名支持我的计划。果然如此，人们答应捐助5000英镑。

在起草这项计划时，我表明这项计划是由一位愿为公众服务的人制定的，这与我通常所遵守的道德观念是一致的。我避免把自己描绘成某一项计划的制定者，因为这项计划将要造福于公众。

计划的支持者挑选了24个人，并委托他们掌管财务。任命我和弗朗西斯先生（一位律师）共同起草一份管理学校的章程。在章程签字生效时，我们租了一所房子，然后又聘了教师。学校在1747年开学。

在校学生迅速增加，那所房子就显得太小了。我们开始物色合适的校址，以便建造一所规模较大的大学。就在那时，我们找到了一座很大的建筑物，稍加修缮，即可用来做校舍。

在买下这座建筑物之前，我们举行了多次长时间的会议并进行了讨论。为了适应我们的需要，对建筑物进行了许多改建。

管理工作人员、购买物资、检查各项工作的执行情况，都成了我的责任。这些工作既费心又烦琐。因为那时我能够从经营印刷厂中抽出时间，所以我愉快地承担了这项工作。

一年前，我就决定和戴维·霍尔合伙经营印刷厂。戴维·霍尔能力出众，工作勤奋，待人诚恳，他已为我工作了4年。霍尔自己管理整个印刷厂，并且按时付给我应得的红利。这种做法持续了18年，对我俩都有好处。

大学不断地扩大。它接受了不少礼物，如捐款和土地。于是，当时的费城大学就建立起来了（即现在的宾州大学）。能为这所大学工作近四十年，我感到十分愉快。

那时候，我已经从经营私人企业的事务中摆脱出来，并有了一笔充足的财产，虽然还不大可观。我深信，在有生之年将有充足的时间享受研究哲学与科学的乐趣。我立即开始了电学试验。

但是，在公众的眼里，我是一个清闲自在的人。不久，几乎政府的各个部门都邀请我去任职。州长任命我担任和平委员会的委员，市政府选我为下院议员，一部分市民选我在议会里作他们的代表。

第一个职务很合我的心意。我厌倦整天坐在议会里听汇报，因为当秘书只能干这个。我相信，当议员会赋予我更大的权力以便为公众谋福利。

我不想让你们相信我对这些荣誉是视同浮云的，其实我倒是深感自豪的。想想自己低微的出身，这些荣誉、地位对我似乎是可望而不可即的。这些荣誉让我感到十分高兴，是因为这表明公众对我有着很好的评价。

我试着当了不长一段时间的治安官。我出庭参加了几次审判，而且听了一部分案情介绍。我意识到自己法律懂得不多，没有资格担当这个职务，于是渐渐地放弃了。我提出的理由是，身为一名议员，我有义务履行更多的职责。

我从来没向任何人拉过选票，连续十年被选进议会，也没有直接或间地对任何人流露过希望当选的意向。在我进入议会时，我的儿子被任命为秘书。

第二年，政府与印第安人签订了一项协议。会议在卡利斯列举行。议会选举我和挪利斯先生为处理该协议的专员，我们成了市政会的当选成员。

印第安人常常大量饮酒，喝起酒来经常吵架殴斗。因此，我们主张禁止卖给他们酒。印第安人不同意这条规定。我们告诉他们，开会时不要喝酒。公事处理完毕后，他们可以买到足够量的酒。

他们同意了，而且履行了诺言，因为他们反正也买不到酒。会议进行得井然有序，人人对协议感到满意。

会议结束的当天下午，他们就来要酒。大约有100多人：男人、女人和孩子们都来了。他们住在城郊的正方形的简陋小房里。傍晚，我们听到了嘈杂的喧闹声。我们走出去看看究竟发生了什么事情。原来印第安人在广场中央燃起了篝火，不论男女全都喝得酩酊大醉，吵吵闹闹，互相厮打。

只有借助火光才能看到他们。他们相互追逐，用燃烧着的木棍厮打，而且一直在狂呼乱叫。

没有任何办法能使他们平静下来，所以我们只好回到屋内。半夜，一部分印第安人又来砸门，还要更多的酒。我们没有理睬他们。

第二天，他们明白了昨天夜里的过失，派了三位老人来替他们说情。其中一位老人承认了错误，不过却把过错归罪于酒，进而又为酒开脱罪责。他说："伟大的上帝造了万物，而且为每件东西安排了用场。他让那种东西有用处，那就会有用处。啊！上帝造酒的时候就说，'让印第安人开怀畅饮吧！'这是上帝的意思！"

在1751年，我的一位好朋友，托马斯·邦德医生决定要在费城建立一所医院。这所医院将接收并治疗州内外的穷苦病人。

邦德医生四处奔走，竭力说服人们为这所医院捐款。可惜这种打算在美国太新奇了，根本无人理解，计划宣告失败。

过了一段时间，邦德医生前来找我，希望得到我的帮助。这使我感到荣幸。他认为如果没有我参加，他那致力于公众利益的计划就不可能实现。

他又告诉我，当他募捐时人们往往问他："你请教过富兰克林吧？他的意见如何？"当他告诉人们，他没有那样做，因为他觉得这不是富兰克林分内的事。这样，他一无所获，人们只是说，还要考虑考虑。

我仔细询问了这项计划，而且得到了他的令人满意的解答。我不但捐了款，而且热情地劝说人们要像我那样去支持这项计划。

首先，我以这项计划为题在报上发表了文章，使人们有了精神准备。这是我通常采用的方法。此后，人们慷慨解囊，又以贷款的方式为这家医院提供帮助。

起初，一些来自乡村的议员并不喜欢这项计划。他们争辩说，医院只会给城市带来益处。因此，医院的费用应该由市民自己来承担。他们对市民是否会支持这项计划也持怀疑态度。

我告诉议会，毫无疑问，市民是支持这项计划的。我向他们保证，我们能够募集2000英镑。议会认为我的想法很天真，因为他们觉得我根本弄不到那么多钱。

这使我想出了另一个计划。我要求议会给医院贷款2000英镑，其条件是：一、市民应筹集同样数额或更多的钱。二、应该让议会对医院的管理和经费的使用感到满意。

这项计划最后被议会通过了。本来反对的议员，现在认为，他们分文不动就可以得到慷慨大方的美名。

在向人们募捐时，我们提醒他们说，议会要提供的款额将是市民捐款的两倍。不久，市民的捐款就超过原来的定额。然后我们从议会那里得到了钱。现在我们能够继续实施我们的计划了。

一所使用方便、美观大方的医院很快就竣工了。这所医院确实为人们带来了很多福利。这项计划的成功给我带来的快乐在我的记忆中是前所未有的。

费城的市容规划得既美观又整齐，街道笔直、宽阔。但是没有改造路面。雨天一到，载重马车所过之处立刻成了一片泥海；晴天时尘土飞扬。

我就住在泽西市场附近。每天都能看到人们在泥水中踩踏着去买东西，我心里确实感到难过。后来在通往市场中心的路上铺了一条狭窄的石头路。这样，在市场里走起路来很平稳。但是在没到市场之前，鞋早已沾满了泥。

我为了改造马路而演讲、写文章，最后市场与街道两侧之间也铺上了石头。

这时，去市场的人的鞋袜可以干爽洁净了。但其他的街道还是土路，马车一过，又把泥土留在路上，石头很快又盖满了一层泥土。当时，城里还没有清洁工人，所以我找了一个贫穷而勤劳的人。他愿意每周扫两次，保持街道的卫生。他按时清除各户门前的泥土，每家付给他一点清扫费。

我写了一篇报告并且登在报纸上，说明了付一点清扫费所得到的各种好处。我说，由于人们从马路上带进屋里的泥土很少，因此容易保持室内的清洁。商店门前干净，顾客容易进出，好处更大。马路干净，也免得大风天尘土飞扬而使东西落满尘土。

我把这份报告给每户送一份，一两天之后，我四处转了一下，看看谁签了字愿意付清扫费。结果家家都签了字。这项计划执行得很好。

人们都为市场四周的街道干干净净而感到高兴和满意。这更激发了人们想把全城的马路都铺成石头路的动力。为了修路，人们更愿意交税了。

过了一段时间，我起草了一份计划，拟定把全城的街道都铺上石头。在我于1757年去英国之前，我把计划提交给了议会。我走后，只对计划做了部分修改，就批准了。计划中还包括要为街道安装照明设备，这是一项重大的改进措施，它给公众带来了巨大的好处。人们把这项荣誉给了我。其实，这应该归功于约翰·克利弗顿先生。他是一位普通的市民，他在自己的门前安了一盏灯，从而证明了路灯是有益的、适用的，而我只不过是学他的样而已。我能接受的荣誉只是我改进了路灯。改进后的路灯与一开始从英国订购的不一样。伦敦的路灯是圆形的，上方没有开口，烟尘没有通路，只好滞留在玻璃内侧，这很快就挡住了它应该射出的光。因此每天都得清理灯罩，而且清理时要十分小心，不然整盏灯就会被打得粉碎。

我建议用四块玻璃片做灯罩，上方留一个开口，使灯烟可以从开口处跑掉，这样就可以保持灯的清洁。出事时，一般只能打碎一片玻璃，而且很容易修理，到第二天早晨灯仍是亮的。有时候，我感到莫名其妙，为什么伦敦人没有想到改进他们的路灯呢?

美国总邮政局长斯波茨伍德上校雇用了我很长时间。我的任务是指导一些邮局，检查各地方邮局局长是否上报他们的账目。

斯波茨伍德在1753年逝世。我和威廉·罕特先生被任命接替他的职务。我们接到了英国邮政大臣给我们的任命书。

美国邮局从来没向英国邮局交纳任何费用。我们必须从邮局的利润中提取600英镑作为年薪。

为了得到这么一大笔钱，必须进行必要的改革。一部分改革的支出很大，前四年，邮局就欠了我们900英镑。但后来，还清了欠我们的钱。我们为英王净赚了一大笔利润，这相当于爱尔兰邮局所交纳的钱的3倍。在我被英国政府错误地撤职以后，英王连一个便士也没有再得到。

由于邮局业务的关系，我在1754年到了新英格兰。马萨诸塞州的剑桥学院（今哈佛大学）授予了我文学硕士学位。康涅狄格州的耶鲁大学也早已授给了我相当的学位。这样，没有上过大学的人却分享了大学里的荣誉。授给我这些学位是为了表彰我在电学方面的改革与发现。

由于面临着与法国交战的危险，1754年美洲各殖民地的代表受命在纽约州的首府奥尔巴尼举行会议。在会议上还会见了印第安部族，即印第安人的六个东部部落的首领。他们将要讨论保卫他们的家园及我们的国家的措施。

我们的州长要求议会准备礼品送给印第安人。有四名代表被任命代表宾州，我是其中的一员。

在去奥尔巴尼的路上，我起草了一份关于各殖民地联合起来组织一个统一的政府的计划。我到达之后，把它呈递给代表大会。看来，其他殖民地的代表也拟定了类似的计划。

首先对各殖民地联合起来组成一个统一政府一事进行了表决，大家一致表示赞同。大会决定每州各选一名代表组织一个委员会。委员会的任务是研究各项计划，并向大会提出报告。代表们倾向于我的计划，略做修改之后就推荐给了大会。

按照这项计划，政府将由一位总统指导。总统由英王任命并得到他的支持。一个大型的国务院和总统一起行使执政权。国务院由各州议会选出的代表组成。

代表大会继续讨论这项计划，同时也讨论了印第安人的问题。很多人表示反对这项计划，因而出现了困难。但是最后反对派被击败了，代表们一致通过了这项计划。计划的文本将呈交给英王并发给各州的议会。

这项要把各州联合起来的计划的命运是不可思议的。因为人们认为，计划赋予英王的权力太大。但是在英国，人们却又觉得计划的内容太民主了。所以，英王的枢密院既没有批准审核计划，也没有向国王陛下呈送。

但是枢密院制定了另一项计划。人们认为这项计划能够比原计划更好地达到同样的目的。各殖民地的州长将要各自会见他们议会中的一部分成员。他们将要发布组建军队、修造城堡的命令。这笔经费由英国来支付，然后由美国征税以偿还这笔债务。

那年冬天，我住在波士顿。我和瑟得州长就上述两项计划多次交换了意见。他列举了各色各样的理由，表示不欣赏我的计划。但我仍然相信，如果采纳我的计划，那对美国和英国都是有利的。

一旦联合起来，各殖民地就会强大到足以保卫他们自己。那时，就不需要再从英国派军队来，也不必向英国纳税，一场血腥的战争也可以得到避免。这样的错误并不是什么新鲜事。历史上总是充满着政客官僚、王孙贵族的错误。

那些执政的人忙忙碌碌。一般说来，他们不愿意自讨麻烦去考虑或完成任何一项新的计划。因此，一些为公众造福的好的计划开始总是很少得到官方应有的考虑。

宾州的州长把我的计划提交给了议会。他说，在他看来，计划制定得条理清晰，判断有力。他建议这项计划值得最密切地注意，最认真地考虑。然而，由于个别代表从中作梗，议会在我缺席时讨论了这项计划。我认为这是不公正的。他们十分轻率地否决了我的计划。

那年，在去波士顿的路上，我在纽约遇到了莫里斯先生。他刚从英国回来，被任命为宾州的新州长。我认识他已好长时间了。

原来的州长即将卸任。他讨厌与领主们争论不休，因为他们常常向他发号施令。莫里斯先生问我，我是否认为他做新州长也不会那么一帆风顺。

我说："不会的，你会感到非常轻松自在。只是你必须小心提防，不要与议会发生争吵。"

他兴致勃勃地说："亲爱的朋友，您怎么能让我避免辩论呢？您知道我非常喜欢辩论，辩论是我最大的乐趣之一。为了对您的忠告表示尊重，我向您保证，只要可能，我就尽力避免辩论。"

他喜欢辩论是有来由的，他确实是一位能言善辩的演说家。一般说来，在辩论中，他总是获胜。他从小就受过这方面的教育，他的父亲培养他的孩子们相互辩论。

我认为这种做法不一定高明。我注意到那些喜欢争吵的人在事业上都不怎么顺心。他们有时获得胜利，但却永远失去了友谊，而友谊才是最宝贵的。

后来，我回到了费城。不出所料，尽管他向我做了保证，但是莫里斯先生和议会之间的争吵是十分激烈的。在他任州长期间，双方的论战一直没有休止过。

当然，争论也有我的份儿。各委员会都让我写文章回击他的演说和咨文。我们的回击与他的演说通常是针锋相对的，语言的尖刻有时到了令人不能忍受的地步。

州长知道我为议会写了许多文章。人们可以想象，如果我们见面，我们会不可避免地拼个你死我活。但他心地善良，我们之间根本不存在因公务争论而产生的私仇和隔阂。我们常常在一起进餐。

过了一段时间，莫里斯也厌战了，他主动离开了政府。

其实这些公开的论战都是由领主们——即宾州的土地占有者挑起的。每当需要支付防务经费时，总要爆发争论。他们命令州长不要批准必要的税收，除非免收他们庞大的财产税。

三年来，议会一直反对这种不公正的要求。最终，领主被迫让了步。后来丹尼船长当了州长。这位州长敢于拒绝领主的命令。这些，我以后再谈。

我的故事讲得太快了。还有许多莫里斯在职时发生的事需要我叙述。

同法国的战争爆发了。马萨诸塞州的州长计划攻打克朗波因特，特派昆西先生到宾州寻求援助。因为我在议会里而且又是昆西的同乡，所以他来找我。他要我发挥我的影响，我为他写了一篇演说稿。他的发言受到了好评。

议会投票赞成用英镑购买军需品。但是州长却拒绝按照法律规定予以批准。他坚持说领主们的财产必须免交任何税收。

议会急切地希望给新英格兰这笔款项。但议员们不知道如何达到目的。昆西先生也竭力想征得州长的同意，但没有成功。

为了办这件事，我提出一个避开州长的方案。我建议议会使用一些公益金，但当时公益金很少。所以我又提出另一方案，建议印发有奖公债，一年以后本利一起还清，利息为5%。

议会采纳了我的建议，并任命我担任委员会的委员。这个委员会负责指导和管理公债事宜。

许多有现金的富人争相购买公债。这样，没用几周就完成了全部工作。昆西先生成功地完成了他的使命，十分愉快地回到了他的家乡。此后，我们一直是亲密无间的朋友。

英国政府没有像我在奥尔巴尼建议的那样，允许各殖民地联合。他们根本不想让我们保卫自己。他们害怕，我们一旦联合，就会变得更有战斗力，就会意识到我们自己的力量。

于是，英国派布莱多克将军率领两个团的正规军来到美国，他在弗吉尼亚登陆，并向马里兰州的弗雷德里兰顿，即现在的马里兰州的弗雷德里克进军。布莱多克将军在那里扎营等待车辆。

议会得到的一些情报使我们惊惶失措。议员们听说布莱多克大发雷霆，因为他认为我们反对他的指挥。

议员们要我去见这位将军，但却不让他认为我是奉命前往的。我以总邮政局长的身份前往。他以为我去那里是为了与他协商更好地为他办理邮政事务。他与一些殖民地的州长有许多邮件来往，当然要求迅速安全地邮递。我们的议会提出为他支付这一费用。

一路上有我儿子陪同。我在弗雷德里兰顿见到了这位将军。他已派了许多人深入到马里兰州的弗吉尼亚征集车辆，正在焦急地等待着。

我在那里住了几天，每天与他一起进餐。这使我有机会改变他对我们议会的看法。我告诉他，在他到来之前，我们已做了许多事情帮助他作战。我向他保证，我们始终乐于帮助他们。

在我准备和将军告别的时候，传来了关于征集车辆的报告。只征得了25辆，而且大部分不能立即使用。

这使将军及其他军官大为吃惊。他们宣布出征已结束，因为继续前进是不可能了。

他们对英王的枢密院调他们来美国，让他们陷入前无援兵、后无粮草的孤立境地感到愤怒。他们坚持，至少要征用150辆车辆。我碰巧说道，他们不在宾州登陆是错误的。在宾州，几乎每个农民都有马车。听到这里，将军说："那么，先生，您是一位有影响的人物，也许您能为我们征集到马车。我请求您为我办理此事吧！"

我问了他打算给车主什么样的报酬。他回答不论什么样的条件，只要我认为是必要的，都列出来。我写出来之后，他立即任命我并给我下达命令。

在1755年1月26日，我来到宾州的兰开斯特。我登出了告示，收到了很好的效果。我写道，英王的军队急需150辆马车，每辆车配4匹马，还要1500个马鞍和驮马。而且告诉人们，布莱多克将军赋予我权力签订上述雇用合同。在兰开斯特，我只逗留两天，签订合同。然后还要去约克待两天，签订同样的合同。

我开列了合同的条款：

一、每辆车，4匹马，一名赶车的，每天付给15先令。一匹壮马配上一副驮鞍或一般鞍子，一天2先令。一匹壮马不带鞍具，一天18便士。

二、报酬从参加部队的日子算起，部队在威利斯格里克扎营。报到时间到5月20日或5月20日之前。离家到营地以及回家时将付给一定数量的补助费。

三、被我和雇主选中的人要写出他们的每一辆马车及马匹的价格。一旦有所损失，将照价赔偿。

四、由我预付7天的报酬，其余由布莱多克将军或军队的军需官付给。

五、绝不强迫车主或马夫干士兵的工作。

六、马车要把所需的草料运到驻地，如果运多了，可以征为军用，将付给合理的报酬。

我还应该提到，我的儿子威廉·富兰克林在昆布兰也有权与任何人签署合同。

接着，我给兰开斯特、约克及昆布兰地区的全体人民印发了一份详细的声明。我写道，最近我去弗雷德里兰顿见到了布莱多克将军。我发现他和他的部下因为得不到马匹和车辆而大发雷霆。他们认为，我们州最有能力完成这项任务。但是，由于州长与议会之间的争吵，我们拿不出钱去征用马车。

我还补充了我在弗雷德里兰顿听到的街谈巷议。说什么要立即向上述那些地区派兵，士兵将强行掠走所需要的最好的马匹与车辆，为了管理车马还要强迫尽量多的人去服役……

我向人们解释说，对于英国士兵的坏脾气我感到担忧。我担心他们行军路过这里，市民会遭殃。因此，我宁愿自讨麻烦，找到一条可行的办法安排此事。

我提醒人们，本来大家由于缺钱而日子难过。现在有了挣大钱的机会。车马大约征用120天，可赚3万多英镑，而且将用黄金和白银支付。

我说，这件差事轻松愉快。部队每天行军不超过12英里。马车和驮马只运军需物资，所以他们将跟随部队前进，不能太快。而且不论是行军还是宿营，都将把他们安置在最安全的地方。

我告诉人们，我确信大家都是英王忠实的良民。现在他们有机会承担最可以接受的任务。

我劝告他们要把此事化繁为简。如果一些人不能单独从他们的农场里抽出马车、4匹马和一个赶车人，可以合伙。

我指出，如果他们不能完成这些任务，英王将怀疑他们是否忠诚。英王的事业必定要完成，许多勇敢的将士不远万里前来保卫各殖民地。由于人们不能履行他们理应承担的义务，部队只能停滞不前，因此必须得到车辆与马匹。如果强行征用车辆与马匹，那么，车马的主人将自己去索取报酬。这样，他们将得不到多少同情。

如果我提出的办法无效，我有义务在14天后向将军报告。我认为，约翰·圣克雷尔先生率领的大军将开进宾州并马上动手掠夺他们所需要的一切。听到这个消息，我会感到遗憾，因为我是这些殖民地居民最真诚的朋友和最可信赖的祝福者。

我从将军那里得到了大约800英镑，这笔款是用来给车主预付报酬的。

但这个数目还不够，我自己垫了200英镑。两周后，150辆马车、250匹马已浩浩荡荡地向军队驻地开去。

合同保证，车、马一旦损失，一定要按价赔偿。但是，车、马主人一再说，他们根本不认识布莱多克将军，也不知道他是否可信。因此他们坚持一定要由我做出保证才行。

在营地时，有一天晚上我和丹巴上校共进晚餐。他告诉我，他为他的上司感到担忧。他说，将军们很穷，根本买不起长途行军中的军需物资，还要经过荒无人烟的地方，在这些地方什么也买不到。

次日上午，我给议会的一个委员会写了一封信。这个委员会掌管一部分公款。我把那些军官们面临的财政困难提交给委员会研究，建议送给他们一些食品作为礼物。我的儿子经历过部队生活，熟悉军需。他为我开了一份清单，然后我把它随信寄出。

委员会欣然同意，并立即着手工作。车马一到，军需品已经到达了营地。一共有20个驮子，每个驮子装有白糖、大米、茶叶、咖啡、奶酪、黄油、肉、酒和其他生活必需品。

20匹马运20个驮子，每匹马运一个，送给每个军官一个驮子作为礼物。军官们非常高兴地收下了这批礼物。那位上校给我写了信，对我的好意表示感谢。

将军高度地赞扬了我们征集车辆的行动。他立即偿还了我垫的钱，而且向我频频致谢。

布莱多克将军请我在军队开拔之后继续为他们提供军需品。我照办了，并且用我自己的钱给他们买了价值1000多英镑的物资，把开销的账目寄给了将军。可是，后来我听说他打了败仗。

我很幸运，因为账单在战斗打响的前几天他就收到了。他马上命令军需官还我1000英镑，其余的，他决定以后再还。我感到幸运的是，他们还给了我1000英镑。因为之后再也没有得到其余的钱。

我认为这位将军是一位勇敢的人。如果在欧洲的某次战斗中也许他会是一位出色的指挥官。但他过于自负，高估了英国军队，低估了美国人及印第安人。

一百多个印第安人参加了布莱多克将军的远征。如果对他们好一些的话，作为向导，他们对部队当然是大有用处的。可是，将军对他们很不好，所以他们都相继开了小差。

有一天在闲谈中，将军告诉了我他选择的行军路线。他要通过印第安人居住区去加拿大。他确信，几天之后可以攻克沿途的所有堡垒，然后他将所向披靡，直捣位于尼加拉瓜的要塞。

我知道他的部队将不得不在狭窄的通路上排成长队行军，而且森林会切断他的道路。我曾读到过，1500名法国军队在路过印第安人地区时失败了。因此，我怀疑这次出征能否成功，并为之感到担忧。

我告诉布莱多克将军，我为他的部队不得不选择狭窄的行军路线而担忧。部队将延伸几乎4公里那么长。印第安人非常善于突袭，他们会把这样长的队伍切成数段。

他对我的担心只是付之一笑，对我说，没有受过训练的美国民兵把印第安人视为最凶猛的敌人；但对于训练有素的皇家正规军来说他们是不值得一提的。我觉得与一名将军争论军事问题，对于我是不适合的，所以我就没有再说什么。

敌人没有像我所忧虑的那样利用英军狭长的战线一条龙行军的弱点。几天以来，他们让英军畅通无阻。英军过了一条河，又组成了战斗队形。先头部队是最后渡过这条河的。

英军完全暴露在从来没有到过的一片森林的开阔地上。印第安人从森林里的树丛中用密集的火力向英军发起了进攻。直到那时，将军还没弄清楚敌人来自何方。

布莱多克将军驱赶部队前去支援先头部队。这时，印第安人从后面发起攻击。英军军官骑在马上，目标明显，接连被打下马来。没人发号施令，士兵乱作一团。他们成群地站在那里，被击毙了三分之二，其余的全部仓皇而逃。

赶车人纷纷从车上卸下一匹马，也飞速地逃走了。这样，所有的车、马、大炮及军需品全都留给了敌军。

布莱多克身负重伤，好不容易才被抬走。86名军官，死伤63名。总共1100人，损失了714人。这1100人是从全军选出的精锐；其余的部队由丹巴上校率领，他们跟在部队后面，而且携带着沉重的军需物资。

敌军没有追击，溃败的英军回到丹巴的营地。他们的狼狈相立即使丹巴及其部下陷于一片惊慌。

丹巴有1000多人，而敌人加上法国人只有400人。但是，丹巴没有不遗余力地去挽回败局，反而命令销毁一切军需物资，以便省出更多马力加快向边境城市行军的速度。

当丹巴带领人马撤退时，他接到了弗吉尼亚、马里兰及宾州州长的请求。他们请他在边境设防保护市民。但是他们横穿这一地区的急行军并没有停下来，一直到了费城才感到安全有保证。因为在那里，他们可以得到市民的保护。

这件事，使我们美国人对英国统治者第一次产生了怀疑。我们开始意识到，过去把英军的勇敢说得神乎其神是毫无根据的。

在向边境进发的路上，英军盗窃平民资产的事件屡屡发生。他们给不少贫苦的家庭带来了灾难。英国士兵打骂并虐待当地居民。如果有人略有反抗，就会被关进监狱。这足以使我们对这样的保护人产生很坏的印象。一开始，我们就不想请他们来。

直到布莱多克将军逝世，他的部下奥谟上尉都一直跟随着他。从生病到去世只是几天的时间。奥谟告诉我，第一天，布莱多克一言没发，晚上，他只说了一句话："谁能料到如此下场呢？"次日，他又是沉默不语，最后一天他说："下一次我就知道如何对付他们了。"几分钟后，就与世长辞。

损失了大量车马一事很快就传开了。所有的车马主人都根据我的许诺一起前来向我要钱。这给我带来了极大的麻烦。我只好向他们解释说，钱已由军需官准备妥当，但须瑟利将军发布命令才能发放。我又说，我已经给瑟利将军写了信，但路途遥远。我请他们不要过分着急，因为收到命令是需要时间的。

但这不足以说服他们，其中有一些人已准备去法院控告我。

终于，瑟利将军使我摆脱了困境。他任命了几位代表核实账目并且还清了债务。这笔钱接近2万英镑。如果要我自己来支付这笔巨款，就会倾家荡产。

在布莱多克战败之前，莫里斯州长三番五次给议会写信，想强迫议会增加经费以保卫宾州。但他仍坚持不得向领主征税。如果议会的征税法案不包括此项条款，他就拒绝签字。

由于爆发战争的危险性越来越大，州长对议会进行了猛烈的抨击，以期得到更大的成功。然而，议会却丝毫不为抨击所动。议员们确信，正义在他们一边。他们认为州长无权对他们如何制定征税法案指手画脚。

这场争论正好发生在英国接到布莱多克战败的消息之际。我们小心翼翼地向我们的英国朋友提供了答复州长意见的全部内容。我们的朋友仗义执言，指出了领主向州长下达这样的指示是粗暴无理的。一些朋友竟然说，如果领主拒绝交税来保卫宾州的话，他就根本不配继续对宾州具有领属权。

领主们害怕了。他们命令司库除满足议会所确定的金额外，再从他们的私囊中拿出5000镑。

作为领主们应交纳的普通税的金额，议会接受了这种解决办法，起草了一项新的法令并得到了批准。

议会任命我管理这笔税款，总共是6万英镑。在制定法律及争取法律得到批准的一系列活动中我是非常活跃的。同时我起草了建立民兵的法令。议会顺利地通过了这项法令，并注意了在法令中照顾教友会会员的自由。

我写了一篇报告支持必要的联合，以便组织民兵。在报告中，我阐明了自己的观点，并驳斥了在这个问题上估计会产生的任何反对意见。这篇报告出版了，而且如我所预料的那样收到了显著的效果。

无论城市还是乡村都很快组织了民兵连队，并开始了训练。这时州长要求我负责西北边境。这个地区经常受到敌人的骚扰。他要求我组织部队，建造一系列的堡垒，为保卫当地居民提供切实可行的办法。

虽然我不适合做这项工作，但我还是接受了这项权力很大的任命。州长给了我一些空白的委任状。我可以用这些委任状任命任何一名我认为称职的军官。

此后不久，我便统辖了560人。我的儿子曾在为反对加拿大而组建的军队里当过军官。他是我的私人助手，为我做了很多事情。

印第安人烧毁了格拿丹赫特村，并且屠杀了当地居民。格拿丹赫特是一些德国人居住的村庄。人们认为这个村庄是修筑要塞的好地方。

为了向格拿丹赫特进军，我把民兵集结在伯利恒城附近。这座城市设防森严，使我十分吃惊。摧毁格拿丹赫特使人们意识到了战争的危险。

一些主要建筑物都设了一排排的岗哨以加强防卫。人们从纽约购置了大量的枪支弹药，在高大的石头房屋的窗户之间堆了大量的石头。这是为妇女们准备的武器。一旦印第安人要闯入房内，妇女们就可以向他们掷石头。男人们轮流站岗放哨，保卫着城市。

我们开始建造堡垒是1月初。我派一个连去修一座城堡以保卫宾州的北部，然后派人去南部以同样的目的建造了一座堡垒。

我决定率领其余部队去格拿丹赫特。我觉得应该马上在那里修一座堡垒。德国人为我们提供了5辆马车帮助运输有关物资。

我们没走多远就下起了雨，大雨连绵不断，下了一整天，沿途也没有房屋可以避雨。

夜里，我们到了一个德国人的农庄。我们全都挤在农庄的一所房子里，个个浇得像个落汤鸡。幸运的是，路上我们没有遭到敌人的袭击。我们的枪是极其普通的，无法使枪栓保持干燥。

第二天，我们继续行军，而且到达了那个被毁坏的村庄。我们发现了几堆木板，就迅速地搭起了板棚。在那个季节里，这些简易的棚舍也是十分必要的，因为我们没有帐篷。

次日早晨，我制定了修建堡垒的计划，并画了图。堡垒的占地面积为450平方尺，需要455棵大树，每棵树要有12寸粗。

我们的人去伐木，工作效率很高。有一次我看到两个人用6分钟就锯倒了一棵直径为14寸的大树。我们要的树，长度必须是18尺，而且要一头尖的。

一切准备就绪后，另外一些人开始在四周挖坑，每个坑要有3尺那么深。然后把大树埋在坑里。埋完之后，我们在里面铺了高于地面的地板，高出地面大约6尺。人们可以站在上面通过树墙的射击孔向外瞄准射击。

我们有一门可以灵活转动的小炮。这门炮就架在堡垒的一角。架好后，我们还试放了一炮。如果附近有印第安人的话，我们想让他们知道我们有这种武器。

我们的堡垒，尽管它不配使用这种堂皇的名字，一个月就完工了。而且是在大雨连绵的天气里完成的，我们只能每隔一天工作一次。

这使我有理由相信，人们在忙于工作时是幸福的。在他们有活干的那些日子里，他们感到心情愉快，而且晚上也过得兴致勃勃。但是在闲暇的日子里，他们情绪不好，脾气暴躁，相互吵架，对食物吹毛求疵，对人也看不顺眼。

这种堡垒虽然不大坚固，但足以防御印第安人了，因为他们没有大炮。由于有了退却的安全场所，我们便开始分组到附近各地巡逻。我们没有和印第安人相遇，但是却发现了他们的一些观察所，他们从这些地方监视我们的行动。看起来，监视我们的印第安人并不多。他们一定以为我们人太多了，进攻也不能取胜。

我们有一位随军牧师——比提先生。他总是非常担心，向我抱怨说，战士们没有按规定参加他做的祈祷。

当这些人参加民兵时，部队曾答应他们，除了领军饷、日用品外，每天还要发一份白酒。早晨发一半，晚上发另一半。

我发现战士们领酒时从来没有人缺席。所以我告诉比提先生，也许由他来向战士们发酒会损害他的尊严，但是我提醒他，如果他在做祈祷之后发酒，所有的战士都会出席。

比提先生很欣赏我的建议并承担了发酒的工作。自此，参加祈祷的人从来也没有像这样按时过。我认为用发酒的办法让战士参加祈祷是可取的，这要比用军法惩处好得多。

我刚刚修完堡垒，又为之准备了后勤物资。就在这时，我收到了州长的信。他通知我，他已经召开了议会并希望我前去参加。我在议会里的朋友也写信催促我，在可能的情况下，要去参加会议。

我也很想回去。恰好，克拉范上校正在访问我们的堡垒。他是一位新英格兰军官，经历过印第安战争。

克拉范上校同意接受我授予他指挥权。我给他颁发了任命书，并向战士们宣布了这项命令。我向大家介绍说，他在军事上很有经验，他统率部队比我更合适。

回到费城后，我发现民兵组织发展得很快，大部分不是教友会会员的市民都参加了。他们按连队组建，并根据一项新法令挑选了军官。

一位朋友拜访了我，并且告诉我说，为了使大家都接受这项法令，他付出了多么大的代价。他说这项工作的成功应归于他的辛勤工作。而我也十分自负，觉得这项工作之所以成功是因为我写的文章起了主要作用。但是，也许他是正确的。因此，我欣然地让他沾沾自喜地欣赏自己的观点。我认为在这种情况下，通常只有这样做才是最好的解决办法。

军官们开了会，推选我做民兵纵队的司令。我忘了当时一共有多少连长，只记得有1200多名精明强干的战士。一个连队装备6门大炮，战士们都成了使用大炮的专家，一分钟能开火12次。

我第一次检阅纵队后，官兵们陪我回到了我的住所。他们坚持要在我的门前鸣礼炮表示对我的敬意。“礼炮”震坏了不少我做电学试验用的玻璃器皿。后来证明，我的荣誉也同这些脆弱的玻璃器皿一样受到了损害。很快英国就下达了命令，撤销了对我的一切任命。

在我做司令的短暂时间内，我到弗吉尼亚做了一次旅行。纵队的军官们认为骑马送我出城是理所当然的。我刚刚上马，他们也都到了，大约有34人，一律身着军装。

如果我早知道他们的计划，我一定会阻止他们。我历来反对耀武扬威。更糟糕的是，刚一出发，他们就拔出剑，一路上高高举起，挥舞着前进。

有人把此事告诉了领主。这使他们大为恼火。他们还从来没有得到这样的荣誉，更不用说州长了。领主们说，只有皇家王子才能享受这样的礼遇。据我所知，这种说法也许是正确的。

这种愚蠢的举动，使得领主们对我产生了更不友好的态度。由于我在议会中的所作所为，他们从来就没有喜欢过我。每当为征收财产税发生争论时，我总是坚决地反对他们。

领主们说我对英王的事业构成了极大的威胁，还说我在议会中利用我的影响阻止征税法案的通过。他们还提到了骑马出城的事，想以此证明我企图凭借武力接管州政府。于是，他们还要求英国邮电大臣撤销对我的所有任命，但没能得逞。

州长与议会的争论依然如故。在争论中，我一直起着重要作用。然而，我与州长却保持着友好关系，我们之间没有个人成见。

我常常想，这是因为州长学过法律吧。他把自己当作领主的律师，把我当作议会的律师。在处理困难问题时，他常常非常友好地向我提出劝告。有时候，虽然不那么经常，他也接受我的建议。

州长曾与我合作支持布莱多克将军的部队。当令人震惊的战败消息传来时，州长召见了我。他征求我的意见，问我如何能阻止丹巴将军放弃边境地区而逃跑。我忘了当时我的建议是什么了。只记得，我说如果可能，应该使丹巴在边境设防，保护民众，应该告诉丹巴一直等到民兵到达为止。

这样，丹巴才能摧毁通往加拿大道路上的堡垒。

当我修完堡垒，从格拿丹赫特返回时，州长有意授给我将军军衔。他建议我必须率领民兵摧毁法军的堡垒。丹巴和他的部队那时另有任务。

看起来，他认为我有军事才能，可我从来也没那样想过。他也许觉得我德高望重，有助于组织部队。他还认为我会在议会中施加我的影响，以便批准军费。他相信我能够筹集资金，而又免收领主们的财产税。当发现我对他的计划不感兴趣时，他就放弃了这项计划。他离开了州政府，不久丹尼船长就接替了他的位置。

下面我要继续讲讲我在这位新州长的领导下，在公共事业中我所做的事情。但首先要谈谈我在科学试验上取得的进展。

1746年，在波士顿时，我遇到司彭斯博士。他刚从苏格兰来到这里，他为我演示了一些电学试验。这对我是一门新的学科，因而使我感到很惊奇，同时对此也产生了极大的兴趣。

我回到费城不久，我们的图书馆收到了一份礼物，一个小型的玻璃制的电工仪器，这是英国皇家学会会员柯林斯先生寄来的。他还寄来了关于如何演示电学试验的说明书。

我迫不及待地抓紧时机重做我在波士顿看到的一切。通过大量的实践，我能熟练而又准确地做这些试验了。除此而外，我又增加了许多新的试验项目，并进行了实践。我的房子常常被前来观看这些奇妙现象的人们挤得水泄不通。

为了把这些来访者分散在我的朋友中间。我在玻璃店里订了一些相同的器皿。不久，我们有了一部分会做试验的表演者了。

其中最好的是我的一个邻居——琴纳斯利先生。他没有职业，于是我建议他通过做试验来赚些钱。我为他写了两篇发言稿，说明如何做这些试验。

琴纳斯利先生得到了做试验用的漂亮的仪器。我自己制作的粗糙的小仪器经过仪器工匠的加工变得精美极了。

前来观看他表演的人很多，人们感到十分快乐。过了些时候，他走遍各州，到各大城市表演。在西印度，潮湿的空气给他的试验带来了一些困难。

我想，我们应该向柯林斯先生报告我们试验成功的消息，因为他把仪器作为礼物送给了我们。于是，我给他写了几封信，介绍了我们试验的情况。他在皇家学会宣读了我的信件。起初，学会的会员认为这些信件没有值得注意的价值，所以也没有印成文字材料。

我曾为琴纳斯利先生写过一篇讲稿，阐述了光与电的相似之处。我把这篇讲稿寄给了一位朋友——米切尔博士，他是皇家学会会员。他写信告诉我，人们宣读了我的论文，却受到了专家们的冷嘲热讽。

但是，另一个朋友看了这几篇论文。他认为很有价值，并建议应该把它们印刷出来。有一位杂志出版商把这份报告印成了一本书，获得了很大的利润。这本书现在已经印刷五版了，而出版商分文也没有付给我。过了很长时间，我的论文才在英国受到了重视。这本书落到了一位叫德·巴弗的人手里，他是全欧洲著名的科学家。

由于他的兴趣，我的论文用法文出版了。这惹怒了诺勒特先生，他是法国皇族学校讲授自然科学的教员。

诺勒特先生是一位精明能干的试验家。他发表了一种已被公众接受的电学理论。一开始，他不相信，像我那样的论著会来自美国。他说，这一定是他在巴黎的论敌故意散布对他理论的怀疑。

当他弄清了，在美国的费城确有富兰克林其人时，他写下并出版了大量的信件。这些信主要是写给我的。他的信件为他自己的理论辩护，并且怀疑我的试验和理论的真实性。

我曾一度想要回信答复诺勒特先生，而我实际已开始答复了。但是，我是靠详尽地描述我的试验，以便使任何人都可重做与证明这些试验。我意识到，争论将在两个使用不同语言的人之间进行。因此，这场争论将因为文字上的误解被无限期地延长。

因此，我决定还是让我的论文本身来说话吧。我必须把能从公共事务中抽出来的全部时间用于新的试验。我感到这要比我过去已经进行过的争论好得多。

所以，我从来也没有答复诺勒特先生，而且也没有任何理由会让我感到遗憾。我的书后来被印成意大利文、德文和拉丁文。其中阐述的理论被欧洲的科学家所接受。最后，只有诺勒特一个人相信他自己的理论了。

我记述了一次成功的试验经过，这使我突然扬名天下。那是从云层中收集闪电的试验。法国的德洛先生后来也重做了这个试验。这引起了各地公众的注意。

德洛先生是一名自然教员，有许多电学试验仪器。他决定重做一下他称之为“费城试验”的试验。首先他为国王和宫廷表演了这个试验。后来，巴黎的所有好奇的人都想观看这些试验。

我不想通过叙述那次重要的试验而使故事变得冗长。我也不想描写在继“费城试验”之后，又进行的同一试验所获得的成功使我感到欢喜若狂的情景。这两件事在电学史上都可以查到。

皇家学会的一名会员收到一位当时的巴黎的朋友的信。信中谈到了德国科学家对我的试验给予高度的评价。信中还谈到了他为这些重要的科学报告在英国受到的冷遇而感到吃惊。

听到这些，皇家学会才重新评价过去所宣读的信件。另一位会员，一位著名的科学家作了一次报告，说明了我寄给他们的关于电学问题的所有信件，还加上了一部分对作者赞扬的话。

这篇报告后来在皇家学会的刊物上发表了。一些会员证实了从云层收集闪电的试验，并汇报了他们所取得的成功。皇家学会很快就改变了他们过去对待我的态度。

于是他们直接任命我为皇家学会的正式会员。大家一致赞同我可以免交按惯例所交纳的税。他们一直免费送给我学会印刷成文的报告。

皇家学会还授予我一枚1753年度的高弗利 · 科普力先生金质奖章。然后，学会主席发表了一篇赞美我的文章。这篇文章给了我莫大的荣誉。

我们的新州长丹尼为我带来了皇家学会的奖章。奖章是在费城为他举行的一次宴会上颁发给我的。同时，州长对我表示了深切的敬意。

按照当时的习惯，正餐后要喝酒。州长邀我到另一个房间去。他告诉我，他在英国的朋友们建议他与我交朋友。他们说，我能为他出谋划策，我能使他的工作一帆风顺。

州长说，他希望能与我相处得十分融洽。他向我保证，在任何场合下，他都随时准备帮助我。

州长还谈到了领主们对其所属殖民地怀有的友好情谊。他又说，如果我们不再反对领主的意愿，对我们大家，尤其是对我本人都大有好处。州长确信，我是能使领主与议会之间友好相处的最适合的人，并且我可以获得恩赐及荣誉。

喝酒的人发现我们没有立即归席，就派人送来一瓶酒。州长开怀畅饮。酒喝得越多，他就越发肆无忌惮地怂恿别人，并答应人家的要求。

我回答他："感谢上帝，我并不需要领主大人的恩赐。"我又进一步阐明，作为一名议员我绝不可能接受任何恩赐。

我向州长表明，我对领主没有任何个人私仇。领主们所提倡的公共事业，只要是对公众有益，无论何时我都会率先垂范并为之奋斗。

我说，我过去反对领主只集中在一件事情上。那就是，他们催促我们通过的法律显然是为了领主的利益服务的，它们根本不是为民众的利益服务的。

我告诉州长，我对他的善意表示由衷的感谢。我答应他在我力所能及的范围内，将尽力使他的工作一帆风顺。在这一点上，他是可以依赖我的。但与此同时，我希望他不要像他的前任那样对领主唯命是从，对议会下达一些令人不快的指示，从而把自己弄得四面楚歌。

当时，州长并没有当场答复我。但后来，在他与议会打交道时，仍下达与以前一样的指示。争论又出现了。我一如既往，仍然是一名坚定的反对派。

但就个人而论，我们并不是敌人。我们常常在一起。丹尼州长是个有教养、见过世面的人。我发现，他讲起话来，总是给人一种快感。

议会终于意识到了领主们永远不会改变他们对州长发号施令的做法。我们认为，这是对人权及英王事业的一种威胁。我们决定向英王呈交一份请愿书，要求英王帮助解决这种局面。我被任命去英国面呈这份请愿书。

议会交给了州长一份关于提供给英王使用的6万英镑的法案，请他批准。当时，劳德姆将军是英王派往美洲各殖民地的军事统帅，他打算使用其中的1万英镑。

法案并没有免征领主应交纳的财产税。因此，按着领主的指示，州长拒绝批准。

我计划乘莫里斯船长的船去英国，旅行用的物资在纽约装上了船。

恰在此时，劳德姆将军来到了费城。他告诉我，他来此地只有一项使命。那就是试图让议会与州长达成一项协议，从而使双方的争吵不会阻碍英王所应得的贡奉。

劳德姆将军要求我和州长分别会见他。他想倾听一下双方的意见。

我为议会辩护，提出当时公共报纸上的所有的论点。这些文章都是我写的，而且是作为议会的正常公务的一部分而印刷发行的。

州长重新阐述了领主的指示，他说他已向领主做了保证，一定服从他们的指示，否则他就会垮台。如果劳德姆将军建议他违抗领主的指示，他似乎也愿意冒一下险。

劳德姆将军放弃了会使州长冒风险的选择。我已经向他施加了足够的影响，但最后他还是催促议会做出让步。他恳求我在议会中运用我的影响帮助他完成他的使命。他还宣布，将不派皇家军队的一兵一卒来保卫我们的边境。如果我们不继续提供防务经费，整个边境必然要处于不设防的状态。

我把这次讨论通知了议会。我提交了我准备好的声明，申明了我们的权利。我宣布，我们绝不放弃这种权利，但是出于无奈，我们将被迫暂时放弃这些权利。而且我还提到，我们反对使用武力。

最后，议会同意放弃那个法案，并重新起草了一个。在新法案中，我们接受了领主们的要求。当然州长也批准了这项法案。

现在我可以自由地继续我的旅行了。与此同时，轮船已带着我的东西起航了。上述那件事让我也有一定的损失。我得到的唯一回报是劳德姆将军对我的几声谢谢。然而达成协议的全部功劳却归于他了。

劳德姆将军在我之前去了纽约。两艘轮船在那里等待他的命令。他告诉我其中的一艘将很快起航去英国。

我向他询问了起航的准确时间，因为我生怕错过这艘船。他的回答是："我已宣布星期六起航，不过我可以私下告诉他，你在下星期一到达那里也来得及。但不要耽误太久了。"

凑巧，我到达的时间正好是星期一的中午，当时风平浪静，我真担心船可能起航了。但很快有人告诉我，船仍停在港内，次日才能起航。

人们一定会猜想我马上就要去英国了，我当然也想马上去。不过当时我对劳德姆将军的性格还不够了解。后来我才知道，他优柔寡断。我举几个例子。

大约在4月初我就到达了纽约，没料到我们的船6月末才起航。两艘船在港口停了很长时间，都在那里等候将军的信件。但是他的信件总是日复一日，不见踪影。

又有一艘船到了，也被迫停在港内。我们乘坐的船起航时，另外一艘船就要进港了。我们的船是第一个起航的，因为停泊的时间最长。

乘客们正在等候轮船。其中有些人十分焦急地要出发，商人们为他们的订货感到忧虑。

这一切担忧都无济于事，劳德姆将军的信总是没有写完。不论谁去拜访他，总会发现他手里握着一支笔，在伏案工作。

一天早晨，我去拜访他，有一位信使叫印尼斯，正好刚从费城带来了丹尼州长给将军的信。印尼斯先生给我带来了我的一些朋友写来的信，我问他何时回去，准备请他给我捎几封信。他说，他奉命第二天9点钟来取将军给州长的回信，然后就走。那天，我亲自把信交给了他。

两周后，我又在同一个地方遇见了印尼斯先生。

“哟，你回来得真快呀！印尼斯。”我说。

“回来？咳！我还没有走哪！”

“怎么回事？”

“这两个星期，我奉命天天来取信，但是将军现在还没有写好。”印尼斯说。

我又问道：“即使是个大作家，信也该写好了。”因为每当我看到他时，他总是在奋笔疾书。

印尼斯回答说，将军就像他看到过的画上的骑手——“总是在马上，从不前进。”

信使的观察是相当正确的。我明白了，这就是这位将军后来被撤职的原因之一。英王的枢密院抱怨说，他们从没收到过将军的信，也不知道他在干什么。

天天盼着起航，又有三艘船开进了港口，加入了这个船队。乘客们认为最好应该待在船上，万一突然来了命令，船起航了就会把我们丢下。如果记得不错的话，我们在那里等了大约6个星期。我们带的食品吃光了，只得重新再买一些。

船队终于起航了。将军和他的部队也上了船，他们想攻打路易斯堡的一个堡垒，这三艘船奉命为将军护航。这样，一旦信件准备完毕，这三艘船就能离船队而远航了。

出发五天后，我们的船接到了可以离开船队、驶向英国的命令。将军仍命令其他两艘继续跟随着他。他们一起到了哈利法克斯。

在哈利法克斯停了一段时间，将军命令部队进行攻打堡垒的作战演习。后来又改变了这项计划。接着又改变了攻打路易斯堡的计划，他率领整个部队回到了纽约，还包括上述那两艘船及所有乘客。

当他离开时，法国及印第安人乘机夺取了纽约州边境上的乔治堡。印第安人屠杀了许多放下了武器的英军。

后来，我在伦敦遇到了这个船队中的一名船长。他告诉我，等了一个月之后，他拜见了劳德姆将军并通知他船底该清理了。如果不清理船底，船速将要减慢。他要求宽限几天，以便把船拖进船坞，清理船底。

将军问他需要多长时间，他回答需要三天。将军说："如果你一天内能干完，我就许可。否则我就不同意，因为你的船后天务必起航。"

这样，船长从来也没有得到清理船底的许可，他日复一日地等在那里，足足等了三个月。

在伦敦，我也遇到了船上的一名旅客。他为将军在纽约耽误他们那么长时间，又把他带到加拿大再返回表示气愤。他甚至宣布要到法院起诉劳德姆，要他赔偿损失。他是否那样做了，我不得而知。

我感到莫名其妙，为什么像劳德姆这样的人能被委以重任，统率千军万马。但是，现在我对这个伟大的世界明白得多了，我不再那么大惊小怪了，对于谋取和授予高官厚禄的手段我已有了足够的见识。

瑟利将军在布莱多克将军死后统率了军队。如果让瑟利继续指挥，我相信，他能比劳德姆更好地指挥那次战役。

瑟利将军并不是训练有素的军人，但他是通情达理的人。他能倾听合理的建议，制定明智的计划并迅速地完成它。

劳德姆将军在1757年进行的军事行动是愚蠢的、劳民伤财的，而且给我们的国家带来了奇耻大辱。他没有用他的大军保卫各殖民地，反而使各殖民地处于完全不设防的状态，而他自己却在哈利法克斯搞演习。这正是我们丢掉乔治堡这个要塞的原因。

同时，劳德姆将军的行动也使商人们大失所望。他不准货物运出这个国家，他说这将避免任何物资落入敌人的手中。而实际只

是压低了物价，有利于与军队做买卖的人。大家都认为，这位将军曾和与这些与军队做买卖的人坐分红利。

我确信，瑟利将军是真心实意地愿意放弃他的指挥权的。因为，对于一个不熟悉军事的人，确实是一种沉重的负担。

我参加了一次纽约市为劳德姆将军举行的宴会，瑟利也在场。参加宴会的人很多，有官员、市民及许多不相识的人。一些椅子是从邻近的屋子里拿来的，其中一把椅子很矮，瑟利就坐在这把椅子上。看到这，我对他说："先生，他们给你的这把椅子太矮了。""没关系。"他说，"富兰克林先生，我发现座位越矮越舒服。"

当我在纽约等候出发时，收到了我供给布莱多克将军的物资账单。我把账单交给了劳德姆将军并要他偿还欠我的债务。

劳德姆将军让一位相关的军官检查了账目，他发现账目准确无误。劳德姆将军答应给军需官下令，清还欠我的钱，但是他总是一拖再拖。尽管我常常去催，最终我还是一无所获。

最后，他告诉我，他决定要把他的账目与其他将军的账目分开处理。"至于你的钱，"他说，"当你到达英国后，只需把你的账单拿到财政部去，人们就会立即付给你。"

我特意提到了我被迫在纽约候船时遭受的巨大而意外的损失。我把这个也当成了要他马上还债的理由。我还说，再给我添麻烦，拖延还债，那太不应该了。我为他们提供了很多钱。为此，我并没有向他们要求任何额外的报酬。

劳德姆将军告诉我，我不该骗他，让他以为我无利可图。他说："对这些事情，我比你清楚，任何供给军队物资的人都有办法塞满自己的腰包。"

我让他相信我绝不是那种人，我分文没赚。但是，很明显，他不相信我。我曾经听说过，确实有人用这个方法发了大财。至于欠我的钱，至今也没有还。

旅途中，有好几次，法国的战舰企图俘获我们，但是我们的速度非常快，他们没能追上我们。三十天后，我们快接近陆地了。

第二天清晨，我们靠近了法尔默思镇。我们已清楚地看到了港口里的船只及周围的田野。对于长久以来只能看到白茫茫一片海水，别的什么也看不到的人来说，这情景多么令人感到赏心悦目啊！而更使人高兴的是，再也不必担忧战争可能带来的一切灾难了。

我马上和儿子出发了，在1757年7月27日到达了伦敦。

我在住处刚刚安顿下来后，就拜访了福德季尔博士。人们都对我提出建议，要我在采取行动之前先听取他的意见。

福德季尔博士不赞成马上向英国政府提出呼吁。他认为，我应该首先以私人名义接近领主。也许有一些私人交谊能够使他们以友好方式解决我们之间的争吵。

然后，我去拜访了我的老朋友彼得·柯林斯先生。他告诉我，约翰·哈堡——一位从弗吉尼亚来的大商人告诉他，当我到来时要通知他。哈堡想把我带到格龙威尔公爵那里。格龙威尔是枢密院的主席。他也想尽快见到我。我同意第二天上午与哈堡一起去。

他乘马车来找我，我们一起去拜见了格龙威尔。他彬彬有礼地接见了我。我回答了他提出来的关于美国现状的问题，而且我们还讨论了当前的形势。

然后，格龙威尔对我说："你们美国人对于宪法的本质有错误的看法。你们争辩说，英王对州长的指示不是法律。"他又说，"美国人认为他们有按照自己的意愿决定是否遵从英王的指示的自由。"他继续说，"这些指示是由法官起草的，他们都精通法律，再由枢密院研究、讨论，有时做些修改，然后由国王签字批准。"他最后说，"这就是当时的法律，因为英王是殖民地各州的法律的制定者。"

我对他说："这对我来说是一条新理论。我一向认为，我们的法律是议会制定的。然后呈报英王批准。一旦得到英王的批准，他既不能修改，也不能废除这些法律。非经英王同意，议会不能制定法律。但英王也不能不经议会同意就随意颁布法令。"

格龙威尔想让我相信，我的看法是完全错误的，可我却固执己见。然而他的话给我敲了警钟。我对英王的枢密院对待殖民地的态度感到忧心忡忡。

一回到了住处，我立即把这些谈话内容记录了下来。

几天后，福德季尔博士对领主们讲了我的意见。领主们同意在蒂·潘先生家里会见我。

一开始，各自都表示要"通情达理"。但是，我想双方对于"通情达理"的理解各不相同。

接着我们讨论了双方存在的一部分分歧。领主们企图表明他们的所作所为是合法的。我说明了议会的立场。看来，我们的分歧很大，似乎根本没有达成协议的希望。

但我们一致同意，把我们争论的全部要点用文字形式写下来。他们答应要进一步加以考虑。我很快就写完了。但是，他们把我写的材料交给了他们的律师——斐迪南·约翰·巴里斯。

巴里斯先生负责处理领主的法律事务，并为他们撰写进行辩论的所有报告与文件。他骄傲自大、脾气暴躁。在为议会辩护时，我几乎很少尊重他的报告，因为他的论点软弱无力，言语却十分骄横。为此，巴里斯先生在情感上对我很反感。每当我们相遇时，他就明显地流露出这种情感。

我拒绝了领主提出的关于应该在我与巴里斯之间进行讨论的建议。我拒绝了除他们之外不与任何人打交道的要求。

巴里斯建议领主把报告交给国王的首席法律顾问，并征求顾问的意见。报告在他那里放了将近一年，一直未予答复。

在这期间，我不断地要求领主予以答复。他们除了说尚未收到法律顾问的意见之外，我一无所获。他们一定收到了法律顾问的信件，但我对他们的意见却一无所知，因为他们什么也没有告诉我。

但是，领主却给议会写了一封很长的信。这封信是由巴里斯起草并签名的。信中提到了我的报告，说我的报告写得不恰当。他在信中极力为领主辩护。他又说，如果议会能派一位忠诚老实的人与他们共事，他们是乐于解决问题的。言外之意，是说我不是那种忠诚老实的人。

但是就在他们拖延的这段时间里，议会让丹尼州长批准了税收法。法案规定领主与其他所有市民一样交纳财产税。这是争论的焦点。因此，议会没有答复巴里斯先生的信。

当税收法到达英国时，领主们与巴里斯讨论了这项法案。他们确信法案得不到英王的批准，所以，他们把这件事提到了英王的枢密院。

议会安排了一次答辩会，领主雇用了两名律师反对这项法案，我找了两名律师支持法案。

领主的律师声称，法案有意增加领主的负担而减轻民众的税收。他们说怎么能让领主受到民众的凌辱呢？如果允许民众自己确定税收，那么领主将彻底破产。我们回答说，法案的目的不在于此，也不会产生那样的结果。领主担心他的财产税征得过高是愚蠢的。确定税率的人是光明正大的，他们已经保证老老实实、公平合理地确定税率。

我们坚持说，如果法案得不到批准，其后果是不堪设想的。因为已经印了10万英镑的纸币，交英王使用。这些钱已在民众中流通。如果因为法案不能被批准而宣布这些纸币作废，将使得多数人破产。如果想要进一步再向英王提供金钱，那是不可能的。

就这个问题，一位枢密院的议员把我叫到另一个房间。他问我是否相信这项法案真的不会危害领主的财产。我的答复是肯定的。他又说："那么，在达成协议时，你如果重申这一点的话，反对你的只会是少数人。"我回答说："那没有关系。"

接着他把巴里斯叫来了。经过讨论，双方都接受了这一条款。枢密院的秘书拟定了一份文件，我和殖民地的另一名代表一起签了字。

法案最后被批准了。大家提出了一些修改意见，因此我们觉得应该起草第二个法案。但是议会却认为不必做任何修改。

在枢密院的命令到达之前，已收了一年的税。枢密院任命一个委员会检查确定税收的方式是否公正。领主的几位好朋友是这个委员会的成员。经过周密的调查，他们发现，税率的确定是十分公平合理的。

议会认为我参与了制定法案的第一部分，是对殖民地的最大贡献。这项法案保证了纸币的信誉，后来使纸币流行全国。当我离开时，他们再三向我表示谢意。

但是领主们却对丹尼州长表示了极大的愤怒，因为他批准了这项法案。他们撤销了丹尼州长的职务，并且威胁说，因为他违背了服从他们指示的诺言，将到法院对他提出起诉。

然而，州长是为了英王的利益，在将军的要求下这样做的。而且他在英王的法院里也有几位有势力的朋友。因此丹尼对这种威胁置之不理，领主们也从来没有把他们的威胁变成实际行动。

（注：《本杰明·富兰克林自传》到此结束）

思考与致富

〔美国〕拿破仑·希尔 著
艾绍东 译

关于本书

本书作者拿破仑·希尔先生，是一位杰出的人物。他所拥有的金钱还不是最多的，但由他所创建的“成功学”，给全世界寻求成功的人们带来了巨大的财富。可以说，希尔先生对于世界经济是有贡献的。虽然，他并不是一个经济学家。

希尔先生获得灵感的途径与众不同：他是从商业中悟得“人的问题”的。他指出，人必须追求财富，致富是人类的高尚行为与科学行为。真理对人类的关怀，体现之一，即是许以正直、善良、勤劳的人们以财富。

希尔先生出身贫寒，后经不断拼搏，终于成了一个大商家、大富豪。在此基础上，他果断地停止了所有的商业活动，改变了自己的生活状态，转而研究起美国社会——美国人在追求财富上的诸多问题来。对一个正在高速发展的现代社会来说，此项研究无疑意义重大。而当希尔先生根据自己的研究毅然承担起指导人们致富的责任时，则更为可贵了。

希尔先生花了25年时间，走访了美国政界和工商界的504位成功人士，并对16000多名普通美国人进行分析，终于创立了“成功学”，并写下了此书。

本书在美国出版后，马上引起了轰动，

被当作当年的重大事件之一。由此影响到了世界上的每一个国家。印度的圣雄甘地曾建议全国人民学习此书。

确实，本书与它所讲的“思考致富”，改变了千百万人的生活，并由之诞生了无数杰出的企业家和各个领域中的成功者。

思想决定一切

你的意志力，是决定你成败的力量。要想成功，先要有正确的思想方法和思维方式。你思想所要的，都可以实现。

“思想”使一个人走上与爱迪生的合作之路

“思想决定一切”，这话一点不假。当思想与目标、毅力以及获取物质财富的炽烈欲望结合在一起时，思想更具有强有力的力量。

几年前，艾德温·巴尼斯发现，人们只要去思考就可致富，这是千真万确的事。他的发现并非一念之间所产生，而是渐渐来到的。最初只是一种急切的欲望——他要做伟大的爱迪生的商业伙伴。

巴尼斯愿望的主要特征之一，就是“明确”，他希望和爱迪生“共同”工作，而不是“为他”工作。在仔细观察了如何将欲望转化为事实的描述之后，我们对致富的原则就会有更好的理解。

当这个欲望，或者说是思想的冲动，首次在巴尼斯的心头闪过时，他也是无力采取行动的，因为有两大困难挡在面前：一、他不认识爱迪生；二、他没有足够的钱买张火车票到新泽西州的奥伦芝去。

这些困难足以使大多数人感到沮丧，进而放弃实现欲望的尝试。但是，巴尼斯的这个欲望却不同寻常！

发明家与游民

他想办法在爱迪生的实验室中出现，宣布他是来和爱迪生合作的。几年后，爱迪生谈起他跟巴尼斯初次会晤的情形时说："他站在我的面前，外表就像一个十足的无业游民。但是他脸上的表情给人的感觉是，他决心要得到他追求的东西。根据我多年和人交往的经验，我深知，当一个人真正渴望获得某样东西时，为了得到它，他甚至不惜付出一切代价，这种人必然会成功。我给了他所渴望得到的机会，因为我看出他已下定决心，不成功誓不罢休。以后的事实证明了我的判断非常正确。"

这位年轻人之所以能在爱迪生的办公室里获得了事业的开端，绝不是因为他的外表，因为他的外表对他是绝对不利的，最重要的是他的"思想"。思想决定了一切。

在第一次会晤中，巴尼斯并未建立起他与爱迪生的合作伙伴关系。他只是在爱迪生的办公室里得到了一个工作机会，而且薪水很低。

几个月过去了。巴尼斯一心所想接近自己暗自确定的那个"明确的主要目标"的愿望，显然没有丝毫进展。但是，巴尼斯的意识正在发生重大的变化，他不断地在强化他想做爱迪生商业伙伴的这一欲望。

心理学家说得非常正确："当一个人真的渴望去做一件事情时，这件事情自会出现。"巴尼斯准备与爱迪生在商业上合作，而且他决心继续积极准备下去，直到他达到目标为止。

他从未对自己说："算啦，有什么用呢？我想我得改变原来的主意，试试做一个推销员吧。"但是他却对自己这样说："我到这儿来是为了与爱迪生合作，我一定要达到这个目标，即使耗尽我的一生也在所不惜。"他说话算话！倘若人们确定了一个明确的目标，并且为了这个目标甘愿付出所有（包括一些不得不花费的时间），那么，他必然会获得预想不到的结果！

也许，当时年轻的巴尼斯还不懂这个道理，但是他不屈不挠的决心，坚持一个单纯愿望的持久毅力，注定使他排除了所有的障碍，并为他带来他所寻找的机会。

机会的狡猾伪装

当机会来到时，它出现的方式，并非是巴尼斯所能料到的，这是机会的恶作剧。它有从后门溜进来的狡猾习惯，它来时往往伪装成不幸或一种失败的样子。也许可以说，这就是许许多多的人不能认识机会的原因。

爱迪生刚刚完成一种新的办公用具的发明，当时称之为"爱迪生口授机"。他的销售人员对此不热衷，他们不相信这种机器能轻易脱手。巴尼斯意识到他的机会来临了！这种机会悄然来到，它是藏在除了巴尼斯和发明家之外，没有其他人感兴趣的一具怪模怪样的机器之中。

巴尼斯知道他能推销爱迪生的口授机。他向爱迪生提出请求，立即得到了允许。他不但销售了这种机器，而且销售得十分成功。于是爱迪生和他签了约，让他负责在全国推销。在这个商业合作的过程中，巴尼斯除了使自己成为富翁外，他还做了一件更重要的事情，他证明了一个人真的可以“思考致富”。

巴尼斯最初的欲望对他而言值多少钱，我无法知道，也许会带给他200万或300万美元。但是无论值多少钱，若与他所得到的更大智慧的财富相比较，则是微不足道的。他的智慧财富是：积极思想，配以绝对的原则，并付诸行动，即可转变为物质的财富。

简单地说，“思考”使伟大的爱迪生和同样伟大的巴尼斯结成商业伙伴关系；思考使他致富。他开始时一无所有的，后来终于证明了自己可以拥有一切。

距黄金三尺

被暂时的挫折吓倒而轻易放弃，是最常见的失败原因之一。人有时总是不免会犯这种错误。

在淘金热的日子里，达比也染上了“黄金热”，到西部去淘金。他从未听说过这种思想：从人的思想中挖出的黄金，远远多于从地下挖出的黄金。他到那里选了一块地，开始用十字镐和铁锹工作了。

经过数周的劳动之后，他得到了报酬——发现了一块闪闪发光的矿藏。他需要用机器将矿石挖出来。于是他悄悄地将矿石掩埋好，循着来时的足迹，回到了马里兰州威廉斯堡的家乡，将“发财”的消息告诉他的亲戚与少数邻居。他们凑钱购买了所需要的机器，并将机器运去。

开采的第一车矿石运到了提炼场之后。消息传来，证明他们拥有了科罗拉多州最丰富的矿场之一。再有几车矿石，便可以还清所有债务，以后便是利润的大丰收。

挖土机挖得越深，达比和朋友们

的希望也越高。可是，怪事情发生了，金矿脉突然消失了！他们的美梦到了尽头，聚宝盆不再存在了。他们继续挖掘，绝望地试图找回矿脉，但结果均徒劳无功。终于他们决定“放弃”。

他们以数百美元的价钱将机器卖给一位收购烂铁的人，便搭火车回家去了。这位收购烂铁者找来了一位开矿工程师，检查矿场，并做了一番计算。这位工程师提出他的意见，说这个开矿计划之所以失败，是因为矿场主人不懂什么叫“假脉”。依照他的计算，在距离达比停止挖掘之处三尺的地方，将可以找到矿脉。果然，在那儿真的找到了！

这位收购烂铁者从矿场的矿石中获利数百万美元，是因为他知道在放弃之前，去请教一位专家的意见。

“我决不因别人说‘不’而停止”

这件事过后很久，当达比发现一个人的欲望能转变成黄金时，他所收回的利益是他损失的无数倍。在他从事销售人寿保险的生意时，他有了这一发现。

达比记得，因为他在距黄金三尺之处停止，与巨大的财富失之交臂。由于这一经验，使他在所选择的工作中获得了巨大收益。他的办法很简单，只是对自己说：“我曾在距黄金三尺之处停止，但是我在劝说人们购买保险时，决不因为他们说‘不’而停止。”

每年出售人寿保险在百万美元以上者，仅有少数几个人，而达比是其中之一。他从放弃金矿所得到的教训中学会了坚持。

在人的一生中，当成功到来之前，他必然会遭遇许多短暂的挫折，也许还有失败。当一个人被失败压倒时，最容易做到的且最合逻辑的事，莫过于放弃。大多数人都是这么做。

美国500多位知名成功人士曾告诉作者，在他们被失败压倒的地方，只要再跨出一步，便是他们的成功之处。失败是一个极具讽刺意味又极狡猾的歹徒，正当成功近在眼前之际，它以剥夺一个人的成功作为它最大的快乐。

坚持五角钱的教训

达比从大学得到学位之后不久，决定要从开金矿的经验中寻找利益，他的运气不坏，在一次偶发的事件中他证明了：别人说“不”，并不一定是不！

有一天下午，他正帮助他的伯伯在旧式的磨坊里磨麦子。他的伯伯经营一个大农场，农场里住着一些黑人佃农。门静静地打开了，一个黑人小孩走进来，站在门边。她是一个佃农的女儿。

伯伯抬起头看见了这个小女孩，粗鲁地对她吼道："你来做什么！"

女孩以微弱的声音回答："我妈说请你给她五角钱。"

"我不给，"伯伯回答说，"你现在就回去。"

"是的，主人。"孩子回答，但是她却站着不动。

伯伯继续做着他的工作，他太忙了，没有注意到孩子还没有离去。当他抬起头看见孩子仍然站在原地时，他对她大声吼叫："我叫你回家去！马上走，要不然我就请你吃板子。"

小女孩说："是的，主人。"但她还是站在那儿没有动。

伯伯放下他准备倒进漏斗的一袋麦子，拿起一块木板，开始朝小女孩走去，一脸怒气冲冲的样子。

达比吃了一惊，他知道这孩子要挨一顿毒打。因为他伯伯的火暴性子，他是知道的。

当他伯伯走近孩子站着的地方时，孩子向前跨了一步，正视着他，并且用尖锐的声音喊道："我妈一定要五角钱！"

伯伯这时停下来，注视她好一会儿，然后慢慢地将木板放到地上，手伸进口袋，掏出五角钱给了她。

孩子接下钱，慢慢退到门口，她的眼睛一直注视着刚刚被她征服的男子。她走后，伯伯坐在一只木箱上，眼睛望着窗外的天空，足足有10分钟之久。他正以一种敬畏的心情回想他刚才遭受的失败。

达比也在思考，在他的全部经验中，他还是第一次看见一个黑人孩子敢不慌不忙地对凶恶的主人这样，她是如何做到的？他的伯伯收起凶暴的性情，变成了一只温顺的羔羊，这又是什么原因？这小女孩用了什么神奇的力量改变了主人的态度？这些问题在达比的心头闪动，直到若干年后他才找到答案，之后他便对我讲述了这个故事。

令人不可思议的是，他在讲述这个不寻常的故事的时候，就是在这个古老的磨坊内——在他伯伯打了败仗的地方。

孩子的神奇力量

我们站在这个古老而发霉的磨坊中，达比又一次讲述了这个非同寻常的征服与被征服的故事。讲完后他问："你的看法是怎样的？这个孩子使用了什么神奇的力量，使我的伯伯彻头彻尾地被打败了？"

关于这个问题的答案，将在本书叙述的原则中展现。这个答案是非常有意义的。它足以使任何人了解和应用这个小女孩在紧急时刻得到的力量。

让心灵机警些，你便能观察出给予小女孩帮助的究竟是什么力量。在下一章里，你将看见这种力量。它可能会以一种独立的观念方式出现；也可能以一种计划或目的性出现。还有，它也许会促使你回想起过去种种失败或挫折的经历，并让你从中吸取教训，而这教训，足以让你赢得在过去失败中所损失的一切。

在我向达比解释了这个黑人小女孩无意中使用的这股力量之后，他立刻追忆起他担任人寿保险推销员13年的经验，并坦白地承认他在这一行业中的成功，很大程度上要归功于从这孩子的行为上得到的启示。

达比指出：每当遇到一个可能的客户想打发我走而不买保险时，我便看见那孩子站在古老的磨坊里，她的大眼睛放射出不屈不挠的光芒。于是我对自己说："我一定要做成这笔生意。"在我做的所有生意中，赢利最大的那些都是在人们说了"不"之后做成的。

他还回想到距黄金仅三尺而停止工作的错误，他说："但是那次经验使我因祸得福。它教导我，无论生意多么困难，都要继续坚持到底。我需要吸取这个教训，然后方能在事业上获得成功。"

这几则关于达比、他的伯伯、小女孩和金矿的故事，无疑会被成千上万以出售人寿保险为生的人读到，作者希望对他们强调一点：达比每年能够出售人寿保险达百万美元以上的能力，是受惠于这两则经验。

达比的经验是如此平凡而简单，但是这些经验含有对他一生命运的解答，所以对他而言，这些经验和他的生命同样重要。他受益于这两个戏剧性的经验，是因为他思考和分析了经验，并获得了教训。但是一个既没有时间又没有兴趣去研究失败以寻找可能导致成功的知识的人，则该当如何？他应该从何处以及如何去学习将失败转变为成功的技巧？

本书的写作目的就是要回答这些问题。

你只需要一个正确的观念

一个人要获得成功，所需要的只是一个正确的观念。

当你开始思考而财富也逐渐增加时，你会观察到财富的积累在于一种心态，一种明确的目的，再加上不懈努力。任何人，想必对于如何获得这种吸引财富的心态会感兴趣。我花费25年的时间对此进行了研究，因为我也想知道"人怎样才能拥有这种心态"。

你可留心一下，一旦你掌握了这一哲学的各项原则，并能开始遵照这些原则去行事之后，你的经济状况会开始改善，你所触及的每件事物都将变为对你有利的资产。不可能吗？不，绝对可能！

人类主要的弱点之一，就是一般人太熟悉“不可能”这个词，这是可悲的。这本书是为那些寻求成功法则，并且愿意以这些法则而孤注一掷的人写的。

有成功意识的人一定会成功。

轻易让自己变成失败意识者，就会失败。

我们的目标，是在于帮助所有寻求将失败意识变为成功意识的人，使他们获得他们所需要的技巧。

对大多数人而言，还有另一个共同的特点，即依照“他们自己的”印象和信念去衡量每件事和每个人。不少人相信他们不可能思考和获得财富，因为他们的思想习惯于贫穷、匮乏、悲惨、失败和挫折。

这是愚蠢的，简直是自毁前程。

我将获得我想到的

亨利·福特决定生产著名的V－8型引擎时，他计划要将8个汽缸铸造成一个整体引擎，并命令他的工程师们进行设计。设计图是画出来了，但是工程师们一致认为，要铸造一种8个汽缸组成的引擎是不可能的。

福特说：“无论如何也要设法生产出这种引擎。”

工程师们一致回答：“这是不可能的。”

福特命令说：“继续去做，直到你们获得成功为止，不管需要多少时间。”

这些工程师只好继续去做。如果他们想在福特公司工作，就别无选择。6个月过去了，没有任何成果。又6个月过去了，仍旧没有成果。工程师们试尽了各种可能的设计方案，以执行这一命令，但是这件事似乎毫无进展，而且根本不可能！

到年终时，福特向他的工程师们探询，他们再度告诉他，他们尚未找到执行他命令的方案。

“继续去做，”福特说，“我想要这种引擎，我一定要得到它。”

他们继续努力去做，于是，好像出了奇迹似的，制造秘诀被发现了。

福特的决心再次获得胜利！

这则故事的叙述，在细节上也许不够详尽准确，但是故事的实质内容却耐人寻味。凡是希望思考致富的人，如果能够细心推敲的话，都可从这则故事中推断出福特获得亿万财富的秘诀，根本用不着到远处去找，它就在你面前。

福特之所以成功，是因为他了解并运用了成功的原则。原则之一是欲望：知道你自己所要的是什么。在你阅读本书的时候，一定要记住这则福特故事，如果你能这样做，如果你能掌握使福特致富的这些原则，那么你就可以在你所从事的任何行业中，获得足可和福特相比的成就。

为何你是“你自己命运的主人”

诗人亨雷写下了含有哲学意味的一句话：“我是我命运的主宰；我是我灵魂的船长。”他是在告诉我们：我们是我们命运的主人，因为我们有能力控制我们的思想。

他也是在告诉我们，支配我们行动的思想竟能使我们的头脑磁化，这些“磁铁”为我们吸引来种种跟我们思想性质相一致的力量、人物与生活环境。

他还告诉我们，在我们能够积累大量财富之前，我们必须以强烈的致富欲望来磁化我们的头脑，我们必须形成“致富意识”，直到这种致富的欲望驱使人们创造了财富为止。

但是亨雷是一位诗人而不是一位哲学家，所以他用诗的方式表达一个伟大的真理，便已感到满足，但是我们没有满足！

能改变你命运的原则

现在我们准备讨论这些原则的第一条。保持一种谦虚的精神，并且你在阅读时要牢记：这些原则并非是某一个人发明的。这些原则曾使许多人成功，你可以利用它们，使其能为你自己的发展所用。

若干年前，我在西弗吉尼亚州沙伦大学的毕业典礼上发表演说。后来有位在美国总统府工作的青年给我写了一封信，他在信上对于下一章里所解释的原则十分明确地表达了他的意见，他写的是如此深刻而实在，因此我将它作为下文的引言：

亲爱的：

国会议员的工作，给了我一个洞察人性问题的机会。我写这封信是要提出一个建议，此建议对成千上万可敬的人或许有益。

那年，你在沙伦大学毕业典礼上发表演说，当时我是毕业班上的一个学生。那次演说，你在我心中培育了一个观念，我现在能有为本州人服务的机会当归功于这个观念，而且我将来如果有成就，大部分都将归功于这一观念。

回忆此事犹如昨日，你讲述了一个令人难以置信的方法，它使未曾受过学校教育、身无分文、没有权势和友人的亨利·福特跻身于崇高的地位。在你的演说未结束之前，我已下定决心，要为自己觅得一席之地，不管将来有多少困难。

今天和今后数年里，将有成千上万的青年人完成他们的学业。他们中的每个人都会寻找一种崇高的信念。他们一定希望知道从哪个方向、做些什么工作来开始他们的人生。你能够告诉他们，因为你已经帮助许许多多的人解决了难题。

今天，在美国有成千上万的人们都乐于知道他们如何能将观念转化为财富，并弥补他们过去的损失。这些人必须从起跑线开始，他们没有财产的支援，如果说有人能帮助他们的话，那么只有你能！

祝你更加幸福！

詹姆斯·鲁道夫

1957年，在我发表那次演说的35年之后，我又一次获得了到沙伦大学发表毕业演说的机会。就在这一次，我接受了沙伦大学荣誉文学博士的学位。

自那次演说后，我见证了詹姆斯·鲁道夫的步步高升，成为国家航空公司的执行总裁和西弗吉尼亚州选出的国会参议员。

人们心中所能想象和坚信的任何事物，均可实现。

思考致富第一步：欲望

欲望——

它是所有成就的出发点，

它是走向财富的第一步！

50年前，在新泽西州的奥伦芝，巴尼斯从货运列车上爬下来时，他的外表也许像一名无业游民，但是他却具有国王一样的思想！

在通过铁路走向爱迪生办公室的途中，他想象自己站在爱迪生的面前；他听见自己要求爱迪生给他一个机会，以实现他一生着了迷似的炽烈欲望——要做这位伟大发明家的商业伙伴。

巴尼斯的欲望并不只是一个希望，它不是一种祈求，它是一种强烈的、跳跃的欲望！它凌驾于一切之上，它是明确的。数年之后，巴尼斯再度站在爱迪生的面前，站在与爱迪生初次会面时的同一间办公室里，这一次他的欲望已经变为事实：他和爱迪生成为合作伙伴了。支配他一生的理想终于实现了。

巴尼斯的成功，是因为他选定了一个明确的目标，并以他的全部精力、意志力以及他的一切，去奔向这个目标。

破釜沉舟的人

在爱迪生的工作室工作5年之后，巴尼斯一直在寻求的机会才开始出现。除了巴尼斯自己，所有的人都认为他只不过是爱迪生事业齿轮上的一个齿而已。但是在巴尼斯自己的心中，从开始工作的第一天起，他无时无刻不认为自己是爱迪生的合作伙伴。

这是一件由明确欲望产生力量的明证。巴尼斯达到了目标，是因为他什么都不要，只要做爱迪生的合作伙伴。他构想出一套计划，借此计划达到了目的。他破釜沉舟地坚持着他的欲望，直到这欲望变成事实为止。

前往奥伦芝时，他没有对自己说：“我要劝说爱迪生随便给我一个工作。”他说的是：“我要见爱迪生，并且告诉他，我来是要做他事业上的伙伴的。”他没有说：“我要睁开眼睛注视着另一个机会，以防万一在爱迪生的企业中得不到我所要的工作。”他只告诉自己：“在这个世界中只有一样东西是我决心要得到的，那便是和爱迪生在事业上的合作。我要把我的整个前途投注在我的能力上，去获得我所要的东西。”

他不给自己留一点点后路。他必须成功，否则便是毁灭。

这就是巴尼斯成功的全部秘诀！

驱使我们获得财富的力量

很久以前，有一位伟大的统帅面临着这样一个情况：他要指挥军队对付兵力比他雄厚的强大敌人。他率领军队上船航行到目的地。下船后，他命令将装运军队的船只烧掉。在开始战斗前，他对部队训话：“各位看见船只已经烧掉了，这就是说，除非我们胜利，否则不可能活着离开这里。我们现在别无选择，我们要么胜利！要么毁灭！”

他们胜利了。

在任何事业中，每个赢得胜利的人，都必须烧掉他返回的船只，切断所有退路。只有这样做，他才会保持那种炽烈求胜的欲望，而这种欲望是成功的根本要素。

在芝加哥大火的第二天早晨，一大群商人站在斯台特街上，看着他们的店铺几乎化为了灰烬，然后集合在一起商量对策，是重建家园呢？还是迁离芝加哥到更有希望的地方重新做起？他们达成的决定是离开芝加哥，其中只有一人例外。

这位决定留下来的商人叫马歇尔·裴德，他指着他的商店的灰烬说：“各位，就在这个地点，我要建立世界上最大的商店，无论它被烧掉多少次。”

这几乎是一个世纪以前的事。这家商店早已重建起来，而且直到今天还竖立在那里。它那巍然的外形，正是其炽烈欲望所产生的意志力量的凝固，无疑这极具象征意义。对马歇尔·裴德而言，步他同行的后尘，原是非常容易的事。在生意难做，或前途看起来暗淡的时候，他们便打点行装，迁到比较容易发展的地方去。

马歇尔·裴德和其他商人之间的不同之处，特别值得注意。因为几乎所有成功者与失败者的区别，就是在这一点点上的不同。

每个人到了知道用钱的年龄时，都希望有钱。“祈求”不会带来财富，但是把“祈求”财富的心态变成坚定的意念，然后用计划明确的办法与手段去获得财富，并以永不言败的坚毅精神坚持这些计划，就会带来事业上的成功。

把欲望变成财富的六个步骤

把欲望转变为财富，有六个明确而切实的步骤：

一、你心里要确定你所企求的财富的目标数量，仅说“我要很多钱”是不够的，数目一定要明确（关于这种明确性，有一个心理上的理由，这在下一章将会讨论）。

二、为了达到你所企求的目标，你确定自己有决心付出什么代价（“不劳而获”的事情是没有的）。

三、确定一个具体的日期，你决心何时“拥有”你所企求的目标。

四、拟定一个实现你欲望的明确计划，并且不论你是否已有准备，要立即开始将计划付诸行动。

五、将你要得到的财富的目标数量、达到目标的期限以及为达到目标所愿付出的代价，以及如何取得这些财富的行动计划等，都简明扼要地写下来，并写一份督促自己的誓词类的声明。

六、每天把这份声明大声地读两遍，一遍在早晨起床后，一遍在晚上入睡前。在你读这份声明时，你要想象到、感觉到自己已经拥有了这笔财富。

这一点很重要，你必须遵照这六个步骤中所说明的指示去做。特别重要的是，你要遵守和奉行第六个步骤中的指示。你也许会抱怨说，在你未实际达到这一目标之前，你不可能看见你自己的成就和财富，但这正是“炽烈的欲望”能帮助你的地方。如果你真的十分强烈地希望拥有财富，进而使你的欲望变成了充满你大脑的意念，你将会相信你会得到它。

你能想象自己是百万富翁吗？

不了解人类心智活动的人，一定会认为这些指示不切实际。如果那些对这六个步骤持怀疑态度的人们知道，这是安德鲁·卡耐基所传给他们的信条，这也许会对他们有所帮助。卡耐基原是一个钢铁厂的普通工人，他出身卑微，由于使用了这些原则，获得了几亿元的财富。

假如人们知道上面所说的六个步骤是获得爱迪生赞同的法则，也许对人们会更有帮助。爱迪生认为这些是积累财富必不可少的步骤，也是达到任何目的的基本步骤。

这些步骤并不要求你“辛劳工作”，它们也不要求你牺牲，它们并不想把一个人变得可笑和荒唐。应用这些步骤，并不需要受过多么高深的教育，只要你有足够的想象力，就能成功地应用这六个步骤。这种想象力，能使一个人洞察和了解：财富的积累不能取决于机会或运气；所有积累了庞大财富的人，最初总是先拥有一些理想、希望、祈求、欲望和计划，然后才得到了财富。

伟大理想的力量

我们生存的世界已经发生了大变化，它需要新的观念、新的行为方式、新的领袖人物、新的发明、新的教学方法、新的市场推销方法、新的书籍、新的文字、新的电视节目、新的电影观念。在对这些新的与更好的事物需求背后有一种气质，一个人要成功，就必须具备它。这种气质便是“目标的明确性”，知道自己需要的是什么，而且有强烈的欲望去获得它。

期望积累财富的人们，应当记住：世界上真正的领袖人物，是那些在机会尚未诞生之前，就能够掌握那些不具体的、不可见的意念并能有效加以利用的人。他们将这些意念（或思想的冲动）转变为摩天大楼、城市、工厂以及能够使生活过得更为愉快的各种事物。

在你计划获得那些财富时，不要受别人影响而轻视梦想者。在这个巨变的世界中，你要赢得大的赌注，就必须把握昔日伟大拓荒者的精神。他们的梦想曾给我们的文化留下很多有价值的东西，他们的精神成为我们国家的精神——使你和我能够获得发展和表现才智的机会。

如果你渴望做的事是正当的，而且你对这件事深信不疑，那么就勇往直前地去做吧！去实现你的梦想！如果你遭遇到一时的失败，也不要在意别人说什么，因为别人或许并不知道每次失败都会带来同等的成功种子。

爱迪生梦想着能用电来照明，他就在他站立的地方开始将梦想付诸行动，虽然失败了一万次以上，他还是坚持他的梦想，直到他使梦想变成具体的事实。注重实践的梦想家不会轻言放弃！

维伦梦想能有一个联合的雪茄香烟店，他便将梦想转变为行动。现在美国城市中一些位置较好的街角处，都有一个“联合雪茄香烟店”。

莱特兄弟梦想着有一种会在空中飞行的机器。现在人们可在全世界看见它，这证明他们的梦想是真实的。

马可尼梦想能有一种利用电波传递信息的方法。现在这个世界上的每个电台与电视台都能证明他的梦想并非空中楼阁。但在当时，当马可尼宣布他发现了一个原理，根据这个原理，他能通过空中发出信息，而不必借助于电线或其他的物质时，他的友人竟将他看管起来，并送他到精神病院去检查。今天梦想家的境遇，比前人好得多了。

当代世界充满了机会，这是以往的梦想家们所没有的。

如何使梦想从发射台升起

怀有炽烈的欲望要去做一种人或做一件事，这就是梦想家起飞的出发点。梦想不会在冷漠、懒惰或缺乏进取精神的人的心中产生出来。

记住：有所成就的人，都有一个不幸的开始，经过了许多令人沮丧的奋斗与挫折，然后才能抵达成功。这些成功的人，他们生命的转折点都是在某种危急时刻来临。经由这种危机，他们才认识了另一个自己。

班扬是英国最佳文学作品之一《天路历程》的作者，他因对宗教问题有不同看法而被囚禁起来，在受尽苦难之后，写出了这本书。

名作家欧·亨利是在遭遇了巨大的不幸，被关进俄亥俄州哥伦布市的牢房之后，才发现自己在文学上具有很高的天赋。经过不幸的遭遇，他认识了他的“另一个自我”，并动用他的想象力重新解释生活。他发现自己竟是位优秀的作家，而不是可悲的罪犯和囚徒。

狄更斯年轻时，他的工作是在黑鞋油瓶上贴商标。他的初恋悲剧，渗透到他灵魂的深处，改变了他的人生，使他成为世界上真正伟大的作家之一。那次悲剧结束之后，首先有了《孤星血泪》，然后是一连串其他的作品，使读者们看到了一个丰富、美好的世界。

海伦·凯勒出生后不久便成为看不见的聋哑人。她虽然遭到了巨大的不幸，却在伟人的历史中写下了她的不可磨灭的名字。她的一生便可作为一个明证：除非你把失败当作理所当然的事实来接受，否则，人们永远不会被命运打败。

罗伯特·彭斯是一个目不识丁的乡下孩子，他经历了贫穷的煎熬，长大后又酗酒成性。然而，他没有继续沉沦下去，通过艰苦的学习，他学会了作诗。这个世界因此显得更美好，因为他在诗中表现了美丽的思想，拔除了人们心灵上的荆棘，植上了百合花。

贝多芬是聋子，弥尔顿是瞎子，但是他们的名字都能长久地流传，因为他们都有自己的梦想，并将他们的梦想转变为美丽的思想。

请牢记：将人生的目标定得很高，以及追求财富与幸福所需要的努力，决不会比接受悲惨与贫穷所需要的努力来得更多。下面这首诗正确地阐明了这个普通的真理：

我向人生索价，
人生多一分也不肯给。
当我已没有富余时，
到黄昏就不得不乞讨。
人生是一个真正于他而存在的雇主，
你所求的他都会给。
一旦你决定了多高报酬，
你就必须肩负多少工作。
我的工作是贱役，
但我又惊奇地发现了一个事实：
倘若我向人生索取高价，
人生也会乐于付给。

实现不可能的事

为了使本章达到我所预计的高潮，我愿介绍一位不寻常的人。我第一次看见他，是在他呱呱坠地几分钟之后。他来到这个世界上，头两侧没有带着耳朵。医生认为这孩子可能要终生聋哑。

我对医生的意见表示不服。我有这样做的权利，因为我是这孩子的父亲。内心深处我用沉默表示了我的不服。

在我心中，我相信我的儿子既会听得见也能说得出。如何才能办得到呢？我确信必定有一种办法，而且我知道会找到这种办法。我想起爱默生所说的话："伟大的自然之道，在教导我们有信心。我们只需要顺从就行了，这样我们每个人都会得到指引。只要谦恭地倾听，我们便会听见正确的信息。"

正确的信息——欲望？对，就是它！我的儿子不会聋哑，这是我最大的欲望。对于这个欲望，我从来没有过一秒钟的畏缩。

我该怎么办？我必须找到一种方法，将我炽烈的欲望移植到我儿子的心中，要找到一种不借助耳朵，而能将声音传达到他脑子里去的方法。

等到这孩子长大到可以和我合作时，我要将我的炽烈欲望填满他的心，让自然之道用它自己的方法，将这个欲望转化为事实。

我心中产生了所有这些想法，但是我没有告诉任何人。每天我对自己重申一次这个保证，绝不让我的儿子聋哑。

他渐渐长大了，开始注意到四周的环境，我们发现他有细微的听觉。当他长到了和普通孩子一样开始学步的时候，他并无学说话的任何迹象，但是我们能从他的行动上看出，他能稍微听见声音。这就是我所要知道的！我深信，只要他能够听，即使很细微，他就能发展出更大的听力。接着发生了一件事情，这件事带给了我希望，而且这件事的发生完全出乎我的意料。

一次偶然改变了人生

我们买了一架留声机。当我的儿子第一次听见它发出的音乐时，他高兴万分，立刻占有了这架留声机。有一次，他把一张唱片放了又放，竟达两小时之久。他站在留声机的面前，用牙齿咬着留声机外壳的边缘。这种习惯是他自己养成的，我们并不了解它有什么意义。直到许多年后我们才明白这种习惯的意义，因为当时我们还没有听说过“骨头传音”的原理。

他占有留声机后不久，我发现，在我的嘴唇抵住他头盖骨下方的乳突骨讲话时，他便能清楚地听到我的声音。

断定他能清楚地听见我的声音之后，我立即开始将能听能说的欲望转移到他的心里。不久，我便发现这孩子临睡时爱听故事，所以我开始编一些故事，旨在培养他的自信心、想象力，并能让他产生一种敏锐的欲望，渴望自己能够听，成为一个正常的人。

其中有一个特殊的故事，我每次在讲时，都要加一点新的戏剧性的色彩进去以示强调。我编这个故事的目的，是要在他的心中培植出一种思想，使他能想通他的缺陷并不是一种负担，而是一笔价值极大的资产。尽管我所阅读过的哲学书，都明白地指出每种缺陷都带有相等利益的种子，但是我必须承认，如何使这一缺陷变成资产，我当时还没有一条成熟的思路。

赢得新的世界

我总结了自己在教育孩子方面的经验，发现父母的爱心和鼓励与孩子的自信和乐观有着极大的关系。我告诉他，他比哥哥的处境更为有利，而这种有利反映在很多方面。例如，学校里的老师会发觉他没有耳朵，因此他们会给他特别的关怀，对他会特别的好。我还告诉他这样一个想法，当他长大可做报童时（他的哥哥已是一名报童），会比他的哥哥大为有利，因为人们看见他虽然没有耳朵，却是一个聪明勤快的孩子，在买他的报纸时会给他一些额外的小费。

大约长到7岁时，他第一次显示出成功的迹象，我们在他内心所下的功夫正在开花结果。

一连几个月，他一直在要求我们让他去卖报纸，但是他的母亲不肯答应。最后他决心自己来做这件事。有一天下午，当只有他与仆人留在家里时，他偷偷从厨房的窗户爬出去，跳到地上，自己闯天下去了。他向街边的鞋匠借了六分钱，投资在报纸上，卖出后再投资。他这样反复地买和卖，直到黄昏，他还清了借来的六分钱，计算一下余额，还净得了四角二分。那天晚上我们回家时，发现他已入睡，手里紧紧地捏着刚赚来的钱。

他母亲拉开他的手，拿走了钱，就忍不住开始哭了起来。这是不应该的，做母亲的为了儿子生平的第一次胜利而哭起来是不应该的。我的反应恰好相反，我高兴得哈哈大笑，因为我知道我在孩子心中努力培植的信心，已经获得成功了。

关于这孩子的第一次买卖，他母亲所看到的只是一个耳聋的孩子为了赚钱，跑到街上去冒的险。我所见到的却是一个勇敢、有抱负、充满自信的小商人。他的信心已经倍增，因为他靠自己主动做起生意，并且成功了。这件事使我高兴，因为我借此已证明了他有充分的能力，能独立度过他的一生。

听得见的聋小孩

这个耳聋的小男孩一级一级地升学，从小学、初中、高中到大学，他听不见老师的话，除非老师在他面前大声吼叫。他没有进入聋哑学校。我们不愿他学习手语。我们觉得他应当过正常人的生活，和正常的孩子交友。我们一直坚持这个决定，虽然因此与学校的职员发生过几次激烈的争辩。

他在读高中时，曾试过电子助听器，但是那对他没有什么帮助。

他在大学学习的最后一周，发生了一件事，这件事也是他一生中最重要的转折点。在一个偶然的机会里，他得到了另外一台电子助听器，是别人送给他试用的。他对于试用并不热心，因为类似的东西曾使他失望。后来他拿起这个助听器，漫不经心地套在头上并把电池接上。啊，上帝！好像魔术似的，他一生所渴望的获得正常听觉的愿望，竟变成了现实！在他的一生当中，这是第一次他的听觉和任何正常的人几乎完全一样。

这个助听器改变了他的世界，大喜之下，他急忙跑到电话机前和他母亲通话，而且完全听清了她的声音。第二天他清楚地听到讲课的教授们的声音，这是他生命中的第一次！生平中第一次和他人自由交谈，而不需要他人大声讲话。真的，他的世界从此改变了。

欲望已开始有红利了，但是全胜尚未到来。这孩子仍然需要去找到一种明确而实际的方法，把他的缺陷转变成相等的资产。

产生奇迹的思想

开始时，儿子并不十分理解此事的意义，但是他为刚刚发现的声音世界而陶醉在快乐中。因此，他写了一封信给助听器的制造商，很兴奋地叙述了他的体验。儿子的热烈情绪感动了这家公司，使得这家公司邀请他到纽约去。到纽约后，有人陪同他参观整个工厂，主任工程师向他说明他新发现的世界。这时一种预感、一个念头，或一种灵感——你称它什么都可以——闪过他的心头。正是这个思想的冲动使他将自己的缺陷转化为资产，获得了一笔钱，并给千百万人带来快乐。

这一思想冲动的内容大概是这样的：他突然想起，如果他能找到一种方法，将他获得的新世界的故事，讲给得不到助听器帮助的几百万聋哑人听，也许能对他们有所帮助。

他用整整一个月的时间，进行了积极的研究。在此期间，他分析了这家助听器制造商的整个市场推销制度，并设计了与全世界各地聋哑人的通信方法，目的是与他们分享他新近发现的改变了的世界。这件工作完成后，他依据自己的发现，草拟了一个两年计划。其后当他将计划向公司提出时，立即获得了一份工作，使他能真正实现他的抱负。

当他前去工作时，他没有想到这会给千万聋哑人带来的希望和帮助，他们如无他的帮助，将永远听不到声音。

我心中非常明白，如果他母亲和我没有努力去塑造他的思想，那么终其一生他将只是个普通的聋哑人。

当我在他心里培植能听、能讲、能和正常人一样生活的欲望时，这一欲望给予他一种奇妙的影响力，这种影响力很自然地成为一座桥梁，沟通了他的头脑与外面世界之间那条寂静的、无声的鸿沟。

诚然，把炽烈的欲望变为现实，所经历的路程是曲折的。他的欲望是能获得正常听觉，现在他真的拥有了！他出生时的这种缺陷很可能使没有明确欲望的人，拿一支铅笔和一只铁皮杯子到街头上去乞讨。

在他小时候，为了使他相信他的缺陷将成为一笔大资产，而且他可以利用这笔资产，我曾在他心中种植了一些“善意的谎言”，这个谎言现在已证明是正确的。这里有一个永恒的定理：信心加上炽烈的欲望，没有任何事情不能实现。这些东西是任何人都可以免费获得的。

精神的神奇作用

在关于舒曼·汉克夫人的一则新闻报道中有一小段的叙述，对这位女士如何成为成就非凡的歌唱家提供了一条线索。我现在把这一段引述下来，因为这一线索所包含的仅仅是一个欲望。

在她事业的初期，舒曼·汉克夫人去拜会维也纳宫廷歌剧团的乐队指挥，请他试听她的嗓音，却被拒绝了。乐队指挥对这位局促不安、衣着朴素的女孩瞅了一眼之后，不太客气地说：“凭你这张脸和全无性格的样子，你怎么能期望在歌剧中成功？我的好女孩，还是死了这个念头吧！回去买一架缝纫机，开始你的工作。你永远不可能成为一位歌唱家。”

“永远”是一段极长的时间！这位维也纳宫廷歌剧团的指挥知道许多唱歌的技巧，但他不知道对欲望坚持不懈时的那股力量。如果他对这种力量稍有了解，便不会犯下不给天才一个机会而轻率加以斥责的错误。

几年前，我的一位同事病了。随着病情愈来愈严重，他被送到医院去做手术。医生告诉我，他活下去的机会极为渺茫。但这是医生的意见，并不是我同事的意见。就在被推走时，他以微弱的声音说：“放心吧，我在这儿住几天就会出去的。”在旁边照顾他的护士以同情的目光看着我。但是后来病人真的平安地度过了死亡线。这一切过后，他的医生说：“那是他自己求生的欲望救了他。如果不是拒绝接受死亡之神的召唤，他是过不了这一关的。”

我深信以信心支持欲望的这种力量，因为我曾见过这种力量使出身卑微的人爬到了财富的顶峰；我曾见过它使人起死回生；我曾见过它成为人们几百次失败后东山再起的源泉；我曾见过它给我儿子带来正常、愉快、成功的人生，虽然他来到世上时，造物者未曾给他听觉。

凭借内心深处所产生的奇异而不可测的强大力量，你会产生对“某些事物”的强烈欲望。在这种欲望的冲击下，你绝不要承认“不可能”这类字眼，也绝不要把失败当作事实来接受。

除非我们承认它有限度，
否则，意志的力量是无限的！
贫穷与富有，
都是思想的产物。
向生命要求的愈多，
生命带给你的也愈丰富！

思考致富第二步：信心

信心——

想象和相信欲望的实现，

这是走向财富的第二步！

信心可以让思想充满力量，你可以在强有力的自信心的驱策下，把自己提升到无限的高度。

信心是心智的催化剂。当信心与思想结合时，潜意识中心灵便立即接收到震波，然后将震波转化为精神的对等物，再将精神的对等物传达给“无穷的智慧”。

在所有重要的积极情绪中，信心、爱和性的情绪最为强烈。当这三种情绪结合时，它们便具有将思想“染色”的作用，使之立即影响潜意识的意志，并将其变成精神，为诱导无穷的智慧而激起了无穷真实地反应。

如何培养信心

下面的一段话，将使你更清楚地了解欲望转化为物质之际，自我暗示的原则是多么的重要。这段话是：信心是一种心态，这种心态通过自我暗示的原则，对潜意识的心智给予肯定与反复的提示即可产生。

在你熟悉了本部分的13个原则之后，你便可以随意地培养出这种信心的心态，因为它是经由这些原则的应用后，可以自动产生的一种心态。

对你潜意识的心智，反复而肯定地下达命令，这是促使信心自动发展的唯一途径。

以下所述也许有助于你对其意义的了解。一位著名的犯罪学家曾这样说：“当人们初次与罪行接触时，他们是恐惧罪行的。如果他们继续和罪行接触一段时期，他们便对罪行习惯了，并开始容忍罪行。如果他们与罪行接触的时间更长，他们最后就会去拥抱罪行，并被罪行所左右。”

这等于说，无论何种思想冲动，如果反复地传达给潜意识心智，最后就会被它所接受，并被这种思想影响。

我们再思考一下这样的说法：所有已经情绪化的思想（即感情）与信心结合之后，便立即开始将它们转化为有形的物质对等物。

各种各样的情绪，思想的“感情”部分，是给予思想以活力、生命和行动的因素。当信心、爱和性的情绪与思想的冲动结合起来时，它所产生的行动之强，是任何一种单独的情绪所不能比拟的。

信心是可以由自我暗示产生的心态

在过去的年代里，宗教家们一直劝告在痛苦中挣扎的人们对这要有信心，对那要有信心，但是上帝没有告诉人们如何产生信心，也没有说明：“信心是可以由自我暗示获得的一种心态。”

我们可以用任何正常人都了解的语言，来说明我们所共知的这种自我暗示原则。力行这些原则，可以在没有信心的情形下培养出信心来。

对自己有信心，对未来有信心。

在我们开始前，应当再提醒大家：

信心是“永恒的特效药”，它赋予思想以生命、力量和行动。

前述这句话，值得读两遍、三遍、四遍，更值得大声读出来！

信心是我们获得财富的出发点！

信心是所有奇迹的基础，是所有不能用科学法则加以分析的神秘事物的基础。

信心是唯一已知的失败的解药。

信心能把人们有限的心智所产生的普通思想转变为精神力量。

信心是唯一的媒介，依据这个媒介人们能够控制和利用无穷的智慧所产生的巨大力量。

自我暗示的魔力

要证明自我暗示的魔力是很简单的，而且也是易于解释的，它就包含在自我暗示的原则中。所以让我们把注意力放在自我暗示这个题目上，看它究竟是什么，它能够完成什么。

一个众所周知的事实是：一个人对自己反复诉说一件事时，他最后会相信这件事，无论说的是真是假。如果一个人反复地诉说谎言，他最后会把自己的谎言当真，甚至于他会相信他的谎言本来就是事实。每个人都不一样，这是因为人们允许占有他心智的思想各异的缘故。

人会有意识地把某种思想置于心头，并以同情的心态来鼓励这些思想。当这种思想与任何一种或多种情绪结合时，就会变成推动力，可以直接控制人的每一个行动！

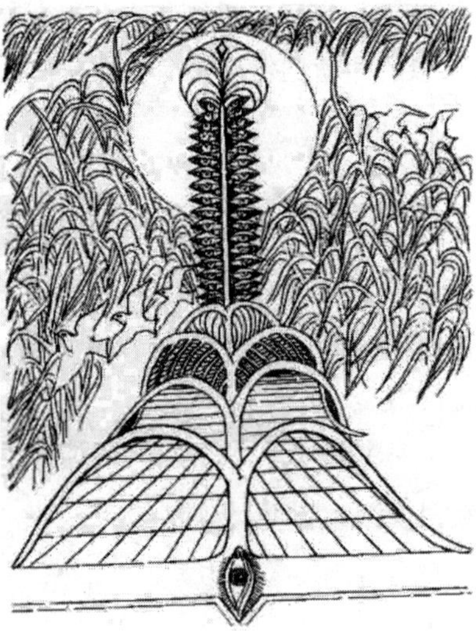

现在，把一个极重要的事实原则说明如下：

思想与任何一种情绪的感情结合时，将会形成一种“磁性”力量，这种力量能吸引其他类似的或相关的思想。

这种经过情绪“磁化”的思想，好比一颗种子，当它培植在肥沃的土壤中时，会发芽、成长并且不断地繁衍，直到原先那颗小小的种子变成了数不尽的同样的种子。

人类的心智是不断吸收的震波，它能主宰思想，也能与思想调和。一个人原有的思想、观念、计划或目标，能够吸引许多与它有关系的东西，并将这些东西加到自己身上，不断成长，直到变成助它成功的力量。

人最大弱点是缺乏自信，但这个弱点是能够克服的。你可以依靠自我暗示的原则，将畏缩转化为勇气。这个原则的应用，可以用十分简单的安排来完成：把你积极的思想冲动写下来，并加以朗读记忆，反复背诵，直到它成为你脑子里潜意识能力中的一部分。

获得自信的五个步骤

一、我知道，在我的一生中，我有能力达到我一生中所确定的主要目标，所以我要求自己坚持下去，继续努力，向达到目标之路前进。我现在就保证一定会采取这样的行动。

二、我确信我心里的支配性思想终究会自行表现出来，变成实际的行动，并逐渐化成有形物质的事实。因此我决定每天集中思想30分钟，思考我决意要做什么样的人，从而在我的心目中创造一个清晰的精神形象。

三、我知道，依靠自我暗示的原则，我一再坚持的任何欲望最终必定能够实现。因此，我决意每天用10分钟的时间来培养自信心。

四、我已写下一篇声明，记录了我一生中所确定的主要目标。我绝不停止努力，直到成功。

五、我充分认识到财富与地位都不可能持久，除非它们建立在真理与正义之上，因此我决不采取任何损人利己的行为。我要发挥自己的吸引力，争取别人的合作；我要以乐于为别人服务的精神，吸引其他人为我服务。我要以爱来消除憎恨、忌妒、自私和怀疑，因为对别人持排斥的态度绝不能为我带来成功。我要促使别人相信我，因为我相信他们，也相信我自己。

我会在这个声明上签上我的名字，将它记在脑海里，每天大声地念一遍。我有充分的信心，让这声明逐渐地影响我的思想和行动，因而我会变成一个自信而成功的人。

这五个成功步骤的背后，有一个自然法则。人们给这个法则以什么命名是无关紧要的，重要的是对它加以积极地利用，则有助于成功；反之，如果加以反面或消极的利用，它亦会产生破坏性的后果。

消极思想的灾难

潜意识心智是不会区别什么是积极的思想冲动，什么是消极的思想冲动。我们给它的是什么材料，它就做什么。潜意识心智会将受恐惧驱使的思想转变为事实，也会将受勇气与信心驱使的思想转变为事实。

这就好像电流，如果正确利用，它可使工业的轮子转动；如果使用不当，它可毁灭生命。自我暗示的法则也是如此，它可使你得到幸福和财富，也可使你步入悲惨、失败与死亡的深渊。

如果你的心里充满了恐惧与怀疑，并且不相信你有能力去改变世界，那么自我暗示就会接收你这种缺乏信心的精神，使你一蹶不振，长期困窘不堪。

就像风一样，将一艘船吹向这边，将另一艘船吹向那边。自我暗示的法则会使你成功，也会使你失败，这就要看你如何扬起“思想之帆”。任何人遵从自我暗示的法则，都可获得自己想象中的最高成就。对此，有首诗这样描写：

如果你认为被击败了，
那你必定被击败。

如果你认为不敢，
那你必然不敢。
如果你想胜利，
但你认为你不可能获胜，
那么你就不可能得到胜利。
如果你认为你会失败，
那你就已经失败。
因为在这个世界里，
成功是从一个人的意志开始的，
而意志则全靠精神。
如果你认为你比别人优越，
那么你就一定比别人**优越**。
在你得到奖励之前，
你必须对自己有**自信**。
人生的战斗，并不是始终有利于较强的一方，
但**最终的胜利**是属于
认为自己有力量的人。

请注意那些加黑的字句，你便会懂得诗人心中的含意。

在你脑子里酣睡的是天才

在你天性中的某个地方，成就的种子在熟睡。如果将它唤醒并使之行动，它便会带你到达从未到达的高峰。

就像一位音乐家使最美妙的乐章从提琴的弦上流出那样，你也可以唤醒在你脑子里熟睡的天才，驱使它向前，达到你所希望的任何目标。

林肯在四十岁前所尝试的每种事业均遭到失败，他不知何去何从，直到他接受了生命中一次伟大的实验，才唤醒了他心中熟睡的天才。那次经验糅合了悲伤与爱欲的情绪，这是他唯一真正爱过的女人给他带来的。

爱的情绪与信心的心态极为相近，因此爱非常容易将一种具体的思想冲动转变为同等的精神力量。作者在研究中发现，在几百位有卓越成就的人士背后都有一段美好的爱情在影响着他们。

如果你想知道信心产生力量的证据，列在首位的就是耶稣。基督教的基础是信心，虽然许多人颠倒或误解了信心的深刻含义。

基督教的教义与成就被大多数人理解为奇迹，但实际上它就是信心。如果真有奇迹，则奇迹只有通过信心才能产生！

让我们来看一看信心的力量有多么伟大。大家都熟悉的印度的圣雄甘地就是一个很好的例子。他让世界上文明社会中的人知道了信心能够完成多么令人震惊的事。甘地当时所拥有的力量，并不多于同时代的任何人。他并没有任何正统的力量做工具，诸如钱财、军队和战争物资。事实上，他身无分文，没有家室，甚至连一套像样的衣服都没有，但是他拥有巨大的力量。这种力量他是如何得到的呢？他是从信心中得到的。并且，他把这种信心移植到了两亿人民的心里。

甘地所完成的惊人事业是：他影响了两亿人的心，并使他们团结起来采取一致的行动。除了信心之外，世界上还能有其他力量能造就如此巨大的成就吗？

一个观念创造了巨富

经商需要信心与合作。在这里我举一个实例加以分析，让人们更能了解积累巨大财富的企业家所使用的是先给后取的方法。

此事发生于1900年，当时巨大的美国钢铁公司正在组建中。在你读这则故事时，你要记住一些基本事实，你将会了解意念（信心）如何变成了巨大的财富。

如果你也是常常在想巨大的财富是如何积累的，这则美国钢铁公司创建的故事定能给你启示。

如果你对思考致富一事仍在怀疑的话，这则故事可驱散你的疑惑。下面你即可看到本部分陈述的各项原则，大都已被应用。

宴后一次演说，价值6亿美元

1900年12月12日晚上，约有80位美国金融界大亨聚集在纽约第五大街上的大学俱乐部的会议厅里，为来自西部的一位年轻人接风。当时的来宾中，有半数以上的人不知道他们会见证美国工业史上将发生的最重要的一幕。

爱德华·西蒙斯与查理·史密斯两人安排了这次晚宴，将38岁的钢铁业开拓者史怀博介绍给东部的银行界。但是他们怎么也料想不到史怀博会使所有来宾都感到震惊。事实上，他们两人曾警告他，这些纽约绅士气十足的人物，对于雄辩的演说，心里不会起什么反应。如果他不想使史蒂曼、哈里曼、凡德比尔等人厌烦，最好说有礼貌的客套话，时间限于15

至20分钟，点到为止。坐在史怀博右边的约翰·摩根，那俨如皇帝般的尊严，给全场气氛一种极大的压迫，看样子他准备坐一下就走，新闻界也没把这次宴会当作一回事，更没有打算第二天在报纸上报道此事。

因此，两位东道主与他们的贵宾就静静地连续吃完了通常的七八道菜。宴会中很少有人谈话，即使有一些人谈话也是随意的。这些银行家与经纪人中很少有人见过史怀博，对他的为人也不清楚。但是宴席未结束，所有在场的人，包括财神摩根在内，均被史怀博所折服，而10亿美元的婴儿——美国钢铁公司——也就在这时孕育了。

史怀博在宴会上发表的演说未曾被记录下来，这对历史也许是一个遗憾。但是除此之外，对所有参会者和他们所代表的50亿美元资本来说，这次演说产生了如同电击似的力量和影响。宴会结束后，听讲的人依然像着了迷似的，尽管史怀博的演说长达90分钟。事后，摩根把这位演说者引至窗户旁边，两人一起坐在不太舒适的高椅上，跷着腿，又长谈了一个小时。

史怀博有着强大的性格魅力，更为重要的是，他为扩大钢铁业所提出的计划非常诱人且切实可行。许多人曾经试图以饼干、钢丝与铁圈、糖、威士忌、石油等制造业联合经营的方式，来说服摩根组成一个钢铁托拉斯。其中，有商场大赌徒之称的约翰·盖兹就曾经劝他这样做，但是摩根不信任他；组成一个火柴托拉斯和一家饼干公司的芝加哥股票经纪人摩尔兄弟——比尔和吉姆，也曾向摩根进言，但未成功；大律师艾尔伯特·加利也曾努力过，但是他人微言轻，根本没有给摩根留下一点儿印象。直到史怀博的演说，终于把摩根带到这个最大胆的并能使金融业与钢铁业都大步发展的计划之前。在此面前，人们始终认为这个计划是想发横财的狂想家在说梦话。

一个世纪以来，金融的磁力吸引了成千上万管理不善的小型公司与大型公司合并，这是商业海盗约翰·盖兹一手设计的，他合并了一连串的小公司，并联合摩根的公司，组成了联邦钢铁公司。

但是比起由53家合伙人所共同组成、以卡耐基为首的庞大托拉斯，所有其他公司的联合组织都显得微不足道。不管它们如何尽心地合并，即使是它们的全体加起来，也伤不了卡耐基庞大托拉斯的一根毫毛，这摩根是知道的。

那个神经敏感的苏格兰老人也知道。他看见了摩根的那些小公司企图抢走他的生意，起初他觉得有趣，后来他感到憎恶。当摩根竟猖狂地企图侵入他的钢铁事业时，卡耐基开始愤怒了，并采取了报复的手段。他决定，他的对手有什么生意，他也要做什么生意。在此之前，他对铁丝、铁管和铁皮等是毫无兴趣的，他只是出售钢材原料给这些公司，无论它们制造什么，他全然不管。现在有史怀博做他的得力助手，他计划要让他的对手走投无路。

另一方面，摩根也因此从史怀博的演说中看出了他的联合公司问题的答案。没有卡耐基——最大的巨人——参加的托拉斯，便称不上托拉斯，正如一位作家所说，这是一种没有李子的李子布丁。

1900年12月12日夜晚史怀博的演说虽未提出保证，但无疑带来了这样一种暗示：庞大的卡耐基企业，也可使其归于摩根旗下。他谈到了世界钢铁工业的远景、更新组织以提高效率、从事专业化经营、淘汰不赚钱的工厂、集中力量充实财产、矿物运输的节约、减少浪费、节约行政部门的开支以及争取国外市场，等等。

此外，史怀博还告诉这些大亨们，在他们习以为常的赚钱方式中有若干错误。他说他们一直在制造垄断，提高价格，因自己的特权而得到极肥的红利。史怀博激愤地指责这种制度。他告诉他的听众，处于每样东西都要求扩张的时代，这种政策的短视，无疑将阻碍市场的扩展。史怀博声称，用降低成本的办法便会创造出不断扩张的市场；依据设计，使钢铁有更多的用途，便可把世界贸易的一大部分抢过来。虽然史怀博当时还不知道什么叫现代化的大生产，但毫无疑问，他是这一种新型的经营方式的先锋。

大学俱乐部的宴席散了。摩根回去思索着史怀博预言中的美丽远景；史怀博则回到匹兹堡，去为卡耐基经营钢铁生意；而加利与其他的人则回到股票报价机前，计划下一步的交易行动。

摩根花了一周的时间消化了史怀博的丰盛的理论之餐。当他确信不会发生金融上消化不良的后果时，他邀请史怀博见面，发现这位年轻人有些畏缩。史怀博表示，如果卡耐基发现他所信任的公司总经理，一直在向华尔街的“皇帝”频送秋波，也许会不高兴。卡耐基本人是永不踏上华尔街的。于是中间人约翰·盖兹提议：如果史怀博“凑巧”在费城的贝利旅馆的话，摩根也可能“凑巧”在那儿。但是当史怀博赶到时，摩根却因在纽约的寓所中生病未到。在摩根诚恳的邀请下，史怀博前往纽约，出现在摩根的书房门口。

现在的某些经济史学家们声称，相信这幕戏自始至终是由卡耐基导演的。那次招待史怀博的晚宴、著名的演说、星期日夜里史怀博与摩根的会谈，均是由这个狡猾的苏格兰人安排的。然而事实却恰好相反。当史怀博被召去纽约谈这笔交易时，史怀博根本还不知道他的主人——卡耐基——是否会听从出售公司的提议，尤其是出售给摩根。但是史怀博与摩根会谈时，确是带着六张铜版纸，上面是史怀博亲手写的各种数字，是他对每个钢铁公司的实际价值和可能的获利能力的估计，他认为每个公司都是新组成的钢铁王国中不可少的重要部分。

四个人通宵研究了这些数字。当然主要是摩根，他是坚决相信金钱有审判权利的人。和摩根一起的是他的伙伴罗伯特·培根，那是一位学者和绅士。第三位是约翰·盖兹，是摩根所瞧不起的赌徒，被作为工具利用。还有就是史怀博，他对于钢铁的生产与销售的知识，比当时活着的任何一群人知道的总和还多。会议自始至终不曾怀疑史怀博提出的数字。如果史怀博说某公司值多少钱，那么就一定值多少钱。史怀博亦坚持，只有他提名的公司，方可列入合并后的公司中。他甚至不准许贪婪的友人将其自身公司的担子卸到摩根的肩上。

黎明时，摩根站起来伸直腰杆，仅有一个问题尚待解决。

摩根问："你认为你能说服卡耐基出售他的企业吗？"

史怀博说："我可以试试。"

摩根说："如果你能使他出售，我便接受这笔交易。"

事情到此算顺利。但是卡耐基会出售吗？他会要求多高的价钱（史怀博认为约3.2亿美元）？他会接受什么支付办法？普通股还是优先股？公债？现金？没有人能筹足3亿多美元的现金。

一个月后的一天，在韦斯契斯特结霜的草地上，有一场高尔夫球赛。卡耐基穿着厚厚的运动衫，缩作一团以抵御寒冷。史怀博则如往常，高声谈话，以振作精神，但是对于生意则一字不提。直到两人在卡纳斯的温暖舒适的小屋中坐下之后，史怀博才以在大学俱乐部催眠80位百万富翁的说服力，谈起在舒适的环境中度过退休生活的乐趣，以及手里拥有大把的美元任老人在社交中随意挥霍的安逸。卡耐基投降了，他取过一片纸，写上一个数字递给史怀博说："好的，就以这个价钱出售。"

数字是将近4亿美元，是以史怀博的3.2亿美元为基数，再加上过去两年间的资本增值8000万美元。

后来，在横渡大西洋轮船的甲板上，卡耐基"悲伤"地对摩根说："我当时应多向你索要1亿美元。"

摩根愉快地回答："如果你多要，你也得到了。"

当然，大家是哄堂大笑。一位英国记者发出消息说，外国钢铁界对如此巨大的合并“大为吃惊”。耶鲁大学校长哈特莱宣称，除非将托拉斯加以管制，否则“今后25年内，华盛顿也许会出现一位皇帝”。能干的股票操纵者基恩，已着手将新股票推销上市，而且一开始就劲道十足，所有的虚股——估计6亿美元——于瞬间售出。卡耐基取得了他的售价，摩根团体因这一次“劳神”而获利6200万美元，其他的伙计们，从盖兹到加利，也得到了几百万美元。

38岁的史怀博亦得到了酬劳。他担任了新公司的总经理，并继续控制该公司，直到1930年。

财富开始于思想

朋友，你刚读完的这则由大企业所产生的戏剧性的故事，是欲望能变为相等的有形物质的最佳说明。

这个庞大的组织，是在一个人的心里创造出来的。他的信心、他的欲望、他的想象力以及他的毅力，是投入美国钢铁公司的无价之宝。这个公司合法成立后，所得到的钢厂与机器装备还是次要的事，重要的是经过细心分析之后所显示的事实：仅仅将各个工厂结合而置于统一管理之下的这项措施，就使这些工厂财产的价值增加了约6亿美元。

换言之，史怀博的这个观念，以及他传达到摩根及其他人心里的信心，价值6亿美元。一笔交易有此利润，可真不是个小数!

美国钢铁公司飞黄腾达了，并成为有史以来美国最富有与最强大的公司之一。它雇用了成千上万的员工，发展了新的钢铁用途，开拓了新的市场，由此可以证明史怀博的创意所产生的6亿美元利润实在是赚来的。

财富开始于思想!

获取财富仅有的限制，是一个人心里的思想活动。只有信心可以扫除这一限制！当你准备和人做买卖时，无论你开出多高的价钱，千万要记住都是经由这一点而成功的。

思考致富第三步：自我暗示

自我暗示——

它是影响潜意识的媒介，

这是走向财富的第三步！

要想获得惊人的成就必须开发你的潜能。

所有为自我提供的刺激，一旦进入了人的内心世界，都可称之为自我暗示。自我暗示是思想意识与外部行动两者之间沟通的媒介。

根据大自然的法则，人类拥有一种控制力，这种控制力能够通过身体行动而获得潜意识心智中的物质，但是，这并不能解释为所有人都能运用这种控制力。绝大多数情况下，人并不运用这种控制力，这是许多人贫困的原因。

有人曾经说过，潜意识心智就像花园中一块肥沃的土地，如果不在上面播下希望的种子，就只会杂草丛生。自我暗示便是一种控制力的媒介，经过这一媒介，一个人可以自动地用创造的思想去滋养潜意识。

看见和感觉你手中拥有财富

在你开始实行本部分第二章中所描述的六个步骤的时候，利用专注的原则将是必要的。

我们在这里提出几项建议，以期指导你能有效地利用专注这一原则。当你开始实施六个步骤中的第一步时，请将你的注意力固定在这个目标上，直到闭上眼睛，你能够实际上看到那些金钱出现为止。每天至少这样做一次。你在做练习时，必须按照“信心”那一章的原则，让你自己确实看到你拥有那些金钱。

重要的事实是，潜意识接受在坚强信心下所给它的任何命令，然后根据这些命令行动，虽然这些命令必须再三反复地下达。依照前面的陈述，你可以对你的潜意识使用“诡计”，“因为你相信”，所以让你的潜意识相信你必定会得到你所想象的财富，这笔财富已在等待着你去取。这样，你的潜意识一定会向你提出获得这笔财富的实际计划。

不要等待，而应立即看见你已经拥有了这些财富。与此同时，你的潜意识必须向你提供可行的一项或多项计划。当这些计划出现时，它们很可能凭借“第六感”，像灵感似的在你的心头闪过。要尊重这种灵感，并在出现这种灵感后，立即采取行动。

还需注意的是：当你在实施将欲望转变成财富的计划时，切不可相信你的“理性”。因为你的推理能力也许是疏懒的，如果完全依赖它，它也许会让你失望。

当你闭着眼睛想象你决意要积累的财富时，一定要知道你自己所提供的服务，或者你决意换取这笔财富所需付出的代价，这是极为重要的！

刺激你的潜意识的六个步骤

在本部分第二章中有关于六个步骤的指示，现在加以精练，并与本章所包含的各项原则结合如下：

一、找一个僻静的地点，夜间则不妨在床上，闭上你的眼睛，反复地高声说出——能够让自己听见——你决意积累的财富数目、积累的期限以及为交换这笔财富而决意付出代价的书面声明。当你实行这些指示时，你仿佛看见自己已拥有了这些财富。

例如：假如你决定在5年后的某日积累到5万美元，并且为了得到这笔钱，你决心以推销员的方式来提供个人的服务。你的书面声明则应当大致如下：

到×年×月×日，我将拥有5万美元，这笔钱是在这段时期里积累而成。

为获得这笔钱，我决心提供我能力范围内的最佳服务。

我相信我一定会拥有这笔钱。我的信心是如此强烈，我现在就已能看见这笔财富了。这笔钱现在正等待着我，在我提供换取这笔财富的服务之时，会依照比例移交于我。我在等待着一项计划，凭此计划以积累这笔财富。当这计划来到时，我将立即采取行动。

二、每天早晨和晚上，反复地背诵这一声明，直到在你的想象中看见这笔你一心想获得的金钱为止。

三、将你的书面声明，放一份在你晚上与早晨都能够看见的地方。

请记住：你在执行这些指示时，你是在应用自我暗示的原则，目的在给你的潜意识下达命令。同时还要牢记的是，你的潜意识只有在接受情感化的指示，并在充满“激情”之时，它方能依照指示行动。在所有的情感中，信心是最强烈的一种，而且所获得的成果也最大。

开始时，这些指示也许好像是抽象的，但不要为此烦恼。无论它们开始时是多么抽象或不切实际，还是要依照这些指示去做。如果你能这样去做的话，用不了多久，一个全新的充满活力的世界，将在你的精神上和行动上表现出来。

每个逆境，
每次失败，
和每种烦恼，
都带有等价或更大利益的种子。

思考致富第四步：专业知识

专业知识——

个人的经验与观察，

这是走向财富的第四步！

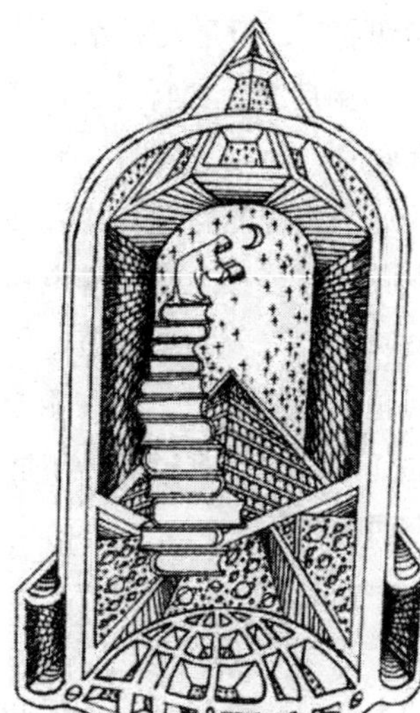

知识有两种：一种是一般的知识，另一种是专业知识。一般的知识虽然广泛且种类繁多，但是对于积累财富并没有多少用处。著名大学里的教授们拥有各种知识，但大多数的教授都没有多少钱，因为他们专精于传授知识，而不擅长于组织或利用知识。

知识本身并不能创造财富，除非将知识加以组织和运用，并通过行动计划，去达到积累财富的明确目的。数以百万计的人误解了“知识就是力量”。知识就是力量，这只是说，知识是“潜在的”力量。只有将知识组织成明确的行动计划，并导向一个明确的目标时，知识才会成为真正的力量。

教育制度的失败之处，在于学生们得到了知识以后，不知道如何去组织和利用知识。

许多人错误地认为，由于亨利·福特没有受过多少“学校教育”，所以他不算是个受过“教育”的人。犯这种错误的人，太不了解教育一词的真正意义。这个词起源于拉丁文“educare”，意思是引出自内向外的发展，即内心培养的意思。

一个受过教育的人，不一定是具有丰富的一般知识或专门知识的人。而一个受过教育的人，却一定是思想意识得到相当发展的人，他可以得到他所希望的任何东西或同等价值的东西，而不侵犯别人的权利。

“无知的人”成巨富

在第一次世界大战期间，芝加哥的一家报纸连续发表了几篇社论。在这些社论中，他们称福特为“无知的和平主义者”。福特反对这种指责，于是控告该报诽谤他的名誉。这件诉讼案在法庭开庭时，报纸所请的律师请求辩护，而且让福特本人走上证人席，以向陪审团证明福特的无知。这位律师问了福特各种各样的问题，所有这些问题，都是让福特自己来证明，福特对制造汽车也许有相当的专门知识，但就一般而论，他还是个无知的人。

律师向福特提出了如下的许多问题：

“谁是班尼迪克·亚诺德？”“英国为了镇压1776年的叛乱，派出了多少军队到美国？”福特在回答后面一个问题时说：“我不知道英国派兵的确切数字，但是我听说，派出的士兵远比活着回来的多。”

到后来，福特对于回答这一类问题感到厌烦，在回答一个特别无礼的问题时，他倾身向前，手指着发问的律师说：“如果我真的想回答你刚才问的这个愚蠢的问题，或者回答你所问的其他任何问题，那么让我提醒你，在我的办公桌上有一排电钮，只要按下某个电钮，我便可以将我的助理人员叫来。只要我想知道，他们对于我花费最大心血所建立的企业中的所有问题，都能回答。现在能否请你告诉我，既然我周围的人能提供我所需要的任何知识，难道只为了能够答复这些问题，我就应当在心里都塞满这些东西吗？”

这的确是一个很合乎逻辑的答复。

律师被问得哑口无言。法庭上的每个人都认为这话出自一个有教养的人之口，而不是一个无知的人的答复。受过教育的人，知道他需要知识时从何处取得，并知道如何组织这种知识，使之成为明确的行动计划。亨利·福特在他的智囊团的协助下，成为美国最富有的人士之一，他掌握了他所需的大量专门知识，而且可以应用自如。至于他自己的心里有没有这些知识，这相对来说并不重要。

知道如何利用知识才可赚钱

首先，要确定你所需要的专门知识以及需要这种知识的目的。一般来说，你人生的主要目的和你努力从事的目标，将帮助你决定你所需要的知识。这个问题解决以后，第二步是对你所依靠的知识要有准确的认识。其中比较重要的是：

一、本人的经验和教育；

二、与别人（智囊团）合作可能得到的经验和教育；

三、大专院校（以多种方式进入其中学习）；

四、公共图书馆（从书籍上可以学到各种完备的知识）；

五、专业训练课程（特别是夜大与函授学校）。

知识一经获得，必须将其加以组织，并通过切实可行的计划用以实现既定的目标。除非将知识用于有价值的目的，否则，知识并无实际价值。

如果你在考虑多受一些学校教育，则首先要确定你所寻求的知识是为了什么目的，然后要进一步知道这种知识的来源。

各行各业中的成功人士，从不停止学习与他们的主要目标、事业或职业有关的专门知识。凡是认为学校教育一经完成，寻求知识的时期就已经结束的人，通常是不会成功的。事实上，学校教育只是使一个人知道如何去获得有用的知识而已。

“今日流行的是专业化！”在一则新闻报道中，前哥伦比亚大学就业辅导组主任罗伯特·摩尔曾强调这一事实。

最需要的人才

公司选用人才的时候，最需要的是在某一个方面有专长的人选——商学院毕业的会计与统计师、各类工程师、记者、建筑师、化学家，还有未来公司的领导者。

在校园里活跃的学生，他们的性格能与各种各样的人相处，他们的功课也还不错，这比只顾读书的学生要优秀些。这类学生，因为具备各方面的条件，有时会同时受到几家公司的聘请。

一家大型的工业公司的领导人曾致函摩尔，在谈到关于毕业班的可能人选时说：“我们怀着极大的兴趣物色在管理工作方面能有充分发展的人才。因此我们强调，一个人的性格、智慧与人品远比特定的教育背景更为重要。”

“见习”的提议

在提到关于在暑假期间建立一个学生们到办公室、商店和各种行业“见习”的制度时，摩尔声称，在大学里完成了两至三年的学业之后，应当要求每一个学生“选定一个确定的主要学科，并设法制止学生们在没有专门学科的课程上毫无目的地虚度他们的宝贵时光”。

他说：“大专院校必须正视现在各行各业均需要专门人才这一问题。”他敦促教育机构对于就业的辅导负起更直接的责任。

对于需要接受专业教育的人士，可靠与实用的方法之一，莫过于进夜校。凡是用函授方法可以进行教学的各种科目，在美国邮件所能送到的地方，都可以实行专业训练。在家中学习的优点之一，是学习计划有弹性，可以利用闲暇时间进修。在家学习的另一个优点是，如果所选的函授学校得当，则在学校所提供的多数课程中，你都可获得极为充分的提问机会。这些对于需要专业知识的人可能是无价之宝。无论居住在何处，你都能分享到这种好处。

得自收费单位的教训

不费力气和不付代价而得到的东西，通常是不被重视和珍惜的。我们的公立学校提供的条件虽然很好，但是所得到的成果却不佳，其原因也许在此。函授学校是高度组织化的事业机构。它们收费低廉，所以它们不得不要求立即付款。一名学生无论成绩好坏，学费非缴不可，所以有一种功效，即原来想放弃的学生，也要跟着把课程读完。

我在40多年以前就领会了这种教益。我参加了一个广告科的函授班，读了一段课程之后，便想停止不再读了，但是学校还是不停派人来收费，不管我读或不读，学校总坚持要收费。于是我决定，如果我非付学费不可（我在法律上有付学费的义务），我何不读完这些课程，以求学有所值？当时我觉得学校的这种收费制度未免太不合理了。但是到后来，我发觉它是我所受的训练中最可贵的一部分，而且这部分的训练我是学习之外获得的。因为非缴学费不可，我便继续学习，完成了我的课程。

抵达专门知识之路

全世界的公立学校制度，以美国最为庞大。但是人类有一个奇怪的毛病，只有对付出代价的东西才会珍视。美国免费的学校和免费的公共图书馆给人的印象不那么深，“因为它们是免费的”。所以许多人在离开学校就业后，发现需要接受额外的训练，其原因就在于这里。雇主之所以对曾受过函授教育的雇员较为重视，这也是主要的原因之一。雇主们从经验中获知，凡是有决心牺牲一部分闲暇时间而在家里自修的人，都有做领导工作的气质。

某些人有一种无可救药的弱点，那就是缺乏野心！人，尤其是拿固定薪水的人，如果能有计划地利用他的闲暇时间，做些自修的工作，就不会长期干些小差事。他的行动赢得了有能力让他踏上成功之路的人们的好感。

函授学校自修的训练方式尤其适宜于在职人员的需要。离开学校后，他们发现自己必须获得额外的专业知识，但是没有时间再回到学校去学习。

史德华·维尔原准备做一位建筑工程师，并且已朝着这个方向去努力。但是经济危机限制了市场机会，他的收入渐少。衡量了一番，他决定改行去学法律，回到学校去选修课程，准备做一位商业律师。他完成了学习训练，通过了律师考试，并很快地建立起一个获利颇丰的律师事务所。

为了保持这个记载的完整性，又因为预料到有人会找借口说："我不能进学校学习，因为我要养家"，或者"我已经太老了"，我要补充一点资料：维尔回到学校去时，年龄已超过了40岁，并且有了家眷。此外，他在选修高度专业化的课程时，曾经对这些课程有最佳教学水平的大学进行慎重的选择。大多数学法律专业的学生需要四年完成的课程，维尔两年就读完了。知道如何"购买"知识的人是一定会获得报酬的！

一个简单的主意产生了成果

现在让我们来看一个特别的例子。

某杂货店的一名推销员突然失业了。他仅有一点记账的经验，所以就开始选修会计课程，并经营起生意来。从雇用过他的杂货店开始，他相继与百余家小商店签订合同，为他们记账，按月向他们收取极低的费用。不久他发现需要在一辆轻型的送货卡车上设立一个流动的办公室，装备最新的记账器。他的主意成功了，他现在已有许多在汽车上的会计办公室，雇用了众多的助手，使许多小商店花费少量的钱却获得最佳的服务。

这个独特的成功的生意，其主要的组成成分是专门的知识加上想象力。想出这个生意的人一年所付的所得税，几乎是他在失业时那位杂货商付给他的工资的10倍。

这个成功的生意，就是以一个主意为开端的！

这个主意是由这位推销员放弃推销，改行为"批发"记账所引发的。当我提出计划帮他解决失业问题时，他马上说："我喜欢这个主意，但是我不知道怎样将这个主意变成现实。"换言之，他不知道在得到簿记知识后如何利用这种知识。

后面的问题就好解决了。他在一位能够撰写文章的年轻妇女的协助下，准备了一份极有吸引力的册子，解释新的簿记制度的各种优点。他将文字整整齐齐地打在纸上，将他这种新行业的故事有效地传播出去。没过多久，这位簿记员接到的记账工作就使他忙得不可开交了。

使你能获得一个理想工作的计划

全国各地有数以万计的人们需要一位推销专家的服务，这位专家有能力策划很有吸引力的宣传小册子，以备推销服务之用。

此处所提的构想，是基于需要而在紧要关头所想出的解决办法，这一办法并不只为个人服务。显然，想出这个主意的这位女士，有着敏感的想象力。她看出她的创新建议可以成为一种新的行业，为人们提供服务。

第一个“出售个人服务计划”的迅速成功，使这位充满精力的女士得到鼓舞，于是她马上采取第二步行动，为她刚刚从大学毕业而未找到工作的儿子解决了同样的问题。她为儿子想出来的计划，是我所看见过的推销个人服务的最佳范例。

当这份方案完成后，它是一份近50页、文字打得整整齐齐、资料经过适当组织的计划书，其中载有描述她儿子的天赋能力、学校教育、个人经验以及无法详述的各种其他资料。这个计划书里关于她儿子所希望的职位，亦有详细的叙述；连同极佳的文字说明，又描绘了她儿子担任这个职务后的工作计划。

准备一份计划书需要好几周的时间，在此期间，这位女士几乎每天都派她儿子到公共图书馆去收集资料，以便最有利的出售他的服务。她还派他到可能雇用他的雇主那儿去，从他们那里收集关于经营方法的重要资料，这些资料对于拟订他所希望职位的工作计划极有价值。当这份工作计划完成后，她又附列了六七项很好的建议，以备雇用他的人采用。

你不必从基层干起

也许有人会问：“找一个工作何必费这么大的劲？”

答案是：“想做好一件事情永远不能嫌麻烦！”须知这位女士为她儿子所准备的计划帮他找到了所申请的工作，而且是在第一次面谈时便成功了，薪水完全依照他的要求。

此外，这也是重要的一点，这个职位并不要求这位年轻人从基层干起，而是从一开始就当了资历最浅的经理，拿的是经理级的薪水。

“为什么能够这样？”

理由很简单，这位青年申请工作时所用的这份经过策划的自我推荐书，使他至少节省了10年的时间。倘若他从基层开始往上发展和升迁，想拥有他一开始就获得的职务，非要经过10年的时间，还必须运气不错才行。

从基层开始一步步往上升迁的观念，听起来似乎很有道理，但有一个重大的理由足以否定这一观念：太多的人从基层干起，却很难有机会让主管发现他的过人之处，所以他们始终留在基层。还应当记住的是：从基层的观点看问题，往往是令人泄气和沮丧的，日子久了会消磨人的志气。我们称这种情形为听天由命，因为我们养成了每天例行公事的习惯，到后来这种习惯变得难以改变时，我们便没有能力把它抛弃了。这就是为什么值得从高出基层一两级开始起步的一个原因。这样做，一个人便会养成注意四周环境的习惯，观察别人是如何走过来的，当看见了机会的时候便会毫不迟疑地抓住它。

使不满为你所用

丹·哈宾在大学时代就当上了在1930年赢得全国冠军的圣母足球队的经理，该队教练是已故的纽特·洛肯。

哈宾读完大学时，正处于经济萧条期。经济危机使工作机会大大减少，因此在银行与电影界虚度了一段时光之后，他找到了第一个有前途的工作——推销电子助听器，报酬采用佣金制。任何人一开始都能够担任这类工作，这一点哈宾是很清楚的，但是对他而言，这个工作可以为他敲开机会之门。

他销售助听器的纪录极佳，因此引起了他们公司竞争对手侦听器公司董事长安德鲁斯的注意。安德鲁斯想知道这个能从历史悠久的侦听器公司抢走大量生意的哈宾究竟是个什么样的人。他将哈宾请来，在会谈完毕后，哈宾变成了侦听器公司新的销售经理，负责“侦听器部门”的业务。然后，安德鲁斯为了测试青年哈宾的性格，自己到佛罗里达州去了三个月，让哈宾在他的新工作中自由沉浮。哈宾没有消沉！纽特·洛肯的“世界只爱胜利者，无暇顾及失败者”的精神鼓励着他，他在工作中灌注了全部的精力，并因此而被推选为公司的副总经理。多数人若能以10年的忠诚工作获得这一职位已足可自傲，而哈宾却在六个多月的时间里达到了这个目的。

在此我试图强调的要点之一是：我们的升职或继续停留在基层，都是由自己的条件决定的。如果能控制这些条件，我们就能升上去。

你的同事能成为益友

我还要试图强调另一点：一个人的成功和失败绝对是他行为习惯的结

果！哈宾与美国最伟大的足球教练朝夕相处，在他的心里培植了出人头地的欲望，这种欲望曾使圣母足球队闻名于世界。崇拜英雄对自己有益，这是一点也不错的，只要你所崇拜的是一位胜利者。

无论成功与失败，我相信同事是个重大的因素。这一点，可以用我儿子布莱尔向哈宾求职的事来证明其真实性。哈宾提出的底薪，仅及布莱尔在另一家竞争公司中所得的一半。我在那时使用了做父亲的权威，劝他接受哈宾公司中的职务，因为我相信，与一个不肯向逆境妥协的人相处，乃是一笔不能用金钱来衡量的财富。

对任何人而言，基层都会是一个单调乏味的地方。所以我要抽出时间来说明，如何靠正当的计划避免从基层干起。

靠专门知识可使创意有收获

为她的儿子拟订“出售个人服务计划”的这位女性，现在正接到来自全国各地的请求，希望与她合作拟订类似的自我推销计划。

千万不要以为她的计划只是包含了聪明的推销术，使她能帮助许多人出售他们原来以较低待遇出售的服务，转而得到较高的报酬。她能做到兼顾购买服务者与出售服务者双方的利益，所以她所拟订的计划，使得雇主们虽然付出了较高的薪水，却仍然能收回丰厚的报酬。

如果你有想象力，并为你的个人服务寻找一个更有利的出路，那么这一建议也许是你一直都在寻找的激发物。这个想法所能产生的收益，远比在大学里接受过多年教育的普通医生、律师或工程师的收入要多。

一个好的主意是无价的！

所有主意的背后是专门知识。不幸的是，那些未曾发现大量财富的人，都是因为只有丰富的专门知识，而欠缺创业的好构思。好的构思由想象得之，想象力能把专门知识与现实需求合并为一种有组织的计划，这是产生财富所需的一项条件。

你如果有想象力，则本章向你提供的主意足够作为创造你所希望的财富的开始。

记住：创意是主要的东西，专门知识则俯拾皆是！遵照计划去做，你就不必从基层开始奋斗。

思考致富第五步：想象力

想象力——

　　它是心灵与智慧的工厂，

　　是走向财富的第五步！

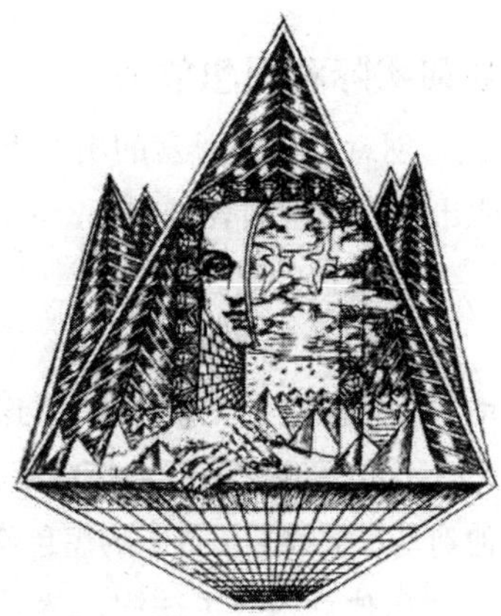

你所需要的机会，随时都在你的想象中等着你。

想象力是一个工厂，人类所有的计划都是在这个工厂中铸造而成的。

人能够创造他所能想象的任何东西。

凭着想象力，在过去的50年里，人类所发现并加以利用的自然力量，超过了在此之前人类全部历史中所发现与利用的自然力量。人类完全征服了天空，与人类发明的飞行物比较起来，鸟儿已经落后了。在以百万英里计的距离外，人类开始分析、测量太阳，依靠想象力的协助而划定了太阳的物理、化学成分。在交通上，现在人类已经可以以超过音速的速度旅行。

但是，在想象能力的利用上，人类远未达到它的顶峰。人类只是刚刚发现了自己有想象力，并开始进行最基本的利用而已。

想象力的两种形态

想象力的功用有两种表现形态：其一是综合想象力，其二为创造想象力。

综合想象力：这种能力使一个人可以把旧有的各种观念、构思或计划组合成一种新的混合物。这种能力并没有创造出新东西，它只是将经验、获取的知识与观察作为材料来利用。大多数的发明家都是利用这种想象力来做创新的基础。

创造想象力：依靠创造想象力，人类有限的知识与无穷的智慧得到了直接的沟通；依靠创造想象力，人类得到预感和灵感，它使一种新的意念被传达到了人类的身上，并沟通了人类的潜在智慧与能力。

创造性想象力是自动产生的。当思维在紧张工作并受到欲望的强烈刺激时，它便会自然而然地产生作用。

创造性的能力使用得越多，人类就会越具有创造性。

企业、金融界的领袖和音乐家、诗人、作家，他们之所以伟大，是因为他们在综合思维的基础上发挥了创造性的想象力。

欲望只是一种思想，一种冲动，它是模糊的和转眼即逝的。除非你能把它转变为有形的物质，否则它便是抽象的、无价值的。所以，你必须把你的欲望再加工，使之再完善，更富有创造性与创造力！

如何实际利用想象力

创意是所有财富的出发点，它是想象力的产物。我们来看看几个曾产生出巨大财富的著名创意，从而证明想象力在积累财富中的作用。

神话似的财富！

大约在50年前，一位乡下医生赶着马车进城。他把马拴好后，就悄悄地从后门溜进了一家药店，与药店里的一位年轻伙计谈起生意来。

这位医生和伙计在柜台后面小声地谈了一个多小时，然后医生出去了。他到马车上取下一口旧的黑色铁锅和一根大木片（用于调和锅内的东西）。

店伙计检查了铁锅，然后把手伸进口袋里，取出一卷钞票递给医生。这卷钞票一共500美元，是他的全部积蓄。

医生则递给他一张纸片，上面写着一个秘方。这张纸片上的字，其价值之大，竟可以赎回被扣作人质的国王！要使这口铁锅沸腾起来，需要这些神奇的字。当时，医生和这位年轻伙计都不知道神话似的财富就要从这口铁锅里流出来。

医生乐于以500美元出售这套设备，青年伙计则是为了一张纸片和一口旧铁锅，以所有的积蓄来碰碰运气。他做梦也没想到他的投资会使这口铁锅里流出来黄金，超出了阿拉丁神灯所产生的奇迹！

小店伙计真正购买的乃是一个创意！

旧锅、木片、纸片上的秘方，这是偶然得到的东西。而使这口铁锅的奇异效用得以发挥，却是从它的新主人将一种医生也不知道的成分加入秘方之后才开始的。

试试看，你能否猜到小店伙计在秘方中加进了什么，使铁锅流出黄金？这是一个真实的故事，但情节却比虚构的小说还要离奇。这个真实的故事开始于一个创意形态。

我们来看看这个创意所产生的财富有多大。这创意不但将锅内的东西让数以百万计的人来共享，而且还在为全世界的男男女女们继续创造巨大的财富。

这口旧锅现在是世界上最大的食糖产业链中的一环，它为种植甘蔗、炼糖以及食糖推销业者提供了千万个固定的职位。

这口旧锅每年消费数以百万计的玻璃瓶，它为大批的玻璃工人提供了就业的机会。

这口旧锅使全国无数的店员、速记员、打字员和广告专家有了就业的机会。它曾使数十位创作这种产品广告画的艺术家名利双收。

这口旧锅使美国南方的一个小镇变成了商业大城市，并直接或间接地让城内的每个行业和每个市民都得到实际的利益。

这个创意的影响之大，已使得世界上的所有文明国家受益。它还在不断地流出黄金给那些接触到它的人们。

从这口锅里流出来的黄金，创造并维持了美国南方一所最著名的大学，成千上万的学子为求取功名，都在这所大学里接受教育。

如果这口古老的锅里的产品能说话，那它一定会用各种语言讲述令人兴奋的故事：爱的故事、事业的故事和每天正受着这种产品激发的职业男女的故事。

当然作者也有这样的故事，因为作者是故事的一部分。这故事开始的地点，离药店伙计购买这口锅的地点不远。在故事发生的地方，作者与他的妻子相逢，而她就是第一个把这口神锅的故事告诉作者的人。当作者请求她嫁给自己时，两人都在饮着那口锅里的产品。

无论你是谁，无论你生活在哪里，无论你从事的是什么职业，只要你每次看见“可口可乐”这四个字时，你就应该记得这个从一个简单的创意中产生出来的巨大财富王国，以及那位药店伙计阿沙·甘德勒——在那秘方中掺进去的神秘成分，完全是想象力的功劳！

让我们停下来，对这件事再静想片刻。

同时还要记住，本书所描述的走向财富的各个步骤都是一种媒介。可口可乐通过媒介，将它的影响力扩大到了世界上的每个城镇、村庄和十字路口。你可以创造任何意念，如果它像可口可乐这样正确而有价值，你就有可能再创造一个世界性的辉煌纪录。

如果我有百万美元

以下这个故事证明了古人说的“有志者事竟成”的哲理。这个故事是已故的受人爱戴的教育家与传教士弗兰克·根绍鲁士告诉我的。

根绍鲁士在大学里念书时，就看出教育制度中有许多缺陷。他相信，如果他是一校之长，便能修正这些缺陷。

他决心要成立一所新的大学，在这所大学里他要实现他的主张，而不受传统教育方法的约束。

为实现这个计划，需要100万美元！这样的巨款他到哪去找？这位有抱负的青年传教士的思想，大部分都放在这个问题上。

然而过了很久，他筹款的事似乎毫无进展。

每天晚上，他怀着这个想法上床；每天早晨，他又怀着这个想法起床。无论他到哪里，这个想法总是和他形影不离。他在心中想了又想，直到这个想法成为他魂牵梦萦的“意念”。

身为教育家兼传教士的根绍鲁士，正如所有成功的人一样，深知明确的目标才是一个人的出发点；他也了解，一个人若能以炽热的欲望做后盾，明确的目标才会产生出生命和力量。

这些真理他都知道，但是他不知从何处以及如何把这100万美元拿到手。对于大多数人而言，渐渐地就会放弃或者断绝这一念头，并对自己说：“嗯，我的主意是好的，但是我毫无办法，因为我永远不能得到自己所需要的100万美元。”但根绍鲁士却不是这样。他说出了在这之后的经历：

> 在一个星期六的下午，我坐在房间时思索着筹集这笔钱以实现我的计划的方法。我一直在想，想了快两年了，但是我除了想之外，并无任何行动！
>
> 行动的时候到了……
>
> 那一瞬间我下了决心，我要在一周之内得到所需的100万美元。如何得到？这我并不关心。最重要的是，在一个确定的时间里得到钱的这个“决定”。我还要告诉你，我在做了这一决定之后，心里出现了一种前所未有的安定的感觉，这是我在以前所不曾体验过的。在我的心里好像有人说：“很久以前你为何不做这个决定？钱始终在等着你！”
>
> 事情就这样匆忙地开始了。我打电话给报纸宣布我要在第二天的

早晨讲演，题目是《如果我有百万美元我会做什么》。

我立即起草讲演稿，但是我必须坦白地告诉你，起草工作并不难，因为我准备这次讲演几乎有两年了。

午夜之前，我已完成了讲演的草稿，并带着自信安稳地上床睡觉了，因为我看见我已经有了100万美元。

第二天清晨，我起身进入浴室淋浴。之后，又念了一遍讲演稿，并跪下来祈祷我的讲演能引起愿意提供这笔钱的某人的注意。

在祈祷时，我再度产生了这笔钱即将来到的神秘感觉。在兴奋的情绪中，我出门时竟忘了带讲演稿。当我站到讲台上，正要开始讲演时，方才发现了自己的疏忽。

回去取讲演稿已经来不及了。所幸的是，我还好没有回去取讲演稿。当我站在那里开始我的讲演时，我闭着眼睛把自己心灵深处所有的话都倾诉了出来。我感觉自己不仅是在对听众说话，还是在对神说话。我讲述了如果有了100万美元放在我手里时我会做什么。我描绘着我心中的计划，我说要成立一个伟大的教育机构，让青年人能够学习一些实用的东西，并陶冶他们的心灵，启发他们的智慧。

当我讲完坐下来以后，从后面第三排的座位上，有一个男子慢慢地站了起来，并走向讲台。我不知道他要做什么。他来到讲台上并伸出手说："牧师，我喜欢你的讲演。我相信如果你有100万美元的话，你是能做到你所说的事的。为了证明我相信你和你的讲演，如果你明天早晨能到我的办公室来，我会给你100万美元。我的姓名是菲利浦·亚莫尔。"

年轻的根绍鲁士次日前往亚莫尔的办公室，得到了他渴望的100万美元。他用这笔钱创办了"亚莫尔理工学院"，也就是现在的"依利诺州理工学院"。

这100万美元的到来，产生于一个意念。意念的背后是一种欲望，年轻的根绍鲁士在心中把这个欲望孕育了两年。

这是一个重要的事实：根绍鲁士在心里下了要获得这笔钱的决心，在制订了行动计划之后的36个小时，100万美元就到手了！

年轻的根绍鲁士迷迷糊糊地想着100万美元，以及想获得它的微弱希望，这一切并没有什么独特之处。以前有人这样想过，以后也还会有人这样想。但他独特的地方在于，他在那个值得纪念的星期六决心把所有的想法置于脑后，而断然地说："我一定要在一周内得到这笔钱！"

根绍鲁士获得100万美元的这个原则，如今仍然是有用的，它可以为你所用！这个普遍的法则在今天的效用正如青年传教士在当年使用它时的效用一样。

如何将创意转变为财富

有些人认为只有勤劳与诚实方能带来财富，如果你也是这样想的话，那就请你赶快打消这个念头！它不是真理！当财富大量到来时，绝不只是勤劳的结果。它是对确定目标和计划的反应，而不仅仅是由于勤劳、机遇或幸运。

一般地说，激发想象力并开始行动的思想冲动便是意念。所有善于推销的人都知道，在商品无法推销的地方，意念却能出售。普通的推销员不明白这个道理，因而他们只能是普通的。

一个廉价书的出版商发现了一个事实，这个发现对所有的出版商都应该有价值！许多人买书，只是买书的名称而不是买书的内容。一本滞销的书只要改一下名称，它的销售量就能大大增加。因此他常将滞销书的封面撕下来，而将新封面粘贴上去。

这件事看上去非常简单，但却是一个创意和想象力的产物！

创意是没有标准价格的，它由创意者自定价格。如果他聪明的话，他就会达到他的目的。

几乎所有关于巨大财产的故事，都是从一位创意者和一位创意推销者之间的紧密合作开始的。卡耐基周围的人就是这样，他们互相合作，有的出主意，有的去行动，从而使自己与合作者获得传奇似的财富。

许多人都希望在自己的一生中能有暴发的机会。也许好运能给人一次机会，但最可靠的机会却并不依赖幸运。我在自己一生的机会中曾有过一次好运，但在这个好运成为财产之前，我曾为之付出了25年坚定不移努力的代价。

这次好运是我有幸会见并得到安德鲁·卡耐基的合作。在这次机遇中，卡耐基启发了我将成功的原则加以组织，使之成为一种成功的哲学的念头。以后，千百万人由于我25年所从事的研究而获得了巨大的财富，而这一切的开始也只不过是任何一个人都能创造的意念。

卡耐基给我带来了好运，但是这明确的目标和25年来坚持不懈的努力，又是来自何方呢？一个普通的愿望是无法战胜失望、沮丧、失败、批评和各种困难的，只有当它是一种炽烈的欲望、一种痴迷、一种执着时，这一切才有可能！

卡耐基当初在我心中植下这个创意时，它只不过是一个需要百般劝导、培养才能生存下去的创意。当这个创意在它自己的力量下茁壮成长时，它就反过来劝导、培养和驱使我了。创意都是这样的：先是你赋予“意念”以生命并使之行动，然后它们才有自己的力量，去扫清所有的障碍。

创意是无形的力量，这个力量大于产生它的头脑。当头脑归于尘土之后，创意却仍然存在。

想象是你意识的加工厂，它可以把你的意识能量转变成财富与成就。训练你的创造性想象力，这是你创造巨大财富的奥秘。

思考致富第六步：计划

计划——

让欲望结晶成为行动，

这是走向财富的第六步！

我们不妨来回顾一下。你现在已经知道，人所创造的每样东西，都是以欲望为起点的，欲望是旅途中的第一站，然后由抽象到具体，进入想象力的工厂，在这个工厂里创造并组织实现欲望的计划。

下面是指导你如何制订实际可行计划的方法：

一、你必须把自己与所需要的人结合在一起，以创造和实现你积累财富的计划——在这里面，你要利用本部分后面“智囊”一章中所讲述的原则（这项指示务必要遵守，不要轻易忽视）。

二、在形成你的智囊团之前，你要确定对这个组织中的每个人付出一些什么代价，才能换取他们的合作。没有人会永远为你工作而不要报酬的。聪明的人也绝不会要求或期待别人为他工作而不必给予足够的报酬，虽然这报酬未必都要用金钱来支付。

三、在做出的安排中，至少每周要有两次与你智囊团里的人员会面。可能的话，会面的次数可以增多，直到你完成了积累财富的计划。

四、你和智囊团中的每一个人都应保持完全和谐的关系。如果你不这样做，你就会面临失败。没有完全的和谐关系，便不可能实现“智囊”这一作用。

同时，你还要牢记这些事实：

一、你所进行的事对你而言极为重大，为了确保成功，你必须制订完美的计划。

二、你必须利用别人的经验、知识、能力和想象力。几乎每个积累了巨大财富的人都应用了这个方法。

没有人能拥有足够的经验、知识、天赋才能与想象力，因此也就无法在没有与别人合作的情况下积累起巨大的财富。当你致力于财富积累时，你所采用的每个计划，都应当是你和你的智囊团中的成员联合制订的。你也许想采用你计划的全部或一部分，但务必让智囊团中的人审查并同意采用你的计划。

如果你的计划失败了，就用新的计划

如果你采用的第一个计划失败了，那就用一个新计划来取代它；如果新计划仍然不成功，就再用一个新计划来取代它，直到你发现了一个成功的计划为止。多数人遭到失败的原因就在于：他们缺乏创造新计划以取代失败的旧计划的刚毅精神和勇气。

如果没有可行的实用计划，即使最聪明的人也不可能积累财富或完成其他任何事业。当你遭遇失败时，要认识到一时的失败并不是永远的失败。这也许只是意味着你的计划并不正确。你可以构想其他的计划，重新开始。

千百万人终生过着贫困的日子，原因就在于他们缺乏积累财富的正确计划。

你的成就不可能大于你的计划的正确性。

詹姆斯·希尔在开始筹措资本、建造一条从美国东岸至西岸的铁道时，曾遭遇到挫折。但他采取了新的计划，化失败为胜利。

亨利·福特不仅在开创汽车事业的初期曾遇到一时的失败，当他处于顶峰时期时，也遭受过挫败。但他制订了新的计划，走向了金融上的胜利。我们在认识这些人物时，往往只看见了他们的成功，而忽视了他们在成功之前所必须克服的许多挫折。

当失败到来时，你应该把它看成一个信号，然后重新制订你的计划，再度出航，驶向你的目的地。如果你遭遇失败就放弃，那么你便是一个半途而废的人——废人！一个废人绝不会胜利，胜利者是绝不会放弃目的的。你应该把这句话写成大字贴在墙上，或挂在你时时看得见的地方。

在你选择智囊团的成员时，要尽量选择不轻言失败的人。

从出售个人服务开始

几乎所有积累巨大财富的人，都是从出售个人服务开始。如果一个人并无财产，那他除了出售个人服务以换取财富之外，别无他法。

多数领袖是从做追随者开始的。

简单地说，世界上有两种人，一种被称为领袖，另一种则是追随者。在开始时你就应该决定，在你的这一行业中，你是想成为一个领袖，还是一个追随者。两者的报酬有天壤之别，追随别人的人，不可能得到领袖的报酬，虽然有许多追随者都犯了期待这种报酬的错误。

做一个追随者并不可卑，但从另一方面说，长期做一个追随者就不妙了。大多数领袖在开始时都是追随别人的，他们之所以成为领袖，是因为他们是聪明的追随者。反之，就不可能成为一个领袖。这些人精明地追随着领袖，以最快的速度进入领导阶层，他们从领袖的身上获得知识。

成为领导的条件

要做一位领导者，必须具备下列条件：

一、在对自己的职业具有深刻认识的基础上，满怀自信和勇气。没有一位追随者愿意被一位缺乏自信与勇气的领袖所支配。这种领袖不可能长期支配聪明的追随者。

二、自制。不能控制自己的人，是没有能力控制别人的。自制是为追随者树立领袖榜样，以引起追随者的效仿。

三、正义感。如果一位领袖没有公平与正义感，就不可能指挥追随者，并保持追随者对他的尊敬。

四、迅速的决策。做决策时犹豫不决的人，说明他对自己缺乏信心，因此不可能成功地领导别人。

五、明确的计划。成功的领袖必须对他的目标有明确的计划，没有可行的明确的计划就好比没有舵的船，迟早要撞上礁石。

六、加倍工作。做领袖的人必须付出的代价，就是比他的部下做更多的工作。

七、迷人的品性。一个做事马虎、生性冷漠的人，不可能成为成功的领袖。领袖需要被人尊敬，因而他必须具备迷人的品性。

八、同情与谅解。成功的领袖必须同情他的追随者，为此他必须了解下属及其他人所面临的问题。

九、精通专业。成功的领导者对自己所从事的工作要精通。

十、愿意承担全部责任。成功的领袖必须愿意对他的追随者的错误负责。如果他想推诿责任的话，就不够资格做一个领袖。追随者犯了错误并显示出其无能之处时，领袖必须认为这是自己的错误。

十一、合作原则。成功的领袖必须了解和运用合作原则，并教育他的部下也这样去做。领导需要权力，而权力需要合作。

领导的方式有两种。第一种，也就是到目前为止最有效的一种，即在部下的理解与支持下领导。第二种领导是强迫性的，得不到部下的理解与支持。

历史上关于强迫性的领导不能持久的证据很多。独裁者与国王们的垮台与消失，就清醒地表明了人民不会无限期地接受强迫性的领导。

拿破仑、墨索里尼、希特勒是强迫性领导的典型例子。他们的失败表明，许多人也许会服从一时的强迫性领导，但他们的服从是不甘心的。

新的领导方法应该包括本章所述的11项原则。凡是将这些原则作为领导基础的人，在任何一个行业里都会得到做领导的机会。

领导失败的十大原因

现在让我们来看看领导们的主要错误。知道“什么是不应该做的”与知道“什么是应该具备的”同样重要。

一、没有把握全局的能力。有效的领导需要有掌握全局的能力，真正的领导绝不会因为忙碌而无法去做领导所应该做的事。当一个人说他太忙以至于在紧急情况下也无法顾及全局时，他就等于是表明了自己的无能。成功的领导要掌控全局，因此要养成把具体事交给助手去办的习惯。

二、不愿意做低级的事。真正的领导，在情况需要时会乐意去做任何事。“在你们中间，最伟大的人乃是众人的仆人。”这句话是一条真理。

三、言而不行。在世界上，一个人只说不干是不会得到报酬的。能得到报酬的都是那些肯身体力行，并领导和督促大家一起干的人。

四、怕部属有优异的表现。一个怕部属会抢走他位子的领导者，其实是个大弱者，而能干的领导则是注意培养他的接班人，并经常把自己的工作经验传授给部属。只有如此，一个领导才能分身有术，掌控好全局。一个人有促使别人去做的能力要比他自己去做重要得多，这是条亘古不变的真理。有能力的领导凭着他的知识和人格，吸引着部下做更多的工作。

五、没有想象力。一位领导没有想象力就没有能力应付紧急情况、制订有效的计划及指导部下。

六、自私。把部属的功劳完全归功于自己的领导是不会受人欢迎的。真正的领导绝不会邀功自赏，他只要看到功劳属于集体与部属就满足了。因为他知道，许多人得到表扬与金钱会更努力地工作。

七、放纵无度。部属绝不会尊敬放纵无度的领导，而且沉湎于任何一种放纵中都会毁掉一个人的耐力和活力。

八、不忠。这一点也许应该排在失败领导原因的首位。一位领导不忠于自己的工作、同事、上级和下级，便不能长期维持他的领导地位。一个不忠的人，其价值轻于鸿毛，在每个行业中都会受到别人的蔑视。

九、过于强调权威。有能力的领导都是用鼓励的方法来进行领导，而不是把恐惧感灌输到部属的心中。凡是只想用权威来领导部属的领导，往往是近于霸道的。一位真正的领导，除了以身作则（如展示他的体谅、公平及对工作的胜任）之外，他没有宣扬自己权威的必要。

十、强调头衔。能干的领导无须用头衔来赢得部属的尊敬，大凡太重视头衔的人，往往事业心并不强。

这些都是领导失败的最普通的原因，任何一条都会导致其失败。如果你有志于做领导，就必须认真地研究这些原因，从而使自己不去犯这些错误。

需要新领袖的几个领域

在你读完这一章之后，你应该把自己的注意力转移到这样几个领域中来。在这些领域中，领导层始终在淘汰，因此新领袖可能会有更多的机会。

一、在政治领域中，对新领袖的需求已到了迫切的状态。

二、银行界正在进行的改革需要新领袖。

三、工业界需要新领袖。工业界未来的领袖必须视自己为准公共关系人员，维护好企业的信誉和形象，以求得企业的永久发展。

四、宗教界也需要未来的新领袖，它要求对信徒在尘世的需要给予更多的关注，解决他们迫在眉睫的现实问题，而不是只关心死亡的过去与遥远的将来。

五、在法律、医药及教育等领域中，也需要新的领袖人物。尤其在教育界，未来的领袖必须寻找新的教育方法，使学生能将学校所授予的知识加以应用。他应该注重实践而少讲理论。

六、新闻界也需要新领袖。

这只是几个需要领袖的领域。世界正处在快速的转变之中，这意味着人的习惯也必须尽快转变。在这些转变之中存在着文明的新趋势。

如何申请一份工作

这里所讲的是多年来经验的积累。在这些年中，它们有效地帮助了数以千计的人找到了他们理想的工作或接近理想的工作。

经验证明，下述媒介物可直接而有效地满足求职和求才双方的心愿。

一、职业介绍所。你必须慎重地选择信誉卓著的职业介绍所，这种职业介绍所有能力向用户（即求职者）出示令人满意的业绩记录。然而，这种职业介绍所为数不多。

二、广告。在报纸、职业刊物和杂志上登广告，对谋求文书或普通工作的人来说，往往能达到满意的效果。如果你是在谋求经理级职务的人，则要安排特别排印的广告，登在你所寻找的雇主注意得到的地方。所登的广告应由专家来执笔，他们知道如何增加一些能吸引人的内容，以获得雇主的青睐。

三、个人求职信。对最有可能录用你的公司可以直接去信。这种信从头到尾必须保持整洁，并亲笔签名。应当随信附上一份自己的简历和介绍，以表明自己的申请资格。求职信、简历及自我介绍，均应由专家来执笔。

四、熟人介绍申请。如有可能，申请人应借助于雇用双方都熟悉的人来接洽。如果是在谋求经理级职务，而又不希望自己被对方看成“自吹自擂”的人，采用这种方法的好处就更为明显。

五、当面申请。在某些情形下，如果申请人当面向可能的雇主谋求工作，其效果可能更好些。但这时需要有一份完整的求职资格书，以便让雇主和他的同事讨论你的履历。

简介中应该列入的内容

这份书面简介的准备，应该像律师在法庭上准备的文件那样仔细。除非申请人对于这类简介有经验，否则应当请教专家，或请他人帮忙准备。大致而言，下列资料应该列入简介之中：

一、教育状况。简单而明确地陈述你曾受过的学校教育，以及你在学校中擅长的专业及成绩。

二、经历。如果你曾经有过与你目前所求职务相似的经历，则应该做充分的陈述，并说明你以前雇主的姓名与地址。对于任何有助于你谋求目前职业的特殊经历，都必须详加说明。

三、参考文件。几乎每个公司都希望知道应征雇员以往的记录和经历。因此在你的简介中，应附有下列几种人所写的推荐信的复印本。

1．以前的雇主；

2．学校里的指导教授；

3．可以信赖的知名人物。

四、自己的照片。在你的简介上附以最近的正面照片。

五、申请一个特定职务。申请职务时，务必说明你所求的是什么职务。决不能申请“任何一项工作”，因为这表示你没有专长。

六、陈述你的资格。关于你为什么相信自己有资格担任所申请的职务，要有详细的说明理由。这是你的申请书中最重要的部分。雇主对于是否采用你的考虑，主要就在于这一部分的理由。

七、建议试用。这一点，似乎是一个很重要的建议。经验证明，获得试用机会的人大多数会成功。如果你确信自己的资格是足够的，那么你所需要的就是一次试用的机会。顺便要说的是，建议试用是表明你对自己的能力有信心，可胜任你所申请的职务。它表明：

1．你深信你的能力可胜任此项职务；

2．你确信在试用后，你的雇主会决定录用你；

3．你决心要获得此项职务。

八、了解你未来雇主的企业。在申请一个职务前，对于与该企业有关的事项要有足够的了解和研究，以使你彻底熟悉该企业，并在简介中表示出你在这方面已具备了足够的知识。这会表明你对于自己所求的职业有真正的兴趣。

要记住：诉讼中的胜诉者并不一定是了解法律条文多的律师，而往往是对案情有较多准备的律师。如果你对于“案情”的把握准确无误，那么你在开始时便已握有胜券。

不要怕你的简介太长。雇主想了解你的愿望和你想充分表现自己的愿望是一致的。许多雇主之所以成功，其主要原因就在于他们有挑选好助手的能力。因此他们希望能详尽地了解你。另外，你所写的简介应该清洁整齐，这表明你是一个不会马虎的人。我曾受人之托为他们准备过一些十分整洁而出色的与众不同的简介，它们使申请人无须面谈便被录用了。

当你的简介完成后，要装订整齐，并在封面上写上以下格式的标题：

罗伯·史密斯资历简介

申请勃兰克公司总经理的私人秘书一职

每次向不同的公司提出你的简介时，要将名称更改一下。

要充分体现你的特性，从而引起雇主的注意。用你所能获得的最好的纸，将简介整洁地打印出来，并用类似书本封面的铜版纸装订好。如果简介需要向一个以上的公司提出，则要注意更换封面和公司的名称。你的照片应该贴在简介内。

成功的推销员最讲究修饰。他们知道最初的印象是不容易磨灭的。你的简介便是你的推销员。给它穿上一套漂亮的服装，使你的雇主觉得他从未见过如此突出的简介，这显然是值得的。如果你因此而给未来的雇主留下了一个良好印象的话，那么你将能得到的工薪很可能要比用传统方法求职的人高得多。

如果你通过广告代理商或职业介绍所来求职的话，就应该要求这些单位使用你的简介，这会使代理人和未来的雇主对你都有好感。

如何获得你所希望的工作

当一个人的工作最适合他时，他会工作得很愉快。画家喜爱用色彩，手工艺者爱用双手，作家喜欢写作。那些没有明确天赋的人，也往往对于某种工作有着特殊的偏好。如果说美国有可取之处的话，那就是它能给人们提供各种各样的工作机会与职业。

如何才能找到自己所希望的工作？我认为必须做到以下几点：

一、确定你所希望的是哪一种工作。如果目前还没有这项工作，那么，也许你能够创造这项工作。

二、确定你希望为其工作的公司与个人。

三、研究你的未来雇主、有关他的政策、人事及晋升的机会等。

四、分析你自己的天赋和能力，以及你能为别人提供些什么服务。

五、不要老是考虑哪里有一项空缺的工作可以给你，而要把注意力集中于你可以干什么工作。

六、一旦你心中形成了计划，便要找一位有经验的人执笔，将计划整洁而详细地书写成文。

七、将这份书面计划在适当的时间、地点向有关人士提出，让他去考虑。须知：每个公司都在寻找能提供有价值意见的人，每个公司都留有职位安排给对公司有利的人。

实施这些方法，也许要多花费你几天甚至几周的时间，但它却会使你在收入、晋级和获得上级赏识等方面进展迅速。它可以使你提前5年达到预定的目标。

每个人都可以用自己精心设计的周密计划，从阶梯的底层向上发展。

推销服务的新途径

将来雇主和雇员间的关系，将向合伙者的方向发展。这里有三方面：

一、雇主；

二、雇员；

三、他们服务的对象。

将来的雇主和雇员都将被认为是受雇者，因为他们的工作就是为顾客服务。以前雇主和雇员之间常常为待遇而争执不休，事实上，他们的待遇应该是由对顾客的服务状况所决定的。

今天的口号是“礼貌”和“服务”，这些口号的适用范围显然要比只为雇主服务的概念大得多。因为我们前面的叙述表明，雇主和雇员在本质上都是被他们所服务的对象所雇用的。如果他们的服务不周到，他们就要付出丧失服务机会的代价。

我们都还记得有一段时期，检查煤气的人总是恶狠狠地敲门，仿佛要把门打碎似的。在门打开后，他往往不经邀请便闯进来，一脸不耐烦的样子，好像在说：“让我等了那么久，是什么意思？”这一切在今天已经变了，现在的煤气检查员的行为好像一位绅士，变得乐于为顾客服务了。在煤气公司尚未发现他们满脸怒容的检查员正在为顾客积累永远抹不掉的恶劣印象时，那些有礼貌的汽油炉推销员却乘机做了大笔的生意。

在经济危机的年代里，我曾在宾夕法尼亚州的无烟煤矿区用了几个月的时间研究了几乎毁掉煤矿的原因。当时煤矿的雇主和雇员之间极其激烈地争论工资问题，结果将这种争论所耗费的费用增加到了煤价上。后来他们发现，他们的争论使汽油炉制造商和原油生产商大获其利。

这些事例引起了人们的注意，说明我们的行为是决定我们自己处境的重要因素。如果说这一原则支配着企业、金融和交通运输界的话，那么这一原则也支配着个人，并决定着他的经济地位。

对你的“QQS”

前面已经讲述了如何成功地为他人提供服务的各种因素，我们应该了解、分析和应用这些因素。每个人都必然是他自己的推销员，他所提供服务的质和量，以及提供服务时的精神，往往决定了他被雇用的时间与效益。要有效地向他人提供服务（这意味着被长期雇用、满意的工资和愉快的工作条件），则必须采用“QQS”公式，即服务的质加上量，再加上正确的服务精神。这个公式就是完美的服务推销术。不仅要记住“QQS”公式，更要把它变成习惯！

现在我们来分析一下这个公式，从而明确它的意义。

一、质。服务的质应解释为：凡是与你的职务相关的每项工作，哪怕最微小的部分，你都要能拿出最有效的方法去解决，心里始终有一个精益求精的目标。

二、量。服务的量应解释为：养成随时提供你力所能及的各种服务的习惯，从而积累经验，培养更高的技能，以增大效益。

三、精神。服务的精神应解释为：友好的、协调的行为习惯，这种习惯能促进与用户的合作。

服务的质和量充分，还不足以维持你服务的永久市场。你提供服务时的行为或精神，才是决定你的服务期限和价格的一个强有力的重要因素。

卡耐基特别强调一些成功地为他人服务的因素，他强调协调行为的必要性。他强调，一个人无论他的工作量有多大，他的工作质量有多好，除非他能在和谐的精神下工作，否则他是不会有高收益的。卡耐基坚持人一定要友好，他证明说他曾使许多这样做的人变得非常富有，而其他的人则不可能。

我曾经强调令人喜爱的个性的重要性。因为这能使一个人在良好的精神状态下为他人提供服务。一个人具有了这种个性，他就能弥补自己在其他方面的不足。没有一样东西可以代替人的个性。

失败的31种原因

曾经努力地去奋斗，但结果却失败了，这也许是人生的最大悲剧。除了少数的成功者之外，绝大多数人都遭遇过失败或正在失败。

我曾经分析过几千位男女的遭遇，他们98%是失败者。

我的研究证明失败的主要原因有31项，而积累财富则有13个主要原则。在这里我将陈述失败的31个主要原因。你在阅读这些原因时，应该逐条对照，看看有多少原因正是你成功的障碍。

一、不利的遗传背景。天生智力不足的人，是没有什么办法可想的。唯一的补救办法就是“以勤补拙”。

二、缺乏明确的人生目标。凡是没有明确的人生目标的人，便没有成功的希望。在我曾经分析过的100个人中，有98个人没有这种目标。也许这是他们失败的主要原因。

三、缺乏志向与抱负，对什么都无所谓。凡不愿上进和不愿付出代价的人，便绝对没有成功的希望。

四、缺乏足够的教育。这个缺点的克服十分容易。经验证明，自学的人往往是学习得最好的人，光有一张大学文凭是不够的。光知道知识是不行的，重要的是知识的运用。人之所以能得到报酬，不是因为他们拥有知识，而是因为他们能将知识运用在工作上。

五、缺乏自律。纪律来自自我控制，一个人必须能控制住自己所有的情绪与行为。在你要控制别人之前，一定要先控制住自己。你会发现自我控制是最难的。你如果不能征服自己，就会被自己所征服。当你在镜子里看到自己时，他既是你最好的朋友，也是你最大的敌人。

六、不健康。一个人如果没有健康的身体，便很难成功。不健康的原因有：

1．食物吃得太多；

2．消极的思想、情绪与行为；

3．性欲的不正常发泄与没有节制；

4．缺乏足够的身体锻炼；

5．由于环境与呼吸系统的原因，导致新鲜空气的供应不足。

七、童年时代不良环境影响。“小树苗是弯的，长成大树后也是弯的。”多数人的犯罪倾向，都是在童年时代由于不良环境和不正当的朋友而造成的。

八、拖沓。这是最常见的一种失败原因。挥之不去的拖沓总是时刻跟随着每个人的身影，等待着破坏人们成功的机会。为什么老是失败，是因为我们总是等待！要知道时机永不会“刚刚好”。就在你站立的地方，用你手中现有的工具开始干吧，无须再等！

九、缺乏百折不挠的精神。很多人做事都是虎头蛇尾，而且还有看到失败的迹象便立即退却的倾向。百折不挠的精神是没有任何东西可以取代的。以百折不挠的精神作为座右铭的人，会发现失败因此而离去。失败抵挡不过百折不挠的精神。

十、消极的个性。消极的个性不会获得别人的合作。

十一、对性冲动缺乏控制。促使人们采取行动的所有冲动中，以性冲动为最强。因为性冲动是情绪中最强烈的一种，所以必须加以控制，用升华和转移的方法导入其他轨道。

十二、不能控制不良欲望。赌徒的欲望驱使着数以百万计的人们走向失败。1929年华尔街股票市场的大崩溃，使许许多多的人因此而破产。

十三、缺乏迅速的决断力。成功的人都能迅速果断地下定决心，并根据情况的变化而改变他的决定。失败的人通常决定缓慢，并且常常改变主意。犹豫不决和拖沓是孪生兄弟，只要看见一个，就会找到另一个。

十四、具有6种基本恐惧中的一种或几种。在本部分最后一章中将会为你分析这些恐惧。在你有效地提供个人服务之前，必须克服这些恐惧。

十五、选错结婚的对象。这是失败者中常见的原因。婚姻失败的特点是充满悲哀和不愉快，这会毁掉一个人所有的抱负。

十六、过分小心谨慎。不愿冒风险的人，通常只能选择别人剩下来的东西。过分谨慎与不够谨慎同样不足取，要防止这两个极端。人生中到处充满了不可预料的机遇。

十七、选择了错误的事业伙伴。商业的失败原因以这点为多见。一个人在寻找雇主与事业伙伴时应当极其小心，他们应当是智慧型与诚实型的。

十八、迷信和偏见。迷信是恐惧的一种，它也是无知的象征。成功的人虚怀若谷，并且无所畏惧。

十九、选错职业。一个人对他的职业不喜欢，那是不会成功的。寻找职业中最重要的一点，便是要选择自己喜欢的职业，能全心全意去投入，以获得成功。

二十、未能专心致志。样样会一点的人，样样都不会！将你的全部努力集中在一个明确目标上。

二十一、花钱没有节制。挥金如土者不可能成功，因为他无法过节俭的生活。要规定收入的固定比例作为储蓄，以养成有计划的储蓄习惯。一个人在谋职时能否和雇主讨价还价，它的前提往往是你在银行里有没有钱。一个人如果没有钱，就只能被迫接受别人给他的任何工作。

二十二、缺乏热情。缺乏热情的人是不会有人信任的，要知道人的热情极具感染力，热情的人往往会受到大家的欢迎。

二十三、偏执。不能容纳许多问题的人，很少能取得成就。偏执的意义便是一个人不再求知。最具有破坏性的偏执，是那些不能容忍宗教、种族以及政治观念上不同意见的、排斥异己的人。

二十四、没有节制。最具有破坏性的放纵与饮食、性的活动有关。过分沉溺在这些放纵里，就会构成你事业的致命伤，使你很难获得成功。

二十五、没有与别人合作的能力。因为不能与别人合作而丧失地位和机遇的人为数太多。凡是要求自己成功或成为领袖的人，都不会容忍这种缺点。

二十六、拥有不是靠自己努力而得到的权力。富人的子女或遗产的获得者，手中的权力与财富并不是靠自己的勤劳努力而得来的，这也会成为成功的致命伤。突然暴富比贫穷还要危险。

二十七、蓄意欺骗。诚实是没有什么东西可以取代的。一个人由于处在某种不利的环境中而一时撒了谎，是可以谅解的。但是一个蓄意欺骗的人则不会有成功的希望，他迟早要自食恶果，其代价从丧失信誉直至丧失自由。

二十八、自大和虚荣。这些缺点好像是红灯一般，令人望而止步，它们是成功的致命伤。

二十九、以猜测代替思考。大多数人不太注意问题的实质，他们宁愿凭着猜测或草率的判断去采取行动。

三十、缺乏资本。开创了事业，但没有足够的后备资本来承受他们所犯的错误，于是虽有友人相助也未能渡过难关，这是一个令很多人失败的常见原因。

三十一、在这里你还可以从自己的经历中找出一样前面未曾列出的失败原因。

这31条失败的原因是人生悲剧的证明。如果你能请一位了解你的人和你一起对照这些失败的原因，逐条地加以分析，那将是有益的。如果你独自对照分析，当然也可以，但对大多数人来说，往往是“当局者迷，旁观者清”，人们总是无法像别人那样清楚地看透自己。

你知道自己的价值吗?

有条古老的格言说:“人，了解你自己！”如果你要成功地推销商品，你就必须了解商品。求职也是一样，你必须了解自己的所有弱点，以便设法补救，或完全消除。你应当了解和表达你的实力，以便在求职时引起别人的注意。

一位青年向一家声誉卓著的公司的经理申请一项职务，结果暴露出了自己的无知。这位青年给人的印象极佳，最后经理问他希望要多少薪水，他说他心里没有明确的数目（缺乏明确的目标）。于是经理说:“我们试用你一周后，看看应该付你多少工资。”

要钱，人人都想要很多，这是一回事，但是值多少钱却是另一回事。许多人都弄错了，误以为他们所要的就是他们所应得的。事实上，你在经济上的要求或希望，与你的实际价值完全无关。你的价值完全是由你提供的有效的服务，或是你促使别人提供这种服务的能力决定的。

自我分析的方法

一、今年我达到了为自己所选定的目标吗？（你应当每年有一个具体的目标，作为你人生目标的一部分。）

二、我所提供的服务，已经是我力所能及的最好的服务吗？我还能改进这其中的任何一部分吗？

三、我所提供的服务，工作量是不是足够？

四、我的工作精神是否表现出和谐与合作？

五、我是否因为拖沓的习惯而降低了自己的工作效率？如果是，那么降低了多少？

六、我是否改善了自己的个性？如果是，那么在哪些方面改善了？

七、我是否坚持自己的计划直至完成？

八、我是否在所有场合都能迅速而明确地做出决定？

九、我是否受6种基本恐惧中的一种或多种恐惧影响而降低了工作效率？

十、我是否太小心谨慎或不够小心谨慎？

十一、我和同事的关系是愉快的还是不愉快的？如果不愉快，那么有多少责任是属于我的？

十二、我是否由于缺乏意志而分散了自己的精力？

十三、在所有的问题上我都是虚心和宽容的吗？

十四、我在哪一方面的工作能力有了改善？

十五、我有放纵的习惯吗？

十六、我是否公开或暗地里有自大的表现？

十七、我对同事的态度能否使他们对我尊敬？

十八、我的意见和决定是出于猜测，还是基于正确的分析与思考？

十九、我是怎样支配时间与收入的？在这些支配中，我谨慎吗？

二十、我有多少时间花在无益的事情上？用这些时间，我原来可以做哪些更好的事？

二十一、为了提高我明年的工作效率，我应该怎样分配时间并改变我的习惯？

二十二、我是否有我的良心所不允许的犯罪行为？

二十三、在哪些地方我的工作做得比我的职务所要求的更多、更好？

二十四、我曾表现得不公正吗？如果是，哪方面不公正？

二十五、如果雇主是我自己，我会对自己的工作满意吗？

二十六、我的职业适合我吗？如果不适合，原因何在？

二十七、我的雇主对我的工作满意吗？如果不满意，原因又在哪里？

二十八、在成功的基本原则上，我现在应该得到什么样的评价？（这个评价要公平和正确，要请一个认真的人为你检查这一评价。）

看完本章所提出的这些问题之后，你已经有了为自己谋求职业而拟订一份实用计划的准备知识。在这一章中，对于谋求职业计划的每项原则，包括领导的主要特点、领导失败的普遍原因、哪些职业领域需要新的领导、各种行业失败的主要原因，以及自我分析的各种问题，都做了详尽的阐述。

每一个从谋求职业开始积累的人，都应该充分了解这些阐述。凡是已经丧失了财产的人和刚开始赚钱的人，为了获取财富，除了向别人提供服务之外，别无他法。所以他们必须知道这些实用的思想，才能得到最大的收效。

成功不需要解释，
失败不容许借口。

思考致富第七步：决心

决心——

克服拖沓和犹豫不决，

是走向财富的第七步！

我对经历过失败的25000名男女人士进行统计分析之后，发现了一个事实，那就是在31个失败的主要原因中，缺乏决心的因素居于首位。

犹豫迟缓，当断不断，几乎是每个人都必须克服的危险敌人。

在本章里，你可以测验自己形成“迅速而明确的决心”的能力如何，并充分思考本章对此而提出的各项原则。

在分析了几百位财产超过100万美元的人物之后，事实又一次证明了，他们中的每个人都具有迅速决断的能力，并能将这种决断持之以恒。相反，那些不能积累财富的人，往往不能决断，频繁地改变着自己的决定。

亨利·福特的卓越气质之一，就是他能迅速决断并持之以恒。由于福特性格中的这一特点过于突出，因而使他以顽固而闻名于世。当时，虽然他所有的顾问和许多汽车买主都劝他改变T型车（这种汽车被人讥笑为世界上最丑的车），但他不顾众人反对坚持不改。也许福特在改变车型一事上是太顽固了，但从另外一方面看，正是他的决心与毅力为他带来了巨大的财富。因此，虽然他很顽固，但拥有这种气质的他无疑要比那些难下决断、百事无成的人好千倍。

对你做出决定的几点忠告

大多数人之所以难以积累他们所需要的财富，通常是由于他们容易受别人意见的影响。他们把报纸上的看法和邻居间的闲谈当成了自己的思想，而事实上，舆论是世界上最廉价的商品，每个人都有许多现成的看法可以提供给任何愿意接受的人。如果你在下决心时，被这些意见所左右，那么，你干任何一行都不会成功，更不用说将自己的欲望转变为财富了。

当然，如果你被别人的意见所左右，那么，你也就不会再有自己的欲望了。

在你开始把本书的原则付诸实施时，你一定要拿定自己的主意并贯彻到底。除了你“智囊团”的成员之外，不要太过于相信别人。而“智囊团”的人，必须是对你完全了解、并与你有着共同目标的人。

你的朋友和亲人，可能并不是想阻拦你，但他们的“意见”和一些开玩笑似的嘲弄却会妨碍你。成千上万的人终生都有自卑感，其原因就是由于某一位好心而无知的亲友，用他的“意见”或嘲弄毁掉了他们的信心。

你有自己的头脑和意志，完全可以利用它们来完成你的决心。如果你需要从别处获得帮助，那也不必大肆喧哗。你要悄悄地去获取你所需要的东西，不要暴露目的。

一知半解或略知皮毛却装出一副大有学问的样子，这就是人的弱点。这种人通常高谈阔论而听不进别人的意见，你对此要保持警觉，不能多言，从而养成迅速决断的习惯。凡是喜欢说的人，往往行动就少。如果你讲的比听的多，你就会失去许多积累知识的机会，并且还会暴露自己的计划与目的。别人会因为各种原因而希望你失败。

你还要记住：你如果在一位极有学问的人面前开口说话，那你就是在暴露自己的底牌，显示着自己的学问深浅。真正的智慧通常是在谦虚与沉默中表现出来的。

还要记住这个事实：和你结交的人往往和你一样，也在寻求积累财富的机会。如果你随便将自己的计划说出来而不知节制，你也许就会惊讶地发现，别人已经先你一步采取了行动。等下次再见，他已经实现了你无意中讲出来的计划，从而使你的目的归于失败。

做一个沉默的行动者吧！

你如果采纳这一忠言，为了提醒自己，便可以把下面的这句格言写成大字，然后张贴在你每天都能看见的地方：我可以向世界宣告我做什么，但是先要用行动表现出来。

重要的是做，而不是说。

自由或死亡的决心

决心的价值，要视这一决心所需要的勇气而定。作为文明基础的伟大决心，往往是需要冒着死亡的危险。

林肯决心发表他著名的《黑奴解放宣言》，给予美国黑人以自由时，他就是在充分了解他的行动会引起成千上万人的支持或反对的情况下，才决定的。

苏格拉底决心喝下那杯毒酒是一个勇敢的决定。这个决定使社会发展的时间提前了1000年，从而赋予了当时尚未出世的人们以思想和言论自由的权利。

李将军在决心与北方分道扬镳、站到南方的一边时，也充分表现了他的勇气。因为他知道，这个决定可能会使他付出自己的生命，而且也必须要牺牲一些人的生命。

冒着绞刑危险的56人

就美国公民而言，前所未有的决心表现在1776年7月4日，在费城由56人所签署的一份文件上。这些人知道，这一文章如果不能给每个美国人都带来自由，结局就是“把56人都吊死在绞架上”！

你可能听说过这份著名的文件，但你可能没有充分考虑过这里面所包含着的伟大启示。

我们都记得这个重大决定的日期，但是我们不知道下这个决心时所需要的勇气。我们知道的仅是在学校中学习过的历史：我们知道他们的姓名和之后的战斗日期；我们知道华盛顿和康沃利斯。但是我们可能还不知道这些人名、地名和日期背后的真正的力量。

对此，历史学家们有的完全忘却，有的只是稍稍提及了那股不可抗拒的力量。这真是一大不幸！这力量使一个国家诞生，使人民获得了自由，并为全人类树立了独立的榜样。

我们简单地看一看产生这股力量的许多事件。故事的开始是在波士顿，日期是1770年3月5日，在街道上巡逻的英国士兵欺压当地市民，引起了市民的愤怒。他们呼喊口号，对巡逻的士兵投掷石块，结果英军指挥官命令：“给我上刺刀，冲！”

战斗在继续，许多人死亡或受伤。这件事使市民们的愤怒情绪更为高涨，于是地方议会（由有地位的殖民者组成）召开会议，商讨具体办法。这时议会中两位议员，约翰·汉考克和萨莫尔·亚当斯站起来发言，宣称必须采取行动，驱逐波士顿的英军。

请记住：这两个人的发言可以正式称之为美国自由的开端！在当时，他们的这一决定需要有很大的勇气，因为这是一个非常危险的决定。

在议会休会前，萨莫尔·亚当斯被指派前往拜访当地总督赫钦森，要求英国部队撤退。

请求被批准了，英国军队撤出了波士顿。但是这一事件并未完结，反而引出了一个改变整个人类文明倾向的趋势。

“智囊团”的组成

在这段历史里，理查·亨利·李是一个重要的因素，因为他与萨莫尔·亚当斯经常有书信来往，他们常就地方上人民的生活福利问题交流他们的忧虑与希望。亚当斯从这些通信中想出了一个主意：如果在这13个州之间互相保持通信的话，那对于解决殖民地问题所需要的协调行动，就一定会有很大的帮助。于是在波士顿和英军发生冲突之后的1772年3月，亚当斯向议会提出了他的意见，要求在各殖民地之间成立一个“通信委员会”，每个殖民地州都指定一位通信人，“以友好合作改善英属美洲殖民地为目的”。

这是意义深远的一个组织的开端，这个组织的力量注定要使我们获得自由。“智囊团”组成了，它包括亚当斯、李和汉考克。

“通信委员会”诞生了。各殖民地的人民原先只对英军开展无组织的斗争，就像波士顿暴动事件一样，得不到什么好处。他们个人的怨恨从未在一个“智囊团”的领导之下发挥过整体力量。而现在人民的智慧、灵魂与肉体结合起来，在一个共同的决心（信念）之下，一劳永逸地解决与英国人的问题。

与此同时，英国人也没有闲着，他们考虑对策，制定了一些反应与控制计划。他们的优势就是金钱与军队。

改变历史的一次决定

英王任命加琪接替赫钦森为马萨诸塞州的新总督。新总督的第一个行动，就是派人去访问萨莫尔·亚当斯，企图用恐吓的方法来阻止他的反对。

我们最好引用芬登上校（加琪所派的代表）与亚当斯之间的对话，来充分了解当时所发生的事。

芬登上校说：“亚当斯先生，加琪总督授权于我，让我向你保证可以给你满意的利益和权力（想用贿赂来拉拢亚当斯），只要你能发誓停止反政府的行动。总督要我向你忠告，不要引起英王更大的不快。你的行为可以使自己受到亨利八世法案的刑事处分，依照这个法案，我们可以把你押送到英国，以叛逆或政治犯的名义进行审判。当然，这要由总督来决定。所以你只要改变自己的政治路线，就可以得到极大的个人利益，还可能与英王修好。”

萨莫尔·亚当斯这时有两种选择：一是停止反对行为，接受贿赂；二是继续反对，冒着被判处绞刑的危险！

显然，亚当斯必须立刻做出决定。这个决定可能要以他的生命为代价。亚当斯当时要求芬登上校保证将他的答复一字不漏地转告给总督。

亚当斯的回答是：“你可以告诉加琪总督，个人的利害得失绝不能引诱我放弃对国家的责任。再请你告诉加琪总督，这是萨莫尔·亚当斯给他的忠告，希望他不要再侮辱被激怒了的人民的感情！”

加琪总督得到了亚当斯的这个答复之后，大为愤怒。他发表了一份公告，这份公告说：“以陛下之名在此昭示天下，陛下将给予他的臣民最宽厚的赦免。不予赦免的只有两人，即萨莫尔·亚当斯与约翰·汉考克。他们两人罪恶深重，理当重罚，绝不宽恕。”

用现在的话来说，当时的亚当斯和汉考克两人是处于四面危机的状况之中。这位愤怒的总督的威胁，促使他们两人下了同样的决心。他们匆匆召集忠实的跟随者，举行了一次秘密会议。在人到齐后，亚当斯把门反锁，将钥匙放进口袋，然后对在场的人说，组织殖民地议会之事已刻不容缓，在没有对此事达成协议之前，谁也不能离开这个房间。

这引起了一阵极大的骚动。有人在衡量这种激进行动所可能产生的后果；有人对反抗英王这一“明确决心”是否明智表示怀疑。被锁在房间里的人中，只有两个人没有恐惧，他们对于失败的可能性毫不畏惧，他们便是亚当斯和汉考克。凭着他们的智慧和影响力，这一决定终于获得了其他人的同意。通过“通信委员会”的安排，于1774年9月5日在费城举行了“第一次大陆会议”。

请牢记这一日子。这日子比1776年7月4日更为重要，因为如果没有大陆会议的“决定”，就不会有《独立宣言》的签字。

在举行首次大陆会议之前，在另一地区的一位领袖托马斯·杰斐逊正在为出版他的《英属美洲权利之浅见》一书而苦恼。杰斐逊与当地英王代表邓莫尔爵士的关系，就像亚当斯、汉考克同他们的总督之间的关系一样糟糕。

在他那本著名的书出版之后，杰斐逊被告知，他将以对英王政府的叛逆的罪名而被控告。杰斐逊的一位同僚本杰克 · 亨利在这一威胁面前，激动地吐露了他的心声。他只用一句话表示了他当时的所有心情，这句话以后一直流传了下来："如果这就是叛逆，那就让我们充分地利用吧！"

当时，严肃地坐着讨论各殖民地命运的，便是这些无权无势、没有军队也没有金钱的人。从第一次大陆会议开始，以后每隔两年举行一次。1776年的6月7日，理查 · 亨利 · 李站起来，他的提议震惊了全场。他说："各位，我提议这些联合的殖民地，应该有权利成为自由和独立的州，并与英国解除一切臣属关系，包括解除这些州与英国的所有政治关系。"

曾在书面上记载的最重大的决定

李的惊人的提议引起了热烈的讨论。由于讨论的时间太长，李失去了耐心。在经过数天的辩论之后，他再度站起来发言，用坚定有力的声音说："议长先生，我们讨论这个问题已经有好几天了。这是我们唯一可行的办法，为什么还要拖延呢？为什么还要讨论呢？让快乐的今天成为美利坚合众国诞生的一天吧，让它站起来，不再被征服、被蹂躏，建立起和平与法律的统治。"

在他的提议被表决之前，因为家人病重，他回到了弗吉尼亚。但他在离去前，将此事交给了他的朋友杰斐逊，杰斐逊答应奋斗到底，直到大会采纳这项提议。这之后不久，会议主席汉考克便指派杰斐逊为起草《独立宣言》委员会的主席。

这个委员会在很长的时间里艰难地草拟了这一文件。这一文件如被大会通过，即意味着与英国的一场血战即将来临，而如果各殖民地失败的话，那么凡在文件上签名的人，都等于是给自己签署了死亡证书。

文件拟好后，6月28日，原稿在大会中宣读。之后的几天又进行了讨论、修改和定稿。1776年7月4日，托马斯 · 杰斐逊在大会上无畏地宣读了这一记载在文件上的、空前重大的决定。

在人类历史的发展过程中，当一个民族有必要解除另一民族所加的政治束缚，并与世界列国处于上帝所赋予的独立平等的地位时，为了尊重人民的意愿，该民族必须宣告脱离原有的政治束缚……

杰斐逊读完后，该文件即被表决通过，并由56个人签了名，每个签名的人都是用他们的生命为自己的决心下了赌注。由于这一决定，一个国家诞生了。

分析导致《独立宣言》产生的这些事件，你便可以相信，目前在世界上受到尊敬的、具有强大力量的国家，乃是诞生于由56人组成的“智囊团”所做出的一项决定。保证华盛顿的军队胜利的，正是这个决定。因为这个决定的精神存在于每个跟随华盛顿的革命者的心中，它是一种不承认失败的巨大力量。

但要注意，给美国以自由的那种力量，也就是我们每个人在进行自我决断中所不可缺少的力量。从《独立宣言》的产生中可以发现，这种力量的存在至少包括了六个方面：欲望、决心、信心、支持、智囊团和有组织的计划。

只要你知道自己所要的是什么，通常都可以得到

在这些事例中，你自始至终都可以找到的启示是：在强烈的欲望所支配下的思想，常常会通过行为而转变为等价物。不要期待奇迹的出现，因为你不会发现奇迹。你能发现的只是永恒的自然法则。对这些法则有信心也有勇气去利用的人，法则便会为之所用。这些法则可以给一个国家带来自由，自然也可以给一个人带来财富。

凡能迅速决断的人，只要知道自己所要的是什么，通常都可以得到。如果各种行业的领导人在决断时的言行显示出他明确的目的，世界就会为他保留一席之地。

犹豫不决的习惯通常产生于童年时代，这种习惯会从小学、中学一直延续到大学，结果变得难以改变。这习惯会伴随着人们去选择（如果真是他所选择的）职业。通常，刚出校门的青年，都抱着先找一个工作再说的念头。找到什么工作就做什么工作，就是因为他已经养成了犹豫不决的习惯。在今天为工资而工作的100个人中，之所以有98个人安于他们的现状，就是由于他们优柔寡断，缺乏自己去选择工作的决心。

下决心要有勇气，甚至是很大的勇气。在《独立宣言》上签字的56个人，便是用生命为决心下了赌注。而为了谋取职业，向人生索取自己的价值所下的决心，并不需要以生命为赌注。你的赌注只是你的经济状况。如果你能以当年萨莫尔·亚当斯为殖民地争取自由的精神来谋求财富，那你就一定能够积累财富。

说上千言万语，也不如一次实际行动。能果断下定决心并知道自己要什么的人，通常能得到常人所要的东西和常人得不到的东西。

思考致富第八步：毅力

毅力——

坚定信心，不断努力，

这是走向财富的第八步！

在将欲望转变为财富的过程中，毅力是一个不可缺少的因素。这种坚强的毅力是百折不挠的。

当意志和欲望结合的时候，它们就会形成一股不可抗拒的力量。财富巨大的人通常被认为冷漠或无情，这是一种误解。事实上，他们是具有坚强意志的人，他们能在自己欲望的激励下，实现自己的目标。

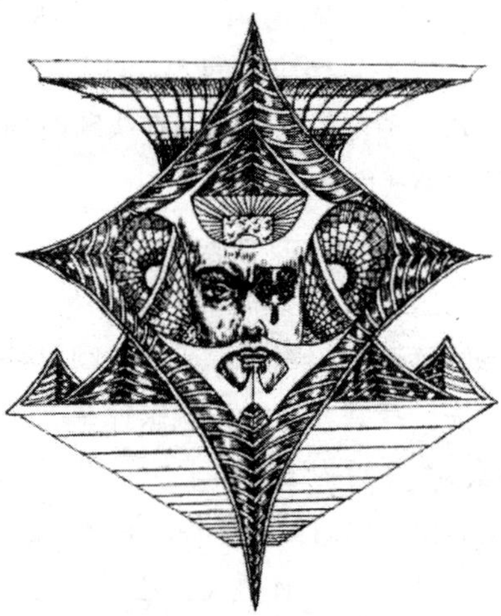

大多数人只要稍微碰到一些反对或挫折就会轻易地放弃自己的目标。只有少数人能够不断克服阻力继续前进，直到实现他们的目标为止。

“毅力”这个词，也许不包括英雄式的含义，但是人类需要这种气质，就像钢铁需要碳素一样。

考验你的毅力

如果你阅读本书的目的是应用本书所传授的知识，那么，对你毅力的首次考验，便是看你是否按照第二章中所陈述的六个步骤去认真做了。一般来说，100个人中只有两个人会在看完本书之后，形成了自己的明确目标和计划；而大多数人在看完本书后照旧过着自己原来的生活，并不按照书中所传授的知识去行动。

缺乏坚强毅力是失败的主要原因之一。对数千人的调查证明，缺乏毅力是失败者的共同弱点。克服这个弱点，需要做许多努力，其中最主要的，是要看你欲望的强烈程度。所有成就都是以欲望为出发点的。微弱的欲望产生微弱的成果，正如微火只能烘暖你的手一样。如果你发现自己缺乏坚毅的精神，那么补救这个缺点的方法就是在你欲望的下面燃烧起熊熊大火。

如果你已经按照第二章中的六个步骤去做了，那么从你行动的热情中可以明确地显示出，你积累财富的欲望究竟有多大。如果你发现你对于金钱无动于衷，那么你就可以确定自己还缺乏积累财富的“财富意识”。

只有具有“财富意识”，才能积累财富。

如果你发现自己缺乏坚毅的精神，还可以把注意力集中在“力量”一章的指示上，并让“智囊团”来协助你，凭借着团体成员的合作与努力，培养出自己的坚毅精神。根据“自我暗示”和“潜意识心智”两章中的陈述，你应当使自己的欲望成为一种长久的习惯，直到你的潜意识完全接受为止。从那时起，你就不会再存在缺乏毅力的问题了。

因为，在你醒着或睡着的所有时间里，潜意识是始终工作着的。

你具有的是“财富意识”还是“贫穷意识”

断断续续或偶尔地应用本书中的这些原则，对你是无用的。要产生效果，你就必须运用所有这些原则，直到这些原则成为你内心固定的习惯为止。除此之外，没有其他方法能让你培养出“财富意识”。

凡是习惯于贫穷的人，贫穷就会挥之不去；而在心中渴望财富的人，金钱也就会找上他，两者的道理是一样的。“财富意识”不占据心灵，“贫穷意识”就会来占领。你有了贫穷者的行为，便会培养出“贫穷意识”。除非一个人天生具有“财富意识”，不然，他就应该努力培养出这种意识，并使其处于主导的地位。

如果你充分理解了这些话，你就可以明白百折不挠的精神在积累财富中的重要性。没有坚毅的精神，你还没有开始就已经失败了；而具有了这种精神你便会胜利。

如果你曾经历过噩梦，你就能认识坚毅精神的价值。那时你躺在床上觉得自己将要窒息，无法翻身，肌肉也麻木了。你知道你必须开始恢复对自己肌肉的控制。凭着坚强的意志，你终于使自己的一个手指活动了，然后扩大到一条手臂，另一条手臂；一条腿，另一条腿。最终，你恢复了对全身肌肉的控制，从噩梦中惊醒过来。这些都是逐步完成的。

如何从你的精神懒惰中“惊醒”

你也许会发现，你要从精神懒惰中“惊醒”。最初，同样是要慢慢地动，然后加速，直到你完全实现对意识的控制为止。在开始的时候，无论运动是多么的困难，你都必须坚持。只要有坚毅的精神，成功便会到来。

凡是具有坚毅精神的人，似乎都享有不会失败的保险。不论他们曾经失败过多少次，最终都能走向目标的顶端。这会使人觉得好像有一个看不见的圣者，他总是用各种令人沮丧的失败来考验人们。那些失败后能再爬起来的人总能成功，而经不起考验的人，则无法获得成就。

凡是经得起考验的人，都会因为他的毅力而获得丰厚的报酬。他们能够实现自己所追求的任何目标，并获得比物质报酬更为重要的东西——幸福和智慧。

超越失败

只有少数人是坚忍不拔的。这些人承认失败只是一时的，他们依靠顽强的欲望而使失败转化为胜利。我们站在人生的轨道上，目击绝大多数的人在失败中倒下去，永远不能再爬起来。对此，我们只能总结说，一个人没有毅力，那他在任何一行中都不会得到成就，在任何一个地方都会倒下。

写到这里，我从纸上抬起头来，看到了神秘的百老汇。它是“死去的希望坟场”，也是“机会的长廊”。世界各地的人来到百老汇，寻求声誉、财产、权力和爱情。每隔一段时间，在寻求者的队伍中就会有人脱颖而出，于是世界上就传说又有一人征服了百老汇。百老汇不是轻易能够征服的。只有一个人在拒绝“放弃”之后，它才会承认他的才智与天分，并给予财富报酬。

这就是征服百老汇的秘诀，这秘诀就是毅力。

芬妮·赫斯特奋斗的故事说明了这些秘诀，她用毅力征服了百老汇。赫斯特小姐于1915年来到纽约，想依靠写作来积累财富，但这个过程很漫长，整整耗费了她4年时间。在4年里，赫斯特摸熟了纽约的人行道，她白天用来打短工，晚上耕耘希望。在希望黯淡时，她没有说：“好啊，百老汇，你胜利了。”而是说：“好的，百老汇，你可以击败某些人，但却不能击败我，我会让你认输的。”

在她的第一篇稿子发表前，曾收到过36张退稿单。普通的人在接到第一张退稿单时，便会放弃写作了。而她却坚持了4年之久，决心要获得成功。

终于，赫斯特小姐成功了。她战胜了困难与时间的考验。从此以后，出版商纷纷登门求稿。钱来得太快，她几乎都来不及数。接着电影界也发现了她，从此辉煌的成就就如江水似的滚滚而来。

因此凡是想积累财富的人，都必须具有百折不挠的精神。百老汇对于任何一名乞丐都给予一杯咖啡和一块三明治，而对于寻求大赌注的人，它却要求他们有毅力。

凯蒂·史密斯读到这里时，一定会说“阿门”。在许多年里她曾没有钱和地位，只能在麦克风前演唱。但她不怕失败，抓住了机会，终于向百老汇要了一个大价钱。

你能够培养你的毅力

毅力是一种心理状态，它是能够培养的。像其他各种心理状态一样，毅力需要有明确的动机为基础。这些动机包括：

一、明确的目标。一个人知道自己所希望的是什么，是培养毅力的第一步，也许是最重要的一步。一种强烈的动机可以促使人们克服许多困难。

二、欲望。如果欲望强烈，得到和保持毅力就比较容易。

三、自励。相信自己有能力实现这个计划，并激励自己克服实现计划中的任何困难。

四、明确的计划。有组织的计划可激发毅力，即使这些计划是有缺陷的、不完善的。

五、落实计划。要细致地观察与分析，而不要以猜测来代替。

六、合作精神。互相之间达成谅解与和谐的合作，可以培养毅力。

七、意志。将自己的思想集中到明确的计划上，也可以产生毅力。

八、习惯。毅力是习惯的结果。人类的意识会吸收每天所获得的生产经验，并使自己成为这些经验的一部分。比如对于恐惧，我们就可以凭借强制的勇敢行为来克服。

分析一下你自己的毅力

在结束毅力这个题目之前，分析一下你自己，看看你的毅力如何。要拿出勇气来认真地评判自己，看看在上面八点毅力中，你缺少什么，这会让你增加对自己的了解。

由此你会发现妨碍你获得成就的真正敌人，你会发现自己毅力上的弱点和造成这些弱点的潜意识原因。如果你真的希望了解你自己以及你的能力，你就必须勇敢地反省检讨。所有想拥有财富的人，都必须克服这些弱点。这些弱点由以下一些方面组成：

一、不知道以及不能明确说出自己所希望的是什么。

二、有原因或无端的拖沓（通常会用许多借口与理由来掩饰）。

三、对于获取专业知识不感兴趣。

四、犹豫不决，在所有的场合都推诿责任（会有一大堆借口），不敢正视问题。

五、不能制定明确的计划去解决各种问题。

六、自我满足。这种病无药可救，患此毛病的人毫无希望。

七、冷淡。这种弱点一般表现为对所有的事都只求妥协，而不想抗争。

八、将自己的错误归咎于别人，并甘于在不利环境中生活。

九、缺乏强烈的欲望。这是因为没有选择可以刺激行动。

十、有欲望，但一遇挫折就打退堂鼓。

十一、缺乏完善的有组织的计划，不能将其写到书面上加以分析。

十二、不能当机立断抓住机会，以便采取行动。

十三、以祈求代替意愿，却不知行动。

十四、安于贫困的心态，没有获取成就的雄心。

十五、试图寻找发财的捷径，想不用努力便得到钱财，有一种赌徒心理。

十六、怕人批评。不愿制订计划并将计划实行，怕别人给予批评。怕人批评的原因往往隐藏在潜意识中，说到底这是一种弱者的自卑。

如果你怕批评

我们来看一些怕别人批评的结果。

大多数人选错了婚姻对象，又不愿解除婚姻，于是一辈子过着可怜而不愉快的生活，因为他们怕改正这个错误会受到别人的批评。其结果，这种婚姻毁掉了一个人的抱负和可能的成就。

数以百万计的人们在离开学校之后，便不再考虑继续受教育，就是因为怕别人的批评。

无数的男女老少在尽责任的名义下，让亲属们毁掉了自己的人生，这也是因为他们怕批评。

人们拒绝在事业中冒风险，因为他们怕失败之后招致别人的批评。在这种情形下，人们对批评的恐惧超过了对于成功的愿望。

许多人不想给自己提出远大的目标，甚至不愿从事一项事业，因为他们怕别人的批评。他们会说："不要把目标定得那么高，别人还以为你疯了呢！"

当安德鲁·卡耐基建议我以20年的时间来编写个人成功的哲学时，我最初的思想冲动便是怕别人会说些什么话。因为这个目标和我所想过的愿望太不成比例了。于是我闪电般地想出了一些借口与托词，而深究这些借口与托词，都与怕别人批评有关。我在内心里对自己说了一大串话："你不能做这件事——这件事太大了，需要的时间又很长。你的亲友会对你怎么看？你将如何谋生？从来没有人写过这样的书，你凭什么相信自己能写出来？你有什么能力要把自己的目标定得那么高？要记住你出身卑微——关于哲学你什么也不懂，别人会认为你疯了（确实有人这样认为），因为在这之前并没有人做这件事。"

这些想法使我感到好像全世界都突然把注意力集中到了我的身上，他们在取笑我，要我放弃卡耐基提出的建议。

当时，很有可能我自己就把这个建议给扼杀了。后来我发现，许多人都是这样的，他们的想法往往只是一个死婴。只有立刻行动，制定明确的计划，才能使想法具有生命的呼吸。要让一个想法生存下来，只有在它初现之际就紧紧地抓住它，并且马上去行动。若怕别人的批评、指责、讥笑，那么你的所有理想都会化为泡影。

机遇是能预定的

许多人相信物质上的成功是机遇的结果，这有一定的道理。但是完全依赖运气的人，则最终要失望。因为他们忽视了一个重要的因素，一个人要成功必须具备的因素，那就是：机遇是要预定的。

在经济危机时期，喜剧演员W．C．菲伍德没有工作也没有收入，而他以前赖以生活的赚钱方式——轻松喜剧，已不再管用，而且他的年龄已经超过60岁，许多人在这个年龄都已经自认为老了。但他渴望东山再起，想在一个新的事业领域（电影）中找一份工作。然而祸不单行，他又跌了一跤，伤了脖子。多数人到了这种地步已经是万念俱灰了，菲伍德却不屈服。他知道只要坚持下去，机遇就迟早会来到。结果，他真的得到了运气。

玛丽·屈丝勒在将近60岁的时候，发现自己垮了，身无分文又没有工作。于是她寻找机遇，终于凭借其毅力在晚年得到了惊人的成功，尽管她的年龄要比别人大得多。

艾迪·康泰在1929年的股票危机中倾家荡产，但他依靠自己的毅力和勇气得到了每周1万美元的工作！真的，一个人如果有不屈不挠的精神，即使有其他方面的不足，也将能过上好日子。

因此世界上所有的机遇，都是靠自己的努力得到的。这种机遇需要有明确的目标和顽强的毅力。

机遇就像机票，它是可以预定的！

培养毅力的四个步骤

培养毅力有四个简单的步骤。实施这些步骤并不需要高度的智力，也不需要太多的条件，亦无需花大量的时间与精力。这四个步骤是：

一、在欲望的支配下建立明确的目标。

二、制定完整的计划并开始付诸行动。

三、摒弃一切否定的、沮丧的、影响心理的因素——如亲朋好友的消极反应。

四、与鼓励你实现自己计划的人结成同盟。

要在各种职业中成功，这四个步骤是必要的。本书的总目的，就是使你能把这四个步骤培养成自己的习惯。

你可以用这些习惯来掌握自己的经济命运。

这些习惯会使你产生自由与独立的思想。

这些习惯会使你积累财富。

它们会产生权力、名誉与社会的赞扬。

它们会给你带来好的机遇。

它们会把理想变为现实。

它们能使你克服恐惧、沮丧和冷漠。

凡是能用这四个步骤去克服困难的人，都会获得好报酬。一个人努力地向世界索取自己所要求的价值，乃是他作为人类的特权。

如何克服困难

是什么神秘的东西使坚毅的人具有克服困难的能力？是他有超自然的力量？还是他有无穷的智慧？

我曾经观察过亨利·福特这类人士，他们赤手空拳起家，建立了无与伦比的工业王国。他们开始时除了毅力什么也没有。爱迪生只受过不到三个月的教育，便成了世界上首屈一指的发明家。他将毅力转化成了留声机、电影放映机、白炽灯等各种东西。

对于福特和爱迪生，我进行了很长时间的观察与研究。我终于发现他们除了毅力之外别无所有，他们惊人的成就的主要源泉就是毅力。

我对过去的贤者、哲人和宗教领袖们进行研究，也发现了这样的结论。那就是：毅力、努力和明确的目标是他们成就的主要因素。

让我们来看一看奇异而有趣的穆罕默德的故事，分析一下他的一生并与其他的人进行比较，就会发现他身上那种突出的气质：毅力！

不信你可以读穆罕默德的传记，尤其是依萨德·贝所写的传记。下面所记载的便是《先锋论坛》的汤姆斯·苏格鲁为该传记所写的书评。而有心的读者可以从中看到一个坚忍不拔的榜样。

《最后一位伟大的先知》

汤姆斯·苏格鲁

穆罕默德是一位先知，但他却从未展现过奇迹。他不是一位神秘主义者，也从未受过正式的教育。他直到40岁时才开始传教工作。当他宣称自己是神的使者，带来了真正的真主福音时，受到了人们的嘲笑，并被视为疯子。孩子们使坏绊倒他，妇女们向他投掷泥块。他被放逐出他的家乡麦加，他的信徒的财产被剥夺，之后他又被流放到了沙漠。他传教10年毫无收获，只获得流放、贫穷和嘲笑。但是到第二个10年尚未结束时，他却成了阿拉伯世界的统领者——麦加的统治者和一个新的世界性宗教的领袖。这个新宗教一直横扫到多瑙河和比利牛斯山一带时，它的冲击力才渐渐消失。这个冲击力有三个方面：语言、祈祷、人与神的同族关系。

穆罕默德的经历是微不足道的。他出生在麦加的一个败落的世家中。由于麦加是世界的十字路口，是黑石圣堂的所在地，是一个贸易城市和贸易路线的中心，所以它是一个“有碍健康”的城市，城里的小孩都被送到沙漠里，给游牧的阿拉伯人抚养。穆罕默德就是从游牧民族奶娘的奶水中汲取了力量与健康。他照看羊群，后被一位富有的寡妇雇用，担任她商队的领队。他在世界各地旅行，和各种不同信仰的人们谈话，并目睹了基督教各个宗派之间的战争。在他28岁的时候，寡妇卡迪佳爱上了他并与他成婚。由于她自己的父亲反对这桩婚姻，她便让穆罕默德的父亲来主持婚礼。在这之后的12年中，穆罕默德是一位富有的、受人尊敬的商人。后来他到沙漠中漫游，有一天带回了《古兰经》中的第一首诗。他告诉卡迪佳说，天使在他面前出现，并说他将做神的使者。

揭示神的语言的《古兰经》，是穆罕默德一生中发生的近似奇迹的事。他并不是诗人，也没有使用的才能，但是他从神身上得到的，并朗诵给信徒们听的《古兰经》的诗句，比各民族的职业诗人所创作出来的诗句都好。阿拉伯人认为，仅这一点便是奇迹。他们认为使用语言的才能是最大的才能，诗人的力量是最伟大的。

但是《古兰经》中所说的所有的人在神的面前都是平等的，世界应当是一个民主的国家——这些伊斯兰的政治异说，以及穆罕默德希望毁去黑石圣堂里的360尊偶像，导致了他被放逐。

这些偶像是沙漠民族带到麦加来的，其意义在于贸易。所以麦加的商人攻击穆罕默德，他只得退居沙漠，并在那里准备谋取世界的主权。

伊斯兰终于兴盛起来了。从沙漠上燃起了一股不灭的火焰——一支民主的军队，他们万众一心地进行战斗，随时准备慷慨赴难。穆罕默德邀请犹太教与基督教徒和他携手合作：因为他所创造的并不是一种全新的宗教。他要求所有信仰神的人都团结在一起。如果犹太教与基督教徒和他合作，那么伊斯兰教已经征服了全世界。但他们没有合作，没有接受穆罕默德的战争邀请。他们只接受了伊斯兰教的一个观念——在大学里。

请记住：阻挡在你和成功之间的敌人是缺乏毅力，你要勇敢地反省、检讨自己缺少毅力的原因，然后逐一克服它们，以培养你的毅力，除此之外别无他途。

思考致富第九步：智囊

智囊——

集体的知识与智慧，

这是走向财富的第九步！

力量是积累财富的基本条件，“智囊团”正可以提供这种力量。

没有足够的力量将计划转变为行动，那么计划就是空中楼阁。本章所要陈述的是，个人怎样去获得力量，以及使用力量的方法。

在这里不妨对力量下一个定义：有组织的经过“智囊团”指导的共同努力，足以使一个人把他的欲望转化为财富。两个或两个以上的人，为了同一个目标，在合作的状态下产生了组织，即成为“智囊团”。积累财富需要这种力量！财富积累后，要保存这些财富，也需要这种力量！

我们来看看这种力量应该怎样得到。首先我们要认识一下知识的来源：

一、智慧。如创造性的想象力等。

二、积累的经验。可以从图书馆和课堂上获得的人类积累的经验。

三、实验与研究。科学技术提供的事实与经验。

这就是知识的来源。凭借知识制定计划，并将计划付诸行动，就可以把知识化为力量。

从这里也可以看出，只依靠一个人的力量来汇集知识用以制定计划，会遇到很大的困难。如果他的目标很大，那么他在制定计划时就必须与人合作，用集体的智慧来形成力量。

凭“智囊团”获得力量

依靠“智囊团”，也就是依靠集体的知识与智慧。由此而凝聚的力量将是巨大的。选择“智囊团”时要特别谨慎。

我们先在这里解释“智囊团”的两个特性。其一是经济性，其二是精神性。经济性的一面很清楚，任何人只要能得到“智囊团”全心全意的协助，给他建议、忠告及合作，他就能获得经济利益。这是所有巨大财富积累的基础，你了解了这一点，就能决定你的经济地位。

“智囊团”的精神性。下面的这段话或许会使你得到一些启示：“两个人的心智放在一起，就会产生第三种看不见的无形力量。我们可以把它叫作第三个心智。”

人的心智是一种能，它部分属于精神性。当两个人的心智在和谐的状态下相融合的时候，他们的精神便结合在一起，构成“智囊团”的精神特点。

我的这本书的写作，就是在20多年前由于安德鲁·卡耐基的提议和我的精神产生了共鸣之后所产生的。

卡耐基的“智囊团”约有50人。卡耐基把他获得财富的原因完全归功于这个“智囊团”所产生的力量。

我们再观察一下所有积累了庞大财富的人，就会发现他们几乎毫无例外地奉行了依靠“智囊团”的原则。

因为除此之外，再也不可能从其他的地方产生如此巨大的力量了！

如何使你的脑力倍增

人的头脑可以比作一个蓄电池，而一组蓄电池所产生的电流毫无疑问要远远大于一个蓄电池所能产生的电流。

一组以和谐精神结合在一起的头脑，要比单个的头脑产生更多的思想能量。它既可以产生集体的力量，也可以启发他们中的每一个人，让集体的智慧供他所用。

人人都知道亨利·福特在开始他的事业时，曾遭遇了贫穷与缺乏教育等困难。人们也都知道，10年之内他克服了这些困难，使自己在25年后成为美国最富有的人。福特就是在成了爱迪生的朋友之后，才使自己的事业有了大的进步。由此可见，一个人的智力对另一个人智力的影响有多大。而福特在与哈维·法尔斯通、约翰·乔伊斯及路德·波明克（三人均有高智力）结交为朋友之后，事业取得了更辉煌的成就。

在友善与和谐的精神状态下，人们会学到他们所结交的人的天性、习惯与思考力。福特与爱迪生等人的交往就是如此，他集四人的智慧、经验、知识于一身，开创了巨大的事业。

你也可以利用这个原则！

我们已经提到过甘地。他就是在和谐的精神状态下，促使2亿人民同心协力，为了一个共同的目标而努力奋斗。在这种意义上，甘地创造了一个奇迹，他使2亿人民团结了起来。如果你不相信这是个奇迹，那么你可以试着让两个人团结起来，看看这是多么的困难。

搞企业管理的人都知道，让所有的工人和谐地工作，是一件多么不容易的事。团结起来，集全体的智慧于一起，向着一个共同的目标努力，乃是力量的最大来源。天才和领袖们都需要这种来源。

在以后各章中，对于获得集体智慧的方法，会有适当的阐述。

你在读到这些时，要想，要深思，这样你才会有收获。

积极情绪的力量

财富是害羞的、容易溜走的，它必须靠追求才能得来，就像小伙子追求姑娘一样。它要求追求者有欲望、有信心、有毅力，还要有计划、有行动。

对整个人类来说，好像有一股看不见的巨流。这股巨流有两个方向，一边把人们载向进取、向上和财富的一方；另一边则把人载向堕落、悲惨与贫穷的一方。

凡是积累了巨大财富的人都知道这股巨流。它包含了一个人的思想过程。积极的思想使人走向幸福的一端；消极的思想则使人坠入贫穷的一端。

以积累财富为目的的人，对这个关系重大的问题不能掉以轻心。如果你是在向贫穷的一端漂去，那么我告诉你，“思考致富”的这种思想可以成为一把桨，使你划向巨流的另一端。但要注意这种努力不能间断，否则毫无用处。

> 快乐从行动中得到，
> 并保存在继续之中。

有组织、受智慧引导的知识便是力量，它能推动计划以取得成功。“智囊团”正可以提供这种力量。

思考致富第十步：神秘的性

神秘的性——

性欲的转移和升华，

这是走向财富的第十步！

这里所提到的性，是一种心理状态。

由于一般人对这个题目普遍无知，所以它通常被牵扯到肉体方面去；更因为大多数人在获得性知识时受到不正确的影响，造成人们思想上对性的重大偏差。

性的感情的背后有三项建设性潜力做后盾，这三项潜力是：

1.人类的永恒。

2.健康的维护（如果把性当作药剂，没有任何药品比得上它）。

3.把凡人经由性变化成天才。

性转化是简单而容易解释的。它的意思是指，把一个人的思想转移到其他某些性质上。

性欲望是人类欲望中最有力量的一项。当人们受到这项欲望的驱使时，常会发展出他们以前未曾拥有过的深刻想象力、勇气、意志力、毅力以及创造力。渴求性接触的欲望是如此强烈而紧迫，因此，人们不惜冒着失去生命与名誉的危险沉溺于其中。这股推动力若是加以利用并引导到其他方面，可以使人在文学、艺术、商业等方面获得成功。要创造财富也就不难了。

也许可以在一条河流中筑上水坝，将它的河水暂时控制一段时间，但到最后，这条河流终将冲出一处出口。性欲的情况也是一样，性欲也许可以被压抑及控制一段时间，但其本性仍然不断要求有所突破。如果不把性欲转变成某种创造性的努力，那么，它将寻求一个比较没有价值的发泄方式。

人类的浪费

根据我对25000名人士的分析，我发现，他们很少是在40岁之前就功成名就。通常，他们都是在50岁之后才开始获得财富的。此一事实令人感到十分震惊，因而促使我以最谨慎的态度去研究造成这一事实的原因。

这项研究工作透露出这个事实：为什么大多数人不会在50岁之前有所成就，主要的原因在于，他们过分沉溺于性欲的肉体表达方式，因而稀释了他们的能量。绝大多数人从来就不知道，性欲也有其他的表达方式，而且比纯粹的肉体表达方式要更为重要。获得这项发现的人，大多数都是在他们的性能力最高潮的时期（在45到50岁之前）浪费了好多年的光阴。在此时期过后，通常就会获得杰出的成就。

很多人在40岁以及40岁以后，性欲能量受到分散，如果把这些能量引导到更好的途径上，将会获得更多的利益。

性宣泄的欲望，到目前为止，是最强烈的人类情感，因此，这种欲望在被加以利用及被转变成为肉体表现以外的行动之后，可以提升一个人并成就他的事业。

性感与推销能力

有位教师训练及指导过30000多名推销人员，他获得了一项惊人的发现：高度性感的人，也正是最有成效的推销员，原因是所谓的个人“吸引力”，其实就是性能量。高度性感的人通常拥有充分的吸引力。经过培养与了解之后，这种力量可以被运用在人际关系上，即可得到较大的利益。这种能量可以经由下述方式而和其他人加以沟通：

1.握手：这种以手接触的方式可以立即显示出对方是否有吸引力。

2.声音的音调：一个人的声音是否像音乐那般悦耳，可以决定一个人是否有吸引力。

3.身体姿态与举止：性感的人行动敏捷、姿态优雅、自在。

4.思想交流：高度性感的人能够把性的情感与他的思想混合在一起，并能随意这样做，并且因此而影响到四周的人。

5.服饰仪容：高度性感的人通常对他个人的外表十分注意。他通常会很小心地选择衣服的风格，而使这种风格成为他的个性、外表、仪容等的特色。

能干的销售经理在雇用推销人员时，都是把个人的吸引力作为录取推销人员的第一项先决条件。缺乏性感力量的人永远热情不够，也不会激发别人的热烈情绪，而热情则是一个推销员最重要的素质之一，不管他所推销的是什么东西。

演说家、传道士、律师和推销员都必须设法去影响别人，所以他们若是缺乏性感吸引力，将会在他们那一行业中默默无闻。同时，大多数人只有在他们的情绪受到吸引时，才能接受别人对他们的影响。因此，在接受这一事实之后，你将可以了解，性感吸引力是推销人员天赋能力的一部分，而且相当重要。杰出的推销人员之所以能够在他那一行中出人头地，主要是因为他们在意识中或潜意识中，把他们的性感能力转变成为他们的推销热情。

解放性本能

性是大多数人最无知的一个题目。性冲动常常被无知、邪恶的人加以误解、歪曲及破坏。

幸运地拥有高度性本能,不错，是很幸运的人士，通常会被看作是必须加以注意的怪人。他们不但未被当作幸福的人，相反他们通常却被指责是不健康的人。

即使是在目前这个高度文明的时代里，仍有数以百万计的人因此而形成了自卑感，因为他们相信这种错误的观念：性欲强烈是灾祸之源。这种说法是错误的，不应该被用来解释一个人是否淫荡。

性欲只有在配合智慧与辨别能力使用时，才能算是美德。但这种美德却经常遭到误用与误会，以至于它不但不能丰富我们的身体与意识，反而破坏了我们的身体与意识。

本书作者曾经获得这样的一个极有意义的发现：几乎他所分析过的每一位伟大领袖，他们的成就大部分是在女性的鼓励下完成的。同时，在很多例子里，这种女性通常就是一位娴静、自我牺牲的妻子，一般大众很少甚至不曾知道有她的存在。在少数几个例子里，这种激励的来源可以追溯到是妻子以外的女人。

每位智慧之士都知道，经由酒类和药物所获得的刺激是一种破坏性的纵欲方式。不过，并不是每个人都知道，纵欲过度也是一种对创造力的破坏性习惯，其破坏程度和酒精或药物同样强烈。

一个过分沉迷于性欲的人，和一个借助药物提神的人，基本上并没有什么两样。这两种人都对他们的理智与意志力失去了控制。很多人的“臆想症”都是因为对性的真正作用缺乏认识而引起的。

转化性能力

很少有人能在40岁以前进入发挥高度创造能力的阶段。人们通常是在40岁到60岁之间，才达到他们创造的最佳时期。这是根据对几千名成功人士的密切观察与分析所获得的结论，应该能鼓励那些未能在40岁以前获得成功的人，也能够鼓励那些在40岁左右就害怕“老了”的人。

事实上，40岁到60岁这段时期，是一个人最丰富的时期。人们在接近这个年龄时，不应该心存恐惧，而应该带着希望与渴望的心情去迎接它。

如果你想要得到大多数人在40岁之后才会达到他们最佳时期的证据，那么，请你去研究一些大家所公认的最成功人士的生平事迹，就会找到这样的证据：

亨利·福特一直到40岁之后，才踏上他成功的台阶。

钢铁大王卡耐基在40岁以后，才开始收到他努力的报酬。

詹姆斯·希尔在40岁时，仍然是一个电报发报员，在40岁以后，他才开始有了重大的成就。

从无数著名的企业家与思想家的传记中，可以找到很充分的证明：40岁到60岁这段时期，是最有收获的时期。

在30到40岁这段时间，人们开始学习（如果他愿意学习的话）转化性能力的艺术。这种学习与发现通常是无意间发生的，而且更重要的是，人们通常完全不知道自己已经在无意中学会了这项艺术。他可能会注意到，他的工作能力在35岁到40岁左右突然大为增加，但是，在大部分情况下，他并不知道这项变化的过程：大自然在30岁到40岁之间的人身上，开始调和爱情与性欲的关系，使他得以运用这些伟大的力量，去采取正确的行动。

“性”本身就是促使人们采取行动的一股重大推动力量，但这股力量就像一阵飓风——通常是无法加以控制的。当爱情与性欲强烈地到来时，就会破坏人心情的宁静、正确的判断力与平衡的心态。一个人到40岁的年龄时，如果还不能正视它，并把它与自己的经验加以配合，还有什么比这更为不幸呢？

爱情、性欲这些情感都能够驱使一个人获得重大的成就。爱情的作用就像一个安全阀，保证我们一定能获得心情的宁静、平衡，以及获得创造性的努力。这些情感如果联合起来，会将一个人提升到天才的地位。

思考致富第十一步：潜意识

潜意识——

你潜意识的苏醒与迸发，

是走向财富的第十一步！

潜意识中包含有一个意识领域。在这个领域中，经由任何一种身体器官转达至意识的每一种思想行动，都被加以分类和记录。从这个领域可以将思想找出或者放回，如同从档案柜中取放文件一般。

潜意识是日夜工作的。通过人所不知的一种程序方法，潜意识向无穷的智慧吸取力量，自动地将一个人的欲望转变为等价的物质。

你不可能完全控制你的潜意识，但是你可将你所希望实现的计划、欲望或目的，自动地交给潜意识。请再读一遍自我暗示一章中利用潜意识一节的指示。

有充分的证据支持这样一种观念，那就是：潜意识是人的有限心智与无穷智慧之间联系的环节。它是中间的媒介，人通过它，可随时吸取无穷智慧的力量。只有它具有将心智的行动修正的功能，并具有将其转变为等价物质的秘密程序。

如何强化潜意识以从事创造性努力

与潜意识有关的创造性是惊人的，而且是不可思议的。其可能性使人肃然起敬。

我在讨论潜意识时，总是因自己的渺小而感到自怜，也许是因为人对这个领域的所知实在太少。

在你承认潜意识的存在是一个事实，并了解它可能是使你的欲望变成等价财富的媒介之后，你便会了解“欲望”一章中所提出揭示的全部意义。你会理解作者为何一再地说你的欲望要明确，并且要你将欲望写下来。你也会理解，在执行这些指示时，发挥百折不挠精神的必要性。

13个原则是刺激物，利用它们，可得到影响潜意识的能力。如果你第一次尝试未能成功，不必气馁。要懂得潜意识也许仅愿接受习惯的指导，如“信心”一章中的指示。而你尚无时间养成信心，所以要有耐性，要坚持。

潜意识是会懒惰的！如果你不能在你的潜意识中培植你的欲望，那么，由于你的疏懒，你的潜意识会接受、容纳任何思想。

在此刻，你只要记住你每天都在“活着”，活在进入你潜意识的各种思想冲动中。它们有些冲动是消极的，有些是积极的。你现在要做的工作，是去帮助自己消除消极的冲动，并借积极的欲望来帮助你主动地影响潜意识。

能够做到这点，你已握有打开你的潜意识之门的钥匙。

人创造的每样东西，都是以一种思想冲动为开端。不先在思想中孕育的东西，是创造不出来的。凭借想象力，可将思想的冲动组合成计划。所以运用在计划之下的想象力，人们当可创造出成功的事业。

如何利用积极情绪

大多数人的生活受感情或情绪支配，这是众所周知的事实。对于结合着情绪的思想冲动，潜意识会有更快的反应，并且更容易受其影响。

人主要的积极情绪有7种，消极的情绪也有7种。这些情绪或感情的冲动，也许可以比作面包中的酵母，它们将思想的冲动从被动的状态转变为主动的状态。因此我们可以理解，为何结合着情绪的思想冲动，比“冷静的理性”所产生的思想冲动，更容易转化为行动。

7种主要的积极情绪是：

欲望的情绪

信心的情绪

爱的情绪

性的情绪

热情的情绪

依恋的情绪

希望的情绪

当然还有其他积极的情绪，但这7种是最强烈的，也是在创造性的努力中最常用的。熟悉这7种情绪，在你需要时，可以使其他的积极情绪完全听命于你。要记住，关于这一点，本书的宗旨在于帮助你，使你的心灵里充满着积极情绪，以培养你的财富意识。

必须避免的7种主要的消极情绪是：

恐惧的情绪

嫉妒的情绪

怨恨的情绪

报复的情绪

贪婪的情绪

迷信的情绪

愤怒的情绪

积极的情绪与消极的情绪不能同时占有你的意识，其中必定有一种处于支配性的地位。你务必使你的积极情绪支配你的心灵，这是你自己的责任。这方面，习惯的法则是重要的，它会来协助你。人们需要养成拥有积极情绪的习惯！

希望读者朋友们参照这些指示去做，而且持续不断地去努力，你方能控制你的潜意识。在人的心中，只要存在一种消极思想，便足以破坏来自潜意识中的所有有建设性的、有益的帮助。

思考致富第十二步：头脑

头脑——

头脑是思想的发射站与接收站，

应用头脑是走向财富的第十二步！

大约是在40多年前，作者与已故的贝尔博士和盖斯博士合作，发现了人的头脑既是思想震波的发射站，又是接收站。

与无线电的原理相似，人的头脑有能力接收从别人的头脑发射出来的思想震波。

创造性想象力就是头脑的“接收机”，它接收从别人的头脑射出来的思想。它是一个人的意识或理性，其可能接收到的思维刺激的来源是极广泛的。

在受刺激时，也就是加快震动频率时，人的心灵便变得更容易接受外部的思想。这种加快的过程是靠积极的或消极的情绪而发生的。依靠这些情绪，便可使思想震波的频率加快。

就强烈的程度和驱策力而言，人的情绪中以性的情绪为首位。头脑在受性情绪的刺激后，其活动的速度远比情绪平静或无情绪时快得多。

潜意识是头脑的“发射站”，通过它，思想的震波被播送出去。创造性想象力是“接收机”，通过它，可以收到思想的能。

使你的精神的“发射站”进入作业的状态，是一个比较简单的程序，你心里只要记住三个原则，在你希望使用你的发射站时，适时地应用它：潜意识；创造性想象力；自我暗示。这个程序是以欲望为开端的。

最伟大的力量是无形的

在过去的许多年里，人们向来依赖他的身体，使他的知识限于有形的物质——他所能看见、触摸和测量得到的东西。

现在我们正在进入所有时代中最奇异的时代。在这个时代里，我们知道，我们四周的世界中，存在着无形的力量。我们将会知道，另一个“我”比照镜子时所见的有形的我更具有力量。

有时，人们谈到无形的东西，不免心生轻蔑，因为他们凭借五官，不可能察觉这些。在我们讨论无形的东西时，应当提醒自己，我们的全部都被看不见的无形的力量所控制。

整个人类迄今仍然没有力量应对和控制海洋中滚滚巨浪所蕴含的力量，人类也没有能力去反握无形的引力，这种引力使小小的地球悬在太空中，并使地球上的人不致坠落下去。对于控制引力的力量，那就更不了解了。人几乎完全屈服于大自然，在自然界与人类社会的变异和灾难面前，所有人都同样无可奈何。

人的无知绝不止于这些。人并不了解泥土中所包含的那种无形的力量（和智慧）——这股力量供应着人类所吃的每一样食物、所穿的每一件衣服和他口袋中的每一块钱。

头脑的故事

更为重要的是，人虽然自夸他的文化和教育，但对于思想（无形力量中最伟大的一项）的无形力量，却了解得很少，或者根本不了解。所幸的是，关于有形的头脑能将思想的力量转变为等价物质的极复杂的作用，我们已进入启蒙的时代，科学家们已开始研究被称为头脑的器官这种了不起的功能。虽然研究还在幼儿园阶段，但是他们已经有了相当多的发现。已知道在人的头脑中枢，使脑细胞互相联系的线路数目，相当于“1”字后面加上1500万个“0”。

芝加哥大学的赫利克博士说：“这个数字太惊人了，几亿光年的天文数字和它比较，也变得微不足道：已经判定的是人脑的大脑皮层中，有神经细胞100亿至140亿个，并且我们知道它们的排列具有一定的形态。这些排列并不是乱糟糟的，而是有一定秩序的。最近发展的电子生理测试方法，从位置极精确的细胞或纤维中，用微电极吸引行动电流，用无线电管将这些电流放大，可测得百万分之一伏特的电位差……”

这样复杂的机能组织的存在，如果只是为了维持身体成长的生理功能，实在是令人难以置信。那么极有可能，这个能使上百亿的脑细胞具有相互沟通媒介的系统，也能提供与无形力量沟通的工具了。

《纽约时报》刊出一篇社论，显示出至少有一所大学和一位精神现象的研究员，正在进行一项有组织的研究。这项研究所得的结论，跟本章中所阐述的，在许多地方都相同。这篇社论简单地分析了莱因博士与他的助手在杜克大学所做的工作，以下就是这篇社论。

何谓心灵感应？

> 一个月前，杜克大学的莱因教授和他的同事，从数十万次实验中判定了“心灵感应”或“千里眼”是否存在的问题。在哈佛杂志上发表了两篇文章，第一篇概述了这些成果。在刊出的第二篇中，作者赖特对于这些“超感觉”试图就已经知道的，或合于理性的问题作一综合推论。
>
> 由于莱因教授的这些实验，现在有些科学家似乎认为，“心灵感应”和“千里眼”存在的可能性极大。各类接受试验的人，都被要求在一副牌里说出有什么牌。不许他们看着牌，也不许用其他的感官接触这些牌。这样可以发现约有60人能够正确地说出许多张牌。他们若是碰运气瞎猜，绝没有千亿分之一猜中的机会。
>
> 但是他们是如何做到的？假定有某种力量存在的话，那么它们似乎并非是感官的，因为这些力量并没有透过既知的器官。这些实验在相距数百里外的地方进行，同在室内进行一样的有效。
>
> 赖特认为，这些事实也使人倾向于从物质的放射理论去解决“心灵感应”和“千里眼”现象。
>
> 既知的各种放射能，放射的面积越大，其能变得越弱。“心灵感应”和“千里眼”却不会变弱。但是由于身体的原因（正如同身体状况会影响其他精神力量一样），“心灵感应”和“千里眼”也有程度上的不同。与普通的说法正好相反，在熟睡或半睡的状态时，接受试验者并不能增进他们的这种能力；相反的，在他们清醒和机警时，却可以改善。莱因教授发现，使用麻醉品，会使接受试验者的成绩普遍降低；而使用刺激剂时，却能普遍使其成绩提高。
>
> 赖特的另一个结论是，认为“心灵感应”和“千里眼”事实上是同一种力量使然。也就是说，能够“看得见”扣在桌子上某张牌的能力和能够“知道”别人心思的能力，似乎是完全一样的。有几点理由

可以证明这个事实。例如，到目前为止，发现凡是有其中一种能力的人，必有另一种能力，而这两种能力的强度几乎完全相等。帘子、墙壁、距离等均不能阻碍这些能力。赖特以此得出结论说，其他的超感觉经验、先知的梦、灾祸的预感等等“预感”，也许可以证明为同一种能力的组成部分。本文并不要求读者接受这些结论中的任何一种，除非读者觉得有承认的必要；但是莱因教授所累积的证据，仍然使人印象深刻。

如何在合作中心领神会

关于心灵反应，莱因博士所谓的“超感觉”感应，我和我的助手曾就他所说的各种论点做过实验，证明在理想的情况下，可以刺激我们的头脑，使人们的第六感觉发生作用。

我所说的理想情况，是指我与我的两位助手间的密切的工作关系而言。凭借实验与实践，我们发现了如何刺激我们的心灵于解决问题最为有效。

这个程序是简单的。我们坐在会议桌旁，明白地说明我们所要考虑的问题的性质，然后开始讨论。每个人都把想法提出来。奇怪的是，参加会议的每位都能因此与他们经验之外的不明来源的知识相沟通。

如果你已了解了“智囊团”一章中所述的原则，那么，你当然会认识到此处所说的圆桌会议的方法，是“智囊团”原则的实际实用。

这种在三个人之间、共同用一个明确的主题来刺激心智的方法，是“智囊团”原则中最基础与最实际的应用。

采用一个类似的“智囊团”计划，则任何人都可依凭其法则获取成功。如果此时它对你仍无意义，则可在本页上做一个记号，等你读完最后一章之后，再来重读这些内容。

成功的阶梯，
越到顶端越宽阔。

思考致富第十三步：第六感

第六感——

打开了智慧庙堂之门，

这是走向财富的第十三步！

我们追求财富的第十三个步骤是第六感。通过第六感，人可以自动地与无穷的智慧沟通，而无须做其他无用而费力的追求。

这一步骤是我们这个哲学的一个特点。唯有在熟悉其余十二个步骤之后，方能吸收、了解和运用它。

第六感是以前所提到过的潜意识中创造性想象力的一部分。它也曾被称之为“接收机”，通过意念、计划和思想闪入人的心头。这种闪耀有时被称之为预感或灵感。

第六感是无法说明的！对于未熟悉我们这个哲学其他原则的人，是无法向他阐述第六感的，因为他尚无可以用来与第六感相参照的知识和经验。只有通过内心的心智发展，以沉思的方法，才会产生第六感。

只有在你熟悉了本书所述的原则之后，你方能承认下述的话是真实的，否则你是不会相信的。这些话是：

通过第六感，你会得到即将来临的危险警告，这可以使你避免危险，并能告诉你机会的来临，使你随时把握住它。

在第六感养成之后，便有一位“引导的天使”来协助你，做你所吩咐的工作；这位天使会随时为你开启智慧殿堂的大门。

第六感的奇迹

作者既不相信奇迹，也不是奇迹的鼓吹者，因为作者对自然有足够的知识，了解自然绝不会背离它既有的常轨。有些自然的法则太难理解，于是产生了类似奇迹的事。记住，“奇迹是最真实的东西”。而在我所经历的事情中，要以第六感最为接近奇迹。

据作者所知：人所能感受到的是，在物质的每粒原子中充满着一种力量，或可称之为第一因，或可称之为智慧。这种无穷的智慧使橡子变成了橡树，使水应引力的法则流向低处，夜以继日，夏以继冬，每一种都保持着它适当的定位及与其他各种的关系。借助我们这个哲学的原则，这个智慧可以用来将欲望转变为具体的物质。作者因为曾经实验过，所以有此知识。

通过以前各章，你已被逐步地引导到了最后的这个原则。如果你已熟悉了以前的每个原则，你现在一定能毫不怀疑地准备接受此处所做的忠告。如果你尚未熟悉这些原则，则你必须熟悉，然后你方能确实地判定本章中所做的忠告，究竟是事实还是虚构。

当我生活在崇拜英雄的年龄时，我曾经试图模仿我最钦佩的人。后来我发现，在我致力于模仿我的偶像之际，信心的因素给了我极大的能力，使我得以成功。

让伟大的人塑造你的人生

我从未完全放弃过对英雄崇拜的习惯。我的经验告诉我，成功者不一定效法伟人，但他会尽可能地承担伟人的责任。

早在出书或公开发表演说之前，为了重新塑造自我，我养成了模仿9位伟人的习惯，他们的生平与著作都给了我很深的影响。这9个人是：爱默生、潘恩、爱迪生、达尔文、林肯、波明克、拿破仑、福特与卡耐基。在很长的一段岁月里，每天晚上我和这一群伟人举行想象式的会议，我称他们为我的看不见的顾问。

会议常常是这样，每天晚上在睡觉之前，我会闭上眼睛，在想象中看见这一群人在会议桌旁和我坐在一起。这时候，我不仅和这些伟人同坐，事实上我还指挥他们。原因是我是会议主席。这样做的目的在于再造我自己的品格，使这品格成为我想象中的伟人顾问们的性格的合成物。我在青年时代便已懂得，我必须克服我出生的那个无知与迷信的环境的障碍，我故意为我自己规定上述的方法，以求自信的再生。

用自我暗示建立个性

当然，我知道，所有的人因为他们的支配性的思想与欲望而养成了他们的性格；我也知道，根深蒂固的欲望有促使一个人向外表现的效果，并借以使欲望变成事实。我知道，在建立性格时，自我暗示是一个强有力的因素。事实上，借助自我暗示以建立个性是唯一的原则。

因为有了对心智活动原则的认识，我逐步配备了重新塑造个性所需的条件。在这些想象的会议上，我要求每位阁员提供我所希望的知识。我用听得见的声音对每位阁员说：

“爱默生先生，你是以了解自然闻名的，我希望能从你这里得到这种神奇的了解。我请你把使你能够了解并且适应自然规律的气质，烙在我的潜意识心灵中。

“波明克先生，我请求你将调和自然规律的知识传授给我，你曾使仙人掌脱落它的刺而变成食品。请你给我这样的知识，这知识使原先只长一片草叶的地方长出了两片草叶。

“拿破仑先生，我希望用模仿的方法，从你那里获得鼓舞别人、并唤起人们更大和更果断行动精神的那种神奇的能力，还要从你这里获得持久的信心的精神，这种精神使你反败为胜，并克服了重重的障碍。

“潘恩先生，我希望从你这里获得使你异于常人的那种自由的思想，以及表达你的信念的那种勇气和智慧。

“达尔文先生，我希望获得使你在自然科学界成为楷模的那种耐性，以及在没有丝毫偏见的精神下，研究因果关系的那种能力。

“林肯先生，我希望能在我自己的性格中，建立起敏锐的正义感、不倦的耐性、幽默感、对人性的了解和坚强的毅力，这些是你最突出的性格。

“卡耐基先生，我希望能对建立合作努力的各项原则获得彻底的了解。你曾十分有效地利用这些原则，建立了一个伟大的企业组织。

“福特先生，我希望得到你的坚毅、果断、镇定和自信的精神。这些精神使你克服了贫困；使你组织起集体智慧的力量。我要效法你，使我可以有助于别人。

“爱迪生先生，我希望从你这儿获得你发现众多自然奥秘所具有的神奇的信心，以及扭转失败为成功的不屈不挠的精神。”

想象力的惊人力量

我与想象中的内阁成员谈话。由于他们性格特征的各异，由此我详细地研究了他们一生的事迹，在这种晚间的想象会议实行了几个月之后，我惊讶地发现，这些想象中的人物几乎都变成了真实的人。

这九人中的每个人均有特殊之处，使我惊讶不已。例如，林肯总是迟到，然后肃穆地踱步。他的脸上总是挂着沉重的表情，我很少见到他的微笑。

别人则不是这样。波明克与潘恩常常有巧妙的问答，有时似乎使内阁中的其他人愕然。波明克有一次迟到，当他来到时，他既兴奋又热心地解释他迟到的原因，那是因为他在进行一次试验。他希望借此试验，能使每种树长出苹果。潘恩就责备他，并提醒他说，男女之间的所有烦恼都是由一只苹果引起的。达尔文则开心地笑着，他建议潘恩到果园里采苹果时要当心小蛇，因为小蛇会长成大蛇。爱默生评论说：没有蛇便没有苹果。拿破仑则评论说：没有苹果就没有国家！

这些会议开得如此的真实，我怕会发生什么后果，于是中断了几个月。这些经验太不可思议，如果继续下去，我怕我会忘记了这些会议只是我的想象而已。

我有勇气将这件事讲出来，这还是第一次。在此以前，我对于这件事一直保持缄默，因为我知道，如果我将这种非常的经验描绘出来，一定会使别人对我误解。现在我的胆子已经大了，把我的经验写在书中，因为我在过去关心的是别人会说些什么，现在我不太关心了。

当然，我要在此再次声明，我的内阁会议完全是想象的。但是我觉得我有资格召开与主持这种内阁会议，因为正是这些会议指引我走上光辉灿烂的道路，使我领略了真正的伟大，激励了我的创造力，并使我拥有思想与财富。

开发灵感之源

在脑细胞组织的某处，存在着一种官能，它接收预感的思想震波。到现在为止，科学尚未发现这个第六感的官能位于何处，但是这无关紧要。事实是，人类确实通过五官以外的器官在接收正确的知识。通常，这种知识的接收，都是在心灵受到非常刺激的情况下产生的。任何激发情绪的紧急事件，不但引起了心脏加速地跳动，通常也促使了第六感发生作用。凡是在开车中险些出车祸的人都知道，在这种场合，第六感往往会伸出援手来帮忙，在刻不容缓的一刹那避免车祸。

我现在要做一个事实声明，在我与看不见的顾问们举行会议期间，我发现我的心灵最易接受通过第六感来到的意念、思想和知识。

在数十次场合，我面临着紧急事件，其中有几次严重到了危害我生命的程度，但我都是凭借着我的看不见的顾问们的影响力，奇迹般地通过了这些难关。

我与想象中的人物举行会议的最初目的，在于借助自我暗示的原则，将某些我所渴望获得的人物个性，深印于我的潜意识中。近年来，我的实验采用了一种全然不同的趋向。我现在带着我与我的委托人所面对的每个难题，去请教我想象中的顾问们，结果往往会让人大为惊讶，虽然我并不全然依赖这一类的咨询。

成长缓慢的一种非常力量

第六感并不是一个人可随意拿起和放下的东西。使用这一伟大力量的能力是缓缓而来的，要借助于本书所述的其他各项原则。

无论你是谁，或者无论你读本书的目的如何，即使你不了解本章所述的这项原则，你也可以因为读了本书而受益。如果你的主要目的在于积累财富或其他有形之物，则这点尤其明显。

本书之所以包括“第六感”一章，是因为本书的设计，目的在于提供一种完整的哲学，使每个人借此哲学可以正确地指引自己，以达到人生所求的任何目标。所有成就的出发点是欲望，而终点是一种知识。这种知识导致理解——理解自己，理解别人，理解自然法则，认识和了解快乐。

唯有熟悉了第六感和应用了第六感的原则，这种理解方能深入。

读完本章后，你必定已经发现，你已升华到了精神刺激的高层。好极了！过一个月后你再来读一遍，会发现你的心灵正飞翔在更高一层的空间内。如此反复进行，不要关心你当时学会多少。到最后你一定会发现你已有一种力量，这种力量将使你排除障碍，克服恐惧，不再拖延，并无限地吸取你的想象力。到那时，你会感觉到你已经接触到了那个无以名状的“某样东西”，这样东西是每一位真正伟大的思想家、商业领袖、艺术家、作家、政治家的原动精神。到那时，你会有能力将你的欲望转变为等价的物质或财富，其成功之容易，并不至于使你一见阻碍便放弃努力。

清除恐惧获得成功

恐惧——

恐惧是阻碍你前程的魔影，

你必须清除它！

亲爱的朋友，当你读这部分最后一章的时候，请检讨一下自己，并找出究竟有多少“魔影”在阻碍你的前程。

在你能成功地应用我们这个哲学中的任何一部分之前，你在心理上必须先准备接受这个哲学。这准备并不难，开始时只需研究、分析和了解你必须扫除的三个敌人——犹豫、怀疑与恐惧。

你的心中如已容纳了这三个消极的敌人，或其中任何一个，则第六感绝不会发生作用。这邪恶的“三行人”是密切地结合在一起的，若发现其中之一，则另外两个就在附近。

必须记住一点，犹豫是恐惧的幼苗！犹豫进而成为怀疑，两者混合则成为恐惧！混合的过程往往是缓慢的。这三个敌人为什么会如此危险，是因为有一个原因：它们的萌芽和成长是在不知不觉之间完成的。

本章的其余部分是在阐明一个目标，在我们这个哲学全部加以实用之前，必须先达到这个目标。本章还分析了使许多人贫穷的一个原因，并且说明一个真理，凡是积累财富者——无论从金钱或比金钱更为高级的角度来衡量，都必须了解此真理。

本章将焦点放在造成六种基本恐惧的原因与治疗的方法上。在我们能征服一个敌人之前，我们必须知道它的名称、它的习惯和它的居住地点。在你读完本章后，要仔细分析你自己，并判定你有六种基本恐惧中的哪些？如果有的话，它们就附在了你的身上。

六种基本的恐惧

人基本的恐惧有六种。每个人总有一段时间，受联合起来的几种恐惧之害。以最常出现的次序排列，这些恐惧是：

1.贫穷的恐惧；

2.对批评的恐惧；

3.生病的恐惧；

4.失去爱的恐惧；

5.年老的恐惧；

6.死亡的恐惧。

其中前三种恐惧是人们忧虑的根源。

其实，恐惧只是一种心理状态，而一个人的心理状态是可控制和可指导的。

不先有一种思想的冲动，人类不可能创造出结果。继此说明之后更重要的一项说明是，人的思想冲动会立即开始转化为等价物质，无论这个思想是自发的或非自发的。无意间拾到的思想行动（发自他人心智的思想），与自己有意设计创造的思想行动，同样可以决定一个人的命运。

每个人都有能力完全控制他自己的心智。有此控制，人就可以敞开其心智，以吸收别人的脑子所产生的思想冲动；或紧闭他心智的门户，只容许经过自己选择的思想冲动进入。

大自然赋予人的绝对控制能力，只能控制一样东西，它便是思想。这一事实，连同人所创造的每样东西都是以思想为开始的事实，使人距离征服恐惧的原则不远。

如果所有思想都有表现为等价物质的趋向乃是一个真理（它确实是无可怀疑的一个真理），则恐惧与贫穷的思想冲动不可能转化为勇气与经济的收益，便同样也是真理。

1.贫穷的恐惧

贫穷的恐惧是最具破坏力的恐惧。

贫穷与财富之路是不可能妥协的，因为它们完全相反。如果你希望得到财富，则必须拒绝接受导致贫穷的任何环境。

你可在此处明确地判定自己对我们这个哲学究竟吸收了多少？这里是你能将你自己变成先知，进而精确地预测你有什么前途的一章。如果你在读完本章后，还是愿意接受贫穷，那么我将不再开口，并建议你将此书毁掉。

如果你要求财富，则要决定是哪一类财富，要有多少方能满足你。你已知道到达财富的道路，你已得到了一张路线图，如果照图去走，你便在那条路上。如果你懒得出发，或在到达前便中途停止，则不能怨别人，只能怪你自己，这个责任应该由你自己来负。如果你现在不要求或拒绝要求人生的财富，则任何借口不能使你推诿这个责任，因为接受这个责任只要求一样东西——而这东西恰好是你所能控制的唯一东西，即是你的思想与心理状态。心理状态是一个人自设的，它是买不到的，必须自己去创造出来。

贫穷的恐惧是一种心理状态，如此而已！但是它足够破坏一个人在任何事业中成功的机会。

这种恐惧麻木一个人的推理能力，破坏想象能力，扼杀自信，破坏热忱，阻止创见，导致目标的不明确，助长拖延，削减热情，并使自我控制成为不可能。它使人缺乏精神，破坏精确思考的可能性，转移集中精神的努力，毁掉毅力，使意志力化为乌有，破坏雄心大志，蒙蔽记忆力，导致各种方式的失败，扼杀爱心，残害良心，混乱了情绪，阻碍了友情并导致各种灾祸，造成失眠、悲痛与不快——为什么？只是因为缺乏明确的目的，才会造成如上所列的贫穷、混乱与罪恶。

毫无疑问，贫穷的恐惧是六种基本恐惧中最具破坏性的一种。将它列在首位，是因为它最难以克服。贫穷的恐惧之产生，是由于人在经济方面有一种剥削他人的遗传倾向。等级低于人的动物，都在以本能为动机，因为它们的“思想”能力是有限的，所以它们捕食其他动物之肉。而人类有优越感，有思想和推理的能力，不食同类之肉。但他们用金钱去“捕食”同类，以为可以得到更大的满足。人是如此的贪得无厌，每种可以想到的法律的制定，都意在保护人类不受其同类的侵害。

使人最受苦难和屈辱者，莫过于贫穷！只有经历贫困者，方能了解贫穷的全部意义。

无怪人们要“恐惧”贫穷。请注意：时至今日，全世界每天犹有成千上万的人因贫穷的折磨而死去，更不要说历史上那些悲惨的记载了。

人是如此渴望占有财富，他用任何能想到的方法以获得财富。如果可能，便用合法的手段；如果急需或权宜，则用其他方法。

自我分析也许会透露出本人不喜欢承认的一些弱点，但凡是要求生活超出平凡与贫穷者，自我分析很有必要。记住：在你逐条检查你自己时，你既是法庭又是陪审团；既是检察官又是被告律师；既是原告又是被告；还有，你是受审者。你要面对事实，对你自己提出明白的问题，并要求率直的答复。在自我分析之后，你便会更知道你是怎样一个人。在这种自我检讨中，如果你认为你不能做大公无私的法官，则请了解你的人担任法官，而由你自己诘问自己。你必须去追究真相，无论你付出什么代价，即使你自己严重地伤害了自己!

大多数的人，如果你问他们最怕什么，他们的回答是："我什么都不怕。"这回答是不确切的，因为无人知道他们受到某种恐惧的束缚、阻碍，受着精神与肉体上的鞭挞。恐惧的情绪是如此的狡猾与根深蒂固，有的人可能毕生受其害，而不知其存在。只有拿出勇气来分析，方会发现这个普遍敌人的存在。在你开始这种分析时，要对你的性格加以深入研究。人都会遭到许多批评，无论应当与不应当，批评总是免费供应。最恶劣的亲友往往便是最糟糕的批评人。做父母的，以不必要的批评在孩子的心里种下了自卑感，这应当是一种罪行。了解人之天性的雇主，并不利用批评，而是利用建设性建议使雇员发挥最大的长处。批评会在人的心里树立恐惧或憎恨，但不会培养爱或情意。

2.恐惧批评的迹象

这种恐惧的普遍性，与贫穷的恐惧一样，是个人成就的致命伤。这种恐惧的主要病症是：

怕难为情：通常表现为神经紧张，与陌生人会面或交谈时，神情胆怯，手脚失措，目光游移不定。

缺乏镇定：显示于语调缺乏控制，在他人面前精神不定。

没有个性：缺少果断的决心，缺乏个性的风采和明白表示意见的能力；囿于逃避或不正视问题的习惯；对别人的意见不详细加以研究而贸然同意。

自卑心理：习惯在言语与行动上自吹自擂，以掩饰自卑。爱使用冷字（往往不知道这些字的真正意义），以在别人面前炫耀。衣着、谈话与风度等方面模仿他人。夸张想象中的成就，这种情形有时在外表上显示出优越感。

挥霍无度：试图与有钱人相比，造成入不敷出。

缺乏主动：未能把握自我上进的机会，怕发表意见，对自己的主意缺乏信心，对长辈的问话不能直截了当地回答。态度与谈吐显示出犹豫，言行虚伪。

缺乏抱负：身心俱懒。缺乏自己的主张，迟迟不做决定，轻易受别人影响。背后批评而当面奉承别人，举止与谈吐生硬尴尬，不愿意承担错误的责任。

3.生病的恐惧

这种恐惧可追溯到生理与社会遗传两个方面。这种恐惧的起因，与恐惧年老和恐惧死亡的原因有着密切的关联。病人的恐惧是因为他接近了人所不了解的“恐怖世界”的边缘。关于这个世界，人们听到过一些使人不安的故事。这种恐惧也是很普遍的，所以有一些邪恶之徒，乘机从事推销药品与宗教的勾当，使生病的恐惧始终不减。

总之，人怕生病，是因为在他心里早有可怕的景象。他怕生病，也可能是因为经济上的负担沉重。

一位著名的医生曾估计，在找医生看病的所有人里面，约75%是忧郁症患者。他曾极令人信服地指出，这种病人对于病的恐惧，即使无丝毫可以恐惧的原因，在身体上往往也会产生所恐惧的那种病的病症。

若干年前，有人进行了一次实验，证明了可以用暗示的方法使人“生病”。进行这个实验时，请了三位熟人去访问“受害者”，每人问一个问题。“你到底患了什么病？你的脸色很可怕。”第一位问话人通常只引起对方的一丝微笑，“受害人”毫不在意地回答：“没有病，我很好。”第二位问话人得到回答，通常是这样的说法：“我也清楚，但是我确实觉得不太舒服。”第三位问话人则可得到坦白地承认，“受害人”确实觉得自己有“病”。

如果你不相信这会使人变得不舒服，那么你无妨找一个熟人来试一下，但是不要做得太过火。

有充分的证据证明，有时疾病是以消极的思想冲动开始的。这种思想冲动可以用暗示的方法，从一个人的心里传到别人的心里，或者在自己的心里衍生出来。

聪明程度高出这种暗示的一名男子有次曾说：“若有人问我是否有病时，我总是想报以拳头。”

在恐惧生病的原因中，事业和情场的失意，常被列在名单的首位。有一个青年因爱情的失意而进了医院，在数月的时间里，他一直徘徊在死亡的边缘。一位心理治疗专家被请来为他治疗。这位专家更换了护士，由一位美丽漂亮的年轻女性来照顾。这位女性在上班的第一天起就又唤起了青年的情感（这由医生事先安排）。不到三周这病人便出院了，虽然仍患着病，但却是一种全然不同的病，他又坠入了情网。这帖灵丹妙药虽是一次愚弄，但是病人与护士后来却结婚了。

恐惧生病的迹象

这种世界性恐惧的迹象是：

消极自我暗示：期待和寻找各种疾病的迹象而使自己消极。“享受”想象中的病，在谈起病情时好像是真的；当别人介绍有医疗价值的新技术和理论时，内心总有试一试的愿望；喜欢高谈别人的手术、意外事故及其他种类的疾病。在饮食上进行实验，锻炼身体、减肥，均没有在指导下进行。

想象病：谈论疾病，将心思集中在疾病上，并期待疾病的出现，直到精神崩溃。装在瓶子里的药，没有一种能治这种病，因为这种病产生于消极的思想，只有积极的思想能够治愈。据说有时这种想象病（即是所谓的忧郁症）的伤害力，并不亚于身体疾病的伤害。绝大多数所谓的神经病都来自想象的疾病。

缺乏锻炼：因为恐惧生病，往往妨碍人正常的身体锻炼，使人抗拒户外活动，结果反而增加了得病的机会。

生病的恐惧往往与贫穷的恐惧有关联，尤其是患想象病的人，他总是为付给医生、医院费用的可能性而忧虑。这种人把许多时间花在准备患病、谈论死亡、储蓄买墓地和计算埋葬费用等一些花钱的事情上。

自我溺爱：利用“想象中的疾病”作为引诱，以求得到同情（人们往往利用这种诡计以逃避工作）。装作有病，以掩饰纯粹的偷懒或用作缺乏志气的遁词，等等。

放纵：利用酒精或麻醉品以压制诸如头痛、神经痛等病痛的习惯，而不求根治。喜欢阅读有关疾病的书刊，以及沉醉于可能染上某种疾病的幻想中。

4.丧失爱的恐惧

这种先天性的恐惧感，多是产生于被剥夺了配偶的一夫多妻制上。

妒忌与其他类似的精神疾病，都产生于人的先天怕丧失爱的恐惧。在六种基本恐惧中，这种恐惧最痛苦。它在身心两方面所造成的破坏，很可能大于任何其他一种基本的恐惧。

丧失爱的恐惧也许可追溯到石器时代，那时男人以暴力夺取女人。虽然目前男人仍在“夺取”女人，但他们的技术已经改变。他们现在不用暴力，而是利用说服、允诺美丽的衣服和上等的汽车等来实现对女人的占有。这些手段比使用暴力更加有效。现在人的习惯与混沌初开时差不多一样，只是表达的方法不同。

丧失爱的恐惧的迹象

这一恐惧的显著迹象是：

妒忌：没有充分合理的证据便猜疑友人与所爱的人，毫无理由地指责妻子或丈夫不贞。对每个人都猜疑，对任何人都没有绝对的信心。

挑剔：稍有触怒，或者没有任何原因，便挑剔与攻击友人、亲戚、事业上的伙伴和所爱的人。

赌博：以赌博、偷窃、欺骗或冒其他的危险，为所爱的人提供金钱，相信爱可用金钱买得到。

5.年老的恐惧

这种恐惧产生于两个来源。第一，来自想象的因素，想象到了老年可能带来的贫穷；第二，是普遍的一种来源，来自往日的虚伪与残忍的教导。

畏惧年老的基本恐惧感，肇始于两项言之成理的原因。其一产生于对别人的不信任，担心他们会取走他所有的财物；其二产生于心里幻想另一世界的可怖景象。

人到了老年，生病的可能性便增大，这也是助长年老的恐惧的原因之一。性爱也是怕老的原因的一部分，因为没有人喜欢性吸引力的减退。

怕老的最普遍的原因，是与贫穷的可能性有关。“养老院”并不是一个美丽的名称。面临着在养老院里度过残年的可能性的每个人，对这个名称都会不寒而栗。

还有一个怕年老的重要原因，是失去自由与独立的可能性，因为年老可能导致丧失身体与经济上的自由。

恐惧年老的迹象

这种恐惧最普遍的迹象有：

在心理成熟之年（也就是在40岁左右），生活的一切发生了趋于迟缓的迹象，并培养了一种自卑感，误信因为年龄的增长，自己“不行了”（人在心理与精神上最有用的年代是在40岁至60岁之间，这是事实）。错误地相信自己的年纪已老，不能发挥创见、想象力及自信等气质，从而渐渐养成了扼杀这些气质的习惯。

年龄到了40岁的男女，为了显示其较为年轻，喜欢在穿着与行动上模仿年轻人，因而引起友人与陌生人的嘲笑，这是环境引起恐惧老年的因素。

6.死亡的恐惧

对某些人而言，死亡的恐惧是所有基本恐惧中最残酷的。大多数死亡的恐惧和痛苦，都可归罪于宗教的狂热。所谓的“异教徒”与更加“文明的”人比较，前者不太怕死。千万年来，人们一直在做着没有答案的习题：我从何处来，将往何处去？

在过去的黑暗时代，那些狡猾和诡诈的人，以取得报酬为目的，毫不迟疑地对这些问题做出回答。

一位深怀门户之见的领袖喊着说："到我的帐篷里来，拥护我的信仰，接受我的教条，我会给你证明书；在你死时，准许你直接进入天堂。"他又喊着说："留在帐外者，魔鬼会将你抓去，永远地将你焚烧。"

永远受罚的思想摧毁了生活的意趣，制造了许多痛苦。

虽然宗教领袖也许没有能力提供前往天堂的通行证，也没有能力为不幸的人谋得福祉，但是下地狱的可能性太恐怖，只要一提起，便可抓住人的想象力，而且想象力是如此的逼真，以致理性麻木，衍生起怕死的意念。

现在人们对死亡的恐惧，已不如当初科学不发达的时代那么普遍了。科学家们将真理之光照耀着世界，而这一真理正在迅速地将人们从可怕的死亡恐惧中解救出来。受过大学教育的青年男女，已不会轻易地对地狱产生印象。依靠着生物、天文、地理及其他有关科学，在黑暗时代紧紧抓住人的灵魂的这种恐惧，已开始被驱散。

整个世界有两样东西是极为重要的：能与物质。在初级物理学中，我们知道，物质与能（人类仅知的两种事实）均不能被创造或毁灭，但两者却可加以转变。

如果生命也是一样东西，那么生命是能。如果能与物质均是不能毁灭的，那么生命当然不能毁灭。像其他形态的能一样，生命也许会经过许多转变过程，死亡只是一种转变。

恐惧死亡的迹象

这种恐惧的一般迹象是：

一想到了死亡便丧失了人生的全部意义，并对所有的人与所有的工作憎恨。上了年纪的人，这种恐惧比较普遍，但有时较年轻的人也可能是这种恐惧的牺牲者。诊治死亡恐惧的特效药便是炽烈的获得成就的欲望。忙碌的人不会有时间想到死亡，他只会发现生命充满活力，不会为死亡而忧虑。

恐惧死亡的最普遍的原因是：身体多病、贫穷、没有适当的职业、爱情的失望、疯狂与盲目的宗教信仰。

人的忧虑

忧虑是以恐惧为基础的一种心理状态。它缓慢而持续地发生作用，它是狡猾的、诡谲的。它逐步地"扎下根"，直到麻木一个人的推理能力，毁掉他的自信与创见为止。忧虑是一种由犹豫不决而引起的持续的恐惧，所以它是一种能加以控制的心理状态。

犹豫不决造成了缺乏决心的心理。多数人缺乏迅速下决心的意志力。

我们一旦下定决心，并照着确定的路线采取行动的话，我们是不会处于忧虑状态的。我曾访问过一名两小时后便需要坐电椅的男子。他的囚房里有8个人，他是其中最沉着的一个。他的沉着引起了我的好奇，我问他，你知道一会儿之后就会进入永恒，你有什么感想？他脸上挂着自信的微笑说："觉得很好，老兄你想想，我的烦恼马上就要结束了。我这一辈子除了困难之外别无他物。我一向觉得要吃饱穿暖都很艰苦，而我马上就不需要这些东西了。自从我确定我非死不可之后，我一直觉得很舒坦。当时我就下定决心，以愉快的心情迎接我的命运。"

他在说话时，狼吞虎咽地吞下了足够3个人吃的食物，把东西吃得一点不剩。显然，他在享受他的食物，好像并无灾难在等待他。决心使此人听天由命！决心也能够阻止一个人接受他所不希望的环境。

由于犹豫不决，这六种基本的恐惧会转变为一种忧虑的情绪。下定决心，将死亡视为不可逃避的事实而加以接受，便可永远地解脱对死亡的恐惧；下定决心，无忧无虑地积累你所能得到的任何财富，也可以此来克服你对贫穷的恐惧；下定决心，不去忧虑别人的想法或说法，而将你的脚踏在恐惧批评的基石上；下定决心，接受年老，不将老年视为障碍，而把它看作是带来智慧、自我控制和青年人所得不到的境界的一种祝福，从而消除对年老的恐惧；下决心忘记各种病症，使你免于生病的恐惧；下定决心，必要时没有爱也能生活，以克服丧失爱的恐惧。

下定一个全盘的决心，即使是生命所提供的每一样东西都容易使人忧虑，也不再动摇。这样，你思想的升华与快乐就会随之而来。

凡是心中充满恐惧的人，不仅毁掉了他的思想与行动，而且还会把破坏性的震波发射出去，波及所有与他接触的人，进而破坏了他们的机会。

破坏性思想的灾害

恐惧的震波，从一个人的心里传达到另一个人的心里，其速度如同人的声音从广播电台播出传达给收音机一样。

凡是在口头上表达过否定的或破坏性思想的人，几乎都会体验到破坏性的报复，并自食这些思想的恶果。若只是有破坏性的思想，而没有用言语表达出来，也会产生许多报复方式。第一，应该切记最重要的一点是，凡是产生破坏思想的人，必然会因创造性想象力的瓦解而受到损害。第二，心中存在着破坏性的情绪，会发展成拒人于千里之外的消极个性，使自己四面树敌。第三，这类冲动思想，不仅损害别人，更会毁灭思想者自身。

假如你想使毕生的事业得到成功，你就必须获得良心的平静，尤其是需要有快乐。这些都是成功者的经验总结。

你要控制自己的心理，你有能力以你所选择的任何思想去培养人性。因为你有这些特权，所以你也有建设你心理的责任。你是你在这个世界里命运的主宰，这如同你有能力控制你自己的思想一样。你可以影响、指导、进而控制你自己的环境，使你的生活变成你所希望的那样。

除了那六种基本恐惧之外，人们还承受着一种邪恶之害。这一邪恶像提供了一块肥沃的土地，失败的种子会在这片土地上滋长。这种邪恶太狡猾，它的存在往往不会被觉察。这种心理不仅仅是恐惧。它的根比六种恐惧扎得更深，而且往往造成致命伤。由于缺乏适宜的名称，我们就称这种邪恶为消极影响的感受性。

凡是积累巨大财富的人，都要谨防这种邪恶！凡是在任何行业中成功的人，都必须准备抵抗这一邪恶。如果你是以积累财富为目的，那么你应当细心地通过本书检讨自己，以判定你是否易于感染消极的影响。如果你疏于这一自我分析，则你原可享有希望的权利将会被剥夺。

分析时要深入。在你读了为自我分析所准备的问题之后，你必须要求自己做出严谨的回答。在分析时，要像搜索敌人那么细心；对待你自己的缺点，也要像对待敌人一般严厉。

你保护自己，使之不受拦路抢劫是容易的，因为法律提供了有组织的合作。但是这第七种的邪恶，是很难被征服的，因为它在攻击你时，你并不知道它的存在，在你睡熟时或在你清醒时，它都会攻击。此外，它的武器是无形的，因为它只是一种心理状态；这种邪恶也是危险的，因为它攻击的方式之多，不下于人的经验。有时，它利用一位亲戚好意的忠告而进入你的心智；有时，它会从内心挣扎而出，利用一个人自己的心理态度来毁灭其理性。

如何保护自己不受消极因素的影响

为了保护你自己不受消极因素的影响——无论是你自己制造的，还是环境所产生的消极影响，你就必须意识到“我有坚强的意志”，并经常使用这种意志力量，直到它在你自己的心里建筑起一道壁垒为止。

认清事实——

认清你在本性上是易于感受这六种基本恐惧的，从而养成对抗这些恐惧的习惯。

认清所有消极的影响，将你的心智从使你沮丧和气馁的人与环境中隔离开来。

消除你的医药箱，抛掉所有的药丸瓶子，不要助长你的感冒、疼痛和各种疑心病。

慎重地结交朋友，选择鼓励你独立思考和行动的人。

不要因为有些烦恼使你失望，而自寻这些烦恼。

毫无疑问，所有的人都有一个共同的弱点，那就是敞开他们的胸怀，接受别人的消极影响。这种弱点的破坏性极大，因为多数人不知道这种弱点正在折磨着他们；即使了解了这一弱点的人，也往往疏于拒绝这些弱点，直到它成为不可控制的日常习惯的一部分。

为了帮助希望了解自己的人，笔者特意准备了下面这些问题。请认真地思考这些问题，并做出你自己的回答，这将有利于你对自己的了解。

自我分析测验题

1.你是否经常抱怨“感觉不适”？若是如此，是何原因？

2.你是否因小事发怒，而去找别人的麻烦？

3.你是否在工作上常有差错？若是如此，原因何在？

4.你的谈话是否具有讽刺与挑衅的意味？

5.你是否故意避免与任何人打交道？若是如此，是何原因？

6.你是否常有消化不良的烦恼？若是如此，有何原因？

7.你是否认为生命空虚和将来无望？

8.你喜欢你的职业吗？若不喜欢，则你喜欢什么样的职业？为什么？

9.你是否常常自我怜惜？若是如此，为什么？

10.你是否忌妒那些比你优秀的人？

11.对成功或失败的思考，你对哪一个付出更多的时间？

12.当你年岁增大时，你是增加信心还是失去信心？

13.你是否从错误中吸取宝贵的教训？

14.你是否让亲戚或朋友使你烦恼？若是如此，为什么？

15.你是否有时兴高采烈，而有时深感沮丧？

16.谁对你最有鼓舞的影响力？是何原因？

17.你是否容忍那些消极的或令人沮丧的影响？

18.你注重个人仪表吗？你对注重或不注重仪表的人评判如何？

19.你是否学会了以忙碌来忘却烦恼？

20.如果你让别人为你思考，你愿称呼自己为没有主心骨的弱者吗？

21.你是否忽视内心的洁净，以至自我中毒，使你脾气变坏而易于发怒？

22.有多少烦恼在困扰着你？你为何容忍这些？

23.你是否借酒、麻醉剂或香烟来镇定你的神经？若是，为何不用你的意志力？

24.有人对你唠叨不休吗？若是，是何原因？

25.你有明确的奋斗目标吗？若有，是什么目标？你有何计划达到那些目标？

26.你遭遇过六种恐惧之害吗？若有，则是哪些恐惧？

27.你有何方法能防止自己受别人的消极影响？

28.你是否故意利用自我暗示来塑造积极的心理？

29.对物质财产或控制自己思想的特权？哪一样你最珍视？

30.你容易受到别人的影响而不信自己的判断吗？

31.今天你的知识或心理状态有长进吗？

32.你是断然迎接使你不愉快的遭遇还是逃避责任？

33.你是否分析所有错误和失败的原因，而从中获益？或是采取“这不是我的过错”的态度？

34.你能否列举你自己的三种最具破坏性的弱点？你将如何矫正这些弱点？

35.你会鼓励别人将烦恼倾诉于你，以博得你的同情吗？

36.你是否从日常经验中选择了有助于你上进的教训或影响？

37.通常，你的出现是否给予别人消极的影响？

38.别人的什么习惯最使你烦恼？

39.你是有自己的主见，还是让自己受别人的影响？

40.你知道如何创造一种心理状态，以使自己免遭令人沮丧的影响吗？

41.你的职业使你产生信心和希望吗？

42.你觉得有没有充分的精神力量，能使你的心理免遭各种恐惧？

43.你的宗教信仰是否有助于你的积极心态？

44.你觉得有义务分担别人的烦恼吗？若有，则为什么？

45.如果你相信“物以类聚，人以群分”，那么研究你所结交的朋友，看他们对自己有何了解？

46.你认为与你交往最密切的人之间是什么关系？你有何不愉快的经验？

47.某人你认为是朋友，但因为他会给你心理上带来消极的影响，所以实际上他是你最恶劣的敌人，有此可能吗？

48.谁对你有益，谁对你有害，你能以何种原则来判断？

49.与你交往的好友，其心理状态比你好还是比你差？

50.以下各项在24小时里，你各花费了多少时间？（1）工作；（2）睡眠；（3）消遣娱乐；（4）获取有用知识；（5）白白浪费。

51.在你的熟人中，鼓励你的有多少？提醒你的有多少？使你气馁的又有多少？他们各占多少比例？

52.你的最大烦恼是什么？你能容忍吗？为什么？

53.当别人主动向你提供意见时，你是否毫无疑问地便接受了，或是先分析他们的动机？

54.你最大的愿望是什么？你想达到这一愿望吗？你愿将此愿望置于一切愿望之上吗？你每天花费多少时间做此努力？

55.你常改变你的决心吗？若是，为什么？

56.你做事通常有始有终吗？

57.你对于别人的事业、头衔、学位或财富易受感动吗？

58.别人对你的想法、说法与做法，能够接受吗？

59.你会因别人的社会或经济地位优越而去迎合他吗？

60.你认为当今谁是最伟大的人？他在那一方面比你优秀？

61.你用多少时间研究和回答这些问题？你有诚心吗？

如果你已诚实地回答了这些问题，你就能比大多数的人更了解自己。仔细地研究这些问题，每个星期复习一次。几个月后，你会对你所获得的极有价值的额外知识而感到惊讶。那时你可以去找你的朋友，请教他们的意见，你便可以借用他们的眼睛来了解你自己，将自己定性与归类。此种经验将令人惊讶。

你可以绝对控制你的思想，从而获得巨大的财富

你可以绝对控制的东西仅有一样，那便是你的思想！在一切事实中，这是最重大和最令人鼓舞的事实！它反映了人的神圣的天性。这个神圣的特权是唯一的工具，你可借此工具来控制你自己的命运。如果你不能控制自己的心智，则你必然无法控制任何东西。“你的心智是你的精神财产！”你的意志力，就是为了这项用途。

不幸的是，对那些出于故意或无知以消极暗示毒害他人心理的人，法

律并无防范措施。而这些毒害，往往破坏了人们获得法律所保障的物质财产的机会。

怀着消极心理的人，会试图说服爱迪生，认为不可能制造出一种能纪录并复制人类声音的机器，他们说："因为从来没有人生产过这种机器。"爱迪生并不相信他们。他知道，凡是心所能设想和相信的东西，人便能生产出来。这一想法使爱迪生成为一位卓越的人。

怀着消极心理的人告诉伍尔渥兹，他要开一家大商店一定会破产。他并不相信他们。他知道只要合理，如果以信心支持着计划，他便无事不能做成。他行使了别人的消极思想不可能获得的权利，积累财富超过3亿美元。

亨利·福特在底特律街上第一次试开他的第一部简陋的汽车时，那些抱着怀疑态度的人，轻蔑地嘲笑他。那些人说这种东西永远不会被使用。另外一些人说没有人会花钱买这种新玩意儿。福特则说："我要用它绕地球飞驰一圈。"他真的做到了。必须记住，福特与大多数工人事实上唯一的不同是他控制了自己的心智，而其他的人虽有他们的心智，却不去试图控制它。

对心智的控制，是自律和习惯的结果。你不是控制你的心智，便是被心智所控制，中间的妥协是没有的。控制心智的最实用方法，是有一个明确的计划和明确的目标。研究任何可能成功的人的纪录，你会发现他能控制自己的心智。此外，他还用这种控制的力量朝着自己的明确目标迈进。没有这种控制，是不可能获得成功的。

55种托词

不成功的人有一种共同的性格特征。他们知道失败的原因，并且对于失败有着他们的一套托词。

有些托词是聪明的，少数托词是有道理的，但是托词不能当钱用！世界只希望知道一件事：你成功了没有？

一位性格分析家编了一份最常用的托词的单子。你在读这份单子时，请细心检讨你自己，从而判定这些托词中有多少是你自己常用的。一旦知道了自己的虚伪与无能后，你将会毫不犹豫地抛弃，从而更加肯定自己的能力，向事业冲刺。

这55种托词是——

如果我没有家室之累……

如果我有足够的关系……

如果我有钱……

如果我受过良好的教育……

如果我能找到一份工作……

如果我身体健康……

如果我有充裕的时间……

如果时代好一点……

如果别人了解我……

如果我的环境不同……

如果我能重生一次……

如果我不怕别人会说什么……

如果给我那个机会的话……

如果现在我有机会的话……

如果别人不怀恨我的话……

如果不是发生事情使我停顿的话……

如果我年纪轻一点……

如果能照我的意思去做……

如果我生在富有的人家……

如果不是所遇“非人”的话……

如果我有别人的聪明才智……

如果我敢自作主张……

如果我能把握过去的机会……

如果别人不惹我的话……

如果我不必料理家务和照顾孩子……

如果我能有点储蓄的话……

如果老板赏识我的话……

如果有人拉我一把的话……

如果我的家人谅解我……

如果我住在大城市里的话……

如果我能早一步的话……

如果我不受拘束的话……

如果我有某些人的性格……

如果我不是太胖的话……

如果别人了解我的才华……

如果我走运的话……

如果我有负责任的能力的话……

如果我不失败的话……

如果我知道诀窍……

如果大家不反对我……

如果我没有重重的顾虑……

如果我没有选错结婚的对象……

如果我不浪费的话……

如果别人不是太难合作的话……

如果我相信自己的话……

如果我的运气不坏的话……

如果我不是生来命苦的话……

如果我能获得多些安慰的话……

如果我不必太辛苦的话……

如果我不亏损的话……

如果我生活环境不同的话……

如果我没有过去那段生活的话……

如果我有自己经营的事业……

如果别人肯听我的意见……

如果……

唉，朋友，你还要说什么呢？所有这些都只能证明你是弱者！还不行动，更待何时？如果人有勇气正视自我，看清自我，则完全可以发现错误，并加以矫正。

制造托词来解释失败，这已是美国全国性的问题。这种习惯与人类的历史同样古老，这是成功的致命伤！为何人们不放弃他们喜爱的借口？答案是明显的。人们之所以会保护他们的托词，是因为托词是他们制造的！

制造借口是人类根深蒂固的习惯，这种习惯是难以打破的，尤其是我们要以此作为某事的借口之时。柏拉图深明此理，所以他说："征服自己是最大的胜利，被自己所征服是最大的耻辱和邪恶。"

另一位哲学家也有相同的看法，他说："当我发现别人最丑陋的一面正是我自己本性的反映时，我大为惊讶。"艾乐勃·赫巴德说："我对自己一向是个谜，为何人们用这么多的时间制造借口以掩饰他们的弱点，并且故意愚弄自己。如果用在正确的用途上，这些时间足够矫正这些弱点，那时便不需要借口了。”

在此，我要提醒读者：生命好比棋局，你的对手则是时间，如果你举棋不定，或者不能迅速行动，则到时候你在棋盘上的棋子将会被吃光。同你下棋的是一位残忍而冷漠无情的对手！

你也许有一种合理的借口，不去追求你的理想，但是这一借口现在已被抛弃，因为你已经有了开启人生财富之门的万能钥匙。

这把万能钥匙是无形的，但却是强大有力的！对你而言，它是所有欲望的金杖。使用这把钥匙，不会受到处罚；但是如果你不使用它，则必须付出代价。这个代价就是失败。如果你使用这把钥匙，将会获得极大的报酬。凡是征服自己，并使生命付出所求的人，都会得到这种满足。

这种报酬是值得你全力以赴的。我的读者，你愿意从此开始吗？相信我，相信你自己！

会成功的，你将拥有巨大的财富！

与爱相遇

陈大鹏　著

关于本书

正是由于那种“爱的力量”，作者饱含激情地写下了本书。

该书讲述的是新约时代一个关于爱的故事：年轻单纯的医士米德邂逅了一名美丽的女子美芙达妮丝，并疯狂地爱上了她。为了获得美芙达妮丝的爱，他不惜倾家荡产，背弃亲朋。随后，可怕的厄运开始紧跟着他。几经磨难之后，他终于获得了真爱，并拥有了一种神奇的力量。但此时的爱，已全然不是先前的那种。

作品在广阔的历史背景下展开，情节曲折，充满传奇色彩。展现了爱的高尚、恨的悲惨、善的美好、恶的丑陋。读者一定能够从阅读中真切地感受到该作品所要表达的思想和深刻寓意。

引　子

两千年前世纪之初的一个冬日的夜晚，大地一片黑暗，野兽在嗥鸣，暴政统治下的人民在困苦中被寒冷和饥饿包围着瑟瑟发抖。这时，在地中海东岸上空，出现了一颗明亮的星星，它缓缓地向东南方向划行，最后停留在一个名叫伯利恒的小镇上方，将一道亮光照射向山坡上的一座石屋。不久，一个婴儿诞生的啼哭声从石屋中响亮地传出，撕破寂寥的夜空，惊醒了睡梦中的人们。所有的人都睁大了眼睛，带着新奇和诧异，翘首以望，静静地听着……

传说中，这个婴儿是上帝的亲子，他带着爱来到人间，是为了拯救灾难深重的人类。

名医的儿子

埃及亚历山大里亚城的中午，街市一片喧闹，连成一片的房舍下是移动的人群。来自罗马帝国统治下不同区域的各种肤色的人们，有的服饰华贵，有的衣衫褴褛，在这个著名的城市里从事着名目繁多的大大小小的商业活动。乞丐、流浪汉、盗贼四处游动着，在摆放着各种商品的眼花缭乱的摊位前踟蹰着、觊觎着。叫卖声、乞讨声、斥骂声此起彼伏，热闹非凡。一辆辆罗马军方的马车满载着征集来的粮草在武装士兵的押运下驱赶着躲躲闪闪的行人，驶向不远处桅杆林立的码头，也许，新的一场征服远方异族的战争又要开始了。

米德是这座城市一位著名医士拿撒的儿子，他已年满18岁。这些天是他最快活自由的日子，在技艺高超、仁慈而又严厉的父亲教导下，他终于学成出师，也成为一名医士。他身着一袭白袍，肩挎一只皮药箱，清纯的脸庞充满着热情的朝气，迎着来来往往的人们，天天穿行在亚历山大里亚城的街街巷巷，寻找着求医的人们，开始独立为生、自谋出路的生涯。遗憾的是，也许是由于年轻或是陌生，人们都不愿相信他，一个月过去了，他竟然没有诊治过一个病人。虽然他非常自信自己的医术，但仍不免在脸上显露出沮丧来。

然而这时，一个机会来到了。

一辆无人驾驭的、受惊的马车嘶叫着在街道上疯狂地疾奔，所到之处人们惊叫着四处逃窜。忽然，一声惨叫，一个浑身肮脏的流浪汉被马车撞翻在地，飞转的车轮碾过他的双腿。马车过后，人们围拢过来，只见这个流浪汉在地上翻滚着，号叫着，抽搐着。米德此时正在路旁，出于本能，而且冥冥之中也得到了一种启示，他一个箭步冲上前去，抱起流浪汉，将他放在路旁的一面石桌上。他打开药箱，取出手术刀，冲着众人大声宣布："我叫米德，是名医拿撒的儿子，我希望你们为我做证，在我的治疗下，这个可怜的人一月后将康复如初，照样行走在这条大街上！"

一个月后，受伤的流浪汉果真又蹦又跳行走在这条曾给他带来厄运的大街上，并且逢人便夸奖年轻医士的好心肠和精湛的医术，米德因此在城中名声大噪。前来求治的伤者、病人络绎不绝，他渐渐有了地位，开始富有起来。

克拉特是罗马总督府的一名侍卫官。一次为总督治病，米德与这位同龄的英武的军人相识，并交上了朋友。克拉特生性豪爽、勇敢并毫不遮掩自己的一切嗜好和欲望，使得性情温和、举止腼腆的米德很愿意与他在一起。他们经常驾着军车，手执长矛，呼叫着在荒野上追逐狮群；夜晚在舞榭歌台上尽情狂欢畅饮。所有这些，都使米德欣喜若狂，流连忘返。

一天傍晚，俩人又一同来到城中一家有名的妓院。这里，大理石砌成的大厅被装饰得金碧辉煌，玉石雕琢的裸体美人沐浴在喷泉中，各种鲜花竞相怒放，发着阵阵沁人的清香。更引人注目的是这座妓院中裹着各式轻纱的美女，她们展露着朦胧诱人的躯体，或立，或卧，脸上带着迷人的微笑，一派悠闲地向宾客们送去阵阵眼波。

到这里来寻欢作乐的，都是些富有或有权势的人：阿拉伯商人、罗马军官以及遥远的东方国度里大大小小的王子。

克拉特一到这里，便疏忽了自己带来的新朋友，介绍了一番后，就走上前去，非常老练地与他看中的女郎拉上了手，然后拥着其中的两名说笑着进入里间。

米德站立在大厅中，感到从未有过的窘迫。他既紧张又好奇，于是便沿着大厅的边沿慢慢走动，有几位女郎向他投以微笑，他竟不敢正视她们的容貌，低下头急忙拐向别处。当他再次抬起头来时，啊，他看到了怎样一幅奇妙的景象啊！

美芙达妮丝

隔着一层透明的轻纱帷幔，有一位如天仙般美丽的女郎斜倚在一张天鹅绒面的长沙发椅上，两旁侍立着恭顺的女仆，有一个阿拉伯贵族男子跪在地上，手里捧着几枚金币，如丧家之犬般正向那位美人摇尾乞怜。女郎的神态安详而又矜持，气质如女王般雍容高贵，只见她不屑地轻轻摆了摆手，便立刻冲过来两名膀阔腰圆的男仆将那位已失态的可怜男人从她的脚旁拖走。米德怔在那里，一动不动，完全被那位女郎的风韵震撼。不知从哪里涌出了一股勇敢的激情，他竟走上前去用手撩开了那张帷幔。女郎扭转过头，看到了他。啊，多么美的一个女人啊！

白皙的皮肤，丰满的身体，精细的发式，那双眼睛是湛蓝的，如晨雾中一潭秋水，朦朦胧胧的，那里饱含着摄人心魄的万般风情。清纯的米德也同样吸引了女郎，她从长沙发椅上站起，然后款款走到米德面前，并且离得是那样近。轻轻抿住令人馋涎欲滴的、精致的嘴唇，高耸的半裸的乳房，柔软的腰肢，一切都从那一袭华丽的轻纱下透露出来，就如希腊神话传说中的海伦，又如埃及艳后克娄巴特拉再世。米德感受到一股强烈而又诱人的女人气息，他的灵魂完全被女性独有的美震撼了，那可人的温暖的躯体如一团热烈的火，围拢了过来，似乎要把他熔化了。

“可敬的来宾，请问尊姓大名，您从哪里来？”女郎声音甜美而又柔和，将米德从梦幻中唤醒。

“哦，我叫米德，是城中一名医士。”

女郎伸出一只玉臂，轻轻挽住了米德，牵引着他一同走到天鹅绒面的沙发椅旁。“请坐吧，米德，你的模样清纯而又可爱，非常高兴认识你，如不介意，我们多交谈一会儿，可以吗？”米德高兴地点点头，大胆而又热情地注视着女郎。寥寥数语，他就感到自己与面前这位美人如此投缘，心灵的闸门刹那间敞开，似有千言万语如江水般要疾速地冲出。

女仆听从女郎的示意，将厚厚的帷幔拉下，与室外大厅完全隔绝，屋里空间似乎变小了，但却另有一种温馨的氛围。

米德热烈而又激动地向女郎讲述了自己的家世，以及自己从医后曲折丰富的经历。女郎认真而又会心地听着，双眸中满含着欣赏和柔情。

“我叫美芙达妮丝。”女郎开始讲述自己的经历，不知为什么，她的表情黯淡而伤感，双眸中闪动着晶莹的泪花，“我原是希腊雅典城中一个贵族世家的女儿，两年前，在一次到神庙进香的途中，我被海盗掳去，被卖为奴，辗转便到了这里。我宁可死也不愿去接待那些充满淫欲的来客，始终维护着自己的贞操。好在这里的老板体谅我的身世，没有过分地难为我，答应只要我交纳一笔可观的赎金，就可归我自由。昨天，我曾做过这样一个梦，有一只洁白无瑕的圣鸟载着我在空中飞翔，我猜测这只圣鸟就是我的梦中情人，不久他就会降临在我的身边，帮我脱离苦海。”

“哦，亲爱的。”米德紧紧抓住美芙达妮丝的手，眼中燃烧着热情的火焰，激动得竟一时说不出话来。

美芙达妮丝用另一只手轻轻拂过米德的面颊，神情又恢复到原先的模样，她注视着面前纯情的男子，就像仰望那空中飞来的圣鸟。

“美芙达妮丝，您也正是我心目中渴盼已久的女人。”米德终于开口说了话，嗓音中满含着柔情。他已认定，面前的这位女子就是他冥冥中寻找的并将与他相伴终身的人。女性的柔弱激起了男性的刚毅，他要担当起这份责任来，赴汤蹈火也在所不惜，一定要将自己心爱的女人从苦海中解救出来。

时间在流逝，屋里的柔情蜜意浓郁地散发着，一直到了很晚。

轻轻吻过美芙达妮丝伸出的玉手，米德从妓院中走出的时候，已是满夜星空。也许克拉特找不到他早已离去了。这时，街区上一个人也没有，但米德却不感到空旷寂寥，相反，心中充溢着爱情的甜美。多么美妙而迷人的夜晚啊！他觉得自己已是世界上最幸福的男人了。

灾祸降临

第二天，米德医治完了最后一个病人，便匆匆赶回住处，他装扮一新后，拿着一条重重的口袋，就走出了家门。半个小时过后，他又来到了那家妓院。女仆通报过后，他被迎进了一间装饰华贵的居室，只见墙壁上镶嵌着珍贵的宝石，在柔和的灯光映照下熠熠生辉，地板上铺着绘有精美图案的波斯地毯，硕大的棕榈枝叶静卧在古铜色的花盆中，一张呈椭圆形的奇大无比的豪华床榻在东方丝绸做成的垂帘下时隐时现。女仆告诉米德，女主人正在沐浴，请他稍候，便退出去了，屋中仅剩下他一个人。

米德慢慢踱着步子，感受着屋中的一切，他觉得自己的身体有一种麻酥酥的异样的感觉，每一个毛孔都在努力地张开，心头的血在急速地涌动，头脑中不断闪现着各种使人羞惭而又激动万分的幻觉。

“亲爱的，我的小白鸟，您来了。”美芙达妮丝从浴室中走出，眼前的情景使米德惊呆了，只见美人比装扮后更加清新可爱，一条丝巾紧紧裹住她丰满诱人的躯体，一头浓密的褐发如瀑布般垂落在肩头，皮肤光亮、双臂圆润，深深的乳沟衬托得胸脯更为饱满，一双玉腿颀长而又浑圆，即便是海中的女妖也变幻不出如此绝妙的风情。

米德感到自己体内涌动的血流几乎要喷发出来，来时想好的要说的话全忘了，他已完全被面前女人的魅力所俘获，即便前方是万丈深渊，他也无法再控制住自己，只要获得她，就是粉身碎骨，为之献身也在所不惜。

“啊，亲爱的，您太美了，我真的非常非常的爱您！”米德口中喃喃地说着，情不自禁地张开双臂，要去拥抱美芙达妮丝。

美芙达妮丝顺手从一张大理石桌上取过一颗草莓，塞进米德口中，冲他莞尔一笑，然后将他轻轻推坐在一张沙发椅上。“亲爱的，还需要喝些水吗？您一定是有些口渴了！”女主人矜持而又不失温存地说，果真将一只大高脚杯递给饱含着激情的小伙子。

米德稍稍平静了一些，并为刚才自己的冲动感到了一丝惭愧。他似乎记起了什么，急忙将带来的那个重重的口袋递给了自己心爱的女人。

“美芙达妮丝，这是3000枚金币，是我几年来从医的全部积蓄，我想是能将你赎出的，我真心爱着你并等待着你，让神佑护我们早一天生活在一起吧！”

美芙达妮丝脸上的表情似乎没有太大的变化，这使得米德疑惑不解。他一动不动注视着对方，希望找出其中的答案。

“亲爱的，你的真情使我感动，但这些钱币相对于那笔可观的赎金，是微不足道的。有太多的达官贵人用比这更多的钱币想购买我的躯体，但都遭到了失败。我耐心等待着，知道自己终有一天会被一位富有而又真心爱着我的人赎出。米德，您正是我等待已久的人，我相信您有这样的力量。”

米德怔住了，半晌没有反应过来。然而，柔美的女人那满含深情的期待又很快平复了男人失落的心情。米德鼓了鼓勇气，狠狠握了握女人柔软温润的玉手，便坚定地起身告辞。他要尽快走出去，去获取更多更大的财富。

从这一天开始，年轻的医士在行事上有了极大的改变，他不再无偿为穷人治病，为富人医治收费也提高了许多，城中的人们开始怨恨他，认为他已不再有善良的品德，心肠自私而又狭隘。米德心中隐藏着这桩巨大的秘密，无法向众人解释，他似乎已被一股不可抗拒的魔力所控制，不顾一切地疯狂地去聚敛财富。殊不知，可怕的灾难开始向他逼近。

尽管米德整日拼命地工作，并省吃俭用，但一个月过去后，好像还没有赚到足够的钱财，他筋疲力尽，完全失去了以往洒脱悠然的风度，变得猥琐和忐忑不安。他开始反省自己的付出是否值得，但很快，他就又为自己这种不纯洁的念头感到愤怒和惭愧。美芙达妮丝那诱人的身影、满含柔情的眼睛晃动在眼前，一次又一次鼓起了他的斗志，支撑着他继续行走在大街小巷，不停歇地去寻找那些需要求医的人们。

不久，怀揣着几百枚金币，以及大大小小的珍器玉石，米德再次走进了那家妓院。美芙达妮丝依然充满柔情地在居室中接待了他。光彩照人的女主人如一团温暖的春风，尽管仍保持着一定的距离，但还是拂去了年轻医士身上的许多疲惫。他又兴致盎然，信誓旦旦了，只是心爱的人儿总是婉转地拒绝他的亲近使他有些伤感。内心深处涌动着的那股原始的激情和欲望如火山一般被压抑着，在体内熊熊燃烧，他已无法再保持冷静。

米德在城中的处境越来越不妙了，人们已风传他经常进出妓院的事，无论是否有病，人们都开始回避他，并在他的背后指指点点。几天过去了，米德竟未医治过一个病人，这对年轻的医士是一个可怕的打击，他内心深处产生了一阵阵恐惧，感到要大祸降临了。

他需要向人诉说，以获得一种安慰，去支撑自己生存下去，于是，他又想起了美芙达妮丝。走进那家熟悉的妓院，女仆见到他后，未经通报就领他进了那间居室。女主人起身迎接了他，但看到他两手空空，脸上便显露出不快的表情，这使得米德心中涌起一种不祥的感觉。但他还是开始了诉说。然而，美芙达妮丝脸上的表情却越来越不耐烦。由于得不到所期望的回应，米德自己也觉得说出的话有气无力，于是陷入极度的沮丧当中，最后不得不停止下来。

“名医拿撒的儿子，富有而又年轻有为的医士，”这下轮到美芙达妮丝开始诉说了，“你口口声声称深深地爱着我，要将我从苦海的深渊中解救出来，但却没有拿出你的全部，使出所有的力量，这使我非常伤心和失望。我现在已开始怀疑自己苦苦期盼的那只载着我飞向自由的洁白无瑕的圣鸟是不是你。现在看来，你不过是花言巧语，仅仅带给我虚幻的一道影子。”米德张大了嘴巴，但却说不出话来，委屈和自责如两条鞭子抽打着他那已被刺伤的心灵。他想申辩，但却又无从说起，他知道如今已别无选择，只有继续努力地付出。如果因此获得了令人倾慕的自己心目中的绝代佳人，所有失去的一切都将得到补偿，否则，他将真正的一无所有。于是，他从脖颈上取下一串名贵的珍珠项链，又打开皮药箱，取出父亲传给他的那一套精制昂贵的手术器械，木然地递给了他想获取的女人。

美芙达妮丝脸上又呈现出女性特有的妩媚和温柔，她破例地拥抱了一下僵硬得站立在地上的米德，诱人的嘴唇贴近他的脸庞，又说出了一句即使已经丧失思维能力的人都不得不震惊的话：“亲爱的，据我所知，你的家中还存有你即将从你年老的父亲那里继承的房契和墓契，难道你不愿为了解救我而将它们拿出吗？”

米德已完全形同槁木，情欲的无限膨胀已使他丧失了全部的思维和对是非曲直的判断力，他现在仅存有一个念头，就是要获得那个拿走他灵魂的女人。

如在梦中一样，米德摇摇晃晃，穿过几个街区来到父母的家中。正巧老人不在，他便打开房门，进到里间，用斧子砸开了一只被大锁锁住的大箱，从中取出他想要的东西。用一张破布包好后，他又拐进街区，向那家妓院走去。

“米德，哪里去？”一个浑厚的声音将米德唤住，他面无表情，眼光浑浊呆滞地回过头来。只见是他的好友、侍卫官克拉特骑在一匹白马上向他走来。米德不发一言，只等克拉特翻身下马。

“嗨，我的大医士，最近怎么老是找不到你的鬼影子，你在忙些什么？”克拉特有力的胳膊拽住米德，还像以前那样热情而有感召力。“快，跟我走，总督大人屁股上长了一个大肿瘤，正盼望着你去给他行‘割礼’呢？”

“对不起，克拉特，我已不能再为你们的总督服务了。”米德目光呆滞，慢吞吞地说着。

“为什么，你怎么了？”

这时克拉特已注意到这位曾经风采照人的医士的变化，便迫不及待地追问下去。米德心中憋闷着诸多的心事，今天遇到多日未见的好友，便再也隐藏不住心中的秘密了。

“克拉特，我有幸，啊不，不幸爱上了一个女人！”

于是，米德便将一个多月以前俩人一同到那家妓院之后发生的一切原原本本吐了出来。

克拉特听着，目瞪口呆，待米德讲完后，他大声惊呼起来：“唉！我的又呆又傻的朋友啊，你上了大当了，那个自称名为美芙达妮丝的是一个狡诈、贪婪而又极具诱惑力的妇人。她就是那家妓院的老板，与许多权贵，包括总督大人都有密切的交往，她并非如你想象的那般圣洁，只需大大方方花上100枚金币就可与她同床共寝。她蒙蔽的只有你这种不谙世事的傻男。”“你胡说！”米德急红了眼，如一条受伤的狼大声吼叫起来，因为克拉特的话刺到了他的疼处。

侍卫官像看一种怪物一样注视着咆哮着的医士，等到他稍稍平静一些后，便语气沉重有力地说道：“可怜的米德，你已被魔鬼缠身，没有事实为证，无论我怎样诉说真情，你也不会相信。我对你的沉沦也负有责任。这样吧，你可装扮成我的仆人，随我一同前往那家妓院，看我如何拆穿那个女人的一派谎言。”

当夜色又重新笼罩住庞大的城市后，米德头披着白色围巾，随着克拉特又走进那家熟悉的妓院。

穿过大厅，克拉特径直走进那轻纱帷幔后的里间，只见美芙达妮丝依然雍容娇媚地倚卧在睡榻之上，一派悠闲舒适。克拉特极有风度地行过见面礼后，微笑着说出了一串轻佻调逗而又不失身份的话，然后掏出一只沉甸甸的钱袋递给了美人。美芙达妮丝似乎也显得兴致盎然，起身要迎候侍卫官。但强悍的罗马人已急不可待，一把扯去美人身上裹着的轻纱，丰满白皙如魔女般诱人的躯体便一丝不挂地展露出来。克拉特扑上前去，与那躯体抱成一团。

“啊——”痴迷的装扮成仆人的医士再也无法看下去，他像一头猛兽受到重击般蹦跳着冲进帷幔。他丧失了一切理智，咆哮着抽出了同伴搁在一旁的宝剑，猛地将剑锋刺进了正寻欢作乐的侍卫官肩内。克拉特惨叫一声，松开了身下的女人，跳到了一旁，只见鲜血从他身上涌出，因疼痛而扭曲的面孔气急败坏地抛出一串咒骂的语言。美芙达妮丝也起身站立，慌乱地捡起地上的衣纱，遮掩住身子，在女仆的簇拥下扭动着腰肢急急进了里间。

“你自作自受去吧！”受伤的侍卫官一把夺过伤害他的朋友手中的利剑，狠狠瞪了一眼，便捂住伤口急急地离去了。

米德的精神世界已完全崩溃，他瘫跪在地上，双手向上高举，似乎在乞求上天的怜悯。

不一会儿，美芙达妮丝在仆人的陪伴下，从里间走出，她已装扮一新，脸上又重新显露出高贵和矜持的神情，瘫在一旁的老相识在她眼中似乎并不存在，好像刚才什么都未发生过。

米德瞅见了她，依然顽固地不愿相信面前的这位自己曾经热烈爱慕过的如此纯净美丽的女人会是邪恶的人，刚才的一幕不过是跋扈的侍卫官的恶作剧。他依旧抱着一丝可悲的幻想，起身又走到女主人面前：“亲爱的，您受惊了，刚才发生的一切对您来讲是迫不得已的，是吗？”美芙达妮丝没有回答他的问话，而是面无表情地问他：“尊敬的医士，您如此这般，到底想得到什么？”

“为了得到您完整的爱！”米德神情固执地说道，然后将怀揣的那卷房契和墓契取出，递给他期待获得的女人。

美芙达妮丝毫不迟疑将礼物接住，交给她身后的女仆，冲他神情怪异地笑了一声，突然沉下脸来，厉声叫道：“好了，不要再继续下去了，让我来结束你的苦难吧！”

两个剽悍的打手冲上来扭住了米德的双臂，拽住他就往外拖，第一次来到这家妓院时见到的那一幕又重现了。埃及医士的遭遇与那位可怜的阿拉伯男子的命运如出一辙。米德一下从绝望的打击中清醒过来，内心中蹿出一股如烈焰般恶毒的仇恨，他要杀了那个使他倾家荡产的邪恶的女人，也不知从哪里获得了一股力量，他猛力挣脱了那两名扭住他胳膊的膀大腰圆的打手的桎梏，像一头雄狮般冲过去撞翻了已走到喷水池旁的妖艳的妓院老板，然后狠力地掐住她细嫩的脖颈，将那颗原本美丽绝伦而今却丑恶至极的头颅按进了池水中，任凭她死命地挣扎。突然间，“咚”的一声，米德脑后遭到重重一击，他眼前一黑，世间的一切刹那间都消失了。

逃离亚历山大里亚

巨大的炸雷声将米德从昏迷中震醒过来，他发现自己浑身污浊地横趴在离那家妓院不远处的一条阴沟里。此时天正下着暴雨，狂风夹杂着雨水就像无数甩动着的长长的皮鞭，劈头盖脸无情地抽打在落难者的躯体上，一串又一串不时滚过的惊雷猛烈地撕扯开黑沉沉的天幕，好像巨兽张开的大口要吞没世间的一切。

米德挣扎着从地上爬起，头晕目眩，就像正经历着一场噩梦。脑后的疼痛使他想起了刚刚发生的一切，他回过头望了一眼那家黑森森如墓茔似的妓院，悲愤之情又溢满全胸，脸上的肌肉因寒冷和仇恨而扭曲变形。拖着沉重的身躯，任凭雨水的抽打，他就如行尸走肉一样踉踉跄跄地向街区走去。

就在这时，从对面急匆匆跑来一个人，原来是米德曾救过的那个流浪汉，他惊恐万状地一把抓住医士的手臂，大声呼叫起来："医士，快跑吧，你的父亲回到家中看到撬开的箱子，听到城中人们的议论，一口气没喘过来死了。你的族人从各处赶来，扬言要用石头砸死你，灾难已经降临，尊敬的可怜人，快离开亚历山大里亚吧。"

"啊！"米德绝望地大叫一声，一下瘫坐在地上，捶胸顿足、声嘶力竭地悲号起来。

"快逃吧，再不走就来不及了！"那流浪汉不由分说拽起了瘫在地上的米德，米德挣扎着不愿离开，伸着头要往一根石柱上撞去。流浪汉抱住了他，大声喊道："医士，镇定些，你也要替你的老母亲想想。"这一句话似乎起了作用，米德停止了挣扎，任凭流浪汉推着拉着，深一脚浅一脚地向海边码头赶去。

一艘货船正停靠在码头，几块桥板还未撤去，甲板上空无一人，想必是暴风雨将水手们赶回了船舱。流浪汉拉扯着米德跳进船头，将他塞进一处堆放着杂物的角落里。暴雨如天塌了似的仍在倾泻着，狂风裹挟着巨浪冲击着船身，天地黑成一片，猛烈地摇动着，犹如世界末日的来临。

落　难

一阵乱哄哄的声音将蜷缩成一团正昏睡着的米德吵醒，他睁开双眼，透过杂物的缝隙看到了蔚蓝色的天空。他艰难地坐起身来，用手拨开一堆旧缆绳，看到十几个水手光着膀子，七倒八歪地坐在甲板上纵情地饮酒作乐，污言秽语不绝于耳。这时，一根啃剩的羊骨头抛了过来，米德这时才感觉到腹中空空，饥饿如魔鬼的利齿啃噬着他的神经。他用力地咽下一口口水，大着胆子探出身体，小心翼翼地去抓那根诱人的羊骨头。

一只大脚踩住了偷渡客哆哆嗦嗦的手，一声尖利的呼哨后，偷渡客被恶狼般冲过来的水手像捉小鸡似的从杂物堆中拖出来，然后重重地摔在船中央的甲板上。

一个船长模样的人走过来，站立着，用鹰一样的眼睛一动不动地注视着他，似乎一旦瞅准了，马上就会扑过来，将捕获到手的猎物撕得粉碎。米德急切地开始了自己的辩白，说自己是亚历山大里亚城中的一名医士，因遭到恶人的陷害而不得不背井离乡。这引起了众人的一阵哄笑。此时的医士蓬头垢面，原本代表自己身份的那一袭还算华贵的白袍此时已污秽破烂不堪，早已辨认不出原来的模样，自然没有人相信他的一派“胡言”。

这时，一个年纪大一些的水手走到“船长”面前，低声说道：“头，看此人神情慌乱，目光飘忽不定，心中一定有鬼，说不准是海盗派出的奸细，要来图谋我们船上的财物。”“船长”吃了一惊，似乎被提醒了，马上冲水手们喊道：“快，快把这个家伙给我扔进海里去！”

恐惧猛地攫住了米德，求生的本能促使他死命地抗争，但在强悍的水手面前，一切努力都注定无济于事，只觉得身子一轻，他在空中画了一条弧线，就落入波涛汹涌的大海。

米德挣扎着从海水中露出头来时，只看到了那条船的背影，并且很快就在视野中消失了。四周完全成了一片海水的世界。这时一排巨大的海浪涌起，像山一般从天上滚压下来，又吞没了他。米德犹如落入万丈深渊，急速地坠向死亡的大门，可怜的逃难者已蒙胧地看到阴间里那氤氲的雾气向他迎面扑来。恐惧、紧张、无奈充填全胸，一度窒息了他的思维，他浑身发软，手脚乱舞，任凭死神拖着向那未知的世界滑去。

“不，我不想死！”一股委屈的情绪涌了上来，尘世中的一切一幕幕在他的眼前晃过，是那样的明媚光彩，令人留恋。求生的欲望在死亡的威胁下猛地迸发出来，是那样的强烈，并迅速传播至全身。米德两手奋力下划，双腿猛蹬，头部一下蹿出了海面，又看到了蓝色的天空。几排海浪劈头盖脸地再次打来，他瞅准时机猛地向上跳跃，躲了过去，终于喘过来一口气。

这时，隐约间他发现在远远海平线有一溜黑黝黝的影子，像是海岸，这在他心中燃起希望的火苗。那条船一定是沿着海岸在航行的。他迅速调整好了方向，在波浪的推击下，奋力向前游去。

他终于看到了陆地，那黑黝黝一动不动静静横卧着的绝不是虚幻的景象。米德屏住呼吸加快了游动的速度，他已确信自己即将得救了。但就在这时，他的双脚被一种柔软却结实的东西缠住，他拼命去蹬，想挣脱开来，但却被缠得越来越紧了。此时，波涛冲击着海岸，退落下来时发出可怕的巨大声响，击起的白色浪花跳跃着向前飞溅，犹如万条鲨鱼奔来。“莫不是海怪？”米德被吓得魂不附体，筋疲力尽的他再也无法承受新的打击，他被那不知名的怪物拖着向海水深处坠去。

“神啊，饶恕我这个罪人吧，让我获救吧，哪怕上了岸，让我承受世间一切苦难！”他绝望地仰天长号。

奇迹突然出现，当他的头颅即将没入海水中时，他的脚触着了坚实的沙地。

“啊，我终于获救了！”

米德兴奋地大喊一声，他潜入水中，用力撕扯掉缠在脚上的东西——原来是渔夫废弃的一堆旧渔网，然后，他拼出最后一点力气，爬上了岸。匍匐在大地之上，犹如投入母亲的怀抱，他百感交集，不禁号啕大哭起来。

荒原奇遇

当烈焰般的日头稍稍偏西时，米德再也按捺不住饥渴的折磨，他从蜷缩的地方走出来，继续开始了跋涉，并希望能找到些食物和水。他已记不太清楚上岸有多久了，那骇人的海水以及不久前发生的惨事都已变成了似乎很遥远的记忆。他庆幸自己经历如此之大的灾难还能活下来，死亡的体验使他忍受了目前的一切。他不知道自己的目的地在哪里，只是拼命地往陆地深处走去，似乎只有这样，才能逃离罪恶。

荒原被沙石覆盖着，一望无际，几乎看不到树木和人烟。米德如孤魂野鬼般艰难跋涉着，衣衫褴褛，蓬头垢面，眼窝因饥饿而深陷，嘴唇因口渴而干裂，皮肤在烈日的炙烤下如针扎似的疼痛。途中遇到一个牧羊人，他得到了一些施舍，并从牧羊人口中，他知道自己已来到地中海东岸的撒玛利亚，这里是犹太人的居住地。

终于，远方隐隐约约出现了一片房舍的影子，米德睁大了双眼，犹如浪迹天涯的游子望见了久别的家园，他加快了脚步，踉跄着奔向那里。

原来，这是一个小小的集镇，一条弯曲的土路，两旁坐落着参差不齐的房屋，一些商贩在这里摆摊设点，以供应往来不断的商队。米德气喘吁吁地走在街道上，眼睛紧紧盯着摊位上那一排排食物和水果，恨不得马上将它们送入口中。商贩们似乎已发现他的企图，远远地都开始鄙夷地驱赶他，就如驱赶一条丧家之犬。

饥饿更加强烈地发作起来，米德感到头昏眼花，天旋地转，他几乎要支撑不住了。这时，一堆水果又映入他的眼帘，他再也控制不了自己，扑上前去抓住一个就死命地向口中塞去。但很快，他就被冲过来的商贩打翻在地，刚吃了一口的水果也被抢去。他蜷缩着，脸部因痛苦而扭曲变形，绝望使他无力抬头，两串污浊的眼泪喷涌而出，浑身因抽泣而剧烈地抖动着。这时，一只大手搁在他的肩头，他感受到那只大手很有力，很温暖，带着一种久违了的亲情。于是，他慢慢抬起了头，透过朦胧的泪眼，他看到了一张圣洁的脸庞，就如阳光驱走了乌云，米德眼前很快明朗起来。只见那人身材高大，气宇轩昂，面色虽然年轻却透着成熟，一双眼睛纯净而又慈祥，有着一种神奇的光彩。他将米德从地上慢慢扶起，然后递过去一把食物。米德感激地望了他一眼，便急不可待地大口嚼了起来。周围的人们都悄无声息默默地看着，殴打米德的商贩此时也羞愧地低下了头颅。

“朋友，您的身世一定非常悲惨，因为您的眼中满含着冤恨，请接受我主耶和华的赐福吧，跟随这里的商队到圣城耶路撒冷去，途中会有艰难，但坚持着走吧，只要到了那里，你的罪就会被救赎，你就会成为一个全新的人。”

“你是谁？”

“现在还不能告诉你，我们会在耶路撒冷见面的，到时你会知道一切。”

那人简短地说了几句话之后，便脱去自己身上的一件紫色斗篷，披在了米德身上，还给了他几枚金币，然后就迅速离去了。

米德怔怔地望着那人的背影，心中淌过一股股暖流，似乎在心灵深处获得了一种奇妙的力量，他不再感觉到疲惫和悲苦了。

强　盗

第二天清晨，米德很顺利地加入一支前往耶路撒冷的犹太人商队中。全仰仗昨日那位圣人相助，他用那几枚金币从商贩手中购买了一套衣服，并对自己进行了一番彻底的清洗，焕然一新后，再披上圣人相赠的那件紫色斗篷，邋遢的流浪汉又成了文雅的亚历山大里亚医士，尽管脸色很苍白，但风度依然，看上去是一个有身份的人。

骑在骆驼上，米德一言不发，但眼睛却不时地向前张望。这时，天气很晴朗，尽管太阳还未出来，但远方的景色却看得一清二楚，他心中有一个希望：那就是赶往一块新的土地，忘却过去，开始一种新生活。

商队默默地行走在平坦却荒凉的古道上，只有骆驼脖颈上的铃铛声有节奏地响着。太阳升起来了，又渐渐地偏西，无数的树木和小山丘移到了身后。照这样走下去，不消几天，耶路撒冷就到了，一切罪孽和苦难都将在这个人们所传言的圣城中化解。

商队进入到一片很大很深的洼地后天色开始转暗，面色疲倦的老板喝令就地宿营。很快，帐篷被搭了起来，几堆篝火也被点燃，所有的人都围坐下来，开始了野炊。

酒足饭饱之后，劳碌奔走了一天的人们，除了商队的卫士外，都钻进了帐篷。米德不愿与众人挤在一处，向总管要了一张毯子，便在一棵大树下裹紧身子躺了下来。

夜色已深，天气变得有些湿冷，薄薄的雾气围绕着帐篷和树木飘荡，显得有些阴森可怖。米德睁大着眼睛，久久难以入眠，自逃离亚历山大里亚后，他就很害怕黑夜，在这茫茫的黑夜中总有噩梦产生，一个个丑恶的魔鬼，龇着牙咧着嘴向他扑来。

迷迷糊糊地，米德进入了梦乡，他梦见自己从睡卧的大树下站立起来，在帐篷间转来转去，然后向一处山坡上走去，但满地泥泞，他怎么费力也难以挪动脚步。突然，身后响起一片惨叫声，还有火光闪动，米德大

叫一声，从惊吓中醒来，眼前正发生的一切并非梦境，只见帐篷全着了火，有许多人手中舞着刀，向四处奔逃的人凶狠地砍杀。

“强盗，强盗打劫了！”米德马上意识到发生了什么事，他心中一片恐慌，一骨碌爬起来拔腿就向洼地高处爬去，四肢因过于紧张而僵硬万分，最后终于爬上去了。但眼前的一切使他绝望至极，只见在洼地外围还站着一排杀气腾腾围着白色头巾的土匪，有几个已狞笑着舞着刀扑过来了。米德眼前一黑，知道自己这下性命难保了。

但奇怪的是，过了好一会，也未见刀落下来，米德心中满怀着恐惧慢慢将眼睛睁开，他看见那几个已扑到跟前的强盗面部肌肉紧绷，眼中透露出恐惧的神情。这时，一个首领模样的强盗快步走上前来，看到米德后似乎也吃了一惊，彼此相对站立了好一会，强盗们才在首领的命令下冲过来将米德的眼睛蒙住，然后押走。

米德被强盗绑在马背上摇摇晃晃地走着，他心中已不再恐惧，但却满腹狐疑，他不明白为什么强盗不敢杀他，莫不是自己有神灵保护？这样胡思乱猜着，不久他就被拉下了马背，他知道一定是到了强盗的巢穴了。

当蒙着眼睛的黑布被扯下后，米德看到这里是一座洞窟，很大很深，无数火把点燃着，四处堆满了抢来的财物，除了他一人外，其余的全是强盗，他知道同行的那些犹太人已全部遇难了。

这时，那个强盗首领走到米德面前，用敬畏的语气问道：“你是谁？是那位圣者吗？”

“我不是什么圣者，我原是埃及亚历山大里亚城的一名医士。”

“那你身着的这件紫色斗篷是从哪里来的？”

“是一位不知名的慈爱的人赠我的，他给我食物，指引我前去耶路撒冷。”米德镇定地回答着，不知为什么心中充满着勇气。

强盗首领目光闪烁不定，在原地走来走去，显得很烦躁，最后站定，语气冷冷地、一字一顿地说：“医士，那你留在这里吧，我们也需要神的佑护。”

米德从此在强盗队伍中落了户，被迫跟随着他们杀人越货，救治伤者。日子一天一天过去了，又到了第二年的夏季，已记不清目睹了多少人间惨剧，米德心中充满了痛苦和焦虑。他几次试图逃跑，但都因强盗们的严密监管和自己内心的恐惧而放弃。一天，他又想起了第一次碰到这帮强盗时的情景，他们不敢杀他的谜至今还未解开，于是，他便想尽了一切办法使一个向他请求治伤的小强盗开了口，小强盗叙述的一切使他震撼不已。

原来，在那次洼地遇险前不久，强盗们曾在这条路上抢过几个人，其中一位就身披如今穿在米德身上的那件紫色斗篷。当一个强盗举刀要挥砍时，突然从天上射下来一道强烈的亮光，那个强盗立刻双目失明，被击倒在地。奇怪的是，那位穿紫色斗篷的人没有怪罪他，而是将他扶起，说了一些赐福的话。当这几个人离去后，那个失明的强盗眼睛又恢复了正常。不久，他便从队伍中消失了，据说是去跟随那位穿紫色斗篷的圣人了。

米德用手抚摸着自己身上的这件斗篷，感慨万分，他确信自己遇到的那位圣者是一个神，如果真的能够在耶路撒冷再次遇到并追随上他，自己的一生就能够得到救赎。

米德瞅准一次机会逃跑了，但很快又被快马追上来的强盗抓了回来。首领不敢杀他，但却暴跳如雷。他冲着米德喊道："医士，你要明白，我们是一群无家可归的人，我们也敬畏神，但却无法按神的指引去生活，罗马人抢占了我们的家园，犹太人用计骗走了我们的牛羊，我们只有采取暴力。只有暴力我们才能使他们敬畏，才能生存，这就是我们的处事准则。明日将有一支庞大的罗马商队从这里经过，我们已做好了袭击他们的准备，你必须留下来，战事一开，死伤难料，就由你代神向我们赐福吧！"

米德怔怔地听着，头脑中一片空白。第二天，强盗们倾巢出动，共计有100多人。果然，在埋伏的地点，罗马商队出现了。那闪烁着金光的财宝似乎马上就要到手了，然而，一切却都与强盗们的愿望相悖。

当首领一声令下，众强盗挥舞着砍刀扑向商队时，从掩蔽着的货车上跳出的是全副武装的罗马士兵，与此同时，更多的罗马士兵从四面拥来，令人发悸的号角声接连不断，强盗们中了罗马军方的计，在劫难逃了。

罗马战俘

俘虏们被铁链拴着连成一串，被罗马士兵押着，向地中海沿岸挺进，米德也身处其中。在蛮横的士兵面前，他根本找不到申辩的机会。刚刚发生的战事，那血淋淋的场面还历历在目，强盗首领和他的几名手下因负隅顽抗最后被活活钉死在沿途的十字架上，从那鲜血淋漓扭动抽搐的躯体上发出的撕心裂肺的惨叫声似乎还幽幽地飘荡在空中。

庞大的罗马战船停靠在岸边，俘虏们一个接一个地被驱赶上去，最后全部被关进底舱。舱中光线阴暗，挤满了从各地押来的犯人，绝望和恐怖的叫喊声不时从某个角落响起，犹如落进了地狱。

战船摇摇晃晃地开始启动，不知驶往何方。米德紧紧抓住披在身上的紫色斗篷，心中满怀着恐惧，他不知道等待着他的未来是怎样的，也不知能否再次劫后余生。

时间缓慢地移动着，就像在炼狱中煎熬，舱内的气温在夏日的烘烤下越来越高，酷闷异常，不时有犯人倒下，哭叫声、咒骂声、呻吟声，最后全都无声无息了，就如死亡般沉寂。

不知在海上航行了多少天，头顶上方的舱门突然打开，一道微弱的光线射入，犯人们被喝令爬出准备上岸。

米德实际上是被拖出来的，他的身体近乎虚脱，迷迷糊糊地被人架着上了岸，过了好久才完全睁开了眼睛。

这里已是意大利。

宏伟的罗马城，神殿、凯旋门、大会堂、柱廊、拱门、大剧院巍巍矗立着，处处显示着帝国的强盛和繁荣。一座新的庞大壮观的竞技场正在建筑之中，成千上万的奴隶、俘虏和犯人手脚戴着镣铐，在役吏的鞭挞下，昼夜不息地运送着石块、铁条。不断有劳累过度的人倒下，然后被无情地拖走。米德的手脚已被磨破，悲惨的境遇使他对生命采取了一种听之任之的态度，但有许多次快支撑不住时，冥冥中似乎总有一个声音在耳边响起：

“坚持住，只要不倒下，就有希望！”于是他又有了力量。他已将那件斗篷从身上取下，束在了腰间，这是他的护身衣，只要它还存在，就有神灵佑护，生命就不会离去。

竞技场在一层层地增高，三年过去了，终于修建完成。无数的苦役死去了，幸存者将作何处置呢?

盛大的落成庆典拉开了序幕，米德与数千名奴隶、战俘、囚犯被凶暴的罗马士兵驱赶着进入大竞技场内，只见空地上散落着各式各样的兵器，看台上坐满了兴高采烈的罗马贵族男女。这情景使得囚犯们一个个张皇失措。米德心中涌出一股不祥的预感。

突然，底层圆形的拱门被打开，冲出成群的野兽，有大象、老虎、狮子、野狼、野驴、野马、河马、疯牛等。一时间，吼声乍起，奴隶、战俘、囚犯慌乱间赶紧捡起地上的各种兵器，求生的本能迫使他们挤成一团，与冲过来的野兽展开了殊死搏斗。凶性大发的野兽，张着血盆大口，伸着利爪，横冲直撞。立刻，鲜血如一朵朵盛开的鲜花四处飞溅着，滚滚尘沙飞扬着，向天际飘散。兽与兽在撕咬，人与兽在搏斗，怒哮声、惨叫声以及看台上沸腾的罗马人发出的歇斯底里的喝彩声响彻云霄，组成了一幅壮观惨烈的有声画面。

米德手中握着一杆长矛抵挡着，四处躲避，从野兽和人身上喷射出的鲜血已将他染成了血人。生命在这里已如此脆弱，瞬间就可以转化为死亡，他坚持着，不想倒下去。但是，可怕的时刻终于来了，一只凶猛的野狼从侧面扑过来！尖利的牙齿穿进了他左边的脸庞。米德感到自己体内所有的血都向这个方向涌去，眼前火红一片，灵魂如一只小鸟恋恋不舍地向空中飞去。

牧 羊 人

如在空中飞翔，呼呼作响的风刷刷地从耳旁刮过，一阵强烈的疼痛将米德从昏迷中唤醒，他只能勉强地睁开一只糊满血水的眼睛，看到了昏暗的天空。他奇怪为什么另一只眼睁不开，用手一摸，竟是血肉一团，"啊"的一声，他惊坐起来，悲痛地疯狂大叫。他的左眼已被野狼咬瞎了。这里是罗马城的郊外，一条深沟中，丢满了还未掩埋的残肢断臂的死人和还淌着血的兽类。米德挣扎着从沟底爬出，生的庆幸和死的恐惧使他神经错乱，野兽的利齿似乎在他体内注入了一股残忍的毒素，他伏在大地之上，冷笑着号叫，景况极为恐怖。

这时，有几个人骑在马上在远处移动，米德拼足了力气向那个方面奔去，一点点靠近。骑在马上的人都惊恐地勒住了缰绳，充满疑虑地紧张地盯着奔跑过来的这个满身血污的人。米德冲到最近的一匹马跟前，双手紧紧攥住了缰绳，用仅剩的一只眼恶狠狠地盯着坐在马上的人，大声喊道："快把我带走吧，我要活！"骑在马上的人躲避着，用颤抖的声音问道："你是谁？""我是没被罗马人和野兽杀死的人！"米德将缰绳拽得更紧了，就如长在手里一般，骑马人根本无法抽回。这时，从旁边骑马过来一位头缠黑头巾的长者，他思忖了片刻，满脸的忧虑，最后对旁边的人说："将他捎上吧。"

这一行人是小亚细亚一支游牧部落的代表，那位长者就是酋长，他们奉当地罗马总督的命令，被迫向首都罗马城供奉几百头牛羊，此时他们正在返回的途中。

十几天后，米德跟随他们来到小亚细亚幼发拉底河源头的草原上，按照当地的土方，他的脸伤得到了医治，但却留下了可怕的疤痕。历次的劫难，磨去了心灵上的最后一丝脆弱，他变得顽强、残忍和寡言。穿上了部落人的衣袍，他被分配看管一群羊，在一次放牧的途中，他用木棍打死了三只来犯的野狼，这一行为得到了部落人们的崇敬，大家视他为勇士，不少女人还向他投去敬慕的目光。

这一天，他又赶着羊群来到一座小山后的草滩上。当羊儿低头在静静地吃草时，他策马奔向了山顶，极目远眺：一望无际的原野，白色的云朵在蓝色的天空下飘浮着，轻风徐徐吹来，一片宁静和安详。他从马背上取出那件沾有血迹的斗篷，心中一片怅然，他不明白为什么上天如此不公，将原本清纯的他一次又一次推向灾难和死亡的深渊，罪恶紧紧缠绕着他，不知何时才能离去。难道一生就这样逆来顺受、委曲求全吗？此时天这样晴，阳光如此明媚，这样的好时光还能持续多久？会不会又有新的灾祸来临？米德将头贴在斗篷上，似乎在寻求神灵的保护。

“米——德——”山下传来一个女人的声音。米德将头抬起，睁开仅剩的那只右眼，看到一个姑娘正骑马奔来。迎风飘动的红袍一闪一闪，在空旷绿色的原野上如一朵鲜活的红花。“是黑香！”米德孤寂的心田中急速地淌过一阵暖流，但很快，他就控制住自己，依然一言不发，铁青着脸没有站起迎接。

黑香是酋长的女儿，还是个少女，但在这块肥美的草原养育下，已发育得非常成熟，身材苗条而又结实，处处显露着女性特有的气息，尤其是在那张晒得又黑又红的脸庞上，长有一双灵秀的眼睛，热烈而又大胆，就如草原清晨的阳光。

自从米德遭遇了美芙达妮丝充满邪恶的迷惑后，在内心深处，他就对女人产生了极深的偏见和恐惧。在那样柔美的外表下，包裹着怎样一颗贪婪、冷酷、无情的心，这道伤痕烙得太深了！以至于当他再次遇到温情脉脉的女人，灵魂就战栗不止，他早已丧失了爱的能力。他唯有封闭自己，对女人一概采取冷漠和超然的态度，才能使自己免受伤害。

“米德，你走时还没吃东西吧，我给你送来了。”黑香此时已来到跟前，翻身下马，有些羞涩地坐在了米德旁边。“黑香，你为什么对我这样好？”米德淡淡地问道，眼睛盯着远方，动也不动。

“我也不知道。”姑娘轻轻地回答，可以感觉到她的脸庞出现了红晕。

米德此时心中一片混乱，实际上，他早已注意到这个鲜嫩得像野花一般的姑娘，只是心中的那一片阴影以及由身体残疾引致的自卑感使他执拗地回避那许多次投来的热情的目光。然而，历经磨难孤苦伶仃的他，内心深处却有着一种希冀得到抚慰的强烈愿望，那由冰块组成的情感防线在如春天阳光一般柔和的少女感召下，已不可阻挡地在慢慢消融，眼看着就要坍塌了。“米德，你快吃点吧！”姑娘单纯而又柔和的声音再次响起。米德禁不住地扭过头，他看到在这空旷而寂寥的原野中一个活灵活现的生命，那纯净柔情的双眸，鲜嫩的红红的嘴唇，微微起伏的胸脯。猛然，他心灵深处最脆弱的那一部分被击中，血霎时沸腾起来，眼睛中燃烧起情欲的火焰。一种奇怪的夹杂着复仇和宣泄的心理膨胀着，如炸雷一般地爆发了。他一把打飞姑娘手中递过来的食物，像狼一般地向那如羔羊般柔嫩的躯体扑去。姑娘吓坏了，大声惊叫并挣扎起来，但很快，就转为有气无力的喘息和呻吟。

不久，由酋长主持，米德和黑香在整个部落彻夜的狂欢中举行了婚礼，无数只火把将黑夜照得一片通红，心情复杂的新郎、幸福甜美的新娘在这热烈的气氛中频频向前来恭贺的来宾鞠躬，月亮的银光以及星星的闪烁此时都黯然失色，似乎要把所有的光彩让给这一对新人。岁月如静静的幼发拉底河，一天天一夜夜淌过，八年过去了，部落的牛羊更多了，米德也全然不是昔日虚弱的受难者了，他成长得肩宽体壮。虽然脸上的疤痕还在，但却并不显得丑陋，反而在他的气质中平添了一分冷峻和威仪，使人望而生畏。如今，他已是部落的一名重要头领，如同“王子”般受到部落男女老幼的敬仰。

这一天，米德率领部落的一批年轻人放牧归来，向自己家的帐篷走去。黑香带着一对儿女早已在门口迎候。娇妻爱子使他如沐春风，心中得到一种莫大的慰藉。漫长的岁月已磨蚀了他的记忆，昔日所遭受的苦难如草原上恶劣的旋风早已飘散到远方，到耶路撒冷求救赎的心理也已淡漠。平静的游牧生活使他安详，他希望一生平平安安，家族兴旺，不要再发生新的灾祸。

正当一家人高高兴兴地就餐时，突然，部落的一名卫士闯了进来，他告诉米德，罗马总督派人来了，正在酋长那里。米德怔了一下，心中出现了一丝不安。

当米德快步走进酋长的帐篷中时，只见一名罗马军官在几名士兵的护卫下正大声说着什么，酋长脸色一片黯然。经了解才知道，阿尔卑斯山以北的高卢地区发生了大规模的暴动，罗马帝国正调兵遣将，征集粮草，准备武力镇压。为此，罗马皇帝下令，小亚细亚所有被征服的部落都必须无条件地为这场战争服务，最大限度地抽调人员、牛羊和粮草开往高卢，不得有误。

罗马人走后，酋长帐篷中的头领们都紧皱眉头，一言不发。多少年来，在强权压制下，部落每年都向罗马帝国供奉大批的牛羊和粮草，已经不堪重负。此次战事一开，部落倾巢而动，必将元气大伤，走向没落。帐篷里弥漫着一股悲观不祥的气氛，静静地，显得异常沉重。米德一言不发，思考着对策，突然，脑子中出现了一个大胆而有创见的想法，他“噌”地站起身，将这个想法说了出来：“到中亚细亚去，那里地广人稀，天高皇帝远，与其坐以待毙，不如冒险去找到一片新天地。再不想办法脱离罗马人的统治，我们迟早会被这个暴政拖垮。”帐篷中响起了一片叫喊声，所有在场的人都受到强烈的震撼，有拍手叫好的，也有张皇失措的，还有些老者，匍匐在地亲吻着这世世代代生养不息的土地，号啕大哭，就是没有人表示强烈的反对。在生存和死亡之间，迁徙成为一条不得不走的路。半夜时分，决定完成了。

第二天傍晚，当夜幕徐徐落下时，庞大的部落全部上了马背和牛车，在黑暗的掩护下，像一条蠕动着的巨龙向着东北方向挺进，悠扬悲怆的民歌像空中的风鸟一般在古老的草原上飘荡着。

部落战争

七天以后，部落越过亚美尼亚，来到高加索山脉南麓、里海西岸。这里气候适宜，草木旺盛，南部有一条河流经过。更重要的是，高大的山脉阻挡住了北方寒流的侵袭，是难得的一片牧区。

部落在此安营扎寨，老人脸上露出欣慰的笑容，孩子们在帐篷间的草地上追逐玩耍，一派喜庆气氛。

第三天，米德带领一支由精壮的年轻人组成的队伍，告别酋长和部落，沿里海西岸，向北继续探察，期望获取更大的领地。

数日过去了，北部荒芜的草地以及不断刮起的狂风消泯了探险者的雄心，米德带领队伍开始返回。当距离部落驻扎地不到一天的路程时，突然，从前方急急奔过来一匹快马，米德赶紧策马迎上去，原来是部落里的人。然而，眼前的情景却使他大吃一惊，只见他肩膀上还淌着鲜血，脸色因紧张和失血过多而呈惨白色，身体僵硬、眼睛发直，口刚张了两下，就一头栽地死了。

米德意识到部落遭受外族袭击了，他大吼一声，率领人马发了疯似的往回赶去。

终于到达了，眼前的情景惨不忍睹，只见部落驻地一片狼藉，血污块块，许多帐篷被烧毁，幸存的族人们正在悲恸地哀悼死去的亲人。米德紧张地看着，心一下提到了嗓子眼，他呆呆站立着，浑身一阵阵出着虚汗，大脑因受到强烈的刺激而呈一片空白。突然，他扔掉手中的马鞭，拔脚朝自己家的帐篷奔去。幸好，帐篷还在，但却空无一人，他又转身冲出来，抓住门外站立着的人，大声喊道："黑香呢？我的孩子呢？"一个老婆婆哭哭泣泣地走上前来说道："你快到酋长那里去看看吧。"这一下提醒了慌乱中的米德，他急急向酋长的大帐奔去。大帐前横躺着几十具已准备入殓的部落人的尸体，米德一眼就看到了黑香，那微微开启着的嘴唇此时已一片惨白，似乎在向亲人诉说什么。米德拨开外围站立着的族人，慢慢地走过去伏下身子，他的眼睛发直，过分的悲痛已使他全身麻木僵硬。他伸出颤抖的双手将浑身已冰凉的妻子紧紧搂在怀中。他环视着周围，看到了死去的酋长，还有其他熟悉的男人、妇女和孩子。灵魂剧烈地战栗起来，如大山般沉重的痛苦压迫着他的神经。放下黑香，他匍匐在死尸之间，如同在黑暗的阴间爬行，他的精神世界就如被魔鬼的利爪撕扯着，在空中杂乱地飞舞着，已不可避免地开始粉碎崩溃了。

突然，他低头咬住了自己的手指，将淋漓的鲜血涂抹到脸上，然后举手向天，发出一声如野狼般可怕的嗥叫声，整个草原都恐怖地摇撼起来。

袭击部落的是河流以南的阿尔萨克族人，当他们得知有一支部落迁徙而来并在肥沃的高加索山脉南麓定居，便派出一队人马前来驱逐，叫嚣说侵占了他们的领地。当酋长严词拒绝之后，双方便动了手，阿尔萨克人纵马践踏烧杀，在遭到部落人的奋力抵抗下才被迫离去，并扬言还将再次发起攻击。

米德满心的悲痛此时已化为刻骨的仇恨，旧日心灵上的疤痕此时全被揭开，那一幕幕血淋淋的场面变幻着，使得他紧紧咬住了牙关。在这个残酷的满是血腥的世界上，只有更为残酷才能生存。复仇的火焰在体内燃烧，一股渴望杀戮的欲望膨胀着，使得他那仅剩的一只眼睛血红血红。

整个部落都沉浸在一种充满激愤的氛围中，人们点起火把，磨刀霍霍，围着死去的人狂呼乱舞，举行着一场最原始最恐怖的仪式。米德已被推举为部落新的酋长。他将自己那两个已失去母亲的年幼的孩子托付给族人，准备拼死给仇敌一击，取回他们的头颅来祭奠死去的亲人。火光映照着一张张杀气腾腾的脸，部落几乎所有的男人手中都持有武器。只见米德翻身跃上马背，用刀向空中一挥，大喊一声“复仇”！黑压压的人马便如草原冬日的风暴向着南部黑黝黝的异族部落凶猛地扑去。

两个部落之间的战争爆发了。阿尔萨克族人没有料到对方会杀过来这么多的人，一时惊慌失措，匆忙抵抗。马匹的嘶叫声、武器的碰撞声、人的喊杀声以及被击中后所发出的各种各样的惨叫声，在这块原本宁静的草原上喧嚣着，搅得天翻地覆。

米德率人左右砍杀，阿尔萨克部落的帐篷已在眼前，他纵马撞翻前来阻挡的最后一个敌人，大吼一声，冲了进去。

帐篷中的人们早已四处逃散，他寻觅着，借着火光，他发现，前方不远处有一群人在蠕动，就如野兽嗅到牛羊的气息，他急不可待地杀了过去。

那一群人是些老人、妇女和孩子，看到有人追来，纷纷惊呼着趴到地上。米德已杀红了眼，压抑多年的所有仇恨在这一天全面爆发出来，他已变成了一头毫无人性的野兽，挥动着大刀，犹如张开了血盆大口，向着那些软弱的如小动物般的妇孺老幼砍去。

然而就在这时，如黑幕一般的天空突然射下一道耀眼的如雷电般的亮光，他被重重地击中，胯下的战马前蹄扬起，长长地嘶鸣一声，便站着不动了。

米德手中的刀已不翼而飞。他看到，在眼前，迎风站立着一位女子，她的脸如天上的月亮般皎洁明净，一双美丽的眼睛满含着忧郁，最使米德震惊不已的，她的身上也披着一件紫色的斗篷，即便在昏黑的天空下也清晰可辨。米德怔怔地看着，被一股莫名的强大的力量所控制，他努力地张了张嘴巴，想喊一声，但却发不出声音，并且仅剩的那只右眼慢慢地黯淡下来，不久就什么也看不见了。

圣女沙兰

米德是在手下的簇拥中撤回部落驻地的，回到酋长大帐内，他的眼睛才渐渐恢复了正常。一战下来，双方部落又死伤了许多人，仇恨在得到宣泄之后又变为凄凉，几十名阿尔萨克族的男女俘虏，在拳打脚踢推推搡搡之下被押到祭坛旁，只等酋长一声令下，就开刀问斩，祭奠死难者的魂灵。阿尔萨克人的眼中闪烁着惊惧，他们的双臂都抱在胸前，似乎在向他们的神灵祈求着保护。

米德跪坐在帐内，脸色惨白，显得极为虚弱，刚刚发生的一幕还在强烈地震撼着他，那耀眼的闪电，紫色的斗篷，莫不是神灵显现？他的头脑中又浮现出父母凄然的身影，黑香惨白的嘴唇，还有一双儿女可怜巴巴的眼光，一种罪孽感从心底深处涌出。他站起来，慢慢迈动脚步，走到一只大箱旁，从中取出那件深藏着的沾有血迹的紫色斗篷，紧紧地盯着，他似乎又看到那位圣人充满慈爱如阳光般的面容，以及那一位不知名的明净皎洁有着一双忧郁眼睛的女子。

正在这时，有人进来通告，对方部落派了一名女子，要求见酋长。

米德一下从冥想中惊醒，他几乎不用判断就已知道来的女子是谁。他挥手示意，叫把人带进来。

那熟悉的身影又出现了。此时天色已亮，一抹阳光照射进来，帐内的一切都变得很柔和。

依然是那身装束，紫色的斗篷下是淡绿色的裙袍，同样颜色的围巾紧紧包裹着那张明净柔和的脸庞。一绺秀发露出，上面沾着湿亮的露水，眼睛仍带着忧郁，但却有着一种超凡脱俗的神采。

米德感受到一种无法言明的神圣，尽管仍紧绷着脸，但语气中却不得不肃然起敬。“您是阿尔萨克族人的使节吧，来到这里准备要对我说些什么？”

“不，我是犹太人，我信奉仁慈的上帝耶和华，是他指引我来到这里，劝说你放下屠刀。饶恕那些被你掳去的准备用于祭奠的人们吧！”

“耶和华！”米德念叨着，记忆中在遥远的过去岁月曾听过这样一个名字。猛然，他想起了那位曾救过他的圣人，于是灵魂又摔进那风雨吹打着的荒原上，一股充满委屈和激动的情绪溢满全胸。

“屠刀，我何曾先举起过屠刀？原本我是那样的单纯，那样的善良，却一再地被欺骗，被抛弃。一次我被殴打的时候，痛苦和饥渴使得我都快死了，有人扶起了我，还给我食物和衣物，我才活了下来。可如果当时他不要救我，我现在会更好些，平静的死亡远比满是血腥、地狱般地活着要好得多，我依然饥渴、依然寒冷、依然四处被人宰杀，在这样一个残酷野蛮的世界上怎么去做！我不残酷、不野蛮、不举起屠刀能够生存吗？难道只有死亡才是唯一的解脱？”

“仇恨已使你变成了石头，你如此憎恨野蛮和残暴，可你现在却变成了你想毁灭的东西。如果这样，这个世界将永不安宁、永无希望、永远得不到救赎，人类将在互相残杀中毁灭掉。只有用爱才能融化一切，洗涤这污浊的土地、罪孽的灵魂以及仇恨的彼此。上帝已经派他的亲子来到这个世界，爱的种子正在四方播下，灾难深重的人类从此将得到拯救！难道你的眼睛永远处在黑暗之中，看不到这道光亮吗？”

女子的这一番话如神灵发出的声音深深地打动了米德。眼前犹如又闪现出那道令人敬畏的闪光，他的心如同遭受雷击从黑夜的沉睡中苏醒，渐渐地变亮。

“您叫什么名字？怎么会在阿尔萨克族部落？还有您身披着的这件紫色斗篷是从哪里得来的？”米德盯着眼前这位如明月般圣洁的女子，冥冥之中有种亲情，似乎很早就已熟识。“我叫沙兰，我的家乡在巴勒斯坦，我的父亲是上帝之子耶稣的门徒，也是一位智者先知。这种斗篷每位门徒都有，它是耶稣基督的赠礼。两年前，我跟随他到小亚细亚传播上帝的信念，在一次部族冲突中失散，辗转间我流落到了这里，暂居在阿尔萨克族部落里。”

“耶稣基督！”米德又念叨起来这个名字，“请问，您见过他吗？他是怎样的模样？”米德迫不及待地又问起沙兰。

“很遗憾，我仅从我父亲那里听到过他的一些事情。30年前，他诞生在伯利恒一个木匠的石屋中，他是爱的化身，专门帮助穷人、弱者和那些虽有罪但还未丧失良知的人。”

米德又将自己的那件紫色斗篷拿在了手上，心里猜测着：“这个名字叫耶稣基督的上帝之子莫不就是那位救我的圣人，他在耶路撒冷吗？”于是，一种前去救赎的欲望又被唤起。

“请问沙兰，您何时回巴勒斯坦？”

“暂时还不考虑，我打算把上帝的理念传播给这里的部落，阿尔萨克人还是很好客的。”

“好客？！”米德脸上又露出愤怒的神情。他走到门口，用手指着外面，大声说道：“他们杀了我们部落的老酋长，我的妻子，还有那么多的男人和女人，这就是他们的好客。”

沙兰觉察到是由于自己的言辞不慎，刺激了这位性格暴烈的酋长，她马上致歉，但下面的话却使米德大为震惊。

“酋长，你不要简单地认为阿尔萨克族人就是眼前的这一个部落，在他们的背后，还有一个帕提亚王国，实力强大足以与罗马帝国抗衡。你已重创了他们的族人，如果还滥杀无辜，势必掀起更大的仇恨，导致王国派出军队，使你们的部落遭受灭顶之灾。我如今所逗留的这个阿尔萨克部落，酋长是一位明智的长者，他已痛悔手下人引发的这场灾祸，如果你们放回他们的族人，他愿意与你们修好，将河北面的草地划归你们，双方互不侵犯，友好往来。”

米德沉默不语，在帐内走来走去，沙兰的话瓦解了他执拗的已背离人性的意志，现实的处境也迫使他不得不寻求和平。最后，他走近沙兰，说道：“你带着这些人回去吧，告诉他们的酋长，我同意他的提议。”

沙兰带着被她解救的阿尔萨克族人离去了，那飘逸的背影，就像一位天使，护卫着那几十名男女，向着河对岸他们的家园走去。

赶往耶路撒冷

阿尔萨克族酋长履行了他许下的诺言，将河水以北的草地划给了新迁徙来的部落，和平在经过一场血腥的战争和圣女沙兰的调停之后徐徐降临了。双方都获得了喘息。

利用这段极为珍贵的时光，米德将部落进行了一番布置，休养生息，加强训练，牢牢地在高加索山脉南麓立住了脚。

草原又恢复了原有的安宁，风依然自由自在地飘舞荡漾着，太阳慢慢地升起，又徐徐地落下。远离故土的恐慌以及死亡带来的悲伤随着时间的推移在人们的心里一点一点得到化解，帐篷之间又有了一些欢声和生气。

然而，部落的人们却发现，他们的酋长常常一人坐在帐内或待在某一个偏僻的地方，一副沉默寡言、低头沉思的样子。岁月的风风雨雨，在他的身上落下一片沧桑，脸色显得很憔悴，又透露出一种超越凡俗的高洁。

这一天，米德又来到一处缓坡上，远处有一群羊在蠕动着吃草，几个牧童在追逐打闹，他眼睛直直地盯着，思想却在另一个世界里翱翔。

人活着到底为了什么？如此短促的一生，为了满足衣食、情欲、权势等各种各样的欲望，无休无止地进行着争夺、拼杀，如同草原上的狼虫虎豹。即便占有了又怎么样？最后，还不一样走向死亡？这样的世界充满了苦难，存在到底有什么意义？可是，即便罪孽缠身，灾难深重，人为什么宁肯苟延残喘，默默忍受，而不愿一死了之呢？难道冥冥之中还有一个天堂存在？灵魂到了那里，会得到幸福、荣耀和永生？

米德坐着，感觉到身体很沉、很累，便顺势躺倒在草地上，天上有一片云在飘动，高高的，很轻盈。看着看着，一切都模模糊糊起来，他渐渐进入了梦乡。

梦中那一片云还在飘，向着远方。忽然，那云变成了一个清丽的女子，一身淡绿的衣裙，紫色的斗篷随风扬起，那忧郁而又灵动的眼神，如一道光亮，穿透了梦者的心田，他灵机一动，也飘浮起来，飞翔着追赶上去，当快要接近时，那女子突然隐去了，一团光弥漫开来，其中站立着一位圣人，正安详而又充满慈爱地迎候着他。他眼睛一亮，认出了这位圣人，可正当他张口想喊时，天却摇动起来。

“爸爸……爸爸！”米德一下从睡梦中惊醒，原来是他的一对儿女正像小羊羔似的趴在他身上，使劲摇晃着他。他坐起身子，没有讲话，只是充满慈爱地将孩子搂抱在怀中，好像搂住了自己的生命。

正在这时，有一名卫士急急跑来，来到面前，匍匐在地，报告说，帕提亚王国派使臣到了。米德听着，一动不动，似乎一切早在预料之中。

回到酋长大帐内，使臣宣读了国王的旨令：允许该部落居留此地，但条件是，每年必须供奉500只羊，300头牛，以及大量的皮毛。米德静静地听着，一脸的平静，他接过旨书，对使臣不卑不亢地说：“我接受国王下达的这个旨令。”然后，他落落大方地吩咐手下人设宴招待远方的来宾。

送走使臣后的几天里，米德深居简出，斋戒度日。整个部落都预感到他最近要做出一项重大的决定。

这一天终于来临，部落的头领们接到通知，都小心翼翼地走进酋长大帐。只见米德正襟危坐，身上披着一件沾有大块血水的紫色斗篷，目光炯炯，一脸威仪。

众人坐定，米德开始讲话。“我准备离开部落，到南边耶路撒冷去。”一片喧哗声起，米德停顿了一下，待声音渐渐平息后，又继续讲道：“这是一个疯狂而又黑暗的世界，不管我们走到何处，都避免不了被欺骗、压迫和盘剥，软弱使我们遇难，抵抗叫我们死亡。只有一个圣人才能将我们从苦海中拯救出来。”

“圣人，圣人在哪里？”众人不明白，面面相觑。

“早年我曾因年轻和愚蠢而犯下罪孽，从此，我的命运悲惨而又离奇，死亡一次次抓住我，却又一次次离去。冥冥之中似乎总有一种神秘的力量在引导着我。有一次我走投无路，倒在地上，那位圣人扶起了我，他的目光如阳光般温和，声音如来自天国，他以耶和华之名赐福与我，还送给了我这件斗篷，告诉我到耶路撒冷去，他将在那里等候我，我的罪在那里能够得到救赎，成为一个新的人。几天前，他又来到我的身旁，在梦中向我发出召唤，神奇而又不可抗拒。那里一定是块圣地，一个震撼世界的大秘密在那里要向世人昭示。”

大帐内人们都屏住了呼吸，静静地聆听着，脸上的表情不一，但都惊诧不已。他们直勾勾地望着他们的酋长，犹如在望一个神灵。

会议开到了很晚，头领们对自己的酋长心悦诚服，大家从米德身上看到了一种希望，祝愿他一路顺风找到圣人，带回福音。最后，又选出一位头领，行使酋长不在部落时的一切权力。第二天清晨，米德领着自己两个孩子来到部落死难者坟前，他跪伏在地，默默地祷告，似乎要把他们的灵魂带走。最后，他停在了妻子黑香的坟前，浑浊的泪水从那只已瞎的左眼和忧伤的右眼中涌出。在这个对他一往情深，曾给他带来抚慰和安宁，而今却孤零零躺在这墓穴中的女人面前，他感觉到自己是一个罪孽深重的罪人。唯有去苦行和受难，才能救赎自己的灵魂。

部落里的男女老幼全出动了，黑压压站满了草原，他们静默着，目光中都带着一种期望。米德再次拥抱了自己的两个孩子，最后望了一眼这个曾养育了他近10年的部落，然后翻身上马，带领3名随从义无反顾地向南边疾驰而去。

十字架

米德胯下的骏马如有神助，像插上了一对翅膀，他辗转跋涉了13年的路程，如今仅用了3天就完成了。

这一天清晨，他和3名随从来到了耶路撒冷城脚下。只见城里走出许多百姓，一群一群的，扶老携幼，脸上都带着虔诚，静默无声地向远处一座小山走去。米德觉得很奇怪，便勒住了缰绳，顺着人流望去，只见那座小山的缓坡上，已坐满很多人，黑压压一片，中间站着一名男子，看不清面容，但却可以感觉出那是一位受人敬仰的人。

米德进城心切，无暇继续观看，只在心中留了点疑惑，便拍马继续赶路。

终于站在了这座他渴盼已久的城市中央，那高高的庙堂塔尖，一排排低矮的房屋、泥砖铺就的地面，眼前的一切都使米德感到既陌生，又亲切。但奇怪的是，街道上行人很少，许多房屋门上都上着锁。他百思不得其解，便决定先找一处住的地方，再慢慢地打听那位圣人的情况。

花费了许多时间，才在一条名叫厄立特的小街上找到一家干净的客栈，将马匹牵到后院拴好，米德便开始向房东交纳房租。房东是一位老人，面色和善，但却气喘吁吁。借此机会，米德便问起为什么城中这么冷清。老人一边喘气一边敬畏地说道："噢，今天是耶稣基督在城外高地传道的日子，人们都去听他宣讲上帝了。噢，我太老了，走不动了，否则也不会在这里接待你们了。"

"耶稣基督！上帝！"米德低吟着这两个名字，脑子中突然浮现出那位圣人的形象。他大叫一声："啊，我找到了！"甩下房东和随从，着了魔似的跑进后院，解开缰绳，跃身上马，箭一般地冲出客栈。

到了城外，米德看到百姓们都迎面返回，个个容光焕发，如阳光照着一般。他绕开人流，急急向那座小山奔去，骏马在山坡上转了一个大圈，已空无一人。纵马奔上山顶，极目远眺，只看到广阔的原野、静卧的耶路撒冷城以及散去的人群。米德心中涌出一股沮丧，但他仍不甘心，在远去的人流中仔细寻觅着。突然他发现在人流中飘动着一件紫色的斗篷，披着它的是一位身材窈窕的女子，那背影既熟悉又亲切。“沙兰”！米德一下认出了。他猛地一抖缰绳，驱马急急追了下去。但可惜太晚了，待赶到城门口时，那身影早已随着人流在城里隐没了。

下午，米德疲惫地回到客栈，他已转遍了全城，但不管是圣人还是沙兰，他都没有找到，向人打听，人们也都摇头不知。值得庆幸的是，他获得这样一条重要的消息：7天后，耶稣基督将在城中一个名叫髑髅地的神殿外向人们宣扬上帝的信念，那时所有的罪人都将得到救赎。米德住了下来，决定耐心等待这一天。

第7天清晨，米德沐浴一新，并将那件圣人送的紫色斗篷取出拿在手中，一脸的郑重和激动。他知道，走出苦海的这一天终于来到了。

大街上人很多，都朝着一个方向走去。但米德却发现，城里的气氛不对，只见百姓们神情都很慌乱，彼此间交头接耳。更令人不安的是，一队队全副武装的罗马士兵杀气腾腾地守卫在重要的路口，还有一些正列队向城市中央跑去。

米德随着人流赶到一座广场，只见广场戒备森严，百姓们都被士兵们用长矛挡在外面，罗马总督和手下的官吏，还有一些祭司们正神情威严地坐在台上，他们的对面站立着一位衣衫褴褛的男子，尽管身上有一道道血痕，但却依然挺拔凛然、没有丝毫的猥琐和恐惧。

罗马总督站起身开始讲话：“罪犯耶稣，自称基督，遍地传播邪道，煽惑百姓，图谋反叛，十恶不赦，宣布处死。”

总督话音刚落，几名武装的士兵便冲上去，用长矛逼着耶稣去扛地上摆着的一具十字架。耶稣未做抗辩，弯身抬起，扛在肩上，然后转过了身。

“圣人！”米德大叫一声，用手狠命地去拨挡在身前的人，想冲过去，无奈人太挤，没有成功。

耶稣扛着十字架，艰难地迈动着脚步。然而，在他的脸上却看不到一丝的痛苦，仍是那样的慈善，那样的明朗，那样的安详。

百姓们乱成一团，疯狂地向前拥去，罗马士兵组成人墙，死命地阻挡着。

髑髅地快到了，陡峭的石梯伸展着，高大的神殿已矗立在眼前，米德刹那间感觉到了上帝的存在，似乎已看到那审度万物的目光正俯瞰着大地上正发生着的这一幕。突然，耶稣力不可支摔倒在石梯上，沉重的十字架横压在他伤痕累累的身上。人们惊呼一片。米德大喝一声，奋力挤开了人群，冒死用手拨开罗马士兵的长矛，冲到了耶稣跟前。他搬开十字架把耶稣从地上扶起，将那件沾有血迹的但还完好的紫色斗篷披在了这位曾救过他的圣人身上。

“这件衣物是你送给我的，当时还给了我活下去的勇气！”米德颤抖着声音，向他的恩人说道。耶稣注视着他，目光依然纯净而慈祥，嘴角嚅动着，似乎准备给米德说些什么。凶狠的士兵围了上来，野蛮地将米德扯开，用兵器拥着耶稣继续向高处走去，那件斗篷滑落在地，在刽子手们的践踏下乱成一团。

髑髅地到了，一个古利奈人帮着将十字架背到了行刑处。耶稣被粗暴地仰面按倒在上面，尖利的两个大铁钉穿进了他的手掌，殷红的鲜血立即像泉水般从伤口涌出。十字架被高高地竖起了，重重地扎入大地。这时耶稣将头仰起，对着苍苍茫茫的天空说道：“宽恕他们吧，天主，因为他们不知道自己在做什么。”

围观的百姓们更加骚动起来，悲哭声响彻云霄。

正在这时，太阳忽然黯淡下来，不一会，大地便一片黑暗。所有的人都惊恐地张大了嘴巴，站在原地如被钉住了一般。突然一道耀眼的闪电撕破天幕，人们看到十字架上的耶稣大声喊道：“父啊，我将我的灵魂交在你手里！”身子一挣扎，便死去了。还未等人们反应过来，一声炸雷响起，暴雨倾泻而下，天地开始摇动，聚集的人们惊叫起来，抱头四处躲避。

米德跑到了一棵大树下，但雷电似乎瞅准了他，闪着耀眼的光亮，滚滚而下。突然，米德感到自己被狠狠击中，左脸如被撕裂，一股血柱从瞎了的左眼喷出，就如那条野狼又迎面扑来。他大叫一声，便昏死过去。

被救赎

当米德醒来时，他发现自己正伏在大地之上，明媚的阳光普照着，眼前的一切都异常清新明亮，他感到有些奇怪，便用手去摸自己的左眼。一股难以言表的惊喜使他骤然从地上跃起，原来，他的左眼又重见光明了。他激动万分，双膝合并，跪了下来，向着耶稣遇难的方向重重地叩拜。

街道上，米德慢慢往回走着，他的身体犹如洗去了沉重的污垢，轻盈了许多，脸上那片疤痕也不见了，显得精神饱满，容光焕发。

拐进厄立特小街，客栈马上就到了，他加紧了脚步。很快，就走进了大门，但眼前的一切使他呆住了。

"沙兰！"他轻轻地叫了一声。

只见屋子中央，沙兰静静地站立着，一身米黄色的裙袍，同样颜色的围巾，使她显得肃穆而典雅。看到米德，她脸上露出微笑，就像见到了久别的亲人。

"酋长，我已等你很久了。"

"啊不，请叫我米德吧。请问，您怎么会知道我住在这里？"

"耶稣基督遇难前那一刻，我站在人群中，看到你搀扶起了他，于是便四处打听，找到这里。"

"他就是那位曾救过我的圣人啊"！米德感慨道，两眼中闪烁着晶莹的泪花，"我的左眼又重见了光明，难道您没有注意到吗？"

"我已看到了，是他背负了世人的一切罪恶和苦难。为了这个原因，他才来到这个世界。你的寻找把你带到了这里，你已得到救赎，我由衷地为你高兴。"沙兰向前走近了一步，激动地说道。

米德注视着沙兰，从那双善意的有着淡淡忧郁的双眸中似乎看到了自己的过去和未来，他似有感悟，继续说道："冥冥之中不可知的隐蔽的命运之神，谢谢他的宽宏大量，我的不死，即是对我最大的恩赐。世上有多少未为人知的苦难，生命依然在延续，永恒地存在。我会因此而自怜自弃吗？我听到他的声音了，看到他的剑所指的方向，我的生存必有目的，我已找到了这个信念。"

米德的话似乎提醒了沙兰，她从旁边一张木桌上放着的一个包裹里取出了一样东西，递到了米德面前。米德打开一看，原来是那件从耶稣身上滑落的紫色斗篷，奇怪的是，那上面沾有的大块血迹却不见了，他正有所疑惑，沙兰说道："这是耶稣基督给每一位门徒的赠物，我将它又捡回来了，雷雨已洗刷掉了上面的血污，它又是新的了，请好好收下吧。"

米德抓住这件曾佑护了他13年，而今又焕然一新的斗篷，就如抓住了一项重要的使命。猛地，他想起了什么，又抬头看看沙兰说道："对了，你不是有位智慧先知的父亲吗？他现在在哪里？"

沙兰脸上笼上一层愁云，她凄然地说道："我的父亲在耶稣被捕的同时，也落入了罗马人手中，现在还关在牢狱之中。"

屋里刚才还弥漫着的轻松气氛不见了，显得有些沉重和压抑。最后米德对沙兰安慰道："让我们想一个办法来营救吧。"

第二天，在城里许多街道上，贴着一张罗马总督府的告示，上面说：昨天午间的那场雷电，使总督得了一种怪病，头颅疼痛不已，特征召民间医士，如有能将总督之疾去除者，重金酬谢。

城里百姓十分畅快，奔走相告，说这是上帝的旨意，恶人受到惩罚了。

米德读着这桩告示，忽然灵机一动。

罗马总督府。

卫兵向总督通报，有一民间医士应召而来。总督此时头正疼得厉害，急忙吩咐卫兵将人带入。来人正是米德。

一番诊断，米德告诉总督，头颅中有一大块瘀血，如不及时排除，不久就会危及生命，只有打开脑壳瘀血才能排除。总督大为恐慌，思忖了片刻，答应下来。但却警告：如手术失败，则须偿命；如成功，则答应医士所提出的任何要求。米德告诉总督，他不要酬金，只要求将那位与耶稣一同被捕的智者先知放回。总督答应了米德。

手术按照罗马人提供的器械做得很顺利，总督头颅中的瘀血被排除了。于是，沙兰的父亲被放出狱了。

这是一位和蔼可亲的长者，知识渊博，谈吐平易之中又处处闪现着真知灼见。许多人生的困惑，经他稍加指点就茅塞顿开，犹如心从黑暗中透过来，看见光亮。米德感受着智者的智慧，对他极为敬重。

一天，俩人又开始交谈。沙兰往杯中倒进清澈的水，递到他们面前。智者告诉米德，他正在著书立说，准备将上帝的信念整理成册，以便更大限度地在世界各地传播。

“命运选中我们使世界变得更为文明，我们就要准备着付出最大的爱心，无论世人怎样冷酷地对待我们，迫害我们，残杀我们，我们都不能舍弃良知，动摇对上帝的信念。唯有如此，才会有更多的人拥有爱心，加入信仰上帝的行列中，这个世界才会从根本上得到拯救。”智者的一席话，深深打动了米德，他看到，世界比他所知道的更大，尽管布满了阴云，但仍有晴朗的地方。苦难能够导致死亡，但也能造就坚强、成熟、超然和安详。一个没有被苦难征服的人，才会明白怎样去生活，怎样去做一个人。

离开了智者和沙兰，米德一人来到了城外耶稣曾经向百姓布道的那座小山上。此时正是黄昏，夕阳辉煌地燃烧着他的瞳孔，透过苍茫的如鲜血涂抹的天地，从灵魂深处他看到并感受到了一种永恒。

回 埃 及

在耶路撒冷又住了一段时间，米德决定去埃及。阔别故乡13年，不知可怜的母亲现在是否还在人世，那昏黑的夜晚，汹涌的海浪，他似乎又看到父亲滴血的魂灵孤苦凄凉地在风雨中飘摇。

两名随从被遣回了部落，一名随从紧跟着米德走出了城门。天空中下着毛毛细雨，道路泥泞而湿滑。氤氲的雾气缭绕着，在人心头抹上了一层淡淡的愁绪。沙兰和她的父亲赶来相送，双方握手道别，虽寥寥数语，却有着不言自明的默契和祝福。

5天后，米德回到亚历山大里亚。骑在马上，沿着街道慢慢地走着，眼前的一切仍是那样的熟悉。满地摆着的摊位，鸽子笼般的店面，吆喝着招揽生意的商贩以及被赶来打去的流浪汉。他似乎又变成了年轻的医士，背着药箱穿梭于大街小巷。过去发生的那一切，只不过是做了一个长长的噩梦。

马匹在主人的驱使下，迈动着四蹄“嗒嗒”地走着。米德抬起头向前望去，心中一片疑虑和惶恐。家马上就要到了，不知自己将会看到怎样一种情况。

他正在胡思乱想着，忽然有一个满身污秽的人跑过来抓住了缰绳，那人伸出一只脏兮兮的手，发出乞求施舍的哀泣声：“行行好吧，我还有一位正在挨饿的老母亲！”米德吓了一跳，正眼看去，发现这个人很面熟，猛地他认了出来，正是当年那位帮他逃离的流浪汉。米德从马上跳下，抓住流浪汉狠命地摇动起来：“喂，你还认得我吗？13年前，上船！”流浪汉眯缝着两眼也认出了米德，大声叫喊起来：“啊，医士，你回来了。”米德此时迫不及待地问道：“快告诉我，我的母亲现在怎么样了。”听到这句话，流浪汉长叹了一声，抓住米德的胳膊就走。米德心中一紧，心都快从身体里跳出来。

城边一间破烂的草棚里，蜷缩着一个可怜的老妇人，双目紧闭，白发蓬乱，脸上一道道皱纹。米德一下认出她就是自己的母亲，不禁声音颤动着哭叫了一声，然后双膝跪地将母亲紧紧搂在了怀里。母亲气息奄奄，一下被惊醒了，睁开昏花的双眼，也认出了米德，立即剧烈地呜咽起来，母子两人都讲不出话，只是抱在一起悲喜交加地恸哭。

米德家的老屋几经易手，早就换了主人。随着岁月的流逝，族人间的关系也早已淡漠了。米德准备重操旧业，为了可怜的母亲，为了死去的父亲，也为了由于自己的过失而丢掉的一切。他遣回了自己的最后一名随从，让他转告远方的部落自己需要在埃及长久地待一段时期，然后便用带来的钱币在城市中央租了一间宽大的房屋，打出了医士的招牌。流浪汉也被招来，沐浴穿戴一新，做了帮手。

不久就有病人光顾，米德的医术高明而又神奇，凡来求治的人无不满心欢喜，多么顽固沉重的疾病到了米德的手上都能根除。整个亚历山大里亚都开始传扬起这位神奇的医士的名字。很快，米德又富有起来。老屋被高价收回，母亲过上了好日子，父亲的坟墓重新得到了修缮，族人们也都亲近起来。

一天，米德刚诊治完一个病人，门外进来一名瘦弱的头蒙黑纱的女人。她晃晃悠悠地走到米德面前，慢慢地，将黑纱从头上扯下。“美芙达妮丝！”医士一眼就认了出来，但却没有叫出声，他显得异常冷静，只是病人的面容使得他不得不观察起来。只见此时的美芙达妮丝，凡是身体裸露的部分都布满了已溃烂的脓疮，头发稀疏焦黄，眼窝深陷，脸色一片惨淡，目光如死人般没有光亮。她凄然地从身上取出一个破布团，递给了医士，沙哑着嗓音说道：“我没有钱了，只剩下了这个。”米德接过来，打开一看，原来是他当年送到妓院去的那副祖传的手术器械，如今上面已锈迹斑斑。

米德走到医桌旁，很快就开了一个药方，然后吩咐帮手抓药。不一会，药就包好了，米德递给美芙达妮丝，沉静地说道：“你得的是一种绝症，吃下这服药，性命就可维持，但是，溃烂的面容已无法修复。”美芙达妮丝木然地点了点头，又蒙上了那条黑纱，转身走了出去，很快，就如一片枯叶消失在已暮霭沉沉的夜色里。

米德望着那已消失了的背影，依然沉静地站立着，只是显得有些感慨。已是帮手的流浪汉觉得有些奇怪，便凑上前来小心地问道："老板，这个女人是谁？""她就是那个当年害得我家破人亡的女人。""那你为什么不借此时机复仇呢？"

米德感慨地说道："生命是有规律的，我们把那裁决一切的权力交给上帝，她已受到了惩罚，她曾经是那样的美丽！"

秋去冬来，米德回到埃及已快半年了。他不仅仅医术高明，而且品行高尚，许多掏不起医治费的穷人们都得到过他的治疗。最使人敬仰的是他逢人就宣讲上帝的信念，还用钱去周济那些遇到困难的人们，将自己的爱心无私地奉献给穷人和弱者。

这一天，他又来到城市西郊的神庙圣地。这里聚集了许多不堪忍受罗马人苛酷的租税剥削而逃亡到这里的农民，他吩咐"流浪汉"将驮来的粮食分发给农民们，然后，便开始宣讲上帝的教义。他说，人与人之间应当是平等的，罗马人的统治建立在对异族人民的盘剥和压迫之上，因此是不合理的，是违背上帝的。他们之所以如此疯狂、残酷和肆无忌惮，就是由于被奴役的人民没有一个信仰，因此没有聚合出一种持久的不可征服的力量。上帝是仁慈和万能的，信仰了他，就能获得一种神奇的力量，就能最终战胜罗马统治，走出苦难，成为自由人。

"上帝"在亚历山大里亚城的市民和逃亡到这里的农民中迅速传开，人们互相帮助和接济，反对罗马的残暴统治，逐渐形成了很大的力量。罗马人受到了威胁，开始派出军队进行镇压。一天傍晚，米德被逮捕，罪名是煽动逃亡农民暴乱。凶狠的罗马士兵将他套上铁链押到了总督府。

富丽堂皇的大殿、敞亮的大理石地板、巨大的玉柱。这里原是埃及托勒密王朝的宫殿，十多年前，米德就曾到过这里，为那时的罗马总督治过病，今天，会有怎样的变化呢？

米德镇定地站在大殿中央，静静地等候。

高高的阶梯之上，总督一脸威严地从里间走了出来。站住后，他以睥睨一切的目光注视着脚下的囚犯。

四目相对，一个骄横跋扈，一个不卑不亢，但很快，俩人都愣住了。

"克拉特！"

"米德！"

一对昔日的好友没有想到会在这里突然相遇，都惊喜万分，一时忘了自己的身份，奔跑着迎了上去。克拉特还是那样的豪爽和勇武，只是显得过分优裕；米德则已不再腼腆和文弱，显得智慧和雍容。

克拉特抓住米德肩膀的两手触到了铁链时才猛然意识到了什么，赶紧拉开了些距离，疑惑地说道："我的老朋友，这是怎么回事，命运竟开了这样大的玩笑，这些年你跑到哪里去了？怎么又回来了？"

米德也恢复了常态，他微笑着说道："我几乎跑遍了世界，还到过你们的都城，在那里与狮子、老虎、野狼共舞呢！现在回到自己的故乡，不过是做一些自己喜欢做的事。"

克拉特眼睛紧紧盯住米德，似乎要把他看穿，他悠悠地说道："你骗不了我，你的眼睛已告诉了我一切，你一定经历了太多的灾难，不过是用理智将它们压住了。算了！"克拉特很豁达地一摆手，"过去的事不要再提了，让我们来谈谈现在和未来吧。你看，你的老朋友如今已是坐镇一方的总督了，难道你不向我表示恭贺吗？"

"是啊，我应向你恭贺，因为我记得过去还是侍卫官的时候，你就很自信地向我讲过总有一天你会成为这里的最高指挥官。如今，你终于如愿以偿了。"米德很友好但语气却是淡淡的。克拉特从米德脸上没有看到他所希望看到的那种恭维的表情，显得有些不满。他话题一转，猛然问道："那你呢？我的部下向我报告说你整日在讲一个什么'上帝'，煽动逃亡的农民暴乱？"

"是的，我在讲'上帝'，因为上帝是神圣和慈爱的，他能够解救苦难中的人民，免受你们的盘剥和压榨。"米德毫不畏缩地说道，一身浩然正气。

克拉特脸色突然沉了下来，他没有意识到米德会这样不留情面地回答他，一时有些恼怒。俩人都不讲话，只是彼此较量着盯住对方的眼睛。猛然，克拉特大手一挥，发出一声爽朗的笑声，然后抓住米德的手臂将他拉着走了几步，大度地说道："嗨，我们不要这样激动嘛！你一定又是魔鬼缠身了，'上帝'是什么，那全是虚幻、抓不住的东西。只有罗马，神圣强大的罗马帝国，才是今日的世界，它是权力的中心，任何企图抗拒它的人都将被摧毁，就像脚下的蚂蚁会被踩得粉碎。"

"不！"米德甩开克拉特抓住他的手，挺直了身子有些激动地应对道："你们以为有权有势，有残暴的军队就可以永远统治世界吗？这是梦想！世界不会按照你们的意志去运转，再强大的帝国，如果没有灵魂，也会如凶猛的野兽般横行一时，不久就归于死亡。只有上帝的信念，不屈的人民，慈爱的灵魂才能如日月星辰般达到永恒。”

克拉特呆呆地怔住了，他用一种异样的眼光盯着米德，就像盯住一头怪物，他不明白昔日单纯随和的好友怎么会如此固执地讲出这些不着边际的疯话。然而他也不再敢忽视米德，强压着心头之火，语气中却带有一丝诚恳地说道：“亲爱的米德，你的信念既顽强又怪诞，这太危险了。你应当明白，有伟大政府和权力的地方，错误亦是很大的，我们在错误中成熟和进步，不应当以不切实际的幻想和不可靠的忠诚来虐待自己。放弃你那些可怕的思想吧，把眼光看近一些。难道你没有发现你的老朋友如今已权倾一方，难道你不愿加入进来，帮助我成就一番伟业吗？请告诉我，那些图谋暴乱的头领在哪里，他们是谁？”

“请放弃你的劝诱吧！我们各有供奉的主，我不会与你同流合污的。”米德似乎已不愿与昔日的老朋友，而如今已是霸道的罗马总督再继续交谈下去。

“你太不识抬举了。”克拉特终于恼羞成怒，“我站在这里同你讲话，即是把你当成朋友。一旦我走上台阶，我就是帝国伸出的一只手，随时准备将那些反对它的人消灭掉。”

米德静静地站着不发一言，目光移向一旁。克拉特气急败坏，三步并作两步，踏上阶梯，然后猛转过身，威严地对着脚下的囚犯厉声说道：“好吧，勇敢的埃及人，上帝的信徒，我成全你！押下去！”罗马总督又对着台下的士兵发出命令，然后拂袖而去。

阴晦的牢狱中，米德躺在冰凉的草席上。冬日的寒气包裹着他，一阵阵渗入骨髓中。然而，他却并不感到凄凉和孤单，因为有上帝与他同在。各种各样的苦难都经受了，死亡也并不可怕，只要有信念，生命就是永恒的，他坚信这一点。

正思索着，“流浪汉”如老鼠般悄悄地钻进牢房，隔着木栅给米德塞进了一些衣物和食物。他哭丧着脸告诉米德：“所有的房屋和财物都被罗马总督下令没收，幸好老母被族人们收留，没有受到太多的折磨，只是她非常担忧您的安危，我在百姓们的帮助下，贿赂了看管牢房的卫兵，才得以进来探望”。

米德握着“流浪汉”的手，平静地说：“你看，我不是好好的吗？即便他们杀了我，也不用怕，上帝的信念会有更多的人去传播。哎！只可怜我那年迈的母亲又要为我悲伤了。”

说到这里，米德停顿了一下，又使劲地握了握“流浪汉”的手，郑重地说道：“如果有什么三长两短的，我的母亲就托付给你了。我早料到罗马人会对我动手。因此，我已提前将一笔金币埋在了地里，现在我来告诉你埋藏的地点。”

“流浪汉”走后，米德又躺了下来，迷迷糊糊地睡着了，梦中，他看到沙兰走了进来，就像一团暖风，牢房中立刻亮堂温和起来。她轻轻走到米德跟前，取出一件东西披在他的身上，柔和地对他说：“上帝和已复活升天的耶稣都看到了你现在所遭受的一切，一直在佑护着你，你会平平安安的。”米德激动地想去抓沙兰的手，却醒了过来，看到身上披着的是那件紫色斗篷，刚才梦中所发生的一切，就如真的一般。这个时候，天已蒙蒙亮了。

一个罗马军官走进牢房，宣布总督的命令：“囚犯米德，犯有传播邪教罪。为安定人心，维护治安，宣布驱逐出境，赶出亚历山大里亚。”

米德在士兵的押送下走出了牢狱，到了门口，他听到一个狱卒说：“真奇怪，昨晚总督府已通知说这是一名死囚犯，怎么又不处死了呢？”米德心中明白，这又是上帝那只看不见的手起了作用。

此时，门口站着许多百姓，人们都尊称米德为先知。他向百姓频频挥手致意，突然他发现了自己的母亲，在“流浪汉”的搀扶下也站在人群中，便不顾一切地跑过去，抱住了母亲。母亲用手抚摸着儿子，脸上并不显得悲苦忧伤，她充满慈爱地说：“孩子啊，你去吧。去做你要做的，普天下的百姓更需要你。”米德紧紧抱住母亲，任凭热泪倾泻而下。百姓们簇拥着为米德送行，祝福的话围绕着米德，一直融入心田。

曙 光

米德决定重返耶路撒冷。

他努力劝回了那些要追随他的人，告诉他们，上帝不仅仅和他一人在一起，而且还与每个人在一起。只要拥有一颗慈爱祥和的心，就会得到上帝的赐福，一生平安和幸福。

他又开始了一场长途跋涉。

独自一人，行走在旷野之上，不时遇到深沟、浅滩和激流，但他却一点不感觉到艰难、枯燥和孤单。相反的，周围寂寥的一切，使他更加深切地感受到自己生命的存在和活力。苦难的历程，一次次的奇遇，使他的思想在经历了困惑、扭曲、震撼、斗争之后得到了升华，达到了一个神圣的境地，从而超越了时空。他已更加深切地领悟到了耶稣受难前嘴角嚅动着想给他说的话。

“在上帝的指引下，我终于看到了爱的曙光，获得了一种神奇的情感力量，并就此从黑暗的心灵地狱中走了出来，得到了救赎。但这却不是结束，而是新的开始。我将怀揣着上帝赋予的这朝霞般的爱，走向世界每个被黑夜和寒冷包裹着的角落，带给人们光亮和温暖，将圣人耶稣基督未走完的路继续走下去，直至整个世界得到救赎、进入天堂。”

米德边走边想着，不知不觉地，一天很快就过去了，夜幕降临下来。这时，在他的头顶正上方，出现了一颗明亮的星星，高高地挂在空中，照得大地如同白昼。米德抬起头出神地望着，然后，迈动脚步继续走了下去。那颗星星紧紧跟着，将无尽的光芒洒满在前方的路上。第十天，当一缕淡淡的曙光穿破东方天际的云霭，被星光照射着的银色大地开始染上了一些暖色，米德带着一身的露水走出了西奈。他的脸色在熹微的晨光中显得格外清朗。他站在一处高地上，向着圣城耶路撒冷远眺，那里正是太阳升起的地方。

等待已久的朝霞终于出现，它先是小小的一片，就像一条淡红色的纱巾轻轻飘舞着。不久，它就更加热烈地挥洒起来，并且越来越长，越来越宽，颜色也由淡红色转为鲜红色，整个东方天际立刻就像点起了一堆冲天大火，熊熊燃烧起来。

米德被这一幅壮丽的景色所感染，张开双臂，激动地长喊了一声，他的心似乎也被点燃了。正在这时，从那一团云火之中，跳跃出一点紫色的光彩来。那光彩如一支飞箭无声地向米德站立着的这个方向射来，并且越来越近，越来越清晰，渐渐地显现，那是一匹骏马。

终于，骏马冲到了跟前。

“沙兰！”米德惊喜地叫了一声。

“米德，果真是你！”

不期而遇，彼此都惊喜万分，久别重逢又使俩人激动不已。米德和沙兰将手握在一起，都亲切地注视着对方。

“告诉我，你怎么会来到这里？”米德既高兴又充满疑惑地问道。

“有神灵启示嘛！”沙兰闪动着她那不再忧郁的美丽的眼睛，微笑着扯下围巾，一头秀发立刻滑落下来，在晨风的吹拂下随意飘扬着。“昨日傍晚，我与父亲在城外耶稣基督曾布道的那座小山上散步，发现在西南方向升起一颗光彩夺目的星星。我们从来没有见过这么明亮的星星，就站在那里静静地观看，看着它升起，又看着它向我们这个方向移动。父亲说，这是一颗吉星，它正高照着一位圣人由埃及向耶路撒冷而来。我们猜测这位圣人很可能就是你。于是，在父亲的鼓励下，我便快马加鞭赶来迎接，果然不虚此行。你看，这颗星星还高高挂在你头顶上方呢！”

米德将头仰起，果真看到那颗星星依然闪烁在已微蓝的天空中，丝毫没有黯淡下去。“我哪里是什么圣人啊，我不过是想努力回归人之本性中至善至爱的一面罢了。回到耶路撒冷，我打算对自己进行一次彻底的反省和总结，正式成为一名耶稣基督的门徒，去完成他未竟的事业，将爱带给每一位需要我帮助的人，以鼓励他们健康自信地生活，成为一个个新的人。”米德发自肺腑地说着，脸上显出凝重来。

“米德，在荒原上第一次遇到耶稣基督，从他手上接过那件紫色斗篷时起，你实际上就已经是他正式的门徒了。你用你自己充满传奇、悲壮的经历活生生地向世人宣讲了上帝，宣讲了爱的高尚、恨的悲惨、善的美好、恶的丑陋。上帝就是爱，是理解和忍让，是正义和公正，上帝在每个人的心中。”

沙兰帮着已在寒冷中走了一夜的米德将那件已被露水打湿的紫色斗篷

解下，然后把自己的那件披在他身上，两人的目光又一同望向远方。

此时，火一般的朝霞已渐渐地散去，一轮红日从地平线上冉冉升起。天色已经大亮，一群鸟儿在湛蓝湛蓝的空中鸣叫着自由欢快地飞翔。

爱的能力

〔美国〕艾伦·弗罗姆　著

宣晓丽　译

关于本书

很多人认为如今研究爱的著述颇多，似乎爱的话语已经言尽。本书就是专为此类读者而著。对于爱这种自人类降生之初即已形成并深为世人关注的微妙情感（有时也并非那么温情），艾伦·弗罗姆博士运用多维视角进行了深入探讨。

本书的重点是我们如何才能增进相互间的了解并建立和谐的人际关系。本书的核心是日常生活中我们所体验到的或失去的爱。但作品并不想寻究古往今来的名人逸事。它的对象正是普普通通的你和我。

人们常常把爱视为高远缥缈、遥不可及的崇高情感。在日常生活中，纵然自己表达着爱意，我们也往往浑然不知。此举造成的一大隐患是，潜藏于我们表达爱意方式之中的缺憾无法弥补。更不用说虚幻的梦想，即便是与他人的日常接触也常常使我们陷于深切的孤独中而无法自拔。

爱当然值得深入研究。这正是本书的初衷：研究爱。但本书的着眼点在于观察爱在我们的生活中如何得到改进，爱怎样为我们的生活增色。洞悉此理不仅可以使我们日常生活中表达出的爱更加高尚，而且还能使之永恒。

爱的本质

爱是唯一一个为人们熟悉的话题，这个话题可以说是和人类历史一样的久远。但后者已经得到详尽的剖析和研究，可是爱却从未受到充分的重视。虽说爱赋予了诗歌和音乐无尽的灵感，但人们在科学地探讨爱的问题上还是面临重重的困难。此般境况的结果是，我们享受了美妙的诗歌和音乐，但对爱的本质却依旧茫然无知。

讲述爱的故事，借助各种艺术形式品尝爱的甘甜，对爱进行沉思和冥想，这一切都显得比实实在在地、追根究底地研究爱容易得多。爱究竟是什么？人们为什么会坠入情网？爱为什么经常与愤怒、失望和沮丧相伴？男人和女人眼中的爱存在着不同的寓意吗？我们怎样才能维持和发展爱？到底什么才是爱的力量源泉？爱为什么可以在我们的心中唤起如此深切的情感？

还有更多令人困惑的问题亟待着人们的回答。它们让很多的人彻夜难眠。热恋的情人、多年的夫妻常常从睡梦中惊醒，在凌晨之际悄然自问："他（或她）真的爱我吗，我真的爱他（她）吗？"母亲们，有时候也包括父亲们，暗自思忖："我真的这么喜爱孩子吗，深切的爱到底是什么东西？"

如今的人们也许比历史上任何年代的人们更加关注爱的话题、更加留心爱的意蕴。我们所接受的教育告诉我们，爱与宗教遵循着同样的法则。我们依赖着爱，爱就是我们的梦想之邦。我们从理论的视角甚至包括医学的实践审视着爱，因为我们意识到，那种表现为同他人建立起富有意义、令人欣喜的关系的爱是通向成功生活的唯一途径。

因此，尽管我们并不能时刻以爱来规范自己的行为，我们对爱的兴趣依然浓

烈。当耶稣教诲世人要像爱自己一样去爱邻居的时候，他的教民们并不是那般的合作。但是不论我们是否真心信奉他的宗教，或是我们信奉其他的宗教，或是我们根本就不信教，他的这些话语还是存留在我们的心中，并且世代相传。显然，爱并不是简单的条件反射式的动作，并不是蕴藏在我们身体之内的某种机制。没有人祈求我们去呼吸、睡觉或吃饭。我们也不需要别人的苦劝才外出求职谋生。但生活中确实有很多时候，我们只有依靠他人的提示才能变得更有爱心。尽管我们也需要爱，但我们的内心仍受障碍的桎梏。它们阻碍着我们追寻自身的目标。

专家论爱

回顾漫漫的历史长河，形形色色的专家学者们从未停息过对爱的各式各样的探究。浩瀚的文学典籍中也存在着同样的境况。柏拉图、萨福、卡萨诺瓦以及唐·璜都是阐释各自心中的爱的专家。虽然文艺复兴时代的政治家马基雅维利从未被人赞誉为论述爱的专家，而且他的短著《君王论》也更多地被视为教育王子御政的讥讽篇章，但他在字里行间还是流露出对爱的深邃的见解。

在马基雅维利生活的年代，馈赠昂贵的礼物以博取豪门的欢心可谓是一种时尚。马基雅维利虽身无分文却不乏野心。他渴望得到权贵麦迪西斯的垂青。因此，在《君王论》一书的序言中他写道，尽管自己不能奉上金缕玉衣或阿拉伯良驹，但他可以将自己多年来对历史和政治的研究成果作为一份颇具价值的礼物奉献给王子。

马基雅维利深知繁忙的王子没有多少时间也没有足够的兴趣去细读全文，所以他便将《君王论》一书浓缩删节，从中挑选出一批对统治者的生活最具意义的对话。他为其中的一章冠上了这样的标题：论残暴与仁慈，以及被爱戴与被惧怕何者更佳。

这样的标题足以引起人们，包括麦迪西斯的关注。马基雅维利回答道：御人者最好是爱戴与畏惧两者兼得。他所列举的缘由构成了一段对爱的饶有趣味的论述，但其间没有一丝的浪漫情怀。事实上，他对这种温柔情感的评述既现实又尖酸。若经解析，他的话语就是，爱的最大的困惑在于那些被爱的人。即使贵为王子，他也无法操控爱。马基雅维利指出，就本性而论，人类是易变的。有鉴于此，以及人性中其他的缺憾，人类的爱的纽带极易破裂。不幸的是，畏惧显得更加可靠，因为它有惩罚这样的威胁手段相伴。而且统治者可以随心所欲地操控子民心中对自己的畏惧。与之相比，他对爱的驾驭就没有那么的娴熟了。总之，马基雅维利认为，爱可御却不可靠。而且，尽管他对畏惧的威力推崇备至，马基雅维利还是告诫御人者们应竭力避免遭人憎恨。

世人皆是专家

在马基雅维利去世400年和耶稣蒙难2000年之后的今天，当代心理学再次强调了爱的价值。人们已将爱的能力的大小视为衡量一个人能否适应现代生活的重要标志。但是我们仍然在问：爱到底是什么？

从某种意义上说，每个人都可以回答这个问题，因为如今人人都是爱的专家。每个人在内心都觉得自己是世间最好的情种，或者说只要有适当的对象或环境，自己就可以变成最好的情种。这种感觉颇似对自己开车能力的体味。没有人会说，“我开车的技术糟糕透顶”。

这个道理也同样适用于爱的话题。即使是在内心也没有人乐意承认自己在爱的能力上技不如人，或仅仅处于中游。每个人都会觉得自己温柔敏感、富有睿智和悟性，心中充满了激情和奉献的精神。有时即使当我们承认自己在某些爱的能力方面上还存在着缺憾，那往往也应归咎于爱的对象或周围的环境——问题怎么可能出现在我们的身上呢？

然而，尽管以专家自居，我们在心底却并没有十足的把握。如果仔细聆听人们对这个话题的讨论，我们就必然会发现每个人在议论别人的时候是多么的专业与娴熟，而当涉及自己的时候又是多么的沉默、困惑和茫然。

其实，我们每个人都有着自己的困惑。一方面我们在说：“每个人都知道爱是什么。”可同时我们又不禁要问：“我真的在恋爱吗？我真的被人喜爱吗？爱究竟是什么东西？”

冷眼观察

那么，爱到底是什么呢？我们不妨将自己的感受暂且搁置一旁，首先心平气和地看一看我们给“爱”赋予了什么？

男人对女人产生的强烈的兴趣就是我们通常所说的爱。但是，男人对其他方面的强烈兴趣，例如对生意、高尔夫球比赛、高保真音响、电视、凶杀小说、艺术书籍等，却都被我们冠以其他各式各样的名讳，如职业兴趣、嗜好、闲暇活动等。不论它们是如何被命名的，它们就是与“爱”无缘。

这是否仅仅是措辞上的漫不经心呢？当然不是。在我们使用了一连串的词语时，如兴趣、嗜好等，我们已经做出了选择，所以它们之间当然存在着差别。男人在选择异性时产生的情感要比对其他事物和活动的兴趣激烈得多、复杂得多。而且，男人爱恋某一个女人的方式与爱恋另一个女人的方式往往也不尽相同。

但是若换一种角度来考察，当我们说某个男人爱高尔夫球、爱高保真音响、爱他的妻子时，我们同时也强调了它们的共性。我们其实在说，尽管它们之间存在着明显的差异，它们也有着相似之处。当我们用“爱”这个字眼形容所有的这些关系的时候，我们实际上已经承认了它们拥有共同的特征。

现在，我们就来探究所有的爱都拥有的这个共同的特征。我们可以暂时将之称为“依附关系”。这是一个平稳的、情感中立的词汇。当我们说上述所有的那些爱、嗜好、活动、兴趣都是依附关系的时候，我们便可以非常容易地发现在男人爱高尔夫球和爱妻子之间存在共同的本质特征。

两个事物若是依附在一起，它们便是两个紧密相连的事物了。不论它们是用钉子和螺丝紧固在一起的两块木片，或是为了追求共同的利益而走到一起的两个人，还是出于内心的某种兴趣或欲望将某个人同某个事物联结起来，这些都是以某种方式结合起来的事物。

男人与女人也会不自觉地以同样的方式走到一起。也许他们是在同一间办公室里工作，也许他们是参加了同一次的度假旅行，或是参加业务会议时相互发生了接触，或是像电影里经常发生的那样一起度过了一个夜晚或一周或几个月的惊险历程。他们从此发现彼此已深深地相互吸引了。正如希金斯教授在他的《我的美丽的姑娘》一书中所描写的那样，那个男人发现自己已“渐渐地习惯了她的那张脸”。他不知不觉地对那个女人产生了兴趣。他已经形成了对她的依附心理。

这种依附关系正如他初次感受到这种吸引力时萌生的愿望一样，可以继续给他带来喜悦、满足、舒适和快乐。但是这种关系也完全可能向别的方向发展。我们都知道，可能很多人还亲身体验过，爱也能给我们带来悲怆、痛苦和困惑。不论那是什么样的情感，它就是没有快乐。可是我们仍然离不了它。就像两块木片一样，我们已被紧紧地捆在了一起。事实上，即使不和睦的夫妻通过离婚将彼此分离开来，他们也并非真诚地努力去改变自己的生活，去摆脱不幸的源泉。他们只是想从极度的仇恨中走出。离婚是向伴侣最强烈地表达“我不爱你”的方式。如果只是对打破彼此的依附关系感兴趣，他们一定会用最柔和、最敏捷的方式去结束他。但是，他们往往拖延诉讼的程序、为一项项条件而争吵不休、并且常常在法律程序完结之后还长久地互相争斗。婚姻虽然已经结束了，但他们的依附关系仍然存在着。

即使他俩依然是夫妻，继续感受着爱情，他们之间的爱也不一定就能保证永远地带来愉悦的感受。他们可能会因摩擦、失望和沮丧而感到痛苦。有时两人在一起就会感到极度的枯燥乏味。爱工作的人有时也会觉得工作是多么的枯乏无味，但他不会因此而放弃工作。浪漫的情侣们在体验爱情的高潮时也会感受到与幸福相当的甚至是更加强烈的心灵上的痛苦。在上述诸例中，不论能否带来快感，这种依附关系依然存在。

由此可见，通过冷眼观察，我们发现了爱的一些重要的特征。我们所有的爱，即我们用“我爱……”来将自己与某一事物、活动或人物联结起来的行为都包含着“依附”这一共同特征。尽管我们没有用“爱”这样积极的话语来形容这种联结的关系，但它的确让我们纠缠在一起。所以，它们也是一种依附关系。不论是否被冠以“爱”的字眼，我们的依附关系并不总能给我们带来快乐。

如果它们没有了快乐和幸福，我们为什么还要与它们依附呢？如果我们的依附关系不仅仅是渴求幸福，那么它还能满足什么样的欲望呢？是否出于其他的原因，为了满足其他的需求和动机，我们才构筑起自己的爱呢？我们怎样才能接近爱，怎样才能在营造依附的关系上迈出第一步呢？

爱与情人

在《艾丽斯漫游奇境记》中，艾丽斯曾有过这样的一次奇遇。她与一只坐在树上的微笑着的切希尔猫闲聊着。突然，猫开始消逝了。首先是它的尾巴，然后一点点地整只猫都悄然不见了。猫虽然不见了踪迹，但是它的微笑却依然存在。艾丽斯不敢相信眼前发生的一切，因为她只见过不笑的猫，却从来没有见过消失的猫的微笑。

同样，在能否撇开爱的对象而回答关于爱的问题或是仅仅研究爱的本身的问题上，我们也会感到困惑？真正理解爱的唯一途径就是去研究切实在爱着的人们以及他们是如何相爱的。与《艾丽斯漫游奇境记》中的那只猫不同的是，我们不会让研究的对象从眼前消失，因为我们理解爱的努力正是从认识作为爱的主体的自我开始的。

毋庸置疑，在生活中除了爱我们还经历着许多其他的事情。所有这些经历都会对我们产生一定的影响，并且这些影响也彼此相互作用着。若想将若干的事件独立出来，对他们进行单独的研究似乎不大现实，因为爱只存在于我们生活的整体经历的氛围中。换句话说，对人性了解得越深，我们就越有可能透彻地理解爱。

照此说法，心理学家们应该掌握着这一问题的答案，因为他们从事的职业正是研究人性。但是两千年以来，他们的著述并没有交上令人满意的答案。其中的一个原因是，多年以来心理学一直只是哲学和生理学的一个分支。直到19世纪末叶，心理学才获得了独立的地位，才呈现出今日的态势。现在我们认识到，将心理学从其原先的各种羁绊中解放出来的最具影响力的人物当然首推弗洛伊德。

弗洛伊德认为，了解人的最好的方法就是观察他的爱的历史。一个人爱的生活就是他最好的心理历程。弗洛伊德还认为，精神病从本质上说就是爱的能力的某种缺憾。

苦恋中的病人

弗洛伊德在他的第一部著作，即与医学博士布鲁尔合写的书中，总结了这些引导他研究爱的病例。当他研究自己以及布鲁尔所做的各项实验时，弗洛伊德清楚地认识到所有这些歇斯底里的病人毫无例外地都是苦恋中的人。他们的苦恋不是人们寻常所说的发情期或浪漫的爱情，它们具有更深刻、更全面的意义。他们感觉不适，因为他们丧失了爱的能力。更准确地说，因为他们无法再度拥有爱。他们每个人都无法重续过去的某种依附关系。当然，这是一种情感上的失败。他们再也不能从早期的依附关系中重获自由。而这种情感纠缠带来的苦痛便以病症的形式存留在他们的身上。

研究的结果帮助弗洛伊德揭示了人们过去的情感体验依然存留于今日的潜意识记忆之中。弗洛伊德认为人们与那些深刻影响着他们的事情仍然紧密地依附着。他将这种依附关系称为爱。

爱的定义

在此次的探索中我们涉及的第一个问题就是爱是什么？当我们在这迷宫般的路径上摸索一番之后，我们是否仅仅发现爱只是一种“依附关系”？人们对爱的讨论肯定会产生出一系列浮华的辞藻，如强烈的情感、深切的体验等。即便是最呆板的词典也会将爱定义为“对异性的温柔和深切的情感”以及“强烈的喜好和强烈的人际依附的感情”。

但是，弗洛伊德认为爱只是一种依附关系，而不是什么情感。这种思想将把我们引向何方？诚然，确实有很多情感的因素与依附关系联系在一起。但若由此推论出依附关系必定会带来愉悦和欣喜则有失偏颇。爱固然可以表现为浪漫和崇高，但它也不乏自恋和自私的倾向。有时，它以强劲有力的形式出现，支配、主宰着我们的行为。而有时，它只是瞬息间的显现。有些爱让我们感到快乐、给我们带来强烈的成就感，而有些爱则让我们时刻躁动不安、内心产生缺失与痛苦的感觉。由此可见，与爱相连的情感并非总是那么的可靠，它们与我们表达爱的方式一样变幻不定。

处于爱的巅峰的人会无比激动地向他人讲述自己爱的感受。他会说爱是他生命中最辉煌的一页，他的爱人是世界上最可爱的人，而他自己是世界上最幸福的人。这正是他此刻的感受。此时我们若问他三个月、三年或三十年以后，他是否还会这样看待这段爱的经历，就多少有点显得不恭。但不管怎么说，这毕竟是一个很公平的问题。我们对爱的感受影响着我们目前的生活。但我们不可能永远生活于此刻之中。重要的不是此刻我们如何感受着爱，而是这段情感对我们将起着什么样的影响。

这并不意味我们必须摒弃自己的爱的情感，正是这种情感使得依附关系对我们格外的重要。但是，为了解释当我们坠入情网的时候我们为什么会那么做、那么想，我们就必须揭示出自己的依附关系的起源和发展历程。爱所涉及的情感让我们产生浓厚的兴趣，并使我们自然地随之而动。但对这种爱的描述不论是多么的敏锐和深刻，它仅仅是一种描述而已。它不能解释当我们相爱的时候为什么就会产生那些情感。

当我们把爱视为受以前和其他的依附关系的影响而产生的一种依附关系时，我们便拥有了一种假设，它可以帮助我们理解置身于爱的我们的各式感觉和行动。我们所选择的那些人，我们同他们所做的那些事，以及那些令我们激动不已的情感往往都源于往昔的依附关系。这并不是说各种体验之间不存在差别。它强调的是各种依附关系之间存在着大量的共性。从这些联系中我们足以推测出未来的行动模式。尽管心理学家的手上并没有那神奇的水晶球，但他明白，若要预测某人明日的行动就必须先知道昨天他都做了些什么事。

有些依附关系缘于我们的欲望和选择，而另一些则出自我们的需要和经历。前者具有意识和理性的特征，后者则包含更多的冲动和偶然。在我们所做的各种选择中，我们的思想并不是唯一的主宰。我们的身体在驱使着我们。生活本身迫使我们依照它的轨迹前行。依附关系逐渐形成后，由于我们已经拥有了它们，所以我们只好沿着它的方向继续前进。这些依附关系甚至不必仅仅局限于人类本身。我们可以依附于思想、物体、财产、地点、想象和理想。一句话，万事万物皆可成为我们的依附对象。

现在，我们可以开始研究和探索爱这一对象了。爱不是发自与某一特定人物相联系的那种奇特、新鲜和不可名状的情感。爱既是一种依附关系，也是其他所有的依附关系。爱的对象可以是事物也可以是人，可以是愉快的也可以是痛苦的，可以是新的也可以是旧的，可以是可感知的也可以是无意识的。我们的爱多姿多彩，众多的爱可以并存。有些爱相互滋养，有些爱相互冲突：任何一种爱的未来都取决于它在我们诸多爱的综合体中的位置。

我们都拥有依附关系。从这个意义上说，我们每个人都是“置身于爱之中的人”。在所有的爱上都深深地留有爱的主角的烙印。要最透彻地认识一个人，我们就应研究他所有的爱和他所有的依附关系。而理解具体的依附关系或爱的最佳途径就是研究他从前的依附关系或爱的本质。

多维的爱

在爱的问题上，我们每个人的潜能都远大于已经开发利用的能力。我们拥有很多的爱，其中有一些连我们自己也不甚清楚。我们每一个人都拥有多方面的爱，即使那些从各方面看上去孤独消沉的人也不例外。

并不是所有的爱都指向他人。当把爱界定为一种依附关系时，我们已开始认识到我们拥有的爱是何等的广博。

当有一些爱习惯上被人们称为兴趣时，我们便较容易地发现一个人可以从多种依附关系中寻求乐趣。但若用寻常的爱的标准来衡量，它们还算不上爱。一个人也许对登山、采蘑菇、学习方言或高等教学发生了兴趣，或许对其中的某些还颇具激情，但他可能对人一点也没有兴趣，在情感上更是无法投入。

被冠以其他名义的爱

人的兴趣是一种有意识的依附关系。当拥有它们的时候，我们能感受到它们的存在。可是另有一种依附关系我们往往却浑然不知，但它们对我们的影响力远甚于那些有意识的兴趣。这种依附关系通常被称为习惯。我们反复进行着同样的活动、同样的追求，不用过多久，习惯本身就会演变为一种依附关系，好像某种行事的具体方式本身就是一种需求和欲望。

这些貌似微小的依附关系往往富有强烈的意蕴。如果有人阻挠，他们会变得躁动不安、雷霆大发。因为这些习惯和依附关系的作用，很多人成了蹩脚的游客和情人。有些依附关系被我们当作习惯而轻率地抛弃掉，但它们对人们的爱和婚姻的损害很可能比我们能意识到的要大得多。

长着众多枝杈的树

兴趣、爱好和习惯是依附关系和爱的诸多的表现形式。无论情人们将生活想象得多么浪漫，事实上，所有这些都是自出生之刻便形成的平淡无

奇的习惯、兴趣和依附关系的外现。这是他爱的生活的真实历史。它的构成要素普通而非那么浪漫，作为其中一个因素的浪漫的爱仅仅是一个人爱的历史的一部分。

如果把人的发展比作一棵大树，把那诸多的爱比作其枝枝杈杈，那么我们对他人的爱也许可算作树上最高的枝杈了。如果我们乐意，它还可以是最坚硬的一支。我们可以在它的上面吊上一只秋千，尽情地享受。但从本质上说，这最重要的爱如同其他的枝杈一样只不过是总体的一支，它并不能永葆最强盛的状态。

例如，在大学校园中女生通常被认为是男生最执着的兴趣点。但偏偏有些男生更喜爱踢足球、更热衷于去做校园中的“大人物”，或更关心自己的朋友。

还有相当一批人看中的是汽车。有些男生不惜以替人照看火炉、看护幼儿以及努力节省的方式去购买一辆二手跑车。然后，他会带着自己的情人在周日的下午去乡间兜风。他的身旁也许确实坐着一个姑娘，但他爱的对象却并非那位女孩，他所钟爱的是他的跑车。他启动跑车、敏捷地拐弯、张望前方找寻能全速疾驰的路段。他感受着触摸跑车的狂喜，汽车发出的疲惫的轰鸣是他最美的音乐。他一面驾着车，一面与之交谈，为它歌唱。一有空闲的时间，他就修补它、擦拭它、呵护它，不论动作是多么的笨拙。

即使毕业多年以后，即使他已经开始闯荡天下、发展事业和养妻育子，这种爱仍伴随着他。不久前一位心理学专家曾忠告过汽车制造商们不妨坦率地将自己的产品宣传为爱的对象，为它的性吸引力高声赞美。这看似颇为偏激，但它蕴含着心理上的真谛。这一点在上文中我们已做了论述。确实，各种爱从本质上看都是同一主题的变体，它们都表达着各种依附关系。这并不等于说，喜爱汽车的男人就无法再爱女人了。男人可以在爱汽车的同时也爱自己的妻子、孩子、房子、工作、朋友、政治、钓鱼、打牌、某种品牌的威士忌、某个偏僻的度假地以及其他十几个或数十个依附的对象。也许他也格外关注言论自由、低税率、海明威的小说、波士顿的爵士乐和股票市场上的某几种股票。

我们多种多样的爱可以并存，它们并不一定要相互排斥。一个拥有众多爱的人可以构筑多种依附关系。如果说在总体上它们对他有利，即如果这些爱能带给他极大的满足、促进他的生活和创造力，那么他就是一个幸福的人，也许还是个健康和谐的人。

有些投身于爱的人在各种依附关系上奉行着排他性的策略。如果你碰到的人对古苏美尔的作品、某地质年代的化石、帆船比赛或海底探险有着浓厚的兴趣，你或许会说他真的很投入，是个幸运的人。但如果你发现他根本不与别人交往，即从来没有过艳遇、从未结婚，与父母、家人和朋友断绝了往来，那么你肯定会认为此人不同于常人、甚至是个不正常的人。他的反常之处并不在于他有着奇特的爱好和非同寻常的爱，而在于这是他唯一拥有的爱。我们期望着人们拥有多种多样的爱。

对我们有害和有利的爱

在我们生活中，很多人已忘记了自己真正的需求和欲望。我们个性中的某些部分一直未得到维护，而有些能更好地体现我们需求的依附关系却与我们擦肩而过。

纵观形成依附关系的众多方式，我们不难察觉，有些爱并不是发自我们有意识的欲望。不论是否总是具有理性，我们确实在做出选择。通常，努力探寻某种依附关系的理性原因或对其溯本求源并没有太大的意义。思考这种或那种依附关系对我们是否有利几乎毫无意义。尽管没有多少道理，某种依附关系可能仍很不错，或至少没有太大的害处。

有些爱很明显对人不利，这几乎不用他人再来强调。男人明白过度地饮食、喝酒和吸烟对身体有害。迷恋为取悦自己而出手大方的男人的女人会发现这种依附关系很不幸，因为一旦结婚以后，他的大方会增添家庭的经济负担。

男人往往不愿与理性的事物建立恒久的依附关系。轻松的爱或许能让他愉悦、甚至于他有益，因为他从不深深地投入，因此也就从不受到伤害。但是他忽视了一点，一个更加稳定的依附关系也许会从多方面对他有利。价值上的差异多少与口味的不同有些近似。例如，只喜爱流行乐的人每个月都要找寻一支新曲，而那些欣赏巴赫的人可以永久地享受同一个乐章。恒久的夫妻关系会给双方带来比一连串随意的艳遇更加深切的满足。而且，他们不会出现两段爱恋故事间的空虚和躁动。

当一种爱能满足我们的某种需求，同时又不伤害或阻碍其他健康的爱的时候，它便是有益的爱。这样的爱让我们觉得自在、有能力去选择和做出决策。我们可以暂时忘却这种爱，将它们搁置一边，并从事其他的活动。随后，我们可以愉悦地回归而无丝毫的负罪感。

我们并不需要具体的认知规则帮助自己识别这样的爱。只要它们能增进和丰富我们的生活，并在回味时没有留下丝毫的苦涩，它们就是对我们有益的爱。

对我们有害的爱有时也能满足我们的部分需求，但它与满足其他的需求发生冲突。而且，它所满足的需求往往带有神经过敏的色彩。这种爱趋向于役使我们，操纵、强迫、占有我们。我们就像生活于法西斯专制之下，四处规避，唯恐触犯了它们设置的规则。很多热恋中的男女为情所困，彼此束缚，以致最后难以自拔，互相指责，反目成仇，甚至走向毁灭，这就是明证。

爱恰似一场搏斗

搏斗也是爱的一种表现形式。我们并不能因为两个人打过架就断定他们不再相爱。我们应该记住，弗洛伊德曾说过，爱是一种依附关系。他并没有说那是天堂中的依附关系，他并没有把它描述得那么浪漫，那么富有诗意和田园风光。他没有把它比作交响乐或夕阳，他也没有说它包含着幸福或满足。他只是把爱称作一种依附关系。当然，幸运的人在爱中能发现满足。他们或是有着幸福的童年，或是已经化解了不幸遭遇的影响，或者两者兼而有之。他们从爱中找到了满足，他们从工作中找到了满足。工作是同一系列思想或技艺联系的依附关系，因此它也是一种爱。人们在游戏、在与朋友交往中也可以找到满足。所有这一切都是依附关系，都是爱。

它们都是爱的例证。从婚姻中产生的爱，即从与他人共度一生的承诺中产生的爱，只不过是另一类型的爱，一种比其他的爱更加来之不易的爱。在这种爱中，我们更多地自我投入。当成功时，我们能体验到更大的回报。其他的爱相对而言要容易得多。例如，友谊就比较容易培养和维持，因为它不像性爱那样涉及生活的方方面面。

真挚的爱的历程从来不是一帆风顺的。当有人讲述在自己的婚姻生活中双方从未说过一句粗话时，人们往往表示怀疑。他们说的是实话吗？他们真的相爱吗？如果真的彼此在意的话，他们总应有过几句争吵。从不生气、从无异议对我们绝大多数人来说与其是相爱倒不如是冷漠。

因为一对男女要共同生活、共同承担家务、养育孩子、理财、共享幸福、共度患难，爱实在不是一种简单的关系。它涉及双方的需求和欲望，而其中很多的问题他们并不理解。即使在非常融洽的婚姻生活中有些需求也是难以彻底地满足的。

当两个人相遇于爱的生活之中时，他们有时会很自然地发生摩擦。有时，摩擦是唯一能昭示一方需求未得到满足的方式。争吵也许是最有效的解决不满的良剂。

我们每天度过的是24个小时，既会阳光普照，也有乌云蔽日的时候。即使昏昏欲睡，我们也在逐渐长大。我们生活的某些时候是阳光灿烂的、令人畅快的，但如果能审视全景，包括从最枯燥和最痛苦的依附关系到情侣间最丰富的情感，我们就会更好地理解爱。

现实性的思考向我们昭示了天下没有完美无缺的人类际遇。没有人可以保持终生完美无瑕。能适应一切的人只不过是理想化的杜撰。

幸运的是，虽然大家都有缺陷，但还是有一些力量将我们拉到了一起。若要将每个人都锻造成完美无缺的，我们实在等不起。而推动人类依附关系的最具影响的吸引力就是性意识。

性与爱

每当遇到一个人，闯入我们脑海中的第一印象就是对方是男人还是女人。至于其他的特征，如姓名、电话号码、职业、政见等都可能从我们的记忆中消逝，但对方的性别却永远无法忘却。即使对于其他的方面我们一无所知，但他们是男是女却历历在目。追溯到生命之初，当一个孩子刚刚出生时，我们的第一个问题就是："是男孩还是女孩？"

如此深刻地植根于我们的感知习惯和记忆之中的事情一定是非常重要的。然而甚至在数十年前，性的话题还不能在公共场合公开讨论。即使在今天，尽管我们的观念已在相当大的程度上得到了解放，性的话题在许多大众媒体中仍受到严格的检查和限制。

那么，这种强劲的力量，这种令世界各地、古往今来的每一种文化传统都不得不屈服的力量究竟是什么呢？这种导致诸多压抑和禁忌的性究竟是什么呢？

什么是性

西格蒙德·弗洛伊德把性界定为使用身体以获取快感。

所有这些感官上的体验都被弗洛伊德称作性。因此，也可以说，性是使用身体来体验某种依附关系、关切或爱带来的愉悦。

前面我们已经说过，离开了爱的主角我们便无法研究爱。同样，脱离当事人而纯粹地谈论性行为也是不可能的。有些人能享受丰富的性爱，能充分运用自己的触觉、味觉和嗅觉来营造亲密的气氛。情人们还能用远程感官来增进自己的愉悦感。他们爱看自己情人的身影、爱听他或她的声音、甚至包括他或她的脚步声。

昔日的诗人们曾尽情地吟诵过此类完全的性体验。从他们的诗作中我们看到，他们是怎样满怀激情地品味爱人的气息、品尝她的双唇、闻嗅她的秀发和肌肤。他们从她的声音中听到乐曲、用双眼饱餐她的肌肤。

最完全的性反应发生于那些最彻底地接触自己身体的人。他们无法单独对思想产生激情。他们尊重情感，并且接受和享受它们在身体上的表达。

缺失性的爱

当然，即使在情人之间也存在着很多与性毫无瓜葛的表达爱的方式。任何善意的、周详的举动都可以用来表达爱和积极的情感。有时，男人通过确认或征寻妻子的意见最有效地表示出与她的依附关系。他表达出的对妻子的知识和智慧的尊重增强了她的自尊感，让她体验到自身的价值。他以此表达了对她的爱。

生活中存在着很多形式的爱，如友谊、与同事的依附关系和对他们的尊重、父母与成年子女间的关系等。很自然，它们不属于性的表达方式之列。当然，小孩需要并且通常从父母那儿得到大量的身体上的关爱。父母通常不将这种爱视为性爱。

没有性的爱颇为常见，我们可以列举出无数的例证。同样，没有爱的性行为也不罕见。

没有性的爱容易受到社会的承认，我们理解它、接受它，并能产生舒适的感觉。但在很多人的价值观中，没有爱的性行为就无法享受同样的待遇了。例如，此类行为的极端表现形式：卖淫或者为营利而发生的性关系，通常被视作丑恶的社会现象。

然而我们，或者说许多人，能够接受享乐性的性爱思想。我们接受并欣赏福斯泰夫式的性爱和《汤姆·琼斯》中热诚的18世纪性爱。我们接受这种性爱，因为它并不是真正缺乏爱的性行为，尽管看上去这种爱是短暂即逝的身体上的依附关系。这种性行为让双方共享快乐。它是直截了当地用身体获取快感的手段。在这种轻松的性过程中蕴含着同样轻松的爱。对此，社会传统或许不能赞同，但从人性着眼，我们并不为此类性行为深感不安，因为尽管短暂，它还是包含了爱。它不是冷漠单纯的性行为。

有些缺乏爱的性行为虽说并非冷漠无情，但它们很少能够带来欢愉。心理学对此进行了特别的探究。很多强劲的无意识力量驱策着一些男女发生性行为。他们从中为很久以前即已形成但未得到实现的欲望找寻到满足。起初，这不是性的需求，而是从性中发现表达渠道的潜意识的情感需求。

例如，有些妇女的初衷是为了引起男人的注意。对她们来说，接受或排斥男人并不是最重要的事。因此，男人越多越好。这种女人在不同的年代中被冠以不同的称谓，如卖弄风情、调情取乐、逗惹戏弄。我们可以思考驱使她们奉行此道的动机。她可能是自恋，从排斥男子中享受“孤独的”快感。这可能是为了报复拒绝她的第一个男人的一种方法。

还有一种挑逗的女人不是为了拒绝、而是为了奴役男人。她想操纵男人，从心理上阉割他们。如同挑逗一般，她把性当作一种武器、一种表达敌意的手段。

还有一种女人，她们在潜意识中把被男人占有当作世上没有好男人的证据。她们一再地未婚怀孕和堕胎。每一次她们都被男人遗弃，不得不独自料理一切，为之付费并为之痛苦。对任何聆听她的话语的人她都反复地诉说男人不是好东西，而她们一遍又一遍地重蹈覆辙。

有些女人为了得到关爱或赞同而不惜付出一切代价。被人追求、与人做爱就是爱的显现，不论它是多么的虚幻。这些人通常饱受深切的卑劣感的折磨，就像不能说“不”的小女孩一样。为了证明自己具有女人的魅力，尽管在自己的潜意识中她们也感到怀疑，但她们还是不断地上演艳遇的故事。

男人也不能不用性来实现潜意识或不相关的目的。唐·璜就是典型的一再用性来证明自己完美有力的一个例证。他想反复证明的初衷根本无法实现，但在他的身体中存在着一股力量推动他去展示连自己也毫无把握的杰出的性才能。

有些男人另行其道。因惧怕暴露自己的缺憾，他们千方百计地逃避性行为。有些男人因惧怕唤起女人强烈的情感而自我退却了。这种男人很可能是畏惧女人的爱。

性厌恶可以有多种奇特的表现形式，但它们并不完全异常。有的男人可能会厌恶亲吻女人，甚至包括自己钟爱的女人。他可能会自我辩白，女人受到性刺激后会散发出异味。健康的情人往往做出截然相反的反应。他从性活动的每一个侧面之中都得到享受，包括女人的体味。男人奇特的性行为能强烈地昭示出不同于简单性欲的朦胧的力量。

男人和女人，但更多的是男人，都把性视为表达敌意和攻击而不是爱的手段。在过去，这已成为社会普遍接受的习俗。攻陷敌城后，奸淫城中的妇女似乎就是胜利者的特权。

社会性的扭曲行为

我们说过，每一个人类社会都必须找到某种办法来控制其强劲的性躁动。我们采用的方式是竭力地压制它。

那么，对身心有益的性生活的良方究竟是什么呢？从某种观点上看，它非常的简单。而换一个角度，它又是最困难的。例如，我们可以这样的描述：对身心有益的性生活所需要的就是真正地去欣赏性。

但要做到这一点实在不容易。事实上，在我们的文化熏陶下成长起来的人们当中，很少有人能不受其他观点的影响而去洁净的、真正的欣赏性。成年后，我们的心中仍为各式沉重的禁忌、畏惧和理念所困扰。它们不时地提醒着我们，性是邪恶、肮脏、低级、令人恶心、形同牲畜的行为。人们在不同程度上受此观点的毒害，很少有人能够幸免逃脱。

这正是我们必须为文明而付出的一种代价。

在表情达意上，人类的身体语言具有无与伦比的效力。相比之下，人类的言语往往显得苍白无力。我们的话语不仅常常言不达意，甚至还会使说话者自己也不知所云。与之对照的是，身体语言的表达模式则显得更加的原始和淳朴。

男人和女人伸出手来互相触摸便可默默而传神地表达出对对方的感知。紧紧地拥抱比最华美的辞藻更深切地体现了彼此的爱意。一流的演员即便背诵着电话簿也能让观众泪流不止。人们说话的内容远不如说话的方式那么动人。身体演绎出的话语能够最深切地传情达意。

这就是最深切地表达爱意时人们需要性的原因。在人际交往中，当我们通过行动，当我们运用自己的身体来展示自己的情感时，他人感受的爱就最为真切。这种男女间为寻求和表达满足感而使用身体的行为就是我们平常所说的性。

在人们发展出的各类依附关系中，性起着最为突出的作用。首先，它使人们相互吸引。随后，在它提供的成就和满足感中，人们相互胶着在一起。但是，在很多的人际关系中，性也蕴含着一股扰乱的力量。出于道德或其他方面的原因，本该隐晦的性却止不住地突兀而出。有时，受自私甚至是敌意的动机的驱策，性被滥用以致招灾。

尽管性可以成为爱的最强劲的同盟，有时它所表达出的也并非是爱意。在美国的传统习俗中，缺失爱的性是一种常见的社会现象。

此外我们还看到，性可以用于化解极度的困惑或厌烦。一部名为《放荡》的意大利影片以无聊的酒色狂欢结束了它对厌烦的苦涩的探究。在最后的一幕里，所有的人和事都退缩到性的背后。那是性欲的地狱，没有火热、没有激情、没有快乐，当然，它也没有爱。

性作为一剂良方

很久以前，心理学家即已形成了一种观点：当一个人困惑沮丧的时候，他的心中常常会生发出无名的怒火。当我们长大后，即使是自己也会觉得发脾气不是一种良好的发泄渠道。因此，我们或是发现了一种能够为社会接受的方式来发泄怒火，或是将之埋藏于心中。厌烦和沮丧也可以引发困惑的愤怒，而且它更加漫无目标、令人麻痹、使人无法采取有利于自己的行动。但是，本身即是强劲有力的性可以轻松地打开阀门，可以将淤积于心的深藏的紧张和压抑，以及厌烦的、无名的怒火的能量尽释入自己的能量库中。

所有这些缺乏爱意的性动机都不可能带来可靠的幸福的性体验。作为负面因素，它的最好的结果是不造成伤害。就像为治头痛而服下阿司匹林一样，它使人获得了解脱。但正如阿司匹林只能短暂地镇痛，只要病根未除，病症迟早还要再现一样，焦虑紧张将重新积聚，它们依然需要释放。

对有些人，事实上对很多人来说，这种使用性的方法只能加剧他们的负罪感。如果没有负罪感，我们至少也会感到恶心——清晨从睡梦中醒来时，我们会厌恶自己。当然，并非人人都是如此。有一些“快乐的”单身汉们显然早已将无爱的性行为忘却。

享受性的人

那么，在性的问题上谁是幸福快乐的人呢？体验幸福快乐的性，或如心理学家所言，在性的问题上适度得体的人究竟是什么样子呢？

首先，他或她不觉得性是卑鄙龌龊之物，他们不惧怕性，并能将性接纳为自然的、人类本性的一部分，是愉悦的一种自然源泉。他或她应是一个对性感兴趣、懂得欣赏性品味性的人。但是，这种兴趣不应排斥其他的兴趣。排他性的性兴趣是对性专一无二，对性痴迷着魔。我们深知这算不上幸福或适度得体。它颇似病态。

能体验性快乐的人在其他方面的追求上也是幸福愉悦的。他有其他的兴趣、其他的动力和其他的快乐源泉。在所有的欲望和需求之间，他能构建平衡。其中，性占据着一定的地位，而且可能是相当大的地位，尤其是在青年时期。但性绝不会排他而占据一切。性是一种整体性的和谐。借用无偏颇色彩的心理学术语，性是一种良好的总体适度的状态。古代中国和希腊的哲人们将此种和谐的生活称作幸福的生活。享受性快乐显然是这种和谐幸福生活的一部分。 但从本质上看，能够体验性快乐的男人和女人都能清楚地认识自己的角色。而且，他们接受了这种角色、尽情地享受着这种角色带来的欢乐。

情感与行为

性快乐的人的情感究竟为何物？它们是爱，是接受与性对象的依附关系。

因此，在用体态表达对爱恋的女子的依附关系时，男子也在轻击着内心最深处的源泉。性的表达方式回应着深切的爱的渊源。它们均依附于身体上的愉悦。

在做爱的过程中，很多感官上的快乐也并非来自对性器官的刺激。懂得多种用身体表达爱意方式的情人们能从对方获取广泛的感官愉悦。他们之间的依附关系越长久、越亲密，这些体态上的亲昵就越自由、就越能带来深切的满足感。

当人们戏言性将永驻时，他们其实在承认性在控制着我们。这不仅因为性生发了强烈的欲望，它也带来了深切的满足。对异性的依附关系为我们提供了实现身体上至乐的潜能。迄今为止尚未发现身体的运用能带来更大的快乐。通过性表达出的爱给爱的对象和爱的主体带来了满足，也带来了我们所知的最强烈的依附情感。

相互依附的人们通过互挽胳膊、尽力相互倚靠、运用所有的感官探究对方而表达出这种关系。他们要排除世间万物相互独处,他们要与外界绝缘，让自己的意识只容留对方。成人的生活世界多姿多彩，如共同生活、料理家务、看管孩子、理财、共享知识与社会生活。此刻，这些将二人联结的生活万象均已超出物外，只剩下亲密相拥带来的彻底的身体满足。

如同在其他的生活领域中，性快乐的人此时自身亦和谐舒畅。对于他，性和爱合为一体。他的性情感就是爱的情感。

这并不表明性是他表达爱意的唯一途径。爱比性更加丰富多彩。除了身体之外，爱还有许多其他的表达方式。两个音乐爱好者可以促膝而坐数小时却并未静听音乐。在一起畅谈音乐同样能给他们带来音乐上的享受。同样，我们上千遍地用各种不同的方式表达着爱，因为每一次我们都通过性来表达它。但当我们切实地发生性行为时，我们把它当成爱的行动。也就是说，如果我们是性快乐的人我们就是这样做的。

用性的方式表达出的爱

情人之间能感知到对方的存在，这是一种身体方面的感知。不仅如

此，他们还能进一步地感知到对方正在感知自己。两个人一起在空旷冷清的海滩上漫步时，他们可以是普通的在一起欣赏大海、蓝天、微风和脚下沙滩的两个人。但如果他们是一对情人，他们则不仅欣赏着面前所有的这一切，而且还最深切地体验到他们是在一起感受着这一切。他们不仅享受着自己的喜悦，同时也分享着对方的快乐。

这种高度的对对方身体上的感知是一种性现象。它是身体通过意识和感知表达爱的方式。这种身体上的感知寻求交流。他们相互交谈，分享思想、计划和梦想。他们接触对方的身体，彼此抚摸、呵护、亲吻和插入。

在这种用身体交流爱的方式中，情人们用最具个人特色的方式重申着自己接受与满足的理想。缺少了这种性表达，男女之爱便不复完整。在历史和文学作品中，有些最强烈地表达出来的爱在身体方面并未达到巅峰。基于此点，我们有理由怀疑它们是否是最深切的爱。那些爱是理想和承诺，是对爱人的理念和幻想，但不是现实的爱。

用性表达的依附关系随着生活的诸多事宜而变迁。有时，它们带来快乐，有时则伴有苦涩。但只要这种依附关系依然强烈和积极，它的性表达就可以纯洁清新。单纯身体上的性的依附关系不能代替包含双方完整个性的多方面的爱，但用丰富的性形式表达的爱值得培育，因为它能带来深切的满足，可以生发强烈的积极关系。

基本的爱：自爱

爱这个字眼听起来颇为悦耳。它散发出温馨美丽，甚至包容了英雄气概。如果爱不能给人带来欣喜，至少它隐含的悲怆也浸透着高贵。爱给人以温暖，甚至能够带来荣耀。即使在最平常的意义上，爱也能让人愉悦。爱不必像文学作品中那样饱含着激情，或如父母对孩子般无私地奉献。或许它只是淡季中的一颗草莓，但却沁人心脾。

可是，如果它的前面多了一个前缀，变成“自爱”的时候，整个色彩立刻起了变化。眨眼间，所有令人愉悦的联想骤然消失了，而一连串丑陋的意象在我们头脑中穿行：自私、虚荣、妖媚、贪婪、自恋等。这样的词汇实在太多，而且没有一个让人愉悦。

通过本章的探讨，我们希望能够消除自爱带来的这些不愉快的联想，并且发掘出自爱的另一面。也许，我们需要自爱。也许缺少了它我们就会一事无成。也许我们还会发现自爱是人类最基本、最本质的爱。

拥有更积极地对待自我的态度就成为享受其他爱的先决条件。我们在自爱的基础上构筑起所有其他的爱，而所有其他的爱的性质也取决于这起始的爱。

换句话说，在学会认识自我存在的同时，我们已开始产生了良好或卑微的自我感觉。我们起始的自我依附缠结着积极或否定的情感。

共享财富

任何对自己的能力拥有理智认识的人都是可以与之愉快相处的。他不爱抱怨命运的缱绻、世人的不公。他不会戴着有色眼镜武断认定他人心术不正、不可信赖，或他人试图占自己的便宜。他让事态自然发展。而后他开始遗忘自我，开始对他人发生兴趣。

人们很容易喜欢上这样的人，因为他是因喜爱他人而与人开始交往的。人们很容易对他感兴趣，因为他对别人感兴趣。他是一个容易被爱上的人。

他不仅容易赢得爱，他也付出爱。因为他喜爱自己的拥有物，便想与别人分享。他与别人分享食物、书籍和朋友。他不愿悄然隐匿独自享受他的生活。相反，他会说："来吧，这水真不错。"

当他坠入情网时，他把自己所有的其他的爱和依附关系也都带入爱情之中。在快乐方面他是富有的。他对爱人说："快来与我分享这个！"他为生活中的爱带来了分享的财富。

实际上，他分享的正是他自己。通过发现自己是优秀的社会成员，他在日渐成熟的岁月中精心培养了自己良好的情感，并将朋友、兴趣、品味、思想和行动都融入其中。他将大量的令人愉快的依附关系引向自身，建立和扩展了自己的社会形象，并用它们丰富了自己的个性。他拥有丰富的自我，他与爱人共享这一财富。

我们必须记住，生活为每个人可以享受的欢乐都设定了约束。没有人可以达到尽善尽美。我们难免会遇到不快、不满的事。即使是阳光普照的大地也有严寒和暴风雨的侵袭。尽管自我接受的人内心充斥了更多的欢欣，他还是有郁郁寡欢的时候。也许他对生活的诸多方面极度不满。我们并不是生活于天堂之中，我们时刻都可以领略到人世间的不公、贫困、疾病、自然灾害和各种人为的残酷之举。健康的自爱不会使人对此视而不见，也不会让他沉溺于虚幻的幸福之中。

面对真正的灾难，我们可以看到人们做出截然不同的反应。例如，在破产打击之下，有的人通过思忖如何渡过难关重新开始而承受了这般严峻的考验。而有的人由此只看到了世界的末日。后者自视卑微，所以当他被剥夺了财富和地位的时候，他真的就一无所有了。在1929年股市大崩溃的时候，正是这样的人一个个从摩天大楼的顶层跳了下来。

每个人都是自己的信天翁

人们的确需要培养这种良好的自我认识。

毫无疑问，当一个人存在明显的缺陷时，他是难以形成良好的自我认知的。然而，那些曾与残疾人一起工作过的理疗专家们指出，无论他们会有多大的缺憾感，也并不一定能阻碍他们拥有比很多身无病痛的人更多的勇气和自信。

我们每个人都携带着某种信天翁。拐杖和撑背只是比较明显的例证。问题不在于我们遭遇到什么样的困惑，关键是我们应如何加以解决。有时，身体的残疾正是人们建立良好的自我认知的巨大推动力。曾经有位在童年意外事故中失明的人成了他生活的小镇上最有学问的人。他的诙谐和乐趣使得人人争相为他诵读书籍。

卓别林以其弱小的身材创造出举世闻名的喜剧。数年前，矮小的耶鲁队明星阿尔比·伯恩一人独进21球，彻底打败了哈佛队。虽说他没有高大的身材和坚实的肌肉，但他训练出的惊人速度和娴熟球技征服了所有的观众。戴维敢于用幼时牧羊练就的弹弓绝技与歌利斯的利剑比武。杰克以他的机智战胜了豆茎上的巨人。

世上绝大多数迷人的妇女并不是绝世的美人。埃及艳后克利奥派屈拉长着大大的鼻子，伊丽莎白一世女王的脖子又细又长。斯塔尔夫人邋遢臃肿。传世的美人并不刻意渲染他人对己的兴趣。特洛伊的海伦的确拥有让数千艘轮船入海的漂亮脸蛋和身材，但是流传至今的传说中没有一个让人感到她的迷人、善良和聪慧。

困苦的作用

我们都伴随着自卑感而成长。正如阿尔弗雷德·阿德勒所言，我们出世时实在是太弱小了。生活既向我们提供了加强这些情感的机会，也为我们创造了克服它们的机遇。正是由于生活伤害了我们，所以它也哺育了我们，治愈了我们的创伤。

有时甚至伤害本身也能产生积极的效应。有位朋友的汽车不幸半路抛了锚，当我们听说后向他慰问时，他却告诉了我们一个数年来最让他欣喜的经历。当他走在一条僻静的乡村小道上寻求援助时，他发现了一个迷人的村庄。他从来不知道那儿有这么一个村庄。在那儿他发现了友好善良的人们。事实上，他从不幸的抛锚中得到了极大的乐趣。

当人们回忆起往日紧张冒险的经历时常说："我再也不想遇到那样的事了，但有过那么一次也很不错。"由于失去了眼前的工作，人们或许进而发现了更能展现自己才华的新的岗位。很多经历了一次失败婚姻的人们在第二次的婚姻中做到了白头偕老。

内科医生都明白，儿童时期曾患过的严重疾病对成年后的病变常常可以产生极强的抗体。在1918年流行的传染病灾难中，美国军营里上万来自农场的高大强壮的年轻人死去了，而那些来自城市贫民窟的骨瘦如柴的士兵却表现出了极强的抵抗力。这些人在童年时代遭受过无数疾病和身体的磨难，所以他们最终幸存了下来。

同样，早期生活中的情感创伤也能培养人们的坚强意志、敏锐的感觉和洞察力。例如，我们过去常常认为父母的离异必定会给孩子造成伤害。如今我们认识到离婚虽说会对孩子产生巨大的影响，很可能会伤害他们的情感，但情况未必总是那么糟。父母的离异或是疾病使得某位亲人逝去确实是极其苦痛的事，但我们也明白它们能使孩子变得更加成熟和坚强。困苦的确可以转变成人们生活中有利的成分。

我们无法从日常生活的每个细节中预测出什么将对我们最为有利。即使我们已经知道何者最为有利，我们也并不能将所有的梦想都化为现实。生活赋予了我们太多的机会。有时那些看似非常渺茫的事情也会以美好的结局告终。世上没有只交好运的人，也没有终身与厄运为伍的人。有些人确实一个劲地遭受不幸。但是过多地抱怨社会对已不公的人实际上是在抱怨社会对待自己是多么的不好。

引导想象

无论我们的身上是否存在明显的缺憾，如短小的身材、平平的相貌、满头的硬发，我们都有隐匿的缺憾。这些缺憾给绝大多数的人造成了严重的麻烦，这就是人们常说的神经过敏症。我们都心怀一些在现实生活中无法实现的愿望。我们都必须接受许多不尽如人意的现实，如缺乏天赋、缺乏赞许、缺乏金钱和权力、不够漂亮或爱情生活不尽如人意。在某些生活方面我们一定会遭遇不同程度的失望和挫折。无论我们切实拥有多少，我们总是期望得到眼下还没有的很多东西。

那么我们怎样才能接受这个带有如此之多缺点和失望的自我呢?

实际上，我们确实做到了这一点。我们学会了变通，学会了掩藏无情的事实，包括对他人和对自身。

这种不真切的自我欢娱式的自信就是人们所说的“引导想象”。

因为我们喜爱自己，所以在心目中我们不时加以自我点缀。我们常常对自己稍加赞许，就像褒扬心中的爱人一样。好在赞誉不会伤害人的心灵。

我们越认为自己和善亲切，我们就会越发友好地待人。我们越能接受自我和自我所有的缺憾，我们就越能接受自己所爱的人。对自己不满的人容易郁郁寡欢，对他人也容易发怒。

有益和无益的自爱

在前文中我们曾说过，成熟的自爱以及健康的自爱是爱他人的基础。是自我接受，是完整的自爱。它使得一个人从对自己的过度关注中解脱出来。

幼稚的自爱不是解放，而是限制和奴役。自恋者无法享受他人的快乐和幸福，也不会同情他人的痛苦。在他们的心目中，没有谁的牙痛比他的更惨烈，没有谁的问题像他的那样难以解决，没有谁的工作比他的更加艰难，也没有谁做出了他那么大的牺牲。总之，没有人理解他。

这样的人常常自私，以自我为中心，不体谅他人，甚至冷酷无情。他总是不知道自己正在伤害他人。他就像一个喜欢在操场上掐所有小孩子的孩子一样。直到有一天妈妈对用言语教育他感到失望，决定给他一点颜色看看而使劲地掐他，让他疼痛地哭喊起来时，他才明白为什么不可以掐别人了。

拥有幼稚的自爱的成年人不一定会以非常明显的方式将自己的幼稚表现出来。社会鼓励人们不断追寻荣誉，其结果常常使得人们摒弃所有的爱而独存自爱。强劲的社会竞争奉行的是“不是你死就是我亡”。卷入这场争斗的人们都会不惜一切代价追逐财富、地位和权力。不可否认，获取丰盈的财富可以使人快乐无比，但它对人们的爱的生活也构成了威胁。这两者都值得我们做进一步的探讨。

爱与地位

我们都爱值钱的东西。事实上，它们已成为我们爱的生活的重要组成部分。

在对这些物质的迷恋中，人们不仅表现出自己的欲望，而且由于这些欲望的强烈程度和不断地再现，它们同时昭示了人们陷入得多么深。为了得到它们人们会不遗余力，在它们身上人们花费甚至远胜于对待自己的爱人的时间和精力。没有人会这样坦诚直言，但很多人的占有欲和试图从中求得的地位完全可以演变为他们的主要的爱。

物质对我们有何裨益

丰厚的财产为我们带来了崇高的社会地位，并且它在心理上也给予了我们极大的慰藉。其结果是，我们因此而感到自身更加伟大，更加重要。

爱也许是断断续续、不甚可靠的。与此相反，物质财富却显得极为可靠，它能够抵挡住股票市场的崩溃和生意场上的失败。虽说它们不能回报我们的爱，但是它们也从不给我们带来尖刻的话语，也不会使我们与他人一起潜逃。

永恒的冲突

耶稣强调我们应该像爱自己一样去爱我们的邻居，要知道就算是骆驼穿过针眼也比富人升入天堂要来得快。耶稣也遵从了他自己立下的戒律。根据《马太福音》所言，当撒旦引导耶稣来到一座高山之上，许诺要把整个世界和世上所有的荣耀都献给他时，耶稣断然拒绝道："撒旦，你自己享用这一切吧。"

尽管耶稣成功地使我们认识了互爱的重要性，但是他在教导我们戒除物欲之爱上却不是那么有效。

金钱：展示自我的橱窗

然而，这也并不像看上去那么不理智，现实中的情况是，为了赢得社会的关注和尊重，人们不得不经常展示他们的财富。

女人就经常被男人利用来显示他们的财富，而她们也并非完全不甚情愿。人们在社交场合、在轮船甲板上、在昂贵的度假胜地看见这些女人活动、拍照，而且她们总是衣着华丽，悠闲自在。

除了一个只是用来装饰的无所事事的妻子之外，男人还为自己收集了很多展示地位和价值的东西，如最长最昂贵的汽车，很少使用的昂贵的俱乐部会员卡，漂亮的房子、佣人，剧院最好的座位，参加首映式，到漂亮的餐厅用餐，在这样的餐厅和夜总会里永久性地占据一席之地，进行昂贵的娱乐（如打马球、玩游艇和打猎）——所有这一切都赋予了他崇高的社会地位。有时，这种对地位的追求达到了令人捧腹的地步，例如为了看家，他必须养一条门内狗和一条门外狗。

由于更多的女人似乎更爱东西而不是人，我们由此可能认为男人更容易接受这种爱。首先，我们必须认识到，男人在社会上的传统角色是家庭的供给者，他是要出去谋生的人。他在公众中的地位代表他角色扮演的好坏程度，同时他的地位给妻子和孩子带来的或是荣耀或是耻辱。在很现实的意义上，他的公众地位是他为他们带来的幸福的一部分。

正是因为这个传统的角色，男人比女人更容易受到财富和地位的诱惑。但是，迫使他对这些东西感兴趣的也有更深层的心理上的力量。

从古罗马的比赛到伊顿公学的大球场，每个时代的年轻人都热衷于出人头地。每个比赛的首要规则都是奋力取胜。奖赏并不是平等分配的，它们只属于胜利者。与此类似，从一个人的成就中获得的满足感取决于他是否获胜。他人的钦羡和一个人对自己的敬佩都源于此人的成就大小。这可能不是爱的最纯洁最美好的形式，但是这确实是普遍的替代品。

女人并不能完全从此处幸免。她为自己的学习成绩而竞争，为上好的大学、为嫁好的男人而竞争。她想爱自己的丈夫，确切地说，她想拥有美好的婚姻，这意味着要同一个重要的、出色的、有财富和地位的男人结婚。

诋毁爱的阴谋

我们的世界没有给成功的爱以太多的荣誉。如果一个人极度地陶醉于甜美的爱情中，他的朋友会说："他是多么幸运啊！"如果两个人在他们的婚姻中获得了令人瞩目的幸福，人们会说："他们是多么幸运啊！""他们找到了对方，这难道不是件幸运的事吗？"我们将获得物质上的成就看作能力非凡的标志。但是爱情上的成功只不过是两个人碰巧相遇并偶然表露出来的一件事。人们并不认为也许我们可以明智地、满意地选择，也不认为既然我们已经选择了对方，我们就应付出巨大的努力和技巧来塑造我们的爱情，使之满足我们对和谐、幸福的向往以及满足对方的期望。

生活中存在着那么多的压力迫使我们关注别的事情，很显然对人的爱要胜过对物质的爱仍然是我们的一个主要理想。事实可能是物质、对物质的占有以及它们带来的社会地位并不能真正地消减我们的孤独、焦虑，也无法满足我们对他人的需要以及与他人寻找快乐的愿望。

在物质显得如此重要的世界上，要避免与物质积累产生依附关系是极其困难的。成功对我们来说是很重要的，而成功最常见的重要标志就是经济上的成就。绝大多数东西都有价钱，人们由此感到金钱是对价值最简单和最普遍的衡量物。我们在自己的实物仓库里看到了满足、安全、地位、自我扩张也使我们对自己的能力和价值基本肯定。就像已经得到了一个肥缺的小杰克 · 霍那样——现在他在想："我是一个多么能干的男孩啊！"

物质并不代表一切

如果除去两件事情，一切都将是很不错的。第一件事情是，人们具有一如既往的矫情的自我关心。这与其说是对爱更加成熟的表达，倒不如说是不成熟的自爱。为什么金钱上很有保证的人能继续狂热地关注股市行情？为什么这样有地位的人甚至在周末和假期还在继续左右周旋？安全和满足意味着不再需要证明自己的能力，它应该带来自我慰藉和内心的宁静。

第二件事情是，我们生活在人的世界中。不管我们在财富的积累上获得了多大的成功，我们生活中的情感依然主要受与自己关系最为密切的人以及我们对他们做出的反应的影响。不错，他人可以赋予我们以荣誉和地位，但我们在自己家中的地位在最深层的个人感觉中仍具有更大的终极价值。我们的家庭成员不会按照社会学的准则向我们做出反应。他们的身心放松，他们看见的是不被丰富的社会成就装饰的我们。百万富翁和平民百姓都需要面对自己6岁的孩子——在这件事上，与他们接近的任何人都有同样赤裸裸的爱的能力，这个事实迟早会出现。不是每样东西都可能买得到，人是不可替代的。

对物质的爱和对人的爱经常发生着冲突，然而并没有什么人性的或社会的法则使之必然如此。我们都不可避免地拥有很多的爱，并且生活的主要挑战之一就是使这些爱相容共存。理想的解决方法并不要求我们为了某一个而牺牲另一个。很多人已将两种爱的好处结合起来，让人相信它们可以和谐共存。对物质的占有和成就不必非得以牺牲他人为代价，一起努力不只是梦想。人们已经知道，更大的成就是基于与他人合作而不是相互争斗，甚至商业上的关系也为尊严、尊重和爱留下了一席空间。我们的日常行为越清楚地表现出这一点，工作和爱就会更加一致。我们在同他人的关系方面感受到更大的满足，我们的戒备心理就会更少。与地位和物质相比，我们认识到，人们愿意与我们分享这个更深刻的观点对我们更有吸引力。

这种与他人关系的成就为很多人的生活增添了色彩，但也有很多的人并非这么幸运。他们很难从对物质财富的依附关系和不成熟的自爱中解脱出来，他们不能以同样持久的力量来建立自己与他人的依附关系，缺乏持久的人际交往能力值得被更加深入地研究。

缺乏爱的能力

很少有人会自认缺乏爱心。不管我们的实际行为如何，通常我们都自觉公正、崇高和具有爱心。可是，并非所有的人都会用这种慷慨的眼光来看待我们，而此刻我们的心中便产生了被误解、被无情地对待的苦涩感。然而，对于他人的缺乏爱的能力我们倒是非常敏感，而且常常为他们深感惋惜。抛去强烈的感情色彩来看待这个事实，我们会清楚地发现：在我们所有人的身上都存在着缺乏爱的行为。不错，有些人可能表现得较为严重，但是每个人都难逃缺爱的袭扰。

前文我们已将爱定义为一种依附关系，所以说我们都不可避免地培养了很多的爱。在前面的几个章节中我们已经列举了大量的事例。但是有些人发展了与他人更深、更多的依附关系，很多人由于早期的经历使得这些依附关系后来变得极不稳定和肤浅，他们的内心深感孤独。还有一些人像弗洛伊德所说的那样在初恋中害了单相思病，他们在爱的问题上有着非常不开心的经历，结果是他们不能够继续拥有爱了。

当然，很多人对物体的爱超过对人的爱，而这些人对地位、财富或成就的依附会大大减少他对某些特殊的人投入的精力。最为糟糕的是，我们所有人都不可避免在形成缺乏爱的情感和行为时又常常沾染了敌意。

艰难的攀登

事实上，很多有杰出成就的男人既不是好情人也不是好丈夫。

社会成就对爱情并不起任何的作用。更确切地说，它对与另外一个人的爱不起作用。一个男子取得巨大成就可能会与爱有关，但是这可能是其他几种类型的爱。这可能是自爱，是一种驱动着他实现自我认识以消解苦闷的渴望。这也可能是对权力的爱——另一种自爱。一个将他所有的精力都用在挣取百万财产的男人可能正是被这样强烈的本能要求所驱使的，那就是为他的自爱服务。或者这不过是对工作本身真正地、深深地投入的爱。一个伟大的演员可能在某种程度上是一个表现主义者，是一个自恋者，但是他也是一位艺术家，并且他以戏剧为生，思考着戏剧、呼吸着戏剧的空气。这是他首要的，有时也是他唯一的爱。可能画家、作曲家、作家或者科学家、宇航员甚至商人都是如此。

很多商人首先爱的是他的生意，其次才是妻子和孩子。很多职业母亲爱她的工作，很多非职业母亲爱桥牌游戏、购物，或在社区的义务工作，甚至她们对这些事情的爱达到了这样的程度：当孩子的需要妨碍了她们时，她们会异常恼火。这并不意味着这些妇女不爱她们的孩子，也不意味着当她们和孩子在一起时她们不是个好母亲。这仅仅表明她们更乐于做其他的事情，她们从非母亲的活动中获得了比做母亲更多的乐趣。

我们爱工作，但不必非得成就非凡。但是，伟大的成就显然来自对工作强烈的热爱，这对于对妻子、丈夫和孩子的爱却毫无作用。对工作的爱常常同对人类的爱发生冲突。但是这种冲突不是不可避免的。一些有伟大成就的男人和女人也有着美满的婚姻。想一想爱因斯坦教授、居里夫妇，以及浪漫的19世纪的一个伟大的爱情故事——罗伯特·布朗宁和伊莉莎白·白瑞特·布朗宁的爱情。历史把这些人作为例外而不是当作指导人们的行为规则。这就是为什么很多著名的男人和女人只有一种持之以恒的爱，那就是他们对工作的爱。给婚姻带来幸福的爱不属于他们。不管神话故事怎么说，他们是伟大的战胜恶魔的人，而战胜恶魔才是他们的真正所爱。

非爱的信号

有一些信号能显示出某个人缺乏爱的能力。当然，这是因人而异的，而且也总会出现例外。然而这值得我们花时间把其中最明显的信号当作这样的问题来看：问问我们自己的爱的能力，还有我们爱的或我们想爱的人的身上有什么可爱之处。

第一个此类问题是关于一个没有朋友或朋友很少的人。对此人们列出了很多原因：家里有一位生病的母亲，他们必须每天晚上待在家里；他们的工作非常费心；他们经常从这个地方搬到那个地方；或者他们的运气总是不佳。没有朋友的原因几乎各不相同，而其中很多原因都是真实的。还有另外一个原因：他们可能是非常不友爱的人。

这样的人可能确实爱一个人，他对爱的对象可能非常投入。但是，概而言之，他是个不友爱的人，更确切地说他总是吹毛求疵。他总是先发现别人的毛病，而不是优点。他总是对外界漠不关心，而不是很感兴趣或积极参与。他可能把你作为例外，并且把他所有的爱都倾注给你。你终于感到他是生活环境的牺牲品，而且他真的有巨大的爱的能力。他也许是这样，但是可能性很小。一个有巨大爱的能力的人会把他的爱撒向很多的人，简单地说，他是个友爱的人。他发现几乎每个人都很有趣。一个没有朋友或朋友很少的人不可能有培养良好的爱的能力。

非爱的第二个信号是“没有人爱我”这样的感觉。它可演变为“没有人理解我”。一个感觉不被人爱的人通常是一个不友爱且不付出爱的人。一个感觉不被理解的人通常是不理解他人或者不想理解他人的人。

这里涉及的心理学原理是相当复杂的。但是，我们可以通过浏览被称作“折射”的原理来阐述这种人的困境。我们经常隐约地感知到自己令人不悦的性格，而我们又不愿面对它。在他人身上我们看见了这些特点，我们能对这些人心安理得地表示反对，而我们无意识中又加深了自己的不悦的体验。我们“折射”了这种特点。最常见的情况是，一个怒气冲冲的人不容辩解地对他的对手吼道：“你干吗这么生气？”我们常常看到当一个人滔滔不绝而别人想插话时，我们的演讲者却指责别人想要垄断谈话。多少次当一个人比其他任何人都缺乏证据却胡言乱语，他还指责别人武断。这都是我们熟悉的折射的例子。如果我感觉没有人爱我，事实可能就是我对别人也不那么友爱。

另一个危险的信号是：缺乏爱的能力可能就是过度的雄心。一个一心想出人头地的人已经有了爱。这可以从我们对爱的定义中认识。我们对爱的定义就是指对任何事情的依附关系，它的对象并不局限于人。一个一心想成为百万富翁的人爱上了那个想法、那个目标。还有一些人爱的是出名、被人恭维。一些人有世俗的野心，为了实现目标他们会利用别人而不是爱别人。还有人把自己锁在屋里，坐在钢琴前演奏他的协奏曲——他爱他的协奏曲。别的人是很难闯入这种爱和协奏曲的竞争的。雄心可以存在于任何领域中，而且也可能令人敬佩。但是，如果过分了，我们就完全有理由猜测这个人不爱别人。他完全投身于他已拥有的爱，于是他就没有余力去爱他人或他物了。

还有一个信号可能是令人吃惊的：没有能力说“不”。这是因为不会说不的人常常看起来非常富有爱心。不会说不的女孩好像爱每一个人。事实上，这样一个人可能并不爱任何人，因为她不能保持稳定的关系。她所能做的只是取悦每一个人。她不加节制地去取悦他人，很可能是因为她内心深处认为，如果她拒绝了别人，别人就会不爱她。她永远在买爱，在买每个人的爱。这也是我们前面所说的认为自己不值得爱的一种形式。这对爱的能力是非常有害的。

最后我们来讨论吹毛求疵者。这种人只能给予他人有条件的爱。如果……他就会爱你。如果你做这或做那，确切地说，按照他所规定的方式去做，因为那是他所知道的正确的方法，而他是不能容忍错误的方法的，那么他才会爱你。他很可能会固执己见，缺乏幽默感，又非常难以伺候。他不能容忍别人任何微小的毛病。总之一句话，他不能容人。一个吹毛求疵的女性可能会成为非常细心的秘书。她宁可把整封信重写一遍，也不愿擦掉一个逗号。她也可能是个好管家。但是，如果她作为妻子或母亲而和他人生活在一起，她将是一个非常难相处的女人。这种生活方式中的感情投资太高昂了。这种吹毛求疵的人常常由于不耐烦和敌意而大发雷霆。这一切都是不友爱的。

许诺的爱

真正的爱的道路是不平坦的。

一些人长大以后恋爱、结婚、吵架、和好，真正的爱的道路对他们也是不平坦的。但是，他们设法解决了这些矛盾。其他的人一直对爱保持谨慎和恐惧的心理，而且其中有些人永远不结婚。他们可能来到了爱的边缘，但他们从不跨越过去。他们认为永久的爱带有不可靠性以及令人痛苦的不值得的信任感。对于他们来说，这只是因此过于恐惧。

在这种人看来，童年不完美的爱导致了成年不完美的爱的能力。非爱、有条件的爱和不可靠的爱留下了太多可怕的细胞，它们不值得他们花时间再去品尝。

大多数人没有受不利的影响。我们也许没有达到培养理想的爱的能力这样的目标，但是我们确实培养了一些能力。我们通过无数爱的行为反复地证实了这一点。我们表示道歉，而且我们还表示原谅。善良和仁慈在现代生活中仍没有失去它们的意义。我们的争强好斗还没有完全把我们的合作精神排挤在外。我们生活在一个爱和非爱共存的社会里，声称这一个或另一个已不存在同样是荒谬和不真实的。

不平坦的道路?

对于缺乏爱的能力的审视，结果看起来非常令人沮丧。不可否认，我们成熟的爱深受早期童年爱的影响。成年人的爱常常是不完美的，因为他们早期的爱就是不完美的。在我们学会爱的过程中有那么多可能犯错误的转折点，所有这些都存在于我们的正常成长过程中。

然而，任何一个诚实的人都不会否认成长是一个充满自然障碍的艰难历程。我们可以把自己的成长界定为学会克服这些障碍。即使是植物或蔬菜也要克服重重困难才能结出丰硕的果实和种子。不难想象，人们在成长的过程中也会遇到更多的挑战。如果我们把爱看作生活的核心，那么我们就必须认识到学会爱也是克服重重困难的过程。

爱与孤独

孤独就像肆虐的感冒一样，很少有人能够逃脱它的袭扰。绝大多数的人在一生的某些时刻都会徘徊于它的脚下。有些人甚至一辈子也无法摆脱它的魔爪。有的人似乎易于受到伤害，而有的人则更受幸运之神的垂青。就像感冒引起的阵阵眩晕一样，我们在内心深处时常体悟到孤独造就的苦楚。在生命的某个阶段，在一年的某个季节，甚至在一周的某几天中，我们都有可能更易感受到孤独。对于茕茕孑立的年轻人，周末和假日最难煎熬。而在家人外出工作的白昼，退休的老人最深切地品尝到孤独的苦涩。

简而言之，孤独容易捕捉却难以治愈。孤独虽说不上是什么致命的缺憾但总归令人不悦。有时它甚至使人苦不堪言。

人口不断膨胀的城市和高高耸立的住宅楼正是现代人孤独感的发源地。在车轮构筑的都市世界中，昔日温馨的邻里关系早已散尽。

不断增长的寿命更为那些退休多年、失去朋友和伴侣的老人带来新的孤独。

从表面上看，真正的孤独是与他人无关的内在感受。但实质上这是对人们探求的满足感的否定。它涵盖人们都有的深层需求——形成各种关系的需求、相互依附的需求以及爱与被爱的需求。

爱的缺失

把孤独视为爱的缺失可能仅仅说明了一个显而易见的现象。但是当我们把爱定义为一种依附关系时，其中的一些含义就不再那么明显了。丈夫和妻子可能一直在争斗不休。虽说这是一种消极的依附关系，但它依然是一种依附关系。而且不论他们之间的关系究竟如何，他们并不孤独。另有一种情况，丈夫和妻子之间可能从来没有说过一句粗鲁的话。但是他们之间极其冷漠，各行其是。笼罩在这种表面和谐的婚姻关系之下的往往正是极端的孤独。

此外，还有一些尚未成家或远离家人的单身者们，他们过着完全独处的生活。在友谊和伙伴关系上他们可能构筑起了很多令人满意的依附关系。因此他们从来意识不到什么是孤独的生活。实际上，他们并不孤独。

孤独的人通常对自己的孤独都秘而不宣，就好像它是一件令人羞愧的事情，是失败的标志。实际上这是一种友情、爱情和婚姻的失败。这是一种得不到爱也不付出爱所以不能形成依附关系的失败。

结婚的重要性

结婚看起来可能是解决孤独的一种虚幻的方法，因为婚姻并不能为某些伴侣消除内心的孤独。它甚至更像是一个激烈的解决方法，因为婚姻终究是对对方信誓旦旦、终生不渝的承诺。

但是也确实有很多年轻人表示自己宁愿独身，并为他们的选择而自豪。

的确，结婚之后情形会变得更好。即使婚姻最终证明是场错误，错误也比不犯这个错误要好。至少结婚的人保持着对他人负责的能力，以及培养依附关系和对这种依附关系注入希望与努力的能力。一个人单身的时间越长，他避免承担责任就越久。使自己不受他人影响以及与他人无关的时间越长，他就越追求永久的独立，也就是我们所说的孤独。

假设婚姻最终是一个错误，让我们冷静地看看它的代价。我们的社会是一个不断变化的社会，在这个社会中离婚可能是痛苦的，也可能是昂贵的，但是它不再是一个永远的创伤。有很多人从短暂的第一次婚姻中受益。我们总是提到有益的生活创伤，而这就是其中之一。我们还越来越多地发现，美满持久的婚姻常常是一个人的第二次婚姻。

对一个丧偶的男人或女人我们坚持同样的建议，冒险去尝试一次祥和快乐的二次婚姻比保持独身要好。一个在第一次婚姻中非常幸福的女人可能会为她已失去的生活感到万分悲伤，即使与她的第一次婚姻相当的二次婚姻的概率很小，她也能成功地再次结婚。事实上，如果她的第一次婚姻真的很美满，而且不是被她自我浪漫化，那么她也有比一般人更好的机会获得美满的二次婚姻，因为她已经显示出自己有能力做一个好妻子。

有人去牵挂、关心，甚至是发火，总比压根儿没有这么一个人要好，哪怕发泄不满的对象是个木偶。很多婚姻就是这样子维持了下来。

构建人际桥梁

独处的人参加某种活动非常必要：他不必加入自己不喜欢的团体。必定有人对吸引他的事情感兴趣。如果他喜欢赛车，他可以加入赛车俱乐部；如果他喜欢看鸟，有鸟观察者协会；还有划船俱乐部、滑雪俱乐部、微缩铁路爱好者和航模爱好者俱乐部，跳舞者、徒手潜水者和放风筝者等俱乐部，还有业余兰花种植者俱乐部和天竺牡丹协会以及日本盆景爱好者协会。建立一个人际桥梁可能意味着列出自己生活的清单，也可能意味着做出重大的变化，找一份新工作、一个新邻居、一个新城市。

在过去一成不变的社会里，很多男人和女人在他们的出生地度过终生，不论他们在那里是否幸福。

正视自己的缺点是件痛苦的事情，对这些缺点做出某些改善也是非常痛苦的，因为改善意味着改变自己的情感和行为习惯，而这又是非常困难的。因此我们说别人好像对我们不感兴趣，借此掩盖我们缺乏对别人感兴趣的能力。我们接受自己的孤独，并开始拒绝社交机会——我们感到劳累，明天我们还很忙，天看起来要下雨了，约会真的没有趣味。不管我们是否选择了孤独，很快我们就剩下与孤独为伍了。以自己为轴心飞快旋转的涡轮为它自己挖掘了一个越来越深的坟墓。逃出来的唯一办法就是接受他人的邀请，并把自己推向围绕他人旋转的轨道，而不是围绕着自己。

赞成和反对孤独

独处有它的优点。有很多的工作是不能与他人共同分担的。我们独自读书、学习、练习乐器。有很多值得干的事情需要孤独的长期不懈的努力。思考、深思熟虑、解决问题、做出决定、付账或写信——都需要独处。

独处不用努力使自己适合他人的需求或愿望。除了自己以外别无他想，这也有独到的乐趣。但是，也存在着危险的乐趣。人们很容易变得孤僻成瘾，沉溺于不必为他人烦心的放松之中，而且孤独的世界会变得更加狭窄，人们会变得更加内向。

花费较多的时间与别人相处要比花较少的时间的人更好。即使是让我们恼火和烦心，似乎在浪费我们时间的人，对我们也有所帮助。我们花在他们身上的时间并不全都是浪费。当然，最好的是和那些让我们感到兴奋和愉快的人共度光阴。但是如果我们不能每天都有点心，我们可以拿面包，甚至饼干充饥。

我们知道焦虑源于孤独。孤独是滋生不安的最大土壤。这种不安使我们对可怕的担心非常敏感。对于孤独者来说，几乎任何事情都能让他担心害怕。独处时间太长的人可能会在电话或门铃响时突然跳起来，他们变得紧张不安；他们的神经暴露在外。如果不是有意识地自我恐惧，他们可能会忧虑身体的某个部位，他们是否吃得过多、消化不良或不能入睡。他们不能更好地照顾自己。孤独的人认为照顾自己的穿着饮食和起居没有用处。我们在一个偶然独处的夜晚也有同感。孤独的人经常这么做，也就是说，他们很多时候不好好对待自己。在临床实践中我们所见到的被感情困扰的人，其中一些是爱社交的人，一些则不是。但是遭受这种痛苦最严重的就是那些最孤独的人。

人们的习惯

如果我们要为未婚者编写一本避免孤独的手册，下面就是其中的一些规则：

一、保持与人接触。每个星期都要发出或接受邀请，如果没有人拜访你，就去拜访他人。不要寻找借口。与人约会不是浪费时间。

二、学会与陌生人交谈。如果有必要，事先学些说话的技巧：在鸡尾酒会、自助餐、婚礼和葬礼上该说些什么。一些女主人在介绍人的时候颇显技巧，其结果是客人们能够自在地闲聊。但是你不能指望一蹴而就。首先学会怎样自我介绍并开始与人交谈。最好学会怎样让他人讲话。最简单的也是最受人喜爱的社交技巧是知道怎样去聆听。

三、不要放弃不可替代的固定的约会。与人外出的欲望仅仅是因为以往没有外出的习惯。保持这个约会并继续外出。只与倾心的男人或女人愉快相处不算什么成功之举。真正的考验是与远远达不到自己理想的人享受约会的乐趣。把完美留给那些吹毛求疵的人吧，要保持回应他人的习惯。

孤独更糟糕

看起来以上规则可以非常轻松地治愈孤独，但就本质而论它们均为极其严肃的制作方式的产物。只要我们养成与他人交往的习惯，我们就能发现与他人相处、与他人共事并与他人建立关系的所有的现实途径。虽说这种习惯最易于年轻时代培养，但在其他任何年龄段和情况下亦不乏可能性。

对那些第一次尝试这些规则的人来说，这必然显得不太自然。它会让人感觉很困窘，很不自在，甚至有点儿好笑，就像我们第一次试着跳舞、游泳、滑雪或滑冰时一样。我们的年龄越大，培养一项新的技巧或习惯就越难。这不是说我们已经失去了学习的能力，而是因为我们已经养成了很多其他的诸如抑制、胆怯和敏感的习惯。

不管第一次与他人交往是多么窘迫，我们必须记住一点：它永远不会像孤独那么令人痛苦。而且我们孤独生活的时间越久，它也就越难改变。一旦人的习惯形成了，它就变得容易了。在我们的生活中若没有他人，爱就会显得很遥远。而周围的人越多，我们就越有可能找到自己所爱的人，我们也就越有可能认识我们所爱的人并使自己适应他们。

爱与友谊

综观人类历史，伟大的爱均存在于异性之间。对此，人们丝毫不感到诧异。但奇怪的是，伟大的友谊却总是出现于同一性别的人们当中。在人际交往的过程中，性的问题当然不是一桩小事。由此我们可以推断，友谊与爱应属截然不同的范畴。但是，如果说爱是一种依附关系，而友谊也是一种依附关系，那么尽管我们不能在两者之间画上等号，这也确切地指出了两者之间存在着大量的共性。

“友谊”源于古日耳曼氏族语言的一个动词，其意义为“爱”。在语言把人类的经历玄妙地联结起来的方式中，我们看到了“友谊”与“爱”似乎有着共同的本源。字典对“朋友”的释义就是“能给他人带来尊重、理解和关爱等情感的人”。

同爱一样，友谊也具有伟大的传统。正是由于友谊，大卫和乔纳森、戴蒙和派西奥斯成了永垂青史的人物。为了朋友他们随时可以牺牲自己的生命。乔纳森因拒绝背弃大卫而公然抗拒了父亲索尔国王充满杀机的命令。戴蒙做好了替朋友牺牲的准备，在最后临刑前的一刹那，原本可以逃生的派西奥斯毅然返回。最后，被这两个朋友的友谊深深打动了的暴君锡拉丘丝不仅免除了派西奥斯的死罪，还要求成为他们的朋友。

无性的爱

很多男人以一种不太显著的形式发现，无论他们选择的领域是政治、商业还是科学研究，友谊都是比爱情更适合他们的生活方式。他可能恋爱并结婚，却发现这些传统的依附关系极少让他满意，而且常常阻止他做自己真正想做的事。这些要求让他感到了负担。他更喜欢和他的政治朋友或商业朋友在一起，随便哪个，因为他们是他基本且强烈依附的世界的一部分。

这并不意味着爱情和友谊必然相互排斥，大多数情况恰恰相反。友谊是爱的一种。这样我们的大多数友谊长存并增强了我们的爱的能力。男女之间的爱情不靠自身存活，它需要其他人际关系的不断滋养，人们通过其他的关系来丰富爱情的任一区域。

无论男女之间的爱情是多么深厚，至少由于彼此的职业和担负的家庭责任，他们在生活中扮演了各不相同的角色。这将不可更改地把他们分开。理想的情况是，这些分离的时期也能满足需求。但是，他们不可能脱离我们喜爱的人、享有共同兴趣的朋友以及我们在这些角色中面临的问题。离群寡居的时间太长会很快地侵蚀我们与他人融洽相处的能力。我们将变得固执己见，不能灵活变通。结果是我们最爱的人也容易与我们擦肩而过。另一方面，我们从朋友那儿得到的满足能保持我们愉快地接纳诸物的情绪。另外，有价值的朋友向我们传播其他的生活方式，反过来它们可以丰富我们所爱的人的生活。

乔治 · 桑塔亚那在他的《社会中的理性》中对友谊做了十分敏锐的分析。他使用“社会”一词来解释人们相互之间的联系，并谈到了三种不同的社会：自然社会、自由社会和理想社会。自然社会包含的友谊是在将人们带到一起的自然力量中产生的。假设我们生活在一个小村庄——一个瑞士大峡谷中的小村庄里，我们的四周是阿尔卑斯山脉单调的山峰，那么我们的大部分时光将是在那里度过的，因为自然条件使得远离家乡变得非常困难。地理环境决定了我们创造的依附关系。我们与村民们分享欢乐和困难，而且在这些人中间结交朋友。我们从其他的地方选择朋友的机会微乎其微。无论如何，这些我们与之共同成长并生活密切的人将成为我们相处最舒适的朋友。

所有人都有这种朋友。上同一所大学、住同一个宿舍的人，往往由于这些把他们的身体带到一起的自然力量而成为朋友，他们可能是好朋友，也可能不是，但是他们会在一生中保持一种朋友关系，这正是因为在他们生活中有那一段激动人心的自然联系。他们也许从这种友谊中获得了很多的乐趣和安慰。但是，显然他们没有靠纯粹的选择去交朋友。乔治 · 桑塔亚那的自由社会比较接近我们所说的无拘无束地选择朋友的行为。自由社会的成员因为具有共同的兴趣或喜爱共同的运动而相互选择。人们相遇并高兴地发现在彼此的生活中情趣相投——他们都喜欢网球、莫扎特、现代诗歌和古代历史。他们发现他们都曾去过同样的地方以及对同样的微小细节都流露出很大的热情。他们有共同喜欢的人，他们的工作相关，甚至更简单的是他们容易一起开怀大笑，因此他们喜欢待在一起。

最后是理想社会。这种关系不仅建立在可以世俗、也可以平庸的共同兴趣之上，还建立在人们持有的理想的价值观之上。他们也许已经离开了好几个世纪，但是仍然在我们理想的友谊中占有重要的地位。对为利益与乐趣来研究乔治·桑塔亚那的所有人来说，他本身就是一个珍贵的朋友，并对我们提出了哲学上的理想。理想社会使人们同心协力，因为正如这个名称表明的，他们具有共同的理想。他们在哲学的意义上拥有相同的立场——美和真理。即使他们从来没有真正见过面，只是为了这两个理想，人们建立了理想和目标的友谊。我们所有的人都能而且也确实同时拥有这三种友谊。我们都是自然社会、自由社会和理想社会的成员。不幸的是，我们中太多的人把生活中太多的时间浪费在极小的选择，浪费在比另两种类型的社会更缺少满足的自然社会中。我们没有花费足够的时间有意培育友谊。我们只与住在同一条街、在同一办公室工作、属于同一个父母教师协会的人们相处。我们同这些人谈话，我们也许喜欢他们的友情，甚至与他们具有很多共同的兴趣。但是我们没有选择他们，他们也没有选择我们。而且我们通常不与他们发展理想的爱的形式，也不产生构成友谊的极深的心理和情感的联系。

我们的社交生活常常不能结出更深层的友谊之果。人们熟悉的丈夫对妻子的抱怨或妻子对丈夫的抱怨的内容是他们永远与同一群朋友用餐，而这些人不一定是对方理想中喜欢见的朋友。我们总是与那些差不多是由于偶然和地理的因素而与之联系的人们共同消磨我们的闲暇时光，而不是同有意选择的朋友。在交际中我们深深为之感到苦恼。我们喜欢他们，我们发现与他们有一些共同的兴趣，我们享受他们的友情，他们也享受我们的。但是我们没有从这种联系中得到友谊以提供爱的深层满足。我们将我们的社会从自然社会提高到自由社会，但是没有提高到足够的自由或理想社会。

友谊的作用

友谊的艺术值得培育，因为友谊有很多的作用。愤世嫉俗的法国人若切福克德写道：人们从他们朋友的苦恼中恶意地在私下里感到高兴。这种可能性使大多数人感到痛苦，并深信“患难中的朋友才是真正的朋友”。友谊的一个重要的价值是当我们需要它时它能给我们以陪伴。友谊不像异性之间的爱那样引人入胜，费心经营也是它的一种好处。它充其量是有限的伙伴关系，而且这十分有限的特性使得我们在需要或想要它们的时候拥有享受朋友的乐趣的自由，而当我们选择独处的时候也不会伤害他们。

这并不意味着友谊没有摩擦。朋友之间可能意见不合，朋友之间可能争吵。朋友向对方提出各种各样的要求，有时这些要求给友谊增加了负担。但是，友谊是灵活的。朋友能聚能散。他们可以见面，也可以一段时间内不再见面。他们能够为了友谊或出于需要转向对方，他们也能够在一段时间内各行其是。

友谊不仅仅作为两个人之间的自由选择而开始，它还能通过选择而继续发展。朋友可以任意设置他们友谊的深浅和强度。友谊可以根据他们的愿望或对方的需要、他们的意愿或双方的响应能力而改变。

世上有紧张和费心的友谊，也有简单、轻松的友谊。朋友可以作为因需要从其他关系中解脱而转向的对象。男性朋友为了从比较紧张和费心的婚姻关系中得到喘息而常常定期寻找对方。这并不意味着他们不爱妻子和孩子，只不过是经常把脚放在桌子上或斜靠在吧台上，同一个不必为商业、地位或感情原因而提防的可信的朋友，或同一个只为了表达个人意见或无拘无束地交换有趣故事的可靠朋友谈谈购物、政治或其他的任何事情。

女性朋友出于同样的放松目的而寻找对方。她们放松自己并享受女人谈论购物的乐趣。友谊是这样一种几乎没有或根本没有紧张的爱。这是一种放松的爱，让我们从我们需要和想要但不能每时每刻承受的紧张关系中放松。

朋友也为我们的生活带来甚至是最满意的婚姻也不能一直提供的友情。一对美满的夫妇的兴趣在很多观点上是吻合的，但是他们很少能在每个观点上保持一致。

目前，当我们共处时我们能够继续享受性别之间的差异带来的乐趣，而且我们也能与同性的朋友共同探寻诸多的兴趣。男人继续在一起玩扑克或打高尔夫球，女人继续聚餐、一起观看戏剧或共同购物。当他们再回到家时，他们都会因双方各自的娱乐活动而消除疲劳。

作为个人，他们也确实被赋予了保持个人兴趣的权利。作为业余音乐家的丈夫能够与他的音乐朋友弹四重奏；作为业余艺术家的妻子能够参加她的绘画或陶器班，在那里她与和她有同样艺术兴趣的朋友相遇。一个人可能会有更强的社团兴趣，或者不同的娱乐性爱好。一些出色的妻子确实不喜欢金鱼、足球和政治，而一些忠诚的丈夫对麻将、时装和插花漠不关心。

我们的个性越丰富，我们的兴趣就越广泛，而我们便需要更多的朋友来分享。没有什么朋友可以满足自己的所有需要。每个朋友都把他或她自己的某些东西带到朋友的生活当中。

友谊的培养

因此，友谊确实是有价值的。人们在他们拥有的友谊中证实了这一点。他们也许抱怨，但是他们也享受着友谊的快乐。一些人拥有很多的朋友，一些人仅仅享有很少的友谊。但是这些友谊是深厚持久的。我们怎样才能培养这一财富呢?

我们自身的兴趣越广泛，我们遇到的兴趣相投的人就越多。培养友谊最简单的方法是以共同的快乐或理想为基石。对同样的事情感兴趣的人易于对对方感兴趣。

保护友谊

友谊可以保持恒久而且可以不依赖于我们对待它的方式。但同样的神经质的倾向能够玷污爱。正如我们将在以后的章节中看到的那样，它也能够破坏朋友之间的爱。好朋友之间可以以不同的方式利用对方。他们能够在需要的时候呼唤对方，请求得到现实的帮助。他们可以偶尔地利用一下对方。他们需要向对方吐露心事、倾诉烦恼。有时我们甚至可以因此“无情地”利用一个朋友，这对友谊本身也是一个很好的测试。在我们感到压抑的时候，我们可以把朋友当成一个倾倒不幸的货场。但是，这是相互的，因为当轮到他需要一个“卸货场”时我们也乐意为他提供服务。

这不会使朋友间的友谊出现危机。当友谊不再平等时，当一个朋友利用另一个朋友但反过来却不能被利用时，友谊关系才会变得紧张。当一个朋友支配另一个朋友或由于神经质的需要利用另一个朋友时，友谊就会受到伤害。我们对一个只知道利用我们倾诉他的苦恼却忘记与我们分享他的幸福的朋友的感觉是不会一如往昔的。

当我们对朋友的情感变得视而不见、迟钝时，彼此间的友谊就会受到伤害。在我们享受对方的快乐时，我们有时会认为自己接受的爱是理所当然的。我们忽略了很多人投入友谊中的情感，并且不为他人设想。这样的做法有时是伤感情的。然而在其他情况下，这些强烈的情感只是没有被分享。令人心碎的体验不仅仅出现在爱情中，在友谊中也同样存在。我们从小就开始学习友谊的艺术。如果我们的父母有朋友，如果作为孩子的我们被引见给他们的朋友并被鼓励把我们自己的朋友带回家中，我们就在快乐地迈向美好的友谊。那些没有这一早期体验的人们必须加倍努力地培养友谊。就像爱一样，友谊折射出我们自身更灿烂的光芒。它们作为我们自传的一部分在我们的爱中占有一席之地。不管我们拥有多少的朋友，我们知道他们都可以成为快乐的源泉。一个没有朋友的世界的确是一个黯淡的世界。

浪漫的爱

人类与低级动物之间存在着两大差别。第一，我们不只是在口渴的时候才想起来喝水。第二，我们没有发情期，在一年的任何时候我们都可以做爱。

然而，尽管人类的爱不受季节变换的约束，仍有一个时令对爱情有独钟。据说，在春天年轻男子的畅想极易转变为对姑娘的爱恋。由于春天赐予人们易于坠入爱河的环境，这种特殊的爱就被称为浪漫的爱。

浪漫的爱常常令讲求理性的人士嗟叹不已。它是那么的冲动强烈，它甚至仅凭幻觉而生，不屑与现实为伍。因此，浪漫的爱通常只能昙花一现而无法青春永恒，并且与之相伴的常常也只是悲恸欲绝的终结。然而，这种短暂的疯狂有时对最具理性的人士也产生极大的吸引。如果我们从来没有体验过这种爱，为什么不稍加尝试？如果我们曾经体验过这种爱，它就会让我们深情地留恋并牢牢地植入我们的脑海。如果世人均钟爱一人，那么他便是世上最浪漫的情人。

任何一种如此矛盾的行为都应引起人们分外的关注。由于它是爱的一个部分，所以我们的行为和冲动的反应无疑都应属于审视的对象。

为什么浪漫的爱和它如此荒唐的行为能够打动人心？或许我们首先应该想一想：什么是浪漫的爱？

魔鬼的介入

作为浪漫世纪的巨人，歌德自身体现出了浪漫主义的诸多矛盾。他像一尊天神横跨着两个世界，一个是诞生科学的理性世界，一个是充斥诗歌的激情世界。他对植物进行的分类和在光学领域中的伟大发现为科学进步奠定了坚实的基础。他创作的激情澎湃的罗曼史《少年维特之烦恼》据称引发了欧洲大陆绝望的年轻情侣们的自杀狂潮。

他的不朽之作《浮士德》对浪漫主义进行了完美的总结。当我们初次遇见浮士德的时候，他是一个将毕生精力奉献给科学研究的老人。在所有过去的岁月中，他致力于古典的秩序、形式、约束、控制、可预见性、运用智力和理解的研究。结果，他明白了一切。然而，他同时感到自己还是一位能够做宇宙和自己的主人的人。他没有看到事物的本质。世界的核心与他擦肩而过。他写道：

> 可怜的傻瓜！
> 带着全部的知识，我站在这里，
> 蠢如从前：
> 看，无物可知！
> 那些知识将我砍伤，直入骨髓。

怀疑和深切的失落正是魔鬼的家园。此刻魔鬼墨菲斯特出现了。他诱劝浮士德放弃理性，因为只有这样真实的生活才将最终显露于他的面前。当浮士德退居另一房间仔细掂量将要为之付出的代价时，墨菲斯特借走了他的斗篷，并向另一个研究者“劝诫”正确的生活道路：

> 你要认识到，再大的成就
> 也无益于你的智慧的增长。

接着，他又追加了两句最充分体现浪漫主义精神的简洁双行体押韵诗：

> 我亲爱的朋友，所有的理论黯然失色，
> 只有生命的金树长青。

现在我们都知道，浮士德用他永恒的灵魂换取了一个机会，回归到为理智所欺骗的他未曾真正认识的感官和激情的世界之中。

浪漫等于爱

我们在界定“浪漫”一语时所说的一切似乎同样都适用于爱。

人们常将爱视为自由的选择和个性的表达。我们的爱并非由他人选定。也许我们会请朋友帮自己安排某场约会。但当涉及恋爱时，还是我们自身的愿望和情感起着主导的作用。我们甚至会为此而经受与之相左的智慧与判断的煎熬。有多少坠入爱河的人讲求理性呢？理智与爱情毫无瓜葛。我们常说，人类的心灵自有它的评判。对于我们，爱情就是超凡的情感。这深沉炽烈的情感役使着我们，使我们甘心为奴。情绵缱绻时，我们忘记了吃饭，忘记了睡觉。穿行马路时我们看不见耀眼的红灯、听不到尖厉的刹车声响，走进地铁站我们还撑着雨伞。我们无法控制、无法包容爱。爱是人生的欲望之巅，爱是人最绚丽的体验。当我们遭遇到爱的时候，它遗世独立，举世无双。酢饮着纯美爱情之酒的情侣们自信，他们的爱无与伦比。

谁能描述爱?

实际上，所有这些与爱相关的特性只不过归属于一种典型的爱：浪漫的爱。

诗歌是最细腻地表达爱的情感的艺术形式。它们对爱的研究深至低微的叹息。

莪默，那位制造帐篷的工匠，在莪默·伽亚谟的《鲁拜集》中告诉我们：

我进入这个世界，不知何因何处，
就像潺潺溪流静静流淌。

我远离这个世界，不知飘向何方，
好似荒原上一阵清风，自由飘荡。

他不明白为什么自己会在这儿，是谁将自己放置于此，自己将奔向何方，自己将何时启程。对所有这一切他一无所知。事情就是这样发生了。

既然自己无力知道也无法知道，为何不心舒体闲，任由所有的情感自由翱翔呢?

在浪漫的爱当中，浪漫的情侣们追逐的不是物质的欲望，不是凡俗的世界。莪默在他最为世人熟知的诗行中写道：

树荫下放着一卷诗章，
一瓶葡萄美酒，一点干粮，
有你在这荒原中伴我歌唱，
荒野呀，啊，便是天堂。

如果能与爱人共享，即便是最简朴的食物、最贫乏的慰藉——如果它还算得上慰藉的话，都可以营造人间天堂。哪怕周围蚊虫飞绕，哪怕面包上布满蚁蝗，哪怕荒漠寒风习习，哪怕户外骄阳炎炎。所有这一切于我何妨？它们甚至根本无法钻进自己的脑海。他的意识之门只为一个对象开放，那就是他的欲望。即使仅从这四行诗中我们也可以挖掘出最具象征性的意义，它表达的仍然是浪漫的梦想而不是现实之邦。

为爱遭受的痛苦和死亡

除非隐身于梦想之中，否则我们并不能借助浪漫主义者改变或逃避现实的压抑。所以，现实的人们还是在忍受痛苦的煎熬。忍受痛苦是浪漫的爱的基本成分。缺少了它，浪漫的爱就颓然失色，就名不副实。为了理解浪漫的爱，我们必须认识到，浪漫者不仅遭受着痛苦，而且他心甘情愿。对他而言，苦楚甘甜舒心。他从痛苦中感受到欢欣和自豪。他是在追逐着痛苦。济慈写道：

我的心在痛，困顿和麻木
刺进了感官，有如饮过毒鸩，
又像是刚刚把鸦片吞服，
于是向列斯忘川下沉。

稍早于济慈的保王党诗人罗伯特· 赫里克倾心于更加骇人的风格。他的诗歌不仅充斥了痛苦，还萦绕着死亡。

爱把我引入静寂的荒林，
眼前一棵硕大的榆树，
数人为爱悬身树上，
独空一环为我预留。

他的“绳索”不是普通之物。它是由丝绸和黄金打造而成，是精美却致命的武器。一场歌剧以什么样的终场落幕才能更加壮观地与观众告别呢？在浪漫者眼中，死亡应是剧情发展的完美巅峰。他梦想着为爱情献身。很多的文学作品，至少是浪漫主义的作品，迈出了实际的步伐，终于使这不同寻常的梦想变成了现实。

这太过分了。如今，即便在最浪漫的时分，我们也不至于幻想着为爱而献身。任何这样做的人根本不懂什么是浪漫，他们充其量是变态而已。然而，诗人们沿袭此道，合乎逻辑地将作品终结。他们在最后的场景中唤醒了人们所有的悲切情感。

我们不妨想一想伊索尔德为爱情而死的那一幕。在低声絮语般的交响乐的回荡声中迸发了一声发自肺腑的狂喊。再想一想罗密欧，当他凝视着逝去的爱人，把一瓶毒药举向唇边：“为了我们的爱情！（一饮而尽）带着对你的吻我追你而去。”当朱丽叶从麻醉中醒来，发现逝去的罗密欧时，她悲切地责问罗密欧，为什么不给她留下一滴致命的毒药。于是她吻吸他嘴唇上残留的毒剂。当她发现罗密欧身佩的那柄短剑时，朱丽叶的心中一阵惊喜。在书本中、舞台上，我们认为这都不是什么病态。我们为这种激烈的行为、过度的夸张、不受聪明才智或平淡无奇的常识的约束而表现出的壮观场面而欢欣。

爱的哲学

为了颂扬浪漫的爱，人们不仅为之放声高歌，而且还从哲学的层面为其找寻根由。雪莱竭力让我们相信，浪漫的爱是人类不可改变的自然本性。在一首题为《爱的哲学》的诗篇中，他写道：

> 泉水流入河溪，
> 河溪汇入海洋；
> 天堂习习凉风，
> 永世温馨相傍；
> 世间万物成双，
> 神圣法则激扬，
> 同心相聚融畅，
> 你我为何遥望。

还有什么能比依“神圣法则”而行更好地为情侣间的相亲相爱而辩护呢?

爱也是无法满足的。它吞噬了情人，让人永远无法满足。虽说悲切的新英格兰散文家拉尔夫 · 爱默生不常被列入浪漫之列，他还是写道:

一切奉献于爱，
听从心声召唤;
不论朋友、亲人、时光，
家园、财富、声名，
规划、信仰、诗章，
所有全部包藏。

所有这些浪漫的爱都得到尽情地表达。它们的极度夸张与我们日常的谈话和情感相去甚远。若脱离上下语境，它们甚至还显现出几分精神病态的特性。

然而，它们还是颇具魅力。如果丈夫晚上归来对妻子诉说这样的话语，她会不悦吗?

海伦，你的美在我眼中，
就像往昔尼斯的小船，
在静谧的海面上轻荡。
抚慰倦怠的远航游子，
回归梦萦的故乡。

她会介意吗?当然不会。如果爱德加 · 爱伦 · 坡的这些精美诗章只是一种夸张，那么结果又会怎样呢?如果丈夫平生只说过这么一次，他的妻子可能会有点儿狐疑。但是如果他经常以这种方式向妻子传情，那么即便有些夸张，她也会情不自禁地感到欢欣。

快点，快点

最后，在所有这些浪漫的爱的特质之上，我们还需认识一点:它的紧迫性。浪漫的爱极其急切。它源于年轻的、冲动的意识，即时光正在流逝。年轻的情侣们往往认为保存爱情的唯一途径就是结婚。也许在绝大多数方面他们还未曾做好结婚的准备，但是他们还是觉得必须尽快成婚，因为失去了这次机会，他们或许再也找不到这样的爱情了。而且，如果现在捕捉不到它，他们将会永远失去它。

这种急促感在浪漫文学的作品中几乎占据了首席。埃特蒙·斯宾塞呐喊道：

> 清芬的春天传讯：爱神君临人间，
> 春光披上盛装，尽情展示，
> 大地茁生的百花斗妍，
> 灿烂似锦，遍地华滋。

他接着又说：

> 告诉她：欢乐时光莫蹉跎，
> 良辰美景须趁早。

他还告诫世人道：

> 钟爱的情人，行乐当及时；
> 春去也，无计唤住。

赫里克的诗句更加著名：

> 采采蔷薇，及其未萎；
> 日月其迈，韶华如飞；
> 今夕此花，灼灼其姿；
> 翌日何如，将作枯枝。

莪默也说过：

> 天地是飘摇的逆旅，
> 昼夜是逆旅的门户，
> 多少苏丹和荣华，

住不多时又匆匆离去。

不要迟疑，现在就去攫取爱情，因为生活在流逝，爱情在流逝，所有的一切都在飞奔，所有的事物都将终结。这种对时间、对爱情、对所有可爱的东西倏忽即逝的绝望意识依然吸引着我们，即使我们已不再为青春期急促的步伐而动。现在我们已经认识到，我们仍拥有比浮躁的青年时代所想象的更多的时间。

亲自动手

从以上的描述中我们看到，浪漫的爱充斥了非理性特质——夸张、急躁、自愿的无知、蔑视现实、屈从于欲望、痛苦甚至是死亡。这样说来，人们即便没有疯狂，也是愚蠢之至。但我们此举并不是要贬毁浪漫的爱。浪漫的爱是迄今为止人们最熟悉的一种艺术形式。我们不妨看一看从各个方面来说都属经典之作的浪漫小说《呼啸山庄》。

我们从它的夸张中看到一个更大的真实——一个涵盖了所有情侣故事的真实。失去凯瑟琳的希思克利夫的疯狂、苦涩和自毁的爱最终沦为一股毁灭性的力量。对此，很多具有同样不可控制力的人们颇有同感。正是它孕育出了世间男女间的爱情。

爱情装饰人生，爱情强化情感

情人眼里出西施。恋爱中的男人喜爱沉湎于对爱人的美好的遐想之中。他极力夸大她身体、脸蛋或个性上的美丽。他甚至完全沉溺于虚无缥缈的臆想当中，但这一切又有何妨？他希望这一切存在，他看见了这一切的存在，而且正因此他才爱恋着她。正如我们常常看到的那样，浪漫的情侣经常为自己的所爱创造出完全虚幻的形象。他或许对眼前真切的姑娘并没有多少深切的了解，他所爱慕的只是理想化了的她，是依自己的愿望描绘出的她。同样，被爱的人也有这番心态。她爱的是心目中理想化了的他，是她希望的他。

但这是极其不理智的。这将对他们的未来，例如他们的婚姻，构成潜在的危机。但在人们的生活当中，除了理性的、实际的和有效的成分之外，确实也存在着装饰性的，即艺术性的一面。

这种装饰美、创造美的需求在我们每个人的内心都很炽烈。我们可以追溯到生活于山洞里的石器时代的人们。他们在洞壁上画上一只只麋鹿。

他们在武器上、在工具上也绘上一幅幅图画。他们将鹿角做成刀片并装上饰物。

我们可以将他们打制的第一把刀称作手工品或应用艺术。当原始人在山洞里吃饱喝足安全无恙时，他就有了闲暇的时间通过装扮洞穴来表达自己的情感。他装饰工具的举动给他的生活增添了一抹色彩。我们称此为纯艺术。

如果浪漫的爱是一种艺术的话，它也必定拥有这种装饰性的特质。情况确实如此。这种装饰性的特质点缀了情人，也渲染了爱情生活的每一个方面。隔壁的姑娘也许只是善良的伊莱恩。但当他爱上了她之后，她就变成了“美丽的伊莱恩，迷人的伊莱恩，百合花般飘香的伊莱恩”。情人眼里流下的一滴泪水比七大洋里所有的海水更让人感动。迎候爱人是喜剧的高潮，而与爱人的离别则是不忍触目的悲剧巅峰。

不受心智的约束

浪漫的爱不崇尚吹毛求疵，也不需要推敲判断。它远离智慧和理智的约束自由翱翔。爱河中的人们追逐自己的情感。他可以找寻完美的借口随自己的喜好而为。他的举止并非源于自己的选择和意愿。在远远胜于自身所能操控的力量的左右下，他束手无策，成了爱的力量的牺牲品。借助这种堂皇的理由，他可以尽情享受自己的快乐。生活的戏剧在回味中往往显得更加美好。对爱人缱绻的回忆甚至会比爱人站在眼前更令人心动。事实上，很多的情侣更愿独处，缅怀记忆中爱人的倩影，追忆上一次的约会，期待下一次的相逢，而不欲与爱人片刻分离。当他们切实相处时，在绝大部分的时间内，他们只是默默无言地端详着对方。如果他们说话，很可能就会提及敏感的话题，或现实的追求。于是，美梦就会破灭，情感就会受到伤害，而约会就在争吵中终结。

浪漫的爱情文学作品泄露了这一天机。绝大多数的爱情故事讲述的只是情人的梦想，它们很少将爱人拉近身旁。罗密欧与朱丽叶在一起共度过多少时光？但丁对比阿特丽斯的伟大的爱情滋生于见到她的短暂的30秒钟，然而从诗歌中我们看到他终生眷恋着她。朵尔西 · 帕克在一则短篇浪漫故事中描述了一位饱尝没有回报的痛苦爱情的年轻妇女。她乘坐着出租车飞奔在城市之中。这不是为了找寻她钟爱的男人。她只是围绕着他所居住的街区一味地徘徊。在对他的思念当中她度过了痛苦的时光。尽管她遭受着这样的痛苦，读者还是理解了她，并对她投以深切的同情。

可做屏障的爱

浪漫的爱可以被视为迈向成熟的爱的第一步。在自爱和爱他人这一宽阔的鸿沟之间，浪漫的爱架起了一道桥梁。

只有当孩子依照父母的心愿行事时，他们才能得到父母的爱。孩子接受了这种有条件的爱，因为在残酷的现实世界里，这是他所能获得的一切。

爱与婚姻

那么浪漫的爱与婚姻又是如何相连的呢?

首先我们必须承认，尽管浪漫的爱为人们带来了诸多的喜悦，它终归是缔结良缘前的一种爱。纵览浪漫文学作品，我们几乎找不到一则讲述婚姻中的浪漫爱情的故事。在现实生活中，它或许偶尔存在，但在文学作品中它却极为罕见。在文学中，伟大的浪漫情侣最终从未获得过幸福快乐。他们从一开始就注定要惨遭失败。当然，神话故事中的情侣们往往以步入洞房而告终，并且“从此过上了幸福的生活”。但他们的后半生仅被一句话概括了结。显然，人们对此已无话可说了，因为婚礼既毕，浪漫也随之结束。

作家和诗人们一点也没错。从纯粹的形态上看，浪漫的爱与婚姻格格不入。它始于选择爱的对象，而推动选择之举的动力不是什么现实的因素，它摒弃理性、现实。炽烈的爱超越了一切，它建立在梦想和虚幻之上，为了实现爱而必须克服的障碍更似神话故事中的蛟龙，而非交付房租或投保之类枯燥乏味的日常事务。但是，炽热强烈的浪漫之爱并不等于永恒。虽说情侣们心醉神迷地体验着爱，但是这般狂喜又怎能天长地久：它颇似偷吻，或周末偷情。但在世人的眼中，婚姻和法律一样都是公众习以为常的制度。

最后我们看到，享受浪漫的爱的人们并没有从中学会如何维持这段情感。人们并没有学会在遭遇困难的时候应采取何种行动。当他们彼此意见不一时，当他们伤害了对方的情感时，当他们发生误解时，他们应如何去弥补？他们从爱那儿没有获得任何的灵感。在最初的承诺中，他们只有信誓旦旦的爱却没有相互的理解。当坠入爱河之时，理解是他们考虑的最后一桩事情。

因此，浪漫的爱只是一件精巧但却无法恒久的艺术品。最终，最执着的人们亦会从心底发出阵阵呐喊，欲从这程式化的梦幻中逃脱，步入更现实的舒畅恒久的关系之中。即使是浪漫的爱，在无穷无尽的重复之下也将变得令人厌倦。尽管自己的伴侣愤世嫉俗，爱可以使婚姻中的浪漫情愫永葆青翠新鲜。正如所有的艺术形式一样，没有任何一种爱可以独占世间所有的美。每一时期的艺术都展现了一定的价值，但在任何时期它们都不可能满足所有人的需求。浪漫的阶段赋予了我们很多的财富。经过精心的选择和提炼，我们能够为婚姻生活增添无穷的魅力。

爱与婚姻：矛盾

在浪漫的西方世界里，单纯的爱的表白并不能自然地引导男女步入婚姻的殿堂——历代伟大的作家和诗人们都把自己最杰出的才华倾注于对浪漫爱情故事的描述之中，有时甚至不乏对奸情津津乐道，如《安娜·卡列尼娜》和《包法利夫人》。但奇怪的是，很少有人钟情于婚姻中的爱。似乎夫妻间的爱情始终无法点燃他们炽烈的创作灵感。

婚姻中的爱难道真的是那么的贫乏而无法引起人们的注意吗？人们往往又会矢口否认："噢，不，不是那么一回事！"但是，很多人在内心确实认为婚姻中已经完成了的爱怎么能够与浪漫的情人间甜美的爱相媲美呢？面对痛苦不堪的伴侣们，我们感觉不出他们的苦涩有什么吸引人的魅力。这种苦涩倒是包含着更加强劲的威胁，因为它象征着失落和失败，它缺乏艺术性和诗意，它的病态让我们触目惊心，甚至令人恶心。只要可能，我们是不愿正视这种现象的。而当夫妻们幸福融融的时候，我们还有什么话好说的呢？至多在童话故事的结尾处作者添上一句："从此以后，他们幸福地生活在一起。"

在审视婚姻的过程中我们还发现，婚姻是一个由一系列依附关系组成的聚合体，而爱只是其中的一部分。人们通常谈论的婚姻中出现的问题往往更多的缘于金钱、孩子和对方的家人。当人们说到婚姻带来的满足时，这种幸福也多来自收拾整洁的房间，或做得一手好菜的妻子。当然，近些年来丈夫们在此方面也大显身手。但是，我们几乎听不到夫妻们相互间爱的诉说。

那些自认为正享受着幸福的婚姻中的伴侣们认为根本就没有谈论它的必要，因为他们享受的诸多的满足已充分地表达了彼此的爱意，牢固的爱已经成为他们生活的核心。

爱怎么啦

婚姻能快捷地显现出我们的本质，因为婚姻中的人的本性与生活的其他领域并无差别。婚姻本身并不制造难题，我们只是将自身固有的难题带入了婚姻当中。

如果夫妻双方都将过于刚直不屈、敌意抵触的病态模式带入婚姻之中，那么他们之间就很难产生正常的爱的情感。例如，一个行为过于诡秘的、对所有的人都存有戒心的丈夫是无法信任自己的妻子的。于是，她从来也不知道他的业务客户是谁，他挣多少钱，甚至她根本就弄不清他的谋生手段。一句话，他根本不让妻子知道自己作为一个活生生的人的生活世界。如果是这样的话，她又怎能爱上他呢？她又怎能热情地回应他给予的有限的，甚至是吝啬的部分自我？她又怎能发展彼此因缺乏信任而存有诸多隐匿的脆弱的依附关系呢？

再如有这样一位妻子，她样样事情都干得漂亮得体，她是一个完美的管家、女主人、社区成员——家长教师协会中的“火花塞”、当地慈善机构的领袖。在她的身上人们看不出任何人性的缺憾或失误。但是，若一个人看似这般的完美无缺，从来不曾磕绊跌倒过，那么她还是一个真实的人吗？我们在心中不禁会萌生出一种感觉：这不是真实的人性。她是一个戴着面具生活的人。

就我们所知，真实的人在其内心当中应该隐匿着各式各样的情感，也许还包含着仇视和毁灭他人的欲望。如果她不愿让别人甚至也不愿让自己看到它们，她无法忍受自身存在着与自己完美的标准相悖的情感，因此她的丈夫和孩子便感受不到她的爱。

以上是两则极端的例子。如果婚姻从一开始就遭到来自某一方如此强烈的个性缺憾的袭扰，那么他们的爱情之花能否盛开就颇成问题了。但是，在步入婚姻殿堂的时候，人们都不同程度地带入了一定的精神病态症状。婚姻好似一面无情的镜子将它们放大。我们从伴侣的身上看到了自己的不成熟和缺憾。人们对此的反应可能是怒气冲天的抨击，是对直到目前为止自己的爱人从未怀疑或认真正视过的自我某一方面的公然拒绝。为避免争吵，她或许会掩饰住她的懊恼，在表面上接受了它。她会不断地自我宽慰——这就是她所嫁的人，她只能从好的方面多想想罢了。

如果她真的能够多从好的方面设想，接受丈夫身上不幸显露的缺憾，并继续爱他，爱他的一切，包括缺点，那么她可算是真心地投入了。如果她的丈夫也能这么想、这么做的话，如果他也能接受她的各种优缺点，爱完整的她的话，那么他们就已迈入了期盼已久的、婚姻承诺的、可靠的爱当中。

不幸的是，事情的发展往往并非尽如人愿，至少在开始的阶段是如此。夫妻双方经常对彼此感到失望、失去信心，并开始相互埋怨对方未能履行恋爱时许下的诺言。在恋爱时节，他们夸大了彼此的魅力和美德。而现在，他们又走向了另一个极端，开始夸大对方的缺点。他们在心中，有时甚至是公开地批评对方。在参加完一次晚会归家的途中，一方终于憋不住愤怒地嚷道："在那么多人的面前，你那么做真是太过分了！"恋爱的时候，如果一方想指正情人的行为，他或她会选择温柔、爱怜的方式；但此刻，它演变成了伤人的责备和失望，并且极可能引发愤怒的回击。结果，双方发现爱的隔阂正在日益加深。

爱的滥用

即使爱遭受此般的玷污，甚至是极端的腐蚀，夫妻俩也并不一定从此分手。尽管非常勉强，他们往往会依旧共同生活，履行婚姻的义务。男人会以嘲弄的方式来化解婚姻带来的不幸。他们追忆单身时代美好的时光。他们愁眉不展地开着玩笑说当时是多么的幸福开怀。但女人往往不拿婚姻开玩笑，婚姻中虽说有诸多的不幸，但结婚还是比单身好。她们喜欢沉湎于对婚前美妙梦想的追忆之中。妻子会向知心的女友抱怨自己丈夫的不是，而她的女友也会倾诉类似的怨情。从此，夫妻间不满的情绪日益弥漫、加深。

夫妻双方越来越多地从外界寻求慰藉。他们即使是一起外出求乐，但也不是彼此分享快乐，而是各行其是，因为他们的愉快的感觉并不以对方的存在为基础。他们颇似火车道上的两条铁轨，肩并肩地前行，却永无会合之日。

如果说他们有什么交会处，那也只是彼此间的失落和不满。这不像情人们共同寻找快乐和理解，从对方身上获取力量。婚姻演变成了他们发泄在外部世界中蒙受的伤悲的场地。从最初对对方的失望开始，他们为任何不称心的事情相互责备，不论它是否发源于婚姻之中。如果丈夫在回家的途中遇上了交通堵塞，或者与别的汽车发生了剐蹭，他会将此归咎为妻子不替他着想。她为什么就不能晚半个小时开饭呢？所以说交通高峰期的剐蹭是她的过错。如果丈夫上班时挨了老板的训，这还是要怪她，因为若不是为了供养她，他一定会辞掉这份让他累出了溃疡的工作。她已不再是他钟爱的伴侣，而是套在他脖子上的枷锁了。就如法国讽刺民谣所言，“妻子”就是“链球”。

很自然，妻子会以类似的方式回报丈夫。她会在与丈夫共进晚餐的时候将积聚的所有由孩子、邻居、家务和仆人（如果她雇着仆人的话）引发的忧伤诉说出来。即使她没有直接将一天来不幸的事情归咎于他，她至少隐晦地表达着所有的这一切都是因为自己嫁给了他。

显然，这些伴侣以很不愉快的方式利用着对方。但正是这种将爱视为可以发泄一切不满的场地的滥用使得很多的婚姻延续了下来。尽管给予对方的愉悦日渐减少，他们相互间的依附关系却在增强。浪漫意义上的爱消失了，但作为两人间依附关系的爱却在他们的家庭及事业的需求上兴旺成长起来。如果不去责备对方，他们就只好自责了，而自责带来的伤害会更大。事实上，我们要么找到替罪羊，要么心中充满着郁闷。婚姻正是通过提供伴侣这一现成的替罪羊解除了我们的郁闷。

但是，我们为之付出了惨痛的代价，爱经历了如此的滥用已失去了自身的魅力。在一番怒火万丈的攻击和反击后，伴侣们很难重续温柔的前情，因为他们要么已经失去了爱意，要么心中没底，不知对方是否还能接受自己的爱。争吵后的和好变得格外艰难。在极度不满的状态中，他们已不再能够自由自在地表达爱的愉悦了。他们只能渐渐依靠单调、狭隘的习惯表达忧伤的、无味的依附关系。这不是当初我们对婚姻做出的承诺。

自我的囚笼

然而，最沉重的代价是它对双方人格带来的负面影响。伴侣们在爱的依附关系上的失败迫使他们重返自己的局限，并使得他们带入婚姻中的各式精神病态日渐发展。

结婚前即有野心的男人现在变得更加野心勃勃。但是，这样毕竟无过，所以也不会招致他人的批评。社会还会为他大声喝彩。没有人会拦住他，追问这种寻求成功的动力在多大程度上源于对妻子和孩子的爱的丧失。

女人也会产生在外部世界取胜的动机。如今的年代为她们提供了越来越多的实现梦想的机会。但是更多的时候，她是被驱使着在家庭内的某些角色中表达这种自爱。她可能发展为操纵自己的丈夫和孩子，在一切事情上做主。她管理家庭的手段或为表面温柔或为彻底的强硬。也许她采用温柔的策略，溺爱、呵护着孩子们，让他们被动地依赖着她，即使他们早到了自己闯天下的年龄。对于这样的母爱，我们内心厌恶，常常斜眼视之。但这种奉献的母亲在社会上仍深受世人的尊敬。尽管这种自我逃避式的自爱给丈夫和孩子带来了巨大的危害，她本人或周围的人们却从不置疑它存在的合理性。

还有一些人从酗酒或从狂赌中找到了镇痛的良方。既然爱不能让他们沉醉，其他纵情之举多少可以给枯燥的存在增添一抹色彩。在他们眼中，这又有什么不同？什么都无所谓。他们觉得不论失败的是自己或是他人，反正自己已被爱击败了，而缺失了爱一切都没有意义。与失败相伴的生活实在难熬。这都是些极端的事例。但在某种程度上，我们都能从爱的失败中挣脱，并沿着已探索出的道路继续逃亡。

换句话说，我们要么培养并逐步形成与他人积极的依附关系，要么退缩进自我狭隘的世界中，日益成为自我精神病态需求的奴仆。也许我们会身不由己地希望操控别人，自视优越于他人，欲利用他人、埋怨他人，或向他人吐诉怨情，被动地依赖他人。所有这些需求对爱都构成了潜在的威胁。如果爱足够强烈，那么它们可以继续存在，不致形成毁灭性的威胁。但如果爱本身脆弱，这些需求就会变得强烈，甚至形成压顶之势来操纵我们，扭曲人际关系，从而无法造就令人满意的依附关系。

我们拥有的爱经常比可以意识到的更加脆弱，因为很多人在结婚的时候就没有清晰的甚至自身能意识到的态度。这些均无助于婚姻中爱情之花的盛开。

人与人各异

除了上述可能影响婚姻中的爱的个人态度之外，夫妻之间仍有摩擦。原因很简单，我们是各自相异的人。人们之间产生摩擦的一个主要原因即在于人与人各异这一明显的事实。人们有不同的观点，不同的品味。

我们在口头上都大为赞赏人的个性和彼此间存在的差别，但要接受这种差别实非易事。相恋中的男女当然能意识到彼此间一个基本的差异。但是，恋爱只是一个持续、欣喜地发现过程。它追寻的不是相互间的差异，而是彼此间的共同点。

男人会说：“你瞧，这个姑娘喜欢贝多芬的偶数交响乐！”大家都偏爱贝多芬的奇数交响乐曲，但她却分享着他奇特的对偶数交响乐的爱好！再如她不仅喜爱伦布兰特的代表作，还同他一样偏爱着伦布兰特的早期作品。正是在这样的时刻，他感到自己发现了世上唯一适合他的姑娘。

不论恋爱期情人们发现或无意中造就了多少的共同点，他们之间的差异仍然存在。这些在结婚前刻意忽略或淡化的差异成为未来矛盾的潜在源泉。

其中有一个差异人们似乎从未很好地予以解决，那就是金钱的问题。对于钱，男人和女人有着很多独特的个人见解。

不论他们有多少可供花费的钱，伴侣们会永远为如何花钱而争执，同时又从未触及不睦的根源。事实上，根源并不在金钱本身，它来自从未解决的审视的差异。

我的女人观

当女人一个劲地抱怨时，我们应像莎士比亚那样加倍地提防。这样做似乎不合逻辑、缺乏理性。但是几乎无法避免的事实是，我们最强烈抗拒的行为恰恰正是最有可能成为我们自身和我们个性的一部分的东西。

法国流行着一句名言："并非个个翩翩起舞的都是幸福的人。"同样，成了家的人并非都想结婚。在我们的社会中，对于绝大多数的女孩来说，身为女人意味着到了一定的年龄就应该出嫁。而同时，我们的女孩接受着与男孩同样的教育，又都胸怀着独立的理想。如果在上大学期间或毕业以后她们没有立即结婚，她们就找份工作，开始独立地生活。我们甚至鼓励她们在工作的世界中心怀理想抱负。我们为事业有成的女性感到骄傲。

但是，我们丝毫也没有感觉到其中的矛盾，同时又希望她能自举行教堂婚礼的那一刻起就把过去彻底地抛却，从此全身心地持家、烹饪、育子，甚至一眼也不回顾她所放弃的一切。有些年轻的女性看似很自然地完成了这个转变。像技艺娴熟的芭蕾舞演员或高空钢索艺术家那样，她们的努力不曾显山露水。它让人们以为她们生就时刻准备着照顾婴儿、和面做饭、操持家务。

但是，有些女性在相反的情境中发现了更加肥沃的土壤。她们已经呼吸到来自工作世界中的充斥了雄心壮志和竞争拼搏的空气。现在，她们并不需要婚姻承诺的可靠的经济保障，因为她们可以自立，而且实践已经证明了她们的信心。她们喜爱生儿育女，但对由此蒙受的限制烦躁不安。她们对婚姻的真正期盼不是丧失既有之物而是更多地获取。它来自爱而不是牺牲。

每个人结婚时都希望获得他人承诺的爱所赋予的安全感，在他们所有真正或臆想的需求上涌动着这一孩提时代即已萦绕的思想。不论他们还希求着别的什么东西，他们都希望获得无条件的、没有任何束缚的被爱的安全感。

结婚证并不能保证它的实现。我们都已看到，爱和婚姻当中常常包含着冲突和矛盾。然而，很多人可以和谐地处理这些依附关系，促使每一个因素相互增色。因为有了爱，婚姻才变得更加美好。因为有了婚姻，爱才变得更加甜蜜。

若以为凭借单方面的努力人们就能够实现这幅美景是极不现实的。在下面的章节中我们将详察爱是如何徜徉在婚姻之中，是怎样最终实现我们的婚姻理想的。

爱与婚姻：满足

“爱只是生活的一段序曲，它悄然暗示着即将奏响的主题乐章。但是，这一主题乐章依然只是一种象征，一种承诺。”

桑塔亚娜就是这样描述爱和婚姻的。在那些已经步入了婚姻殿堂的人们当中，又有多少人能这样地将自己的爱视为序曲、象征和承诺呢？极少。很多情侣以为爱能够给自己带来某种保障。在他们坠入情网之初，这就是他们的信念。如今他们既然已经结了婚，就可以心安理得地抱着双臂恭候婚姻，等待幸福的降临。可是，当他们一朝醒来发现自己步入的并非什么永恒的聚会而只是相互协作的伙伴关系时，他们又是何等的惊诧不已！

接下去要做的事情实在太多，桑塔亚娜接着说。人们将付出的是创造性的努力，因为此时生活乐章的主题只是得到了暗示。很多人以为自己的使命已经结束。他们已经捕获到生活的伴侣，已经将她娶入家门。但是他们要明白，结婚证书并不会自动转换成迈向幸福的通行证。它更似考取的驾驶执照——我们可以开车，但谁也无法保证旅途的安全和愉悦。

周六的夜晚和周一的早晨

事实上，人们很难在婚姻的框架内获得幸福的爱，因为它与将大多数人带入婚姻中的那种爱迥然相异。它们可以说是两种不同的情感。当然，此处我们所指的是浪漫的爱，是那种展示于婚姻中的相亲相爱。

结婚前的爱充满了浪漫的色彩。它只占据了人们部分的时间。

婚后的爱当然不同于这一切。日常的婚姻不仅包含周六夜晚的感觉，也包含了周一早上的感觉以及整个一周的感觉。情人们不仅从对方身上获取快乐，还需协同生活。他们也不再如恋爱过渡期中那样与世隔绝了。每个人都有自己的家庭、朋友和同事。

现在，他们该履行曾经许下的不朽的爱的诺言，同时他们也不得不面对现实的生活。对方只是个普通的人。在强烈的、排他的自我意识之外，每个人不得不时刻意识到对方的存在。他们无可奈何地从两个分离的第一人称单数“我”走向一个新的存在——“我们”。

从婚前到婚后爱的变迁在很大程度上是由自爱转向对他人的爱。它是由爱的理念转向爱的现实，从对婚姻理念的依附转至对婚姻本身的依附。

关心培育爱

我们怎样培养这种转变，形成浓郁的婚后之爱呢?

爱和婚姻只是生活中的一部分而不是全部。婚姻的成功以及婚姻中爱情之花的绽放取决于我们将这种关系和生活中的其他方面之间的和谐程度。婚姻中经久不衰的爱成长于双方料理其他事情的能力，它产生了他们与双方家庭和朋友相处的好坏。他们怎样管教孩子，他们怎样成功地解决金钱数目的差异，他们怎样共同度过感情激烈的时候，他们怎样一起共度好时光。

爱在婚姻中的用途

我们有充分的理由相信，任何事物后来的、更成熟的形式总归要比它早期的、不成熟的形式要好。当然，我们都能想起例外的事例。小羊越老，它就变得越温顺。人们喜欢小猫甚于大猫。真正了解猫、狗和人的人至少会和喜欢不成熟的人一样而喜欢成熟的，并且在很多情况下更喜欢成熟的。成熟的水果常常优于半生不熟的。

如果婚姻中的爱能够享受这个成熟的过程，那么它就能结出美好的果实，它就能成为晚期的更成熟、更独立和持续的爱而不是早期的、有时令人入迷但绝大多数时候一团糟的爱。他们会变得更善解人意，而且这对善解人意的情侣会以爱人所需求的形式付出爱。当她所需要的是有人定期照管婴儿以便让她能参加她渴望的高级课程时，他就不会带一副昂贵的耳环回来。婚姻中美满的情侣学会认识对方的真正需求，并以最大努力使对方满足。

婚姻中的这种爱让每个伴侣产生被照料和被喜爱的感觉。它是几乎没有任何压力的爱。假设当一个男人坐下来准备他第二天晚上要做的演讲时，他忽然又回到了他20岁出头的时候，并且接到了相爱的女孩打来的电话，说她那天晚上一定要看到他。他可能会说抱歉，因为他正在准备第二天晚上的工作。她可能会坚持，她的感觉可能就好像如果他出现的话，整个世界就要毁灭了。如果他态度坚决，坚持要准备那篇演讲稿的话，她可能会说："你不爱我了。"而且她注定会那么想的。可是，在20岁的时候他就很可能放下正在准备的演讲稿，立即跑过去以证明他的爱。

不成熟的爱包含着各种各样的需求和不负责任的行为，并伴随着随之而来的压力。婚姻中的爱免除了这种压力。当妻子知道丈夫晚上不得不工作的时候，她就会通过愿意让他明天再表示他的爱来表达她对他的爱。

那些有不成熟的孩子的人们知道他们生活中的这种压力，知道一生中和这种压力生活在一起是多么的疲惫不堪。这种兴奋，由自我产生的爱的危机在不成熟的岁月中是很不错的。但是，危机不会在每时每刻都突然出现，在成熟的爱这个比较稳定的关系中，生活就简单得多，成果就丰富得多，而且心情也的确会愉快得多。

与未婚之人的爱相比，成熟婚姻之爱的一个令人满意的乐趣在于它免受"美好时光"的压力。年轻的情侣们不管什么时候见面都常常有同样的义务要像过新年一样"享受多彩多姿的生活"。即使他们对共度的时光感觉并不那么强烈，他们也很难使自己接受与他们之间不断的娱乐无关的快乐。婚姻中的情侣们不必一直坐着看着对方。即使他们的活动与对方几乎无关或根本无关，他们也能在对方面前享受到一种温馨的感觉。他们可以读书、听音乐，自由地追求他们自己的兴趣。

更令人满意的事实是，这种情侣不仅仅从对快乐的追求中而且还从他们的共同工作中来感觉和验证他们的爱。他们在乡村购买一个旧谷仓并辛勤地劳动，他们共同将它涂上油漆并整理好，用于在城外度过美妙的周末。他们的孩子有了问题和忧虑，但是他们耐心地思考、分析、实验并为他找出解决的办法。

不像年轻人的爱或长期私通中的爱，婚姻中的每个人都以他们特有的方式深深地感知对方的存在。婚姻中的爱是生活中一个极其完整的部分。它不是生活中偷偷摸摸的、孤立的一部分，而是生活的主要部分；正因为如此，婚姻之爱照亮的不仅仅是生活的某一个角落，而是生活本身。

恒久的爱

我们在婚姻中培养的爱具有另一个特质：它是经久不衰的。我们对情感，对我们自己和我们的伴侣确有把握。假如妻子犯了错误，假如她某一天脾气不好而令对方受到伤害，她丈夫的整个世界不会崩溃，而这在爱的早期浪漫阶段却可能发生。

婚姻中的情侣们不会因为一次争吵、一次危机、一次激烈的情感挫伤而抛弃对方。他们的婚姻在这种遭遇后可以继续幸存，他们将继续在这种经历后共同生活。他们具有某种抵抗日常冲突和偶尔的激烈冲突的内在力量。他们可能被突然爆发的激烈争吵而弄得目瞪口呆、暂时心烦意乱，但是他们相互之间的情感纽带仍然完整无损。

婚姻中的爱能够满足我们生活中的很多需求，因为它与这些需求是一致的。它为生活提供了理性，提供了成果丰硕的一面，提供了我们可进行工作的气候。当丈夫和妻子发现对方逃避某种社会责任而仅仅是由于他或她喜欢在某天的早饭前急匆匆地赶往乡下的一个小旅馆吃午饭时，这也为生活提供了非理性和感情用事的一面。婚姻让我们放松、休息和思考，或者不是思考，仅仅是提供了面包。它为朋友、爱好和运动留有余地。它使工作、紧张、压力和旺盛的精力相互协调。

当有麻烦出现时，婚姻中的情侣相互依靠。他们充分利用彼此的爱来面对生活，共同解决问题，共同面对悲伤和损失，同甘共苦，荣辱与共。他们再次向对方保证，孤独的痛苦已经过去。婚姻中的伴侣们不再孤单。当一个人的力量失败时，还有另一个可信任的伴侣的支持，还有来自伴侣的力量。

婚姻中的伴侣在爱中成长。他们发展成为更健全的人。我们已经看到那些对婚姻失望并且不能实现他们的爱的人所发生的情况：他们又被投入自己的牢狱中，被他们旧有的判断模式所束缚，被爱情失败时起支配作用的神经质的倾向所限制。

当爱没有失败时，当它成长时，情侣们也随之成长。他们由于共同的生活而成长。他们依靠对方的力量以及他们为了弥补对方的虚弱而发展的力量而成长。

审情度势，这就是为什么婚姻是社会的杰作，以及在婚姻中培育爱的人可能是最幸福的情侣。

爱的自由

不管愿不愿意，在生活中我们都建立了无数的依附关系。这就是我们的爱。虽说我们拥有诸多的爱，但只有很少的一部分反映出了理性的选择，因为偶然的、无意识的需要支配着我们的选择。幸运的是，这仅仅是我们生活中爱的一个侧面。我们对选择采取的态度至少和选择本身一样重要。随着我们一天天地成长，在选择和建立依附关系上，我们享受着更大的自由。爱源于我们的自然需要，必将结出理想的果实。

爱就像小草一样能在任何地方茁壮成长。即使是贫瘠嶙峋的岩石也能绽开鲜艳的花朵。但珍贵的花木却需要肥沃的土壤。个人的自由便是理想的爱成长的健康土壤，这也是我们今天所称的情感的成熟。

我们在情感上的成熟程度决定了我们爱的生活的质量。爱会给我们的生活烙上个人的印记。爱有极大的吸引力，让很多人着迷。但是，我们能否继续满足更多地取决于最初留给他人的印象。我们也经常对他人着迷，但是我们能否与他人和谐相处更多地取决于我们心中燃起的欲望。一些人在他们的一生中只是远远地观望，梦想着得到他人的爱；另有一些人则创造条件，努力争取他们想要的爱并最终得到了它。

自由的局限

以自我为中心将使我们与他人建立依附关系变得更加困难。任何过度的敏感、恐惧甚至是欲望都可能增强个人意识或增强对自我不安的关注。爱是与他人交往的一种方法。理想地看，爱就是亲密地、完全地与他人进行交往，这以我们真正地与自我分离为前提。这种爱所需求的关注他人的能力要求我们付出极大的自由，但自由并不是唾手可得之物。

被束缚的过去

不管我们多么强烈地期盼爱，我们都不可能自然地拥有爱。好像在我们的骨子里有些什么东西在竭力阻挠着我们，而这很可能就是传统。

千百年以来，自由和财富的分配方法与现在截然不同。昔日只有很少一部分人拥有自由和财富，而绝大多数人被剥夺了享受它们的权利。他们辛勤劳动仅仅是为了生存。宗教通过贬抑物质帮助人们适应了自身的社会和经济地位。善良意味着神圣，而神圣又意味着超凡脱俗、牺牲、祝福和对神秘的上帝的接受。这都被视为升入天堂必备的最重要的善行和基本条件，从而被人们广为接受。世俗的生命没有神性。教化告诉人们应将自身视为卑微，应畏惧神灵，应远避那些声色犬马纵情享受的欲望。

然而，随着总体生活水平的提高，人们被鼓励更多地关注自己的利益。生活日益变得富有希望。主张克己自制的宗教教义越来越受到人们的质疑。青青的牧场对于打算充分享受欢乐生活的自由人已没有太大的诱惑力了。

捉摸不定的判断

我们所能做的最大的努力就是尽可能对我们的所爱做出成熟的判断。但这也很不容易，沉溺于恋爱中的头脑几乎没有任何进行理智判断的余地。

坠入爱河中的人们自由地做出判断，也许这种自由对自我的利益过于有利。情人眼里出西施，如果我们的情人小心眼、敏感易受伤害，我们会说她多愁善感；如果她见识浅薄，我们会说她活泼年轻，具有一丝春天的朝气。我们从来不会联想到这种春天或许预示着早到的秋天。女人爱上倔强的男人是因为他具有维护坚定信念的勇气。刻板迂腐的人在情人的眼中可以成为知识渊博的人，缺乏幽默感的人则成了认真严肃的人，过分活跃的人也成了热心有活力的人。这种分类可以无限地进行下去。吹毛求疵、善于挑剔的人被自己的情人描述为献身追求真理，吝啬的人显得勤俭节约，而无情的人则是威武坚强。

有时恋爱时暂时的心智失常造成的这种捉摸不定的判断会使人越陷越深。它可能由此激发起神经质的倾向。潜意识中希望得到他人悉心关照的男人会蓦然发现某个女人温柔贤良，因为她在他们的恋爱期中对他关爱备至。但是，在婚姻中他想得到的是支配和控制权，这是他的第一需要。另有一种男人希望能做家宅的主人。于是，他会把一个孱弱温顺的女子视为甜蜜可爱之人，因为她是一个地地道道的、心甘情愿的侍从。

让神经质的力量绕道而行

当然，没有人可以完全避开神经质的需求。这就使我们更有理由努力保护自己，使最重要的依附关系免受它们的影响。我们可能学会了让一些无意识的驱动力绕道而行。我们可以看一看一见钟情的年轻男子的事例。如果他不成熟，他就会希望立刻与她结婚。如果他更成熟一些，他会认识到自己刚刚彻底坠入情网，他感受到了快乐，但这并不能促使他立刻结婚。他可能会经历到从心醉神迷到悲恸欲绝这一完整的浪漫情感过程，然而他不会草率结婚。

有时，在听罢一段动人的音乐之后，我们会不由自主地奔向唱片店买下一张这样的光盘。我们会一遍又一遍地播放这首乐曲。但没过多久，我们就将其束之高阁，因为我们已经腻烦了。可能我们永远也不会再去碰它。当我们看到一幅油画时，或许也会产生这种感觉。负责的画廊老板对这种现象非常熟悉。他会建议我们多看几遍，或许他会让我们将之带回家中几个星期。他希望留住自己的顾客，因为他知道一幅第一眼就深深打动顾客的图画可能并不是他们的至爱。

爱上一个人常常与爱上一幅画或一首交响乐相去不远。就像艺术品一样，人们相互间可能留下深刻的印象。然而对他的一生来说，这并不一定就是最佳的选择。

两个人相遇的情形、环境和心态可能会编织出一张魔网，使他们像是天造地设的一双。他们可以相遇在周末之夜，或是加勒比海度假，或是耀眼的斜坡滑雪之中，或是刚刚完结繁重工作之后。当然，也可能存在着强烈的身体上的原因。虽说它们都是再好不过之物，但它们还是不足以建立起终身的依附关系。

一见钟情

我们不必为了提防突如其来的强烈的吸引就将之罗列为神经质现象。当人们一见钟情时，立刻浮现于心的并不完全是爱。它更像是难以抗拒的情感撞击。它是对爱情的希冀和渴望。爱情这种依附关系本身需要更多的时间来培养。人类的情感可以消失，因为迄今为止我们还没有发现深厚得不可分割的依附关系。

一些人不断地恋爱和失恋。他们想获得强烈的情感，但是他们可能不想也不能建立起依附关系。确切地说，他们有依附关系，但是那是对情感的依附，对爱情的渴望，而不是与所爱的人建立依附关系。这就是人们常说的他们在和爱情恋爱。

此外，当爱情突然降临时，它总是让我们产生一种幻觉，以为在我们所有的依附关系中，这是我们真正的自由选择。我们那么多的依附关系都是由环境和生活强加给我们的。我们没有办法选择自己的父母、兄弟姐妹，我们没有办法选择自己的生意伙伴和同事。我们的很多友谊是由做邻居、上同一所学校等成长过程中的偶然事件促成的。而且正如我们有时感到的那样，其中很多的关系纯粹是出于习俗而维持了下来。

只有突然的、绝妙的、不可思议的坠入情网的体验才让我们感到它是我们的自由选择。我们完全避开了偶然因素的作用，我们赞美它并将之称为天意。

什么样的成熟方式可以帮助我们面对这样的体验呢？我们必须熄灭这种浪漫的火焰，必须在我们狂热的情感上浇上一盆冷水么？当然不是。尽情享受两人之间产生的这种夸张的，或许还有一点神经质的但肯定是美妙的吸引，并没有什么害处。只有当我们仅凭这些情感的强烈程度决定是否把它发展成为那种狭隘浅薄的关系时，它才有害。如果只是出于幼稚的原因而产生这种神经质式的需求，它很可能以离异而告终。有时，这种关系可以维持到老，但是它并不能带来成熟的令人满足的婚姻。

恋爱是人们无法避免的心灵体验。但是情侣们也需要在一种普通的环境下，在与家人和朋友的共处下度过一段时间。这些人了解他的本来面目。他们看到的不是浪漫的梦想装点的似是而非的幻象。

生活通过生活本身和它折射的内容教给了我们最好的东西。单独的经验就像未经检验的想法一样是不值得信任的。

对于十分夸张的愿望，在我们还没有过早依赖于将来它的实现时，我们能够享受它的乐趣。其诀窍是，享受眼前所拥有的，并让它变得更加美好。给自己一个思考的机会，而不是只打如意算盘，仓促地一头扎入估计不足的未来。

还有一个条件可以帮助我们正确地评价爱。它来自一个简单的事实，即时间本身不能解决我们所有的问题，但是我们及时所做的事情却能。当年轻人坠入情网后，他们通常会远离人群。对此，他们辩解他们对其他的异性不感兴趣。难道他们这种专一的关系不是更典型地代表了美满的婚姻么？即使情况确实如此，他们也有感情用事的危险。恋爱并不排斥与他人的约会。渐渐地人们开始明白，一个能和妻子和谐相处却不能与其他的女子友好相处的男人并不存在。可以理解，与他人的约会当然不会同与情人的约会那么温馨。但是，如果在与他人的相处中，他一点儿也感受不到快乐，那么他是否具有强烈的爱意就颇值得怀疑了。

成熟的爱

“成熟的爱”听起来令人疲惫不堪，似乎它所蕴含的所有的热情已经消失殆尽。它不禁让人产生这样一种联想——当人们不再能够体验到激情和浪漫的狂喜时，他们的爱便成熟了。成熟的爱仿佛就是老年人眼中的酸葡萄。

但是，如果我们将“成熟的爱”拆开，将之称作“成熟人的爱”，那么我们就能清晰地认识到那最有助于理解爱的因素——投身于爱的人。可是，将成熟引入爱的人具有什么样的特征呢？

揭开神秘的面纱

首先，我们可以反思一些关于成熟的神话。这样的神话实在是太多了。其中的一种便是成熟的人应该是老年人。从实际观察中我们看到，这种观点不够确切。不错，很多老年人迸发着奇异的成熟火花。他们心情愉悦，能容忍，有智慧。但是，也有很多的老年人同年轻人一样易怒和苛求。此刻，老年人和年轻人唯一的区别是，老年人的不成熟的行为比年轻人更加惹人厌烦。与之相反，我们经常遇见一些年轻人，尽管他们的经历有限，但他们在情感和智慧上显得极其成熟。显然，年龄并不是判断一个人成熟与否的唯一标准。如果将成熟等同于良好的判断力，我们就会遭遇到另一种情况，即成熟的人索然乏味，只有神经质才活泼有趣。的确，很多神经质的人确实饶有趣味，但那仅仅能维持一两天而已。若与一个神经质的人共度一生即使不窒息而亡也会厌倦不已。

成熟也不一定非得枯燥乏味。

不论是否成熟，枯燥的人就是乏味。而有趣的人越是成熟就越有滋味。成熟的人可以轻松快乐。他们会去冒险，但并不鲁莽。他们接受变化和惊异，他们勇敢无畏，因为他们明白如何权衡欲取之物和将面临的危险。当铸下了错误，他们也经受得住牺牲，并会继续前行而不抱怨。即使在情感上遭受挫伤，他们也仍然保持愉悦的感情，不会不停地埋怨他人或自我怜惜。即使从无聊愚蠢的事情当中，他们也能自得其乐。喝醉了酒，他们不必歉疚。他们明白游戏的规则。他们有足够的能力克服生活一再带来的不可抗拒的压力、失望甚至是悲剧并且保持住激情、希望和好奇心。从理想的意义上说，成熟不是人们青春的骄傲和活力被侵蚀的残躯。它是饱经风霜、更为恒久的生命潜能的丰碑。

不成熟的人并不像那些在成长过程中摆脱了困惑的人们那样的幸运。他们没有广阔的空间和能力去享受生活。成熟的人可以尽情地享受生活，因为他们已经不再受婴儿时期的需求的羁绊，也不再为儿时的畏惧所困扰。他们不再局限于婴儿般的无知也不再为婴儿式的理解力所扭曲。成熟的人爱的唯一的限制来自现实。

回顾

成熟的人可以被界定为穿越了成长期的困惑，找到了建立理性生活秩序途径的人。这并不是说遇到事端成熟的人就会止住脚步进行思考并决定这样或那样的行为是否合乎理性。它说的是，做出正确的选择、实现自己的价值已演变为习惯性、自动化的行为。此处的“正确”指的是对他有利并能给他带来积极的满足感。

在通往成熟的道路上回首遥望，我们便可懂得成熟的含义。通过回忆不成熟的经历和孩提时代的生活，我们看到了成熟的影像。

幼儿往往无法理解行为后果的含义。面对点燃的火柴或发光的灯泡，他们会禁不住好奇地伸出手去捕捉它们。这纯粹源于对火和热的无知。他不知道自己可能因此会被灼伤。当他略微长大一点后，孩子会跑到街道上去捡拾滚落的皮球。即使已经受过告诫，他仍摆脱不了原始冲动的羁绊，不可能在冲出去之前先想一想此举可能带来的严重的危险后果。即使到了少年时期，他的心中依然可能潜存着不成熟的行为。考试临近了，他可能仍未做好复习的准备。虽说他知道可能出现的后果，但某些一时的冲动带来的乐趣让他似乎忘记了一切。作为成人，我们有时仍沉湎于一厢情愿的不计后果的活动之中。我们暴食暴饮，同时心里也很清楚将为之付出的代价——我们吸收的热量远甚于身体的付出，因此肯定会发胖。当我们在人际交往中奉行此道时，当我们漠视自己的行为在依附关系中带来的后果时，我们的爱同样也是不成熟的。

或许有一天，无视或无力思量行为的后果终究会成为人们行为的主导模式。它主宰着个人的行为举止、驱策着人们采取行动，并最终使人品尝苦涩的后果。这样的行为堪称神经过敏。

认识自我

时至今日“认识自我”这一伟大的苏格拉底原则依然同古希腊时代一样的重要。它是通往成熟的另一个路标。幼儿不具备认识自我的能力，不能认识自我能力的缺陷。在生命最初的几年中，他不断地跌倒、擦伤和流血。这既包括身体方面的磨难，也包括自我认识的缺憾。缺乏自我认识使得他在很多情境中无法舒适，甚至是安全地存在。

很多成年人也有颇为类似的举止。有“突发奇想倾向”的人经常使自己身陷僵局之中。如果我们能停下脚步好好地反思一下，我们就会认识到自己所犯的绝大多数的错误都是旧事重演。这充分地表明，成年人铸下错误并不是因为简单的无知。其实，我们是不乐意或不能够评估自我的局限。我们羁绊于婴儿的全知全能的意识，以为只要有需求自己就可以做任何事情，得到一切东西。

幼儿对他人的认识比对自我的认识还要低劣。他无法预测他人对自己将要采取的行动，他对他人的情感一无所知。局限于狭隘的自我快乐和痛苦的体验之中，幼儿无法与他人产生共鸣。除非被别人推了一把，幼儿不明白什么是被人推的滋味。即使自己有了被推的经历，他也不会把自己痛苦和愤怒的感受与他推别的孩子所引起的抗议联系起来。他的经验和因果联系的能力极为有限。最重要的是，他缺乏为他人着想的能力。他的情感仍以自我为中心。

我们可以从幼儿接近沉睡中的母亲的方式上看到他体谅他人尴尬的努力。他踮起脚尖、轻声地呼唤，因为妈妈曾教过他应该这样对待熟睡中的人，他也希望做一个替他人着想的人。但是，他无法遏制自己心中的欲望。因此，尽管是低声地轻唤，他还是向妈妈提出了自己的要求。很自然，结果是他叫醒了妈妈，因为他想把她叫醒。他无法使自我的欲求服从于让妈妈安睡的考虑。如果妈妈醒来满脸怒气，他是不会明白为什么妈妈要这样大动肝火。这更清晰地昭示了孩子的不成熟。

很多成年人同样不能理解为什么别人会对自己这么感兴趣，为什么别人会对自己的某种行为感到伤心。有人会因为缺钱而向朋友借。他急需那笔钱，所以此刻钱对他具有极大的价值。钱借到手的时候，他对朋友感激不尽，并一再保证要尽快归还。可是，一旦他急切的需求被满足之后，整个交易便失去了重要的意义。也许曾经许诺的归还期已经过了好几个月，他仍不向朋友还账。如果朋友向他暗示，他会很不理解为何那人这么不讲交情，为什么他对这笔借贷就这样的迫不及待。虽然他很乐意归还，可那人为什么就不能像个朋友一样，为什么就不能再等一等呢？难道金钱比友谊还珍贵吗？

实际的情况是，借款人已经忘记了当初那笔钱对他的意义。此刻的钱对他已不再那么重要了。他已无法像，或者根本不愿再想这笔钱对朋友本人是否重要。他明白自己的需求，却不了解他人的需求。为他人着想的能力的缺失不断地损害着他的人际关系。最终，它也伤害了不成熟的当事人本人。还是这个人，如果朋友拒绝了他借款的要求，他会感到无比的愤怒，不论这个朋友是否正遇到危机而缺乏现款，也不论这个朋友拒绝的理由是多么的充分。对自己欲求之物的拒绝本身就足以让他对朋友极度地不满。像孩子一样，他不能接受否定性的回答。孩子想得到期盼之物，现在他也同样如此。他不能权衡自己欲望的效力，不能将它和他人的愿望结合起来考虑。当不能得到自己欲求之物时，孩子会哭泣。当孩子长大后，他不再公开地哭泣。但他的内心在流泪、在自我伤悲。

孩子无法忍受自己的欲望不能及时实现的现实，因为他不相信未来。他很少感知过去与未来，他的世界仅局限于现在和眼前。我曾测试过一组8到10岁的小孩的时间意识。当时是个夏日的下午，我们待在一个游泳池内。我将他们唤上岸，问他们现在几点钟了。他们的回答覆盖了从上午11点到下午6点的时段。有一个男孩看似很有理性，他问道：“我们吃过午饭了吗？”事实上当时只是下午的4点钟。

从很多成年人的举止中我们也可看出他们根本不相信未来。像一拿到零花钱就挥霍殆尽的孩子一样，有些成年人习惯于在周末就花完一周的薪水，然后整个星期囊中空空。孩子需要花上好长的时间，并在母亲耐心的教育下才能认识到，如果他想得到价值超过一周零花钱的东西，他必须放弃若干眼前的需求、节省一些钱以满足未来更大的目标。

为长远的目标而谋划是孩子在学习和游戏中必须学会的能力。他明白，若想在水中嬉戏，他必须先学会游泳的能力。他明白，若想高高地放飞模型飞机，他首先得花点时间把飞机做起来。他认识到，为了日后能言善辩，他首先应努力学好一种语言或某门功课。

当孩子渐渐成熟时，他学会了将这种认识应用到人际交往上。他开始能够在摩擦、伤害和误解中建立起友谊和爱情，这样就可实现更具价值的、相互理解的关系。最终，孩子被生活环境的变化和无数不可预测的事情所震撼，他本人也变得不稳定、不可预测。他随即时的冲动而行动。这种冲动或是奇妙，或是可怖。他的反应完全脱离现实。同时，他需要稳定的环境，他需要有序的生活模式。在他的生活环境中，事物和他人应依他的意愿井然有序。正如我们看到的一样，对于孩子们来说，惊异更多地带来的是心颤而不是愉悦。

有些成年人同样惧怕变化，尤其是突如其来的变化。那种按钟点行事的人需要的是稳定的、可靠的程式。由此，他们的心中才能产生安全感。对于这样的人，外部世界依然像他们孩提时代一样的可怕和不可预测。

解放了的成熟

将青春期描绘成充满诗情画意的春色美景，悲伤苦涩与之无缘的作品并没有撒谎。只不过它没有完全道出实情。与青春期儿童一样除了幸福欢笑外，也有悲切的泪水。依据懊悔的成长原则，不成熟的人在生活中往往与青年期的痛苦为伍。他们体验不到儿时的特权，一味地因局限、限制、灾祸和困惑而受苦。他们为自己未能成熟而付出了沉重的代价。

成熟的最佳礼物是使人免受此类痛苦的袭扰。因为明白了行为的后果，成熟的人可以自我节制，可以为眼前和长远的最深切的利益做出抉择，可以自由地最大限度地实现自我。他们可以享受着现实，同时憧憬和筹划着未来。他们可以摆脱幼稚需求的羁绊，追求多样的与工作、消遣、思想，尤其是与他人的依附关系。

正因为意识到自身和他人的需求，充分理解了他人的情感，他们也培养出了一些特别的成熟技艺!他们不仅明白什么东西值得追求，也清楚实现它的手段。

被拒

在生活中孩子必须学会的最艰难的一课就是说“不”。很多人一生都受此困惑。孩子希望得到自己想要的东西，而且希望立刻得到。不成熟的成年人也有同样的经历。为眼前欲望所困而无法自拔的孩子和成人通常在情感上易变，不能实现长远的满足。想要什么样的玩具就能得到它的孩子几乎不可能长久地喜爱任何一种玩具。要得到自己喜爱之物的不成熟的成人会匆忙结婚，而且常常再婚。

当这样的成人不得不接受被拒绝的现实时，他不会像孩子那样公开地哭泣。他会以另一种方式展现自己的悲伤。他抱怨和斥责拒绝了他的人是多么的不公正。这样的指责清晰地流露出他的仇恨。结果，他的听众愈来愈少，而他实现请求的机会也更加渺茫。他的失败切实地引致郁闷和沮丧。它们与孩子哭泣时的不幸同样的苦楚。

成熟的人不喜爱失败和挫折。与其他人一样，他也不希望被人拒绝。但他被拒时并不抢天哭地，抱怨世道不公。他会以此培养自己的劝慰能力。他培养了自己的洞察力、远瞻能力和反思意识，他充分运用成熟的潜能去实现自己的欲望。

有一则童话讲述了一个男孩在丛林中迷了路，饥寒交加。他碰到一个境遇比自己更惨的被困在断岩中的动物。男孩一片善心，把那动物从岩石中解救了出来。那个动物摇身一变，成了美丽的仙后。她赋予了男孩神奇的力量，让世人无法抗拒他的请求。第二天早晨一睁开双眼，男孩发现自己躺在面包铺中。美味的面包填满了他的空腹。到了下午，他已换上了漂亮得体的衣服。在夜幕降临前，他已获取了公主的芳心。

从他人那里和各种情境中实现自己的欲望而不遭拒绝的能力并不神奇，但却非常的复杂。在欲与取之中蕴含着巨大的意志力。不成熟的人们往往在不知不觉中索求着它。他们为自我的困惑营造着氛围。他们缺乏思考、行为突兀，也许要求过分。他们很少或根本不考虑他人的思想、境遇和需求，以及自己的欲望是否与他人重复或冲突。这样的成人的理解力恰似孩童一样低下，他们很不善于把握时机。因为经常被拒绝伤害，他们的反应往往已有了事先的准备。他们过于敏感或充满敌意。他们容易受伤，并在受伤时很快做出回击。成熟的人能够等待适当时机的到来，考虑自己的欲求是否合理，并依据情境和对方的需求调整自己的目标。他可以接受变通的同意。尽管不是自己的所求，这总比一无所获要好。他可以稍微退让，对方也会让步。这样灵活的方式可以带来积极的结果。

在19世纪末叶，瑞士有一位名叫尤金·布勒尔的心理学家以精神分裂症研究而闻名于世。他的学生们在医院遇到一位严重的精神分裂症患者。无论采用何种方法他们都无法使病人做出回应。因此，他们向布勒尔博士求助。博士走进诊室，学生们在外守候，他们幸灾乐祸心中窃喜，以为这一次博士也会失手。不料大约20分钟以后，门开了，博士与病人手挽着手走了出来。病人脸上布满了泪痕。显然，他刚刚经历了一次真情反应和精神发泄。当目瞪口呆的学生们向博士讨教，究竟他采用了什么高深的科学方法时，博士淡然一笑："我哭了一场，他也哭了一场。情况就是这样。"

成熟的人也可以与他人共同哭泣一场。他能够体恤他人的苦涩，真心地同情他人。不论得失，这种强劲的情感交流能力发生了效力。如果被人拒绝，他并不一定要自责或责难他人。这其中并不牵涉责难。在有些场合中他可以确信，如果自己处于别人的位置上他也会做出否定的回应。

在有些场合中他会发现拒绝的合理性，但他并未被拒绝压倒。他不会认为，因为某一个人拒绝了他，整个世界便与自己为敌。事情只不过是一个人说了"不"。也许会有更好的方式、时机和更合适的人来实现自己的欲望。

良好生活的成熟诀窍

自远古时代，哲学家们即已开始寻找建立良好生活的指南。很多的伦理准则如今在关于成熟人的心理概念中一再重现。例如，古希腊人论述过生活中和谐与平衡的价值。"万事勿为过"即是亚里士多德反复引证的一剂良方。

成熟的人正遵循着这一生活戒律，虽说他们或许从未听说过这句教诲，或从未有意识地用之指导自己的生活。他维持或设法维持着自己的多重需求、动机和利益的和谐统一。在某一阶段，也许某一种生活方式占据着主导的地位。但他总能设法从多方面实现自己的欲望。

他可以自由自在地实现这一切，可以在某一阶段专注于工作之中，在另一阶段投身于娱乐之中，或追求某一女性、娶妻生子。他可以自由地培养多重的与众人的依附关系，并培养与某人的特别的依附关系。但是没有哪一种依附关系可以彻底地主宰他的生活，使得他摒弃其他的一切。他可以自由地享受多元的生活。

哲学家们，尤其是斯宾诺塞，也注意到生活幸福的人是学会了喜好于己有利之物的人。这也是成熟的一个标志，尽管发现它并非总是那么的容易。但从反面的事例中，如贪杯嗜食的人身上，我们倒可以清晰地识辨其理。成熟的人也可以喜爱饮食和美酒，但他会诸事皆有节制，因为他也喜欢拥有匀称健康的身体和敏捷的思维。同样，为自己青春苗条的身材而骄傲的女性会发现，保持身材姣好是件乏味但并非是压倒一切的事情。

这样的人会毫不引人注目地做出这样的选择，这也是一大特色。其结果是，我们常常并未觉察到他们正展示出自己成熟的一面。我们还注意到，他们有做出此类有益选择的自由。他们不会过度贪恋食物、饮酒或任何于他们有害的东西。我们可以将习惯性的过度之举称作不成熟或神经质。我们可以做出道德评判，说它们显现出人们脆弱的个性或缺乏意志力。很多人确实持有这样的观点。但我们都会同意，这些有害的习惯不是成熟人的特征。

自由地选择于己有利之物也是成熟的人在爱的问题上的特权。文学作品中充斥了为于己不利之事所困的人们的故事，而且，当主人公清楚地认识到这种情感的纠葛正在毁灭自己，却无计脱身时，它的悲剧性就更加的浓郁。在托马斯·曼的小说《威尼斯之死》中，陷身于一场堕落的爱河中的男主人公有着高度发达的智力和感受力。但尽管个性中有此种成熟的印迹，他的情感生活却从未达到过同等的成熟。结果是，他们无法实现自由，陷入了一种导致毁灭的奴役性的依附关系之中。

毛姆的小说《人类枷锁》中的菲利普是一个经典的例证。菲利普非常清楚自己对妓女米尔德瑞得的爱无论从哪个方面而言都对自己没有好处，但是他就是离不开她。正因如此，作者选用了“人类枷锁”作为书名。有趣的是，400年前斯宾诺塞给自己的《伦理学》的一个章节也取了这个名字。它讨论的是人类的情感以及它们与成熟和成功生活的关系。菲利普忍受着人类枷锁或奴役带来的痛苦。他屈从于情感，违背了意愿，追寻着不符合自己利益的依附关系。成熟的人不仅不受与他人不利的依附关系的伤害，也摆脱了身体疾病带来的烦扰的、深切的自我依附。

他很可能长期保持着健康的身体。这部分源于他喜爱对其身体健康有益的东西以及其他的生活方式。除此之外，他免受疾病缠绕之苦还有着更深层面的原因。粗略观察，健康的身体似乎只是机体和医疗方面的事宜，与心理和情感无关。但如今，我们对此问题有了更深切的认识，因为医学指出了很多源于情感的身体疾病。深切的、未决的情感困惑经常表现在身体的症状，但它们并没有机体上的根源。

成熟的人依然对此征候具有免疫力。这不是因为他没有情感上障碍。他往往能在行为层面上有效地处理它们。有时，简单的一个行动胜似千万次的思考和情感体验，他不大可能将不满推出视野、深深埋葬，而它们可能会滋生，并以头痛、背痛、疲倦或消化不良等病态进入体内。他珍惜自己身体和情感的健康状态。在生活中，他有比应对不适症状更有趣的事情要做。与其生活于不满之中，倒不如选择找寻和发现满意的途径、冲破出现于生活中的情感痼疾。

不是所有的人都在工作或去游乐

在前文中我们说过，年轻人不具备成熟人享受生活的能力。现在，我们具体挖掘这个话题。一个人的生活充满了快乐，因为他已学会了从自己的行为中求乐。他喜爱玩乐，他也喜爱工作。成熟的人是具有创造性的人，他能得到社会的承认，获得物质上的成功，但这并不源于被动的驱策。这些成就令人愉悦，但它们不是主要的目标。他接受了在我们的社会中必须工作的现实，而这部分体现了他的成熟。18世纪欧洲的贵族，或古罗马希腊贵族可以逃避出于经济需求的工作，因为雇工、佃农或奴隶在为他们工作着。但我们也注意到，他们当中有很多的人投身于知识、文学、科学或公众福利事业之中。诚然，在工作和休息之间他们有选择的权利，他们还可充分自由地选择自己所从事的具体的工作方式。

如今，绝大多数工作着的人们不是出于自由的选择而外出工作，他们是迫于生存的需求，而具体的工作往往又受到以他们的意志为转移的诸多因素制约。接受这种现实，从并非至善至美的工作中发现乐趣，这就是成熟。这就像《费尼恩的彩虹》那首歌演唱的那样：“如果你不能接近钟爱的姑娘，那么就爱你身旁的姑娘。”如果你得不到理想的工作，那么就最大限度地为眼前从事的工作努力吧。

工作并不能囊括成熟人生活的全部。他所选择的活动方式取决于自己的意愿。在工作和多彩的游乐之间，他设法满足完整人格的多方需求。

在他的工作和游乐之中存在着一个共同的因素：他不仅从活动中得到享受，他还在与他人共享其乐。无论是工作或是游乐都有他人的参与。有些活动是独自进行的，但在某种意义上，甚至写作、绘画、集邮等都具有了社会性，只要完成了的作品就有他人与你共享。尽管读书、听音乐、欣赏绘画和雕塑不需要同伴，但我们通过与人交谈迫不及待地与他们分享了自己的快乐。排斥他人相伴的孤独的人也许会取得巨大的成就、获得巨大的满足，但他的满足是单维的。这种满足缺乏变化，没有与同事一起工作或与朋友一起嬉戏的予与取。绝大多数成熟的人珍惜一定程度的独处，有些人不时会迫切地努力争取它的到来。他们不依赖同伴，甚至是生活中最亲密的朋友，来共享每一份满足。但同时，他们接受生活社会性的一面。他们有熟人，他们发展着友谊，他们与各色人士交往并找寻共同的基础。

本质性力量

成熟的人给他人留下强烈有力的印象。这种力量不是驱动力的力量或坚硬岩石的力量，它来自能承受压力和优雅运作的完美结构。一流的轮船、飞机和建筑拥有这种力量。若从人世间搜寻这种力量的源泉，我们可以从成熟的人对待自我和世界的态度中找到答案。

这种人重视自我，相信世界，这与自命不凡、耀眼炫目的乐观截然不同。他对世事并不盲信，他脚踏实地、接触现实。他的自我认识同样是现实的。他能认识自己的局限性并接受它们，就像接受自己的才智一样。他可以坦然承认自己高尔夫球打得很糟，但还是乐意从事这项运动。他可以承认自己的无知或错误，参加比赛或辩论也并非必须每一场都赢。失败并不能让他气馁，他像是操纵巨轮的船长，相信它可以乘风破浪。他对自己的轮船能抗击惊涛骇浪并安全返航充满信心。

这种力量并不依赖永恒的成功和好运。情况恰好相反。这类人不是不可战胜的常胜冠军。他对自己的信心正是源于认识到自己的失败，并战胜它从而不断地加强。他知道生活没有吝啬到拒绝为他提供第二次机会。

他也知道获取成功之途。如果某物并不完美，他不会长久地为其瑕疵而驻足长叹。优秀的会计师不会因为公司财务簿上出现了赤字就立刻断言它将破产。他也不会因账目上的盈余就认定公司正处于腾飞之巅。他判断的基础建立在综合平衡之上。

观察事物的正反两面从而做出综合判断的能力标志着一个人达到了成熟。少年人往往喜欢夸大事物阴暗或光明的一面，而当时的情绪常常是其判断的唯一基础。在他们的心中，老师要么棒极了，要么糟透了，功课要么精彩有趣、要么枯燥难耐，女孩要么美艳绝伦、要么粗俗不堪，生活要么是极乐天堂、要么是人间地狱。

对于少年们来说，这种以情感为基础的自发性判断不失为一桩好事。此刻，他们仍生活于受人屏蔽的世界中，并不需要独立做出重大抉择。长辈们仍在保护着他们，为他们出谋划策。但在成人的世界中，采取的行动、采纳的态度会影响到自身，而且经常涉及他人的利益和幸福，再做出这样的判断就不行了。

权衡做出的判断并不需要很多的时间。从本质上说，它需要人们更多地考虑情境、事宜或人际的诸种因素。生活中至善或至恶的事情并不太多。看到事物的好坏两面，认识由好的因素而生的坏的一面，由此权衡情感上付出的代价是否值得即是一种成熟。我们并不总是处于做出选择、决定或采取行动的位置。但是，我们必须做出判断。重要的是，这种判断要能够反映出我们最大的利益。

当有可能采取行动的时候，成熟的人通常会欣然前往。对世界不成熟的认识是，世界或是充满玫瑰般梦幻或是阴暗的失败和绝望，其间不存在中间地段。生活在从未实现，或不可能实现的梦幻世界中的人们常常为失落伤心不止，他们几乎从未欢欣雀跃过，因为他们几乎从未体验过值得狂喜的事情。在他们的经历中几乎没有任何断然下定决心、采取行动、完成任务的记录。

也许最让人难忘的不断反思的人就是哈姆雷特。在那段著名的独白结尾处，他郁郁不乐地沉思着：是做还是不做，这可真是个问题。

临床心理学家们有一句名言：我宁可犯错也不愿长久地狐疑。这句格言寓含着深刻的道理。在心理学上，怀疑即等于痛苦。而且，它更为不幸，因为它阻碍着我们尝试其他的选择。因此，尽管我们不断地进行思考也没有变得聪明起来。

在影响我们的生活或我们钟爱的事情上，我们必须断然采取行动。船长不可以绝望地瘫坐一旁或痛苦地躲进船舱。他要承担起责任，确定航线，并竭尽全力依此前进。成熟的男男女女，最好是一男一女，协力趋向于以同样的方式应对生活。他们稳定的情绪促使他们承担起自己的责任，合情合理地选择生活的方向。不断地去做对自己最为有利的事。尽管最初双方或许因美色而相互吸引，稳定关系并使爱惬意的却是他们的成熟。他们依然自由自在地享受生活、自我和对方。

当爱成熟时

成熟的人如何表达爱意呢？他们的自由为他们提供了可以想象得出的最大的表现方式。成熟的爱的一个奇特的特征是，它只存在于复合体中，只有我们已拥有了其他的成熟的依附关系，如某些思想、朋友、娱乐、工作和业余爱好等，我们方可建立起与异性的成熟的依附关系。这些其他方面的爱丰富了我们生活中主要的爱，即对妻子或丈夫的爱。成熟的爱人并不需长久地凝视爱人的双眸，因为那样做迟早会让人腻味。成熟的爱人拥有众多其他的爱去向爱人展示。他将自己的兴趣、激情和乐趣带入了两人的生活中并与她共享。

不同于浪漫时期的爱，成熟持久的爱并不需要完全的奉献。除了“我爱你，我爱你，我一生一世地爱你”之外便无其他情话的爱人们是不可能以此维系一生的。只有使自己的生活丰富多彩才能拥有多姿多彩的爱，也就是说，异性之爱必须保持其他方面的爱。不论两人爱得多么深，只有彼此保持独立的个性，他们才能从爱中享受到最大的满足。正如哈里·纪伯伦在《预言》一书中所称，在理想的爱情中，情人们并不一定同饮一杯水。经过多年的婚姻后，强烈成熟的爱情之花已经绽开，情人们并没有丢失掉自己的个性。他们从彼此的身上找到了和谐点。

爱的成熟的表达

成熟的爱人们借以表达爱意的途径远非局限于某一种形式。他们不仅可以在周日或节假日中，或在嬉戏玩耍中，也可以在日常工作生活中找到表达的方式。年轻的丈夫会主动地帮助妻子刷碗洗尿布，因为他喜欢与她相伴，不仅仅是在起居室或卧室之中，也可以在厨房或婴儿房中。他不喜欢妻子像钟点工那样独自清洗盘盘碟碟。他知道，尽管她深爱着自己的家庭，无止境的家务活也会变得枯燥乏味，而他伸手帮一把，就会使枯燥乏味的家务显得轻松快乐。在紧张的育儿期间，这一点格外重要。社会问题专家们已注意到年轻的妻子们终日守候空房与孩子为伴必定会滋生出乏味和不满。他们由此对现代婚姻发出了抨击。有些人则认为，当丈夫们分担了家务活和照料的责任后，两性的角色便开始模糊了。有些人指出，现代的年轻妻子们往往采用“看我是多么的劳累”的态度要求得到丈夫的帮助，她们隐忍地抱怨着正是因为嫁给了他才会有此后果。

也许上述的一切都真实无误，但是下列一点也不假：如今年轻的夫妇们往往把生儿育女浓缩至一段短暂紧张的时期。怜爱妻子的丈夫认识到这些岁月对妻子的压力格外沉重，当他分担部分家务、减轻妻子的负担时，这就是一种成熟的示爱的方式。当年轻的妻子对丈夫同一时期背负的沉重负担表示理解时，她也在用成熟的方式表示着对丈夫的爱。丈夫的活动也许更加多变费心，但他确实为新建的家庭承担着沉重的责任，而且往往同时，他的事业也正处于起步的重要阶段。在这些重压之下，双方不成熟的需求会主宰他们的关系。同样，这些压力也会被有意识地识辨出，转变为相互间更成熟爱的推动力。以自己的工作负担去衡量对方的工作负担，并期待对方的同情和帮助作为补偿是不成熟的表现。以给予对方同情和帮助以消减自己心中的负罪感同样也是不成熟的表现。这样的现象往往出现于新婚的家庭之中，但是年长的爱人之间也不能确保免受其害。成熟的情侣们也互相给予同情和帮助，但采用的态度和相伴的情感之弦则完全不同。他们不受强迫性的欲求的驱使。双方均慷慨自愿，因为他们已摆脱了不成熟的欲望的钳制。

细微但深思熟虑的关注经常在表达成熟的爱的过程中起着巨大的作用。一支百合花可能比一束长长的玫瑰更让人心动。成熟的人敏锐地观察到对方的需求、欲望、情绪、情感、内心的期望以及对方丰富的深藏的内心世界，并从中得到享受。有时，它带来鲁莽的冲动，但更多的时候，奢华不能与适当比美。不断磨炼我们的能力使得情感得体地倾泻，便可最佳地表达出对爱人的理解和接受。

与流行的丈夫抱怨妻子过于奢华的说法相反，很多怜爱妻子的丈夫认为妻子花在她自己身上开销不是太多而是太少。结婚初期，有限的收入和高昂的家庭支出迫使她节制购衣，这种习惯会延续下来，即便他们手头已经变得宽裕。丈夫与这样的妻子购物时会提醒她，花上一笔钱为自己添几件新衣是值得的。他要装扮的不仅是外在的妻子，还有她内在的自我认识。尽管外现为物质上的金钱和时尚的追求，它表达了深切的成熟的爱。

妻子也有表达爱意成熟的方式。有时，它们过于微妙并融于日常生活之中，丈夫享受着温馨却不知它们源何而生。也许简单的幸福快乐就是一种表达方式。妻子让丈夫知道，正是他的爱使得她开心。一位独具慧眼的作家曾评论道：女人最大的美就是她幸福的能力。

在生活中，女人会踮足轻行，因为她知道丈夫正受到事业的困扰而备感烦恼。她鼓励他从娱乐中得到享受，即使有些活动自己会置身于外。当丈夫与朋友外出钓鱼打猎时，她会自己找寻其他的娱乐活动，以此消减丈夫内心的不安。成熟的恋人们会共享绝大多数的快乐和兴趣，但绝不会强求时刻形影不离。

成熟的爱具有诸多作用

成熟的爱人们在彼此的生活中发挥着诸多的作用。一方会有脆弱的一刻需要依靠，对方便提供了欲求的情感支持。丈夫不论有多大的男子汉气概，终有需要抚慰的时刻。在成熟的关系中，他不会因接受抚慰而感到羞耻。

成熟的爱人们聆听对方倾诉生活和工作中遇到的困惑。他们需要得到对方的建议，也给予对方帮助。他们共同筹划着家庭生活。他们也会争执，但最终能够达成谅解。

尽管他们能够满足对方绝大多数的要求，但他们并不希望或苛求对方能满足自己的一切。如果他们有着健全复杂的个性，他们需要并维持着与他人的友谊、合作关系和共同的爱好。

成熟的爱能够提供一切。它没有排他性。人们不会对爱人的关注贪得无厌。它提供安全感，人们不必争强好胜或心生嫉妒。

现实的爱

成熟的人能够享受现实的爱。他们虽然使爱情丰富多彩，但他们仅将爱视为自己生活的一部分。爱也许是生活的核心，但绝不包容全部。他们并不期望爱能解决一切难题。他们明白，生活中存在无数的问题，他们必须解决它们以维护爱情。

成熟的人珍视爱。爱似一株茁壮的植物，它成长着并绽放鲜艳的花朵。但它需要呵护和关爱。他们明白，爱能够带来任何其他的依附关系无法制造的愉悦和满足，他们相信它并努力培植它。他们不仅相互爱恋，还享受着被爱的感觉。他们设法给对方带来快乐，共享新的快乐，探究新的场合，新的经历与爱人共享。以此，他们保持着一份浪漫的情感。

成熟的爱有着浓郁的性征，用身体来表达强烈的爱。性欲上表达出的浪漫的爱往往急促甚至拙劣。纯粹的性依附也许能带来身体上的满足，但除了身体方面它几乎没有更多的寓意。成熟的人们将彼此的依附关系完全注入了性生活之中。他们用身体表达的爱并不止于身体上体验到的高潮，即性欲积累得到身体上的宣泄。即使在没有宣泄的情境下，他们也能感受到身体上的满足。他们从身体上对对方的感知增进了相伴而生的其他快乐。

无论出现什么情况，如误解、争执、沮丧、忧愁、外部压力剧增、身体疲乏或怒形于色，都不能动摇成熟的爱。他们的依附关系已经经受过厄运的考验并将继续战胜一切不幸。情绪的变化不能影响它的稳定状态。

已婚成熟的人们之间争执的方式足以显现他们的成熟。在怒火中烧之刻，双方都明白争执和伤害对方会令自己难过不已，但同时他们忍不住要吵下去。他们的争论并不为了证明自己的正确，而只是要找寻一个途径以达成共识，不同的意见并没有玷污他们的爱。

爱与爱的欲望

上述的爱与某一男子对某一女子的欲望和占有截然不同。普通情况下，人们以为他在谈论着爱。实质上那是完全不同的一回事。通常，这么说话的人根本就不了解那位女人，很少与她相处，和她只不过是表层的交往，不论这种关系看似多么富有希望。他所谈论的不是爱，而是爱和被爱的欲望。

培养欲望非常容易。欲望像人的呼吸一样的自然。它只是生命的一种象征。在我们缺乏某物时对它产生的需求和实际拥有时继续保持它的欲望是很不同的。已然拥有但仍希望保持珍爱它意味着我们已建立起一种关系，已形成一种依附关系。事实上，我们已拥有了爱。

这牵涉到我们很多的其他方面，包括灵活性、定力和长远的奋斗目标。它包含一系列可依赖的价值。为了使我们称之为爱的人际关系恒久，我们的梦想必须让步于处理生活现实的能力。它不仅牵涉到爱的能力，也包括生存的能力。

这就是只有成熟才能带来真正爱的自由的原因。当我们成熟时，我们不会为某一格外重要的欲望而驱使。当我们成熟时，我们不会把最高的价值指向于成就、权力、物质上的占有甚至是工作。我们喜爱这一切，但我们不为其所奴役。我们不会在没有出口的高速路上朝向唯一的终点狂奔。我们将人际关系看得更加可贵，而最值珍惜的是使一男一女间恒久的、满足的爱。

当成熟的人认定他们已拥有了这样的爱时，他们便精心地培养着它。他们竭尽全力滋润着它。当一个人拥有至善而珍惜它并知道自己何时为最快乐时，这就是成熟的标志。

爱的能力

人们怎样才能获得成熟的爱的能力？我们普遍认为自己理所当然地具备着深切的爱的能力。我们丝毫不曾怀疑或审视过自己的爱的能力，我们总以为，只要有朝一日心中爱恋的对象一经出现，我们立刻就会投身到爱河之中。

可是实际情况往往与想象中的相去甚远。在某些具体的生活情境中，我们确实需要更多、更深刻地了解自己爱的能力、爱的成长过程和爱的缺憾，以便最终实现自我提高。爱是需要通过学习才能培养出来的。它是人们不断积累体验的产物。

我们可以很容易地在一个刚刚情场失意的年轻人身上看到这一点。如今他会以不信任的眼光看待所有的女孩，他就像一个被火灼伤的孩子一样对火感到万分的恐惧。如果发现自己将要再次坠入情网，他会非常谨慎地开始这段新的爱情，因为他害怕昔日的悲剧重演，害怕再次遭到拒绝。人世间并不仅仅是珍贵浪漫的爱才称得上是爱。

这就像美丽的烟花照亮了茫茫的夜幕却要在黎明降临之前消失一样，初恋时节的那些令人炫目的日子很难说明我们能否使这般美满的爱相伴终生，能否使彼此成为永恒的婚姻伴侣。偶尔一次的周日下午骑着自行车兜风其乐无穷，但是我们大多数人更喜欢骑摩托车穿越荒野。较长的旅行比起公园里短暂的浪漫游玩需要更大的耐力。

也许正是这种时候，最有益于人们识记关于自身和他人爱的能力的是：爱是学会的。爱是由往昔经历过的所有的爱锻造而成的。

认识爱的能力

从实际出发，我们必须接受的第一个现实也许就是我们所选择的爱人和我们自身在爱的能力上都存在着缺憾。既然没有人是完美无缺的，那么我们就不应期望自己或他人拥有完美的爱。一个人如果在其一生中不曾有过几次异性恋，那么他的爱的能力就颇值得怀疑了。对于具有爱的能力的人来说，爱不是苦难的源泉。它使人高尚，它令人幸福。这样的人感到天地广阔、坦率豁达。

提高自我认识

不论最初的浪漫激情有多么的炽烈，他们彼此间的欲望终将成为对生活的欲望和对生活的爱的一部分。他们并不一定会感到这是最好的状况，他们也不会自命不凡地认为这个世界仅仅是为了他们而存在。他们的总体感觉是，生活是美好的，而当他们可以分享自己发现的精华时，生活就更加的美好。

这种人在他们爱的宣言中向我们发出了热忱的邀请，希望我们成为他们珍爱的世界的一部分。那是一个真实世界，既有快乐也有悲伤。生活中不断闪现出阴晦的插曲，但是总体上生命还是颇具意义。当人们享受到充足的自由，可以携手共探生活之路时，他们就必然会成为双方生命中最重要的一部分，尽管速度非常的缓慢。由此，他们的爱极大地深化。其后的推动力并非只是欲望或承诺，那是生活本身。

认识爱的能力实属不易，抛却世人编织的花环，历史上又有谁可称得上是伟大的情人呢？只有当他们在爱的能力之外还展现出其他的辉煌业绩，我们才可以将他们从芸芸众生中发掘出来。如果他们创建了统一的帝国，如果他们写下了不朽的诗篇，我们或许会同时注意到他们脱俗的爱。即便如此，他们的碑文上也不会镌刻上他们爱的业绩。

今朝谁是伟大的、具有强烈爱的能力的人？人们往往误将舞台影视明星归于此类。不错，她们容貌颇佳，妩媚迷人，并反复出演着关于爱的角色。但抛却舞台荧幕形象，她们的私人生活常常另当别论。人们也常常想到报刊花边新闻里的男男女女该是具有强烈爱的能力的人。他们不断地卷入丑闻、不断地离婚即已表明了他们生活的极端不稳定。这与爱背道相驰。

我们不清楚谁是具有强烈爱的能力的人，因为我们从不公开地识辨和衡量爱的能力。但是，我们往往没有意识到，很多最佳的爱人就在我们的身旁。我们只需稍微转换视角就可把他们从茫茫人海中挑选出来。爱的能力并非什么特殊的技艺，而是我们生活的最大的能力。爱的能力和生活缺一不可，就像冷血的人不可能具备极强的生存能力一样。生活与爱两者密不可分，在其中一方面展示出的能力即已充分地显现出了另一方面的特质。

建立我们爱的能力其基础与其说是旦旦的誓言倒不如说是持久的行

为。将我们的注意力从培养新的爱上转移至保存现有的爱心上或许对我们更加有利。我们应更加关注往昔和现在的行为。在人际关系中发掘的寻常快乐更具现实意义。它常常可以增进我们爱的能力，把我们从自我的枷锁中解救出来。只有这样，生活才会变得更加平坦，生活才会更少地阻碍我们自由选择的爱健康成长。

图书在版编目（CIP）数据

羊皮卷 / (美) 马丁 · 科尔等著；陈大鹏等译. —
西安 : 太白文艺出版社, 2018.9（2019.3重印）
ISBN 978-7-5513-1489-3

Ⅰ. ①羊… Ⅱ. ①马… ②陈… Ⅲ. ①成功心理 – 通俗读物 Ⅳ. ①B848.4-49

中国版本图书馆CIP数据核字(2018)第146380号

羊皮卷
YANGPIJUAN

作　　者	〔美〕马丁 · 科尔等
译　　者	陈大鹏等
责任编辑	彭　雯　周旭慧
特约编辑	苑浩泰
整体设计	灵动视线
出版发行	陕西新华出版传媒集团 太白文艺出版社（西安市曲江新区登高路1388号　710061） 太白文艺出版社发行：029-87277748
经　　销	新华书店
印　　刷	三河市延风印装有限公司
开　　本	960mm × 640mm　　1/16
字　　数	307千字
印　　张	27
版　　次	2018年9月第1版　2019年3月第2次印刷
书　　号	ISBN 978-7-5513-1489-3
定　　价	42.80元